量子力学入門
Introduction to Quantum Mechanics with Applications to Chemistry
化学の土台

渡辺 正 訳

ライナス・ポーリング
E. ブライト・ウィルソン 著

丸善出版

Introduction to Quantum Mechanics
with Applications to Chemistry

by

Linus Pauling and E. Bright Wilson, Jr.

Copyright ©1963 by Linus Pauling & E. Bright Wilson, Jr.
(New York: Dover Publications, Inc., 1985)
All Rights reserved.

Published by arrangement with Dover Publications, Inc.
through Japan UNI Agency.

Copyright ©2016 by Maruzen Publishing Co., Ltd.

Printed in Japan

訳者まえがき

　なんとも熱い時期でした.

　まずは 19 世紀が終わりかけたころ，それまで盤石に見えていた物理学の土台がぐらつきます．ひとつは，光が「ただの波」ではなさそうなこと．やがて光電効果をアインシュタインが 1905 年に解剖し，光は「エネルギーの粒」でもあるとわかりました．

　もうひとつが，高温の原子が出す不思議な光．たとえば水素原子が出す光の波長は，簡単な式で結びつく飛び飛びの値しかない．1885 年にバルマーが可視光の範囲でそれを確かめ，1906 年以降は紫外と赤外の範囲にも見つかりますが（図 7-2），古典物理学ならそんなことはありえない．原子の素材が「ただの粒」なら，エネルギーに切れ目はないし，そもそも原子は安定に存在できないのです．

　1908 年にはラザフォードが，薄く延ばした金箔に α 粒子をぶつける実験で，原子のつくりを突き止めます．ちっぽけな原子核のまわりで，さらに小さい（たぶん大きさゼロとみてよい）電子が，原子核サイズの 1 万〜10 万倍も広い空間を，タンポポの綿毛のような趣で占めているとわかりました（電子の発見も，ようやく 1897 年のこと）．

　そうした新知識をまとめる形でボーアが 1913 年，原子核まわりの電子を「三次元の波」とみるモデルで水素原子の発光スペクトルを完璧に説明し（2 章），量子力学の誕生を告げる舞台が整っていきます．

　翌 1914 年から 5 年間は第一次世界大戦の嵐が吹き荒れ，主戦場だったヨーロッパの科学者も研究どころではなくなります．けれど終戦から 5 年後の 1924 年にド・ブロイが「物質波」を発案し（2 章），それが量子力学を生む最後の引き金になりました．

以後の流れは，目もくらむほどの超高速です．さっそく翌 1925 年にハイゼンベルクが行列力学を（15 章），1926 年にはシュレーディンガーが波動力学を発表し（3〜5 章），量子力学の骨格が完成します．厳密に解けない多電子原子を扱う近似法（6 章の摂動論と 7 章の変分法）さえ，1929 年までには原型が固まりました．そこまでのわずか 5 年で築かれた基礎は，いまもなお手入れの余地がほとんどありません．

もっと驚くのは，活躍した研究者たちの若さです．最初の光る論文を出した年齢でいうと，本書に登場する（生年順で）ラザフォード*もアインシュタイン*も，デバイ*，ボーア*，ロンドン，パウリ*，スレーター，ポーリング*，ハイゼンベルク*，ディラック*，ウィグナー*，モース，ハイトラーも二十代でした．シュレーディンガー（38 歳）*とド・ブロイ（32 歳）*，ハートリー（30 歳）は三十代でしたが，なお十分に若いといえましょう．また，以上 16 名のうちじつに 11 名（*印）までが，ノーベル賞を得ています．

そんな熱気のただなかを生きた若き化学者ポーリングが，量子力学の誕生から 10 年間の果実を伝えようと，34 歳時点の 1935 年に出版したのが本書です．共著者のウィルソンはまだ 26 歳でした（ちなみにウィルソンの子息ケネスは，1982 年にノーベル物理学賞を受賞）．

読者もご存じのとおり，原著刊行から 80 年たつうちに化学では，近似法の洗練，分子軌道法の華やかな展開，どんどん性能の上がるコンピュータを使う第一原理計算などが進展しました（コンピュータが影も形もなく，手計算だけが頼りの 1920〜30 年代に，表 29-1 や表 31-1 のようなくわしい数値を出した事実は感動もの）．本家本元の物理でも，場の量子論や核子のエネルギー計算など，訳者のような化学屋にはうかがい知れない領域あれこれで，理論の精緻化と応用が進んだようです．

とはいえ，約 45 年前の大学院時代に量子力学を（ほぼ）独習し，光化学などの研究に役立てた（つもりの）訳者から見て，本書はいまも，化学を本格的に学ぼうとする人たちに「十分すぎる基礎」を提供する本

だと確信しています．いやむしろ，いま書店に並ぶ数々の教科書と比べたとき，基礎をこれほどていねいに掘り下げてあるところがたいへん珍しい，貴重な教科書だといえましょう．

物理量や単位の表記法が国際合意されたのは 1960 年ですから，1935 年刊の原著は，いまから見ると文字の表記が整っていません．そこは現行に合わせるべきかと，物理量を表す文字はイタリックに，そうでない微分記号 d や ∂，差分記号 Δ，ネイピア数 e，虚数 i，パイ π ほかは正式なローマン体に統一しました．原著の図ほぼ全部を描き直した際，図中の文字種も現行に合わせてあります．

ただ物理定数の表記には悩みました．単位が SI（MKS）でなく CGS 系の時代だし，数値も最新の値とは少しちがいます（プランク定数だと，いまが 6.626×10^{-34} J s のところ，当時は 1% ほど小さい 6.547×10^{-27} erg s）．ただし，どれか 1 個でも最新の値に直せば全巻に連動してミスが出そうだし，学習に障ることなく当時の精度を伝える意味はあるだろうと思い，物理定数は 1935 年時点のままにしました．ご関心の向きは，本書の付録 I と最新の教科書を突き合わせてみてください．

ご承知の方もおられましょうが，本書の邦訳はほぼ半世紀前に出ています（桂井・坂田・玉木・徳光訳『量子力学序論　および化学への応用』白水社，初版 1949 年，改訳 1965 年）．参考のため同書も通読しましたが，構文上の英和対応が律儀にすぎ，日本語もやや重い点が，初学者には負担かもしれないと感じました（45 年ほど前の書店でも同様に感じたため，版元には申し訳ないことながら，立ち読みですませています）．この新訳が多少なりと読みやすくなっていれば幸いです．

原稿は東京理科大学理学部の加藤圭一教授にお目通しいただきました．数学科ご所属でも東京大学教養学部基礎科学科の学部時代に物理・数学・化学の全域を極め，いまシュレーディンガー方程式の研究を仕事の一部にしておられる同先生から，訳文と原著に残るミスをいくつも指摘いただいています．ありがとうございました．

訳者まえがき

　末筆ながら，膨大な数式の（目の健康にはよろしくない）整理や，図の再トレース指示，紙面レイアウトなどを含め，入念な制作作業を進めていただいた丸善出版㈱の糠塚さやかさんに心よりお礼申し上げます．

　2016 年 9 月

渡　辺　　　正

まえがき

　役に立つ量子力学の教科書をつくろう——それが私たち二人の思いでした．化学や物理の研究者にも，これから学ぶ若手にも「使える」本です．量子理論の当否は問題にせず，量子力学のうち，シュレーディンガー方程式を使う「波動力学」に注目します．一読されたら，化学や物理の問題あれこれを量子力学で解き明かす力がつくでしょう．

　おもな想定読者は，高度な数学になじみの薄い化学者としました．高校レベルの微積分に加え，複素数や，初歩の常微分方程式と偏微分方程式は使います．ただし，状況をサッと見通せる数学力のない方々向けに，式の変形はできるだけ丁寧に追い，「手とり足とり」ふうの説明を心がけたつもりです．

　そうはいっても，量子力学をつかむうえで，ほどほどの「数学力」は欠かせません．偏微分方程式の意味や，関数の「直交」をイメージできないと，なかなか前に進めない．プロ向きならもっと簡潔に書けるのですが，初学者のため，「つまずき」にくい記述を心がけました．

　まず古典力学と初期量子論を復習したあと，3章からシュレーディンガー方程式の顔つきと意味を説明します．以後，やさしい系（調和振動子と水素原子）にシュレーディンガー方程式を当てはめ，出てくる結果（解）を眺めましょう．応用として大事な摂動論と変分法，単純な分子の構造も，段階を踏みながら解説していきます．

　手ごろなサイズの本となるよう，ディラックの理論や場の量子化など高度な話題は省きました（波動力学の一般論と変換論には15章で少し言及）．ゼーマン効果や磁気相互作用，光の分散，非周期現象なども量子力学の守備範囲ですが，化学との縁は浅いため扱っていません．

量子論の草分けだったゾンマーフェルト教授，コンドン教授，ロバートソン教授の著作は，よい導きになりました．お世話になったトルマン教授，モース教授，サットン博士，ウィーランド博士，ブロックウェイ博士，シャーマン博士，ワインバウム博士と，私たちの妻に心より感謝します．

1935年7月

ライナス・ポーリング
E.ブライト・ウィルソン

目 次*

1章 古典力学の整理 …………………………………………… 1

1. ニュートンの運動方程式：ラグランジュ形式 …………………… 1
   - 1a. 三次元の等方調和振動子　　3
   - 1b. 一般化座標　　4
   - 1c. ラグランジュ形式の運動方程式　　5
   - 1d. 極座標で書いた等方調和振動子　　6
   - 1e. 角運動量の保存　　8
2. ハミルトン形式の運動方程式 …………………………………… 11
   - 2a. 一般化運動量　　11
   - 2b. ハミルトニアンとハミルトン方程式　　12
   - 2c. ハミルトニアンとエネルギー　　12
   - 2d. 一般の例　　13
3. 放射の放出と吸収 ………………………………………………… 16
4. 章のまとめ ………………………………………………………… 18

2章 古い量子論 …………………………………………………… 19

5. 量子論の芽生え …………………………………………………… 19
   - 5a. ボーアの仮説　　20
   - 5b. ウィルソン・ゾンマーフェルトの量子化則　　21
   - 5c. 対応原理と選択則　　21
6. 単純な系の量子化 ………………………………………………… 22

＊ 本書の目次は原書に従って，節番号が全章の通し番号になっています．

6a. 調和振動子と縮退　22
6b. 剛体回転子　23
6c. 二原子分子の振動と回転　23
6d. 箱の中の粒子　24
6e. 結晶格子による回折　25

7. 水　素　原　子 ·· 27
7a. 運動方程式の解　27
7b. 量子化則の応用：エネルギー準位　29
7c. 軌道の姿　32
7d. 空間量子化　33

8. 古い量子論の衰退 ··· 35

3章　シュレーディンガー方程式　①　一次元の調和振動子 ······ 37

9. 波動方程式と波動関数 ·· 37
9a. 時間を含む波動方程式　39
9b. 振幅方程式　41
9c. 離散エネルギーと連続エネルギー　41
9d. 複素共役波動関数 $\Psi^*(x, t)$　44

10. 波動関数の意味 ··· 45
10a. 確率分布関数 $\Psi^*(x, t)\Psi(x, t)$　45
10b. 定常状態　46
10c. 物理量の平均値　46

11. 調和振動子の波動力学 ·· 48
11a. 波動方程式の解　48
11b. 波動関数　51
11c. 数学でみる波動関数　53

4章　シュレーディンガー方程式　②　三次元の粒子系 ············ 61

12. 粒子系の波動方程式 ·· 61
12a. 時間を含む波動方程式　61
12b. 時間部分と振幅部分の変数分離　62

12c.　複素共役波動関数 $\Psi^*(x_1, \cdots, z_N, t)$　　63
　　　12d.　波動関数の意味　　63
　13.　自由粒子………………………………………………………64
　14.　箱の中の粒子………………………………………………………67
　15.　デカルト座標でみた三次元調和振動子………………………………72
　16.　曲線座標………………………………………………………74
　17.　円筒極座標でみた三次元調和振動子…………………………………75

5章　シュレーディンガー方程式　③ 水素原子……………81

　18.　方程式の解とエネルギー……………………………………………81
　　　18a.　波動方程式の分離　　81
　　　18b.　φ 部分の解　　84
　　　18c.　θ 部分の解　　85
　　　18d.　r 部分の解　　87
　　　18e.　エネルギー準位　　89
　19.　ルジャンドル関数と球面調和関数……………………………………90
　　　19a.　ルジャンドル関数（ルジャンドル多項式）　　90
　　　19b.　ルジャンドル陪関数　　91
　20.　ラゲール多項式とラゲール陪関数……………………………………93
　　　20a.　ラゲール多項式　　93
　　　20b.　ラゲールの陪多項式と陪関数　　93
　21.　水素原子の波動関数…………………………………………………95
　　　21a.　水素型波動関数　　95
　　　21b.　水素原子の基底状態　　99
　　　21c.　水素型原子の動径波動関数　　101
　　　21d.　波動関数の θ と φ 依存性　　106

6章　近似法　① 摂動論………………………………111

　22.　関数の級数展開………………………………………………………111
　23.　一次摂動論：縮退がないとき………………………………………114

　　　　23a. 例：摂動のある調和振動子　　117
　　　　23b. 例：ヘリウム原子　　118
　　24. 一次摂動論：縮退があるとき ………………………………… 121
　　　　24a. 例：水素原子の摂動　　125
　　25. 二 次 摂 動 論 ………………………………………………… 128
　　　　25a. 例：平面回転子のシュタルク効果　　128

7章　近　似　法　② 変分法ほか …………………………… 131

　　26. 変　分　法 ……………………………………………………… 131
　　　　26a. 変分積分　　131
　　　　26b. 例：基底状態のヘリウム原子　　133
　　　　26c. 高い準位も扱う変分法　　135
　　　　26d. 線形変分関数　　135
　　　　26e. 一般的な変分法　　137
　　27. ほかの近似法 …………………………………………………… 138
　　　　27a. 一般化摂動法　　138
　　　　27b. ヴェンツェル・クラマース・ブリユアン法　　144
　　　　27c. 数値積分法　　145
　　　　27d. 差分法　　146
　　　　27e. 近似的な二次摂動法　　148

8章　電子スピンとヘリウム原子 ……………………… 151

　　28. 電 子 ス ピ ン …………………………………………………… 151
　　29. ヘリウム原子とパウリの排他律 ……………………………… 153
　　　　29a. 1s2s 状態と 1s2p 状態　　153
　　　　29b. パウリの排他律　　156
　　　　29c. ヘリウム原子の変分計算　　161
　　　　29d. 励起ヘリウム原子　　164
　　　　29e. ヘリウム原子の分極率　　165

9章　多電子原子 ………………………………………………… 169

- 30. スレーターの近似法 ……………………………………………… 169
  - 30a. 交換縮退　169
  - 30b. 空間的な縮退　170
  - 30c. 永年方程式の解　172
  - 30d. 積分の計算　175
  - 30e. 実測値を使う積分の計算　178
- 31. 単純な原子の変分計算 …………………………………………… 182
  - 31a. リチウム原子と三電子イオン　182
  - 31b. ほかの原子　184
- 32. 自己無撞着場の方法 ……………………………………………… 184
  - 32a. 原理　184
  - 32b. 自己無撞着場法と変分法の関係　185
  - 32c. 応用例　187
- 33. ほかの近似法 ……………………………………………………… 188
  - 33a. 遮蔽定数法　188
  - 33b. トーマス・フェルミ統計法　189

10章　分子の回転と振動 ………………………………………… 191

- 34. 電子と核の動きの分離 …………………………………………… 191
- 35. 二原子分子の回転と振動 ………………………………………… 194
  - 35a. 変数分離と角部分の解　194
  - 35b. 電子エネルギー関数　196
  - 35c. 単純なポテンシャル関数　196
  - 35d. 正確な扱い（モース関数）　199
- 36. 多原子分子の回転 ………………………………………………… 202
  - 36a. 対称コマ分子の回転　202
  - 36b. 非対称コマ分子の回転　206
- 37. 多原子分子の振動 ………………………………………………… 207
  - 37a. 古典力学の基準座標　208

　　　　37b. 量子力学の基準座標　　212
　38. 結晶内の分子回転……………………………………………213

11章　時間を含む摂動論 ── 放射の放出・吸収と共鳴現象 …… 217

　39. 時間を含む摂動……………………………………………217
　　　　39a. 簡単な例　　218
　40. 放射の放出と吸収…………………………………………220
　　　　40a. アインシュタインの遷移確率　　220
　　　　40b. 遷移確率の計算　　222
　　　　40c. 調和振動子の選択則と遷移強度　　224
　　　　40d. 球面調和振動子の選択則と遷移強度　　225
　　　　40e. 二原子分子の選択則と遷移確率（フランク・コンドンの原理）　227
　　　　40f. 水素原子の選択則と遷移強度　　229
　　　　40g. 電子状態の偶奇と選択則　　230
　41. 共　鳴　現　象……………………………………………231
　　　　41a. 古典力学の共鳴　　231
　　　　41b. 量子力学の共鳴　　233
　　　　41c. 進んだ考察　　235

12章　単純な分子とイオン ……………………………… 239

　42. 水素分子イオン……………………………………………239
　　　　42a. 単純な考察　　240
　　　　42b. 簡単な変分法　　243
　　　　42c. 波動方程式の変数分離　　244
　　　　42d. H_2^+ の励起状態　　249
　43. 水　素　分　子……………………………………………249
　　　　43a. ハイトラーとロンドンの扱い　　249
　　　　43b. ほかの単純な変分法　　253
　　　　43c. ジェームズとクーリッジの扱い　　256
　　　　43d. 実測との比較　　258
　　　　43e. 水素分子の励起状態　　259

43f. 分子の振動と回転（オルト水素とパラ水素） 261
44. ヘリウム分子イオン He_2^+ と He—He 原子間相互作用 ………… 263
　　44a. ヘリウム分子イオン He_2^+　263
　　44b. He—He 原子間相互作用　265
45. 一電子結合，電子対結合，三電子結合 ……………………………… 265

13章　複雑な分子 …………………………………………… 269

46. スレーターの方法 ……………………………………………………… 269
　　46a. 水素三原子系　270
　　46b. 永年方程式の因数分解　271
　　46c. 積分の変形　272
　　46d. 水素三原子系の極限状況　273
　　46e. 原子価結合法の一般化　275
　　46f. 原子価結合構造間の共鳴　277
　　46g. 化学原子価の意味　279
　　46h. 分子軌道法　280

14章　ほかの応用 …………………………………………… 283

47. ファンデルワールス力 ………………………………………………… 283
　　47a. 水素原子　283
　　47b. ヘリウム原子　286
　　47c. 分子の分極率とファンデルワールス力　286
48. 波動関数の対称性 ……………………………………………………… 287
　　48a. 電子波動関数の偶奇と選択則　288
　　48b. 電子波動関数の核対称性　289
　　48c. 等核二原子分子：まとめ　291
49. 量子統計力学 …………………………………………………………… 292
　　49a. 基礎定理　292
　　49b. やさしい応用　293
　　49c. ボルツマン分布則　294
　　49d. フェルミ・ディラック統計とボース・アインシュタイン統計　296

　　　　49e. 分子の回転・振動エネルギー　　299
　　　　49f. 二原子双極子気体の誘電率　　301
　　50. 反応の活性化エネルギー……………………………………304

15章　波動力学の周辺……………………307

　51. 行　列　力　学……………………………………………307
　　　　51a. 行列と波動関数　　308
　　　　51b. 行列と力学量　　310
　52. 角運動量の性質……………………………………………313
　53. 不確定性原理………………………………………………315
　54. 変　換　論…………………………………………………318

付　録

　Ⅰ　物　理　定　数……………………………………………322
　Ⅱ　中心力場にある質点の平面内運動…………………………324
　Ⅲ　波動関数の直交性……………………………………………325
　Ⅳ　直交曲線座標系………………………………………………327
　Ⅴ　球対称に分布する電荷の相互作用エネルギー……………330
　Ⅵ　ルジャンドル陪関数の規格化………………………………332
　Ⅶ　ラゲール陪関数の規格化……………………………………335
　Ⅷ　ギリシャ文字…………………………………………………336

　索　引……………………………………………………………337

1章
古典力学の整理

　量子力学は，ものの運動をまったく新しい目で見直す．物理の力学(古典力学)では17世紀末から，目に見えるマクロ物体の運動を扱ってきた．けれど20世紀になってわかったとおり古典力学には，原子や電子などミクロ粒子の運動を解き明かす力がない．原子と原子の結合も，原子や分子の化学的性質も，量子力学を電子や核の運動に当てはめてようやくわかるのだ．

　量子力学の話に先立ち，基礎となった古典力学をざっと復習しよう．ものの運動を追いかけるとき，両者には共通点がある．初めの数節では，いずれ量子力学でくわしく扱う素材を，古典力学で扱おう．扱いの手順や結果を覚えておけば，量子力学の話に入ったあとで状況がつかみやすい．

　導入部の素材は，紙幅も考え，原子や分子の話へとつながるものにかぎった．剛体や非保存系，非ホロノミック系(ドリフトを伴う物理系)，衝突がからむ系も，ハミルトン・ヤコビの非線形偏微分方程式も扱わない．

1. ニュートンの運動方程式：ラグランジュ形式

　古典力学はニュートンが定式化した．座標(x_i, y_i, z_i)にある質量m_iの粒子iがベクトル力(X_i, Y_i, Z_i)を受けているとき，粒子n個からなる系の運動方程式は次式に書ける．

$$\left.\begin{array}{l} m_i \ddot{x}_i = X_i \\ m_i \ddot{y}_i = Y_i \\ m_i \ddot{z}_i = Z_i \end{array}\right\} \quad i = 1, 2, \cdots, n \qquad (1\text{-}1)$$

　座標記号の上につけた点($\cdot$)は，1個あたり1回の時間微分を表す．だから，たとえば$\ddot{x}_i$は次の意味をもつ．

$$\ddot{x}_i = \frac{\mathrm{d}^2 x_i}{\mathrm{d}t^2} \tag{1-2}$$

あとあとの便宜を考え，式(1-1)を書き直しておこう．まず，粒子集団の**運動エネルギー** T は，こう書けるのだった．

$$T = \frac{1}{2} m_1 (\dot{x}_1^2 + \dot{y}_1^2 + \dot{z}_1^2) + \cdots + \frac{1}{2} m_n (\dot{x}_n^2 + \dot{y}_n^2 + \dot{z}_n^2)$$

$$= \frac{1}{2} \sum_{i=1}^{n} m_i (\dot{x}_i^2 + \dot{y}_i^2 + \dot{z}_i^2) \tag{1-3}$$

力学系のような「保存系」なら，**位置エネルギー(ポテンシャルエネルギー)** V も考える．V を座標 $x_1, y_1, z_1, \cdots, x_n, y_n, z_n$ で偏微分したあと負号をつけたものが，粒子に働く力の成分を表す．

$$\left.\begin{array}{l} X_i = -\dfrac{\partial V}{\partial x_i} \\[4pt] Y_i = -\dfrac{\partial V}{\partial y_i} \\[4pt] Z_i = -\dfrac{\partial V}{\partial z_i} \end{array}\right\} \quad i = 1, 2, \cdots, n \tag{1-4}$$

力学的な力や静電力，重力の位置エネルギー V はたやすく書ける．化学でまず使わない電磁力は無視しよう．

以上より，粒子 i が従うニュートンの運動方程式は，次の姿になる．

$$\frac{\mathrm{d}}{\mathrm{d}t} \frac{\partial T}{\partial \dot{x}_i} + \frac{\partial V}{\partial x_i} = 0 \tag{1-5a}$$

$$\frac{\mathrm{d}}{\mathrm{d}t} \frac{\partial T}{\partial \dot{y}_i} + \frac{\partial V}{\partial y_i} = 0 \tag{1-5b}$$

$$\frac{\mathrm{d}}{\mathrm{d}t} \frac{\partial T}{\partial \dot{z}_i} + \frac{\partial V}{\partial z_i} = 0 \tag{1-5c}$$

ここまではデカルト座標(直角座標)を使ったけれど，運動エネルギーから位置エネルギーを引いた量，つまり次式の**ラグランジュ関数(ラグランジアン)** L を考えれば，いずれわかるとおり，どんな座標系を選んでも同じ形に運動を表せる(1c項)．

$$L = L(x_1, y_1, z_1, \cdots, x_n, y_n, z_n, \dot{x}_1, \cdots, \dot{z}_n) = T - V \tag{1-6}$$

デカルト座標なら，T は速度 $\dot{x}_1, \cdots, \dot{z}_n$ しか含まず，V は座標 $x_1, \cdots, z_n$ しか含まない．すると，L を使って書いた運動方程式(1-5)はこうなる．

$$\left.\begin{array}{l}\dfrac{\mathrm{d}}{\mathrm{d}t}\dfrac{\partial L}{\partial \dot{x}_i}-\dfrac{\partial L}{\partial x_i}=0\\[4pt]\dfrac{\mathrm{d}}{\mathrm{d}t}\dfrac{\partial L}{\partial \dot{y}_i}-\dfrac{\partial L}{\partial y_i}=0\\[4pt]\dfrac{\mathrm{d}}{\mathrm{d}t}\dfrac{\partial L}{\partial \dot{z}_i}-\dfrac{\partial L}{\partial z_i}=0\end{array}\right\}\quad i=1,2,\cdots,n \tag{1-7}$$

式(1-7)を使い，単純な力学系を調べよう．

1a. 三次元の等方調和振動子　固定点の粒子から一定の平衡距離に束縛され，距離 r に比例する力 kr (k：力の定数)を受けつつ運動する粒子1個を想像しよう．それを**調和振動子**(位置 x が時刻 t の三角関数で書ける運動系)とよぶ．位置エネルギーは $\frac{1}{2}kr^2$ だから，$r^2=x^2+y^2+z^2$ に注意してデカルト座標を使えば，ラグランジュ関数 L はこう書ける．

$$L=\frac{1}{2}m(\dot{x}^2+\dot{y}^2+\dot{z}^2)-\frac{1}{2}k(x^2+y^2+z^2) \tag{1-8}$$

すると式(1-7)は次の形になる．

$$\left.\begin{array}{r}\dfrac{\mathrm{d}}{\mathrm{d}t}(m\dot{x})+kx=m\ddot{x}+kx=0\\ m\ddot{y}+ky=0\\ m\ddot{z}+kz=0\end{array}\right\} \tag{1-9}$$

式(1-9)の1行目に速度 $\dot{x}$ をかけ，次式を得る．

$$m\dot{x}\frac{\mathrm{d}\dot{x}}{\mathrm{d}t}=-kx\frac{\mathrm{d}x}{\mathrm{d}t} \tag{1-10}$$

$$\frac{1}{2}m\frac{\mathrm{d}(\dot{x})^2}{\mathrm{d}t}=-\frac{1}{2}k\frac{\mathrm{d}(x^2)}{\mathrm{d}t} \tag{1-11}$$

2番目の式はたやすく積分できて，次の結果になる．

$$\frac{1}{2}m\dot{x}^2=-\frac{1}{2}kx^2+\text{定数} \tag{1-12}$$

積分定数を $\frac{1}{2}kx_0^2$ とすればこうなる．

$$\frac{\mathrm{d}x}{\mathrm{d}t}=\sqrt{\frac{k}{m}(x_0^2-x^2)} \tag{1-13}$$

力の定数 k は $4\pi^2 m\nu_0^2$ としてよいため，次式が得られる．

$$2\pi\nu_0 \mathrm{d}t=\frac{\mathrm{d}x}{(x_0^2-x^2)^{1/2}}$$

積分して次の結果になる．

$$2\pi\nu_0 t + \delta_x = \sin^{-1}\frac{x}{x_0}$$

$$x = x_0 \sin(2\pi\nu_0 t + \delta_x) \tag{1-14}$$

同様に，座標 y と z についての結果はこう書ける．

$$\left.\begin{array}{l} y = y_0 \sin(2\pi\nu_0 t + \delta_y) \\ z = z_0 \sin(2\pi\nu_0 t + \delta_z) \end{array}\right\} \tag{1-15}$$

積分定数 x_0, y_0, z_0, δ_x, δ_y, δ_z が決まれば，運動の姿はひとつに決まる．上記のとおり，ν_0 と力の定数 k は次式で結びつく．

$$4\pi^2 m\nu_0^2 = k \tag{1-16}$$

すると位置エネルギーはこう書ける．

$$V = 2\pi^2 m\nu_0^2 r^2 \tag{1-17}$$

ν_0 は運動の振動数を表す．つまり粒子は，x, y, z 軸の向きにそれぞれ振幅 (x_0, y_0, z_0) と位相角 $(\delta_x, \delta_y, \delta_z)$ で，独立な調和振動をしていると考えてよい．

全エネルギーは，運動エネルギーと位置エネルギーの和だった．

$$\frac{1}{2}m(\dot{x}^2 + \dot{y}^2 + \dot{z}^2) + 2\pi^2 m\nu_0^2(x^2 + y^2 + z^2)$$

式(1-14)と(1-15)，公式 $\sin^2\theta + \cos^2\theta = 1$ から，上式は $2\pi^2 m\nu_0^2(x_0^2 + y_0^2 + z_0^2)$ という一定値になる(力学的エネルギー保存則)．

位置エネルギー(ポテンシャル関数)が $V = \frac{1}{2}kx^2 = 2\pi^2 m\nu_0^2 x^2$ の一次元調和振動子なら，全エネルギーは $2\pi^2 m\nu_0^2 x_0^2$ と書ける．

1b. 一般化座標 粒子の位置は，デカルト座標 $(x_1, y_1, z_1, \cdots, x_n, y_n, z_n)$ 以外の座標系で表すと便利なことも多い．等方調和振動子なら，極座標がわかりやすい．空間内で引き合う粒子2個(後述)をデカルト座標で扱うと，話が見通しにくくなる．

粒子 n 個の位置を完全に表す $3n$ 個の座標 $q_1, q_2, \cdots, q_{3n}$ は，粒子 i を表すデカルト座標 x_i, y_i, z_i と次の**変換式**で結びつく．

$$\left.\begin{array}{l} x_i = f_i(q_1, q_2, \cdots, q_{3n}) \\ y_i = g_i(q_1, q_2, \cdots, q_{3n}) \\ z_i = h_i(q_1, q_2, \cdots, q_{3n}) \end{array}\right\} \tag{1-18}$$

デカルト座標なら，座標 (x_i, y_i, z_i) は粒子 i だけに属した．けれど，関数 f_i, g_i, h_i が含む新しい $3n$ 個の座標 $(q_1, q_2, \cdots, q_{3n})$ は，どれか3個が特定の粒子に属すとはかぎらない．たとえば粒子2個の場合，新しい座標6個は，重心(質量中心)の

デカルト座標(計3個)と，粒子どうしの相対位置を表す極座標(計3個)のセットでもよい．

偏微分の性質を使うと，たとえばデカルト座標で書いた一階時間微分は，次のように新しい座標系へと変換できる．

$$\frac{\mathrm{d}x_i}{\mathrm{d}t}=\frac{\partial x_i}{\partial q_1}\frac{\mathrm{d}q_1}{\mathrm{d}t}+\frac{\partial x_i}{\partial q_2}\frac{\mathrm{d}q_2}{\mathrm{d}t}+\cdots+\frac{\partial x_i}{\partial q_{3n}}\frac{\mathrm{d}q_{3n}}{\mathrm{d}t} \tag{1-19a}$$

上式をこうまとめよう（速度成分の座標変換．$\dot{y}_i$ と $\dot{z}_i$ についても同様）．

$$\dot{x}_i=\sum_{j=1}^{3n}\frac{\partial x_i}{\partial q_j}\dot{q}_j \tag{1-19b}$$

q_j は角度でもよい．そのとき $\dot{q}_j$ は，姿が $\dot{x}_i$ と似ていても「長さ÷時間」ではなくなるから，**一般化速度**（角度の場合は角速度）とよぶ．

偏微分の座標変換も常微分と同様なので，次式が成り立つ．

$$-\frac{\partial V}{\partial q_j}=-\frac{\partial V}{\partial x_1}\frac{\partial x_1}{\partial q_j}-\frac{\partial V}{\partial y_1}\frac{\partial y_1}{\partial q_j}-\cdots-\frac{\partial V}{\partial z_n}\frac{\partial z_n}{\partial q_j}$$
$$=-\sum_{i=1}^{n}\left(\frac{\partial V}{\partial x_i}\frac{\partial x_i}{\partial q_j}+\frac{\partial V}{\partial y_i}\frac{\partial y_i}{\partial q_j}+\frac{\partial V}{\partial z_i}\frac{\partial z_i}{\partial q_j}\right)=Q_j \tag{1-20}$$

V と q_j で表した Q_j は，V と Z_j で表す力 X_i に似ているため，**一般化力**という．運動エネルギー T の偏微分も，同形の次式に書ける．

$$\frac{\partial T}{\partial \dot{q}_j}=\sum_{i=1}^{n}\left(\frac{\partial T}{\partial \dot{x}_i}\frac{\partial \dot{x}_i}{\partial \dot{q}_j}+\frac{\partial T}{\partial \dot{y}_i}\frac{\partial \dot{y}_i}{\partial \dot{q}_j}+\frac{\partial T}{\partial \dot{z}_i}\frac{\partial \dot{z}_i}{\partial \dot{q}_j}\right) \tag{1-21}$$

1c. ラグランジュ形式の運動方程式　式(1-7)の形に書いたニュートンの運動方程式は，どんな座標系でも同形になる．以下それを確かめよう．まず式(1-5)の座標を変換する．式(1-5a)に $\frac{\partial x_i}{\partial q_j}$ をかけ，式(1-5b)に $\frac{\partial y_i}{\partial q_j}$ をかけるなどして次式を得る．

$$\left.\begin{array}{l}\dfrac{\partial x_1}{\partial q_j}\dfrac{\mathrm{d}}{\mathrm{d}t}\dfrac{\partial T}{\partial \dot{x}_1}+\dfrac{\partial V}{\partial x_1}\dfrac{\partial x_1}{\partial q_j}=0\\[6pt]\dfrac{\partial x_2}{\partial q_j}\dfrac{\mathrm{d}}{\mathrm{d}t}\dfrac{\partial T}{\partial \dot{x}_2}+\dfrac{\partial V}{\partial x_2}\dfrac{\partial x_2}{\partial q_j}=0\\[6pt]\cdots\cdots\cdots\cdots\cdots\cdots\cdots\cdots\\[6pt]\dfrac{\partial x_n}{\partial q_j}\dfrac{\mathrm{d}}{\mathrm{d}t}\dfrac{\partial T}{\partial \dot{x}_n}+\dfrac{\partial V}{\partial x_n}\dfrac{\partial x_n}{\partial q_j}=0\end{array}\right\} \tag{1-22}$$

y と z の部分も同様にする．式(1-20)を使い，結果を足して次式を得る．

$$\sum_{i=1}^{n}\left\{\frac{\partial x_i}{\partial q_j}\frac{\mathrm{d}}{\mathrm{d}t}\frac{\partial T}{\partial \dot{x}_i}+\frac{\partial y_i}{\partial q_j}\frac{\mathrm{d}}{\mathrm{d}t}\frac{\partial T}{\partial \dot{y}_i}+\frac{\partial z_i}{\partial q_j}\frac{\mathrm{d}}{\mathrm{d}t}\frac{\partial T}{\partial \dot{z}_i}\right\}+\frac{\partial V}{\partial q_j}=0 \tag{1-23}$$

最初の和を簡潔化するため,「積の微分」についての公式を使う.

$$\frac{\partial x_i}{\partial q_j}\frac{\mathrm{d}}{\mathrm{d}t}\left(\frac{\partial T}{\partial \dot{x}_i}\right)=\frac{\mathrm{d}}{\mathrm{d}t}\left(\frac{\partial T}{\partial \dot{x}_i}\frac{\partial x_i}{\partial q_j}\right)-\frac{\partial T}{\partial \dot{x}_i}\frac{\mathrm{d}}{\mathrm{d}t}\left(\frac{\partial x_i}{\partial q_j}\right) \tag{1-24}$$

方程式(1-19b)より,次式が成り立つ.

$$\frac{\partial \dot{x}_i}{\partial \dot{q}_j}=\frac{\partial x_i}{\partial q_j} \tag{1-25}$$

微分の順序は問わないので,こう書いてよい.

$$\frac{\mathrm{d}}{\mathrm{d}t}\left(\frac{\partial x_i}{\partial q_j}\right)=\sum_{k=1}^{3n}\frac{\partial}{\partial q_k}\left(\frac{\partial x_i}{\partial q_j}\right)\dot{q}_k=\sum_{k=1}^{3n}\frac{\partial}{\partial q_j}\left(\frac{\partial x_i}{\partial q_k}\right)\dot{q}_k$$
$$=\frac{\partial}{\partial q_j}\sum_{k=1}^{3n}\left(\frac{\partial x_i}{\partial q_k}\right)\dot{q}_k=\frac{\partial \dot{x}_i}{\partial q_j} \tag{1-26}$$

式(1-26)と(1-25)を式(1-24)に入れ,式(1-23)の結果を使えばこうなる.

$$\sum_{i=1}^{n}\left\{\frac{\mathrm{d}}{\mathrm{d}t}\left(\frac{\partial T}{\partial \dot{x}_i}\frac{\partial \dot{x}_i}{\partial \dot{q}_j}+\frac{\partial T}{\partial \dot{y}_i}\frac{\partial \dot{y}_i}{\partial \dot{q}_j}+\frac{\partial T}{\partial \dot{z}_i}\frac{\partial \dot{z}_i}{\partial \dot{q}_j}\right)-\left(\frac{\partial T}{\partial \dot{x}_i}\frac{\partial \dot{x}_i}{\partial q_j}+\frac{\partial T}{\partial \dot{y}_i}\frac{\partial \dot{y}_i}{\partial q_j}+\frac{\partial T}{\partial \dot{z}_i}\frac{\partial \dot{z}_i}{\partial q_j}\right)\right\}+\frac{\partial V}{\partial q_j}$$
$$=0 \tag{1-27}$$

さらに前記の結果を使うと,次の簡潔な式が成り立つ.

$$\frac{\mathrm{d}}{\mathrm{d}t}\frac{\partial T}{\partial \dot{q}_j}-\frac{\partial T}{\partial q_j}+\frac{\partial V}{\partial q_j}=0 \tag{1-28}$$

最後にラグランジュ関数 $L=T-V$ を使う.V は座標だけの関数だから,すっきりした次式ができる(L が,座標と「座標の一階時間微分」を含む点に注意).

$$\frac{\mathrm{d}}{\mathrm{d}t}\frac{\partial L}{\partial \dot{q}_j}-\frac{\partial L}{\partial q_j}=0 \qquad j=1,2,3,\cdots,3n \tag{1-29}$$

式(1-29)を**ラグランジュの運動方程式**という.いまの手続きからわかるとおり,ラグランジュの運動方程式は,どんな座標系を選んでも同形に書ける.

ラグランジュの運動方程式は一般性が高く,**関数 L さえ決まれば,ほぼ全部の力学問題に使える**.そのため,ニュートンの法則に代わる基本式として使うことが多い.

1d. 極座標で書いた等方調和振動子 1a項の例は,図1-1の極座標 (r,θ,φ) を使ってもたやすく解ける.式(1-18)にあたる座標変換をこう書く.

$$\left.\begin{array}{l}x=r\sin\theta\cos\varphi\\ y=r\sin\theta\sin\varphi\\ z=r\cos\theta\end{array}\right\} \tag{1-30}$$

運動エネルギーと位置エネルギーは次式に書ける.

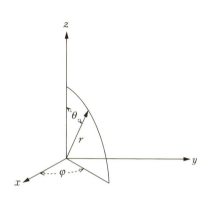

図 1-1 極座標 (r,θ,φ) とデカルト座標の関係

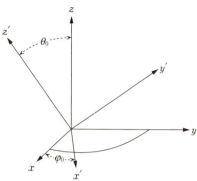

図 1-2 座標軸の回転

$$\left.\begin{array}{l} T=\dfrac{1}{2}m(\dot{x}^2+\dot{y}^2+\dot{z}^2)=\dfrac{m}{2}(\dot{r}^2+r^2\dot{\theta}^2+r^2\sin^2\theta\dot{\varphi}^2) \\ V=2\pi^2 m\nu_0^2 r^2 \end{array}\right\} \quad (1\text{-}31)$$

ラグランジュ関数はこうなる.

$$L=T-V=\frac{m}{2}(\dot{r}^2+r^2\dot{\theta}^2+r^2\sin^2\theta\dot{\varphi}^2)-2\pi^2 m\nu_0^2 r^2 \quad (1\text{-}32)$$

以上から,運動方程式は次のように書ける.

$$\frac{d}{dt}\frac{\partial L}{\partial \dot{\varphi}}-\frac{\partial L}{\partial \varphi}=\frac{d}{dt}(mr^2\sin^2\theta\dot{\varphi})=0 \quad (1\text{-}33)$$

$$\frac{d}{dt}\frac{\partial L}{\partial \dot{\theta}}-\frac{\partial L}{\partial \theta}=\frac{d}{dt}(mr^2\dot{\theta})-mr^2\sin\theta\cos\theta\dot{\varphi}^2=0 \quad (1\text{-}34)$$

$$\frac{d}{dt}\frac{\partial L}{\partial \dot{r}}-\frac{\partial L}{\partial r}=\frac{d}{dt}(m\dot{r})-mr\dot{\theta}^2-mr\sin^2\theta\dot{\varphi}^2+4\pi^2 m\nu_0^2 r=0 \quad (1\text{-}35)$$

運動は原点を含む平面内だけで起きるため(付録II),変数を変換すれば簡単化できる.時刻 $t=0$ で粒子は,位置ベクトル $\boldsymbol{r}$ と速度ベクトル $\boldsymbol{v}$ をもつ.新しい z' 軸は,$\boldsymbol{r}$ と $\boldsymbol{v}$ が張る面と直交するように選び,新しい極座標 r,θ',χ を決める.すると z' 軸の向きは,図 1-2 に描いた角度 θ_0 と φ_0 がわかれば,古い座標系で表せる.

古い軸の向きは自由だったため,新しい座標系でも,ラグランジュ関数 L と運動方程式の形は変わらない.ただし新しい座標は,運動面が(z' 軸と直交する) $x'y'$ 面だから,θ' は(つまり θ も) $\dfrac{\pi}{2}$ とみてかまわない.$\theta(=\theta')=\dfrac{\pi}{2}$ を式(1-33)に入れ,φ を χ に変えて次式を得る.

$$\frac{\mathrm{d}}{\mathrm{d}t}(mr^2\dot{\chi})=0 \tag{1-36}$$

式(1-36)の解はこうなる．

$$mr^2\dot{\chi}=p_\chi=一定 \tag{1-37}$$

また，r についての方程式(1-35)は次のように書ける．

$$\frac{\mathrm{d}}{\mathrm{d}t}(m\dot{r})-mr\dot{\chi}^2+4\pi^2 m\nu_0^2 r=0$$

式(1-37)を使って書き直そう．

$$\frac{\mathrm{d}}{\mathrm{d}t}(m\dot{r})-\frac{p_\chi^2}{mr^3}+4\pi^2 m\nu_0^2 r=0 \tag{1-38}$$

デカルト座標の場合とはちがい，遠心力の項 $-\dfrac{p_\chi^2}{mr^3}$ が加わっている．
$\dot{r}$ をかけ，時間で積分すると次の結果が得られる．

$$\dot{r}^2=-\frac{p_\chi^2}{m^2 r^2}-4\pi^2\nu_0^2 r^2+b \tag{1-39}$$

つまり r の一階時間微分はこうなる．

$$\dot{r}=\left(-\frac{p_\chi^2}{m^2 r^2}-4\pi^2\nu_0^2 r^2+b\right)^{1/2}$$

改めて積分し，r^2 を x，$-\dfrac{p_\chi^2}{m^2}$ を a，式(1-39)の積分定数を b，$-4\pi^2\nu_0^2$ を c として，次の結果を得る．

$$t-t_0=\int\frac{r\mathrm{d}r}{\left(-\dfrac{p_\chi^2}{m^2}+br^2-4\pi^2\nu_0^2 r^4\right)^{1/2}}$$

$$=\frac{1}{2}\int\frac{\mathrm{d}x}{(a+bx+cx^2)^{1/2}}$$

積分の公式を使うと，次のようになる．

$$r^2=\frac{1}{8\pi^2\nu_0^2}\{b+A\sin 4\pi\nu_0(t-t_0)\}$$

定数 A は次式の内容をもつ．

$$A=\sqrt{b^2-\frac{16\pi^2\nu_0^2 p_\chi^2}{m^2}}$$

上の結果が r の時間変化を表す．式(1-37)を積分すれば χ の時間変化がわかり，問題が解けたことになる．二つの結果から時間を消去して得られる軌道の方程式は，原点を中心とした楕円だとわかる（定数 ν_0 は運動の振動数）．

1e. 角運動量の保存　　上の結果は，力学でよく出合う**角運動量の保存**を表す．

式 (1-37) は，z' 軸まわりの角速度が $\dot{\chi}$，z' 軸と粒子の距離が r のとき，$p_\chi = mr^2\dot{\chi}$ が運動の定数[1]になることを教えてくれる．p_χ を (z' 軸まわりの)**角運動量** とよぶ．

いまの例では，運動面と垂直な軸 z' に注目した．式 (1-33) は，どんな方向 z を選んでもすぐ積分でき，次の結果が得られる．

$$mr^2\sin^2\theta\dot{\varphi} = \text{一定} \tag{1-40}$$

$r\sin\theta$ は「z 軸から粒子までの距離」だから，式 (1-40) の左辺は z 軸まわりの角運動量[2]を表し，それが定数 p_φ だということになる．

そのとき注目する軸は，固定軸でなければいけない．たとえば，xy 面内に描けるどんな軸のまわりでも，角 θ に応じた角運動量 $p_\theta = mr^2\dot{\theta}$ が考えられる．ただし，その軸は (固定軸ではなく) φ に応じて変わるため，p_θ の値も保存されない．

2 本の固定軸まわりの角運動量 p_χ と p_φ は，次の単純な式で結びつく (p_χ は運動平面に垂直な軸まわりの角運動量．図 1-3 参照)．

$$p_\chi \mathrm{d}\chi = p_\theta \mathrm{d}\theta + p_\varphi \mathrm{d}\varphi \tag{1-41}$$

図 1-3 に描いた小さな三角形の辺長は，$r\sin\theta \mathrm{d}\varphi$，$r\mathrm{d}\chi$，$r\mathrm{d}\theta$ となる．直角三角形なので，辺長の間には次の関係が成り立つ．

$$r^2(\mathrm{d}\chi)^2 = r^2\sin^2\theta(\mathrm{d}\varphi)^2 + r^2(\mathrm{d}\theta)^2$$

角速度を $\dot{\chi}$，$\dot{\varphi}$，$\dot{\theta}$ と書き，$\dfrac{m}{\mathrm{d}t}$ をかければ次式になる．

$$mr^2\dot{\chi}\mathrm{d}\chi = mr^2\sin^2\theta\dot{\varphi}\mathrm{d}\varphi + mr^2\dot{\theta}\mathrm{d}\theta$$

p_χ，p_θ，p_φ の定義と上式より，式 (1-41) が得られる．

角運動量の保存は，さまざまな系で成り立つ．上の結果は，位置エネルギーが (方向によらず) r だけで決まるとして得られた．そのため上の結果は，どんな球対称ポテンシャル場の中で動く粒子にも当てはまる．

上の結果は，球対称ポテンシャル場のもとで作用し合う粒子の集団にも拡張できる．そのときラグランジュ関数は，各粒子の極座標を使ってこう書ける．

$$L = \frac{1}{2}\sum_{i=1}^{n} m_i(\dot{r}_i^2 + r_i^2\dot{\theta}_i^2 + r_i^2\sin^2\theta_i\dot{\varphi}_i^2) - V \tag{1-42}$$

$\varphi_1, \varphi_2, \cdots, \varphi_n$ に代え，次の連立一次方程式に従う新しい角座標 $\alpha, \beta, \cdots, \kappa$ を使

---

[1] 力学では通常，運動方程式の積分定数を**運動の定数**という．
[2] 「角運動量の z 軸成分 (z 成分)」ともいう．

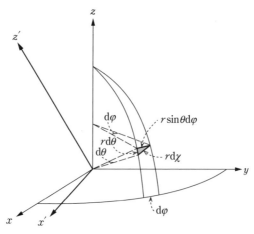

図 1-3 $d\chi$, $d\theta$, $d\varphi$ の関係

おう．

$$\left.\begin{array}{l}\varphi_1=\alpha+b_1\beta+\cdots+k_1\kappa \\ \varphi_2=\alpha+b_2\beta+\cdots+k_2\kappa \\ \cdots\cdots\cdots\cdots\cdots\cdots\cdots\cdots \\ \varphi_n=\alpha+b_n\beta+\cdots+k_n\kappa\end{array}\right\} \quad (1\text{-}43)$$

係数 $b_1,\cdots,k_n$ は，上記の連立方程式がそれぞれ独立なら，どんな値でもよい．α は z 軸まわりの角度を表し，$\beta,\cdots,\kappa$ を変えないまま α が $\Delta\alpha$ だけ増せば，どの φ_i も $\Delta\alpha$ だけ増す．つまり，粒子どうしの相対位置を変えることなく，z 軸まわりに粒子系全体を回転させる操作にほかならない．そんな回転で V は変わらない（V は α に関係しない）ため，次式が成り立つ．

$$\frac{d}{dt}\frac{\partial L}{\partial \dot\alpha}-\frac{\partial L}{\partial \alpha}=\frac{d}{dt}\frac{\partial T}{\partial \dot\alpha}=0 \quad (1\text{-}44)$$

さらには，式(1-42)を使って次の関係を得る．

$$\frac{\partial T}{\partial \dot\alpha}=\sum_{i=1}^n \frac{\partial T}{\partial \dot\varphi_i}\frac{\partial \dot\varphi_i}{\partial \dot\alpha}=\sum_{i=1}^n m_i r_i^2 \sin^2\theta_i \dot\varphi_i \quad (1\text{-}45)$$

z 軸から粒子 i までの距離 $r_i\sin\theta_i$ を ρ_i と書けばこうなる．

$$\sum_{i=1}^n m_i \rho_i^2 \dot\varphi_i = \text{一定} \quad (1\text{-}46)$$

式(1-46)が，一般的な角運動量保存を表す．たとえば，1個の核と複数の電子からなる原子のような「相互作用のある多粒子系」では，各粒子の角運動量は保

存されないけれど，粒子集団の角運動量は保存される．

　位置エネルギー V が z 軸まわりの角度 α に関係しなければよいため，V が z 軸まわりに円筒対称でも，上記のことは成り立つ．ただし円筒対称の場合，z は特別の向きしか選べない．V が球対称なら，軸はどんな向きに選んでもよい．

　角運動量は，指定した軸の向きをもつベクトルとして扱う．ベクトルの向きは通常，右ネジの進行方向にとる．

2. ハミルトン形式の運動方程式

2a. 一般化運動量　デカルト座標で x_k 方向の運動量は $m_k\dot{x}_k$ と書く．ポテンシャル関数 V は座標しか含まないので運動エネルギー T だけ考え，運動量 p_k をこう書こう．

$$p_k = \frac{\partial T}{\partial \dot{x}_k} = \frac{\partial L}{\partial \dot{x}_k} \qquad k = 1, 2, \cdots, 3n \tag{2-1}$$

角運動量も同様に書ける．球対称ポテンシャル場にある粒子1個がもつ z 軸まわりの角運動量を，次のように定義した(1e項)．

$$p_\varphi = m\rho^2\dot{\varphi} = mr^2\sin^2\theta\dot{\varphi} \tag{2-2}$$

運動エネルギーの式(1-31)より，次式が成り立つ．

$$p_\varphi = \frac{\partial T}{\partial \dot{\varphi}} = \frac{\partial L}{\partial \dot{\varphi}} \tag{2-3}$$

多粒子系だと，座標 α に共役な角運動量は，式(1-46)を考察した際と同じくこう書ける．

$$p_\alpha = \frac{\partial T}{\partial \dot{\alpha}} = \frac{\partial L}{\partial \dot{\alpha}} \tag{2-4}$$

一般の座標系に拡げ，座標 q_k に共役な**一般化運動量** p_k を次式で定義しよう．

$$p_k = \frac{\partial L}{\partial \dot{q}_k} \qquad k = 1, 2, \cdots, 3n \tag{2-5}$$

ラグランジュ方程式(1-29)に p_k の定義を使えばこうなる．

$$\dot{p}_k = \frac{\partial L}{\partial q_k} \qquad k = 1, 2, \cdots, 3n \tag{2-6}$$

つまり，式(2-5)と(2-6)に書いた $6n$ 個の連立一階微分方程式は，式(1-29)に書いた $3n$ 個の二階微分方程式に等価だとわかる．

　$\frac{\partial L}{\partial \dot{q}_k}$ は，L が T と V の両方を含むため，q と $\dot{q}$ の関数だった．p_k の定義式

(2-5)が，変数 q_k, $\dot{q}_k$, p_k を結ぶ $3n$ 個の関係式を生むから，$3n$ 個の速度 $\dot{q}_k$ を消去できる．すると系は，$3n$ 個の座標 q_k と，$3n$ 個の共役運動量 p_k で表せる．

そこに注目したハミルトンは1834年，p_k と q_k の関数 H を使い，運動方程式をたいへん簡潔な姿に書いた．H を**ハミルトン関数（ハミルトニアン）**という．

2b．ハミルトニアンとハミルトン方程式 保存系[1]の場合，ハミルトニアン H は系の全エネルギー（運動エネルギーと位置エネルギー）を表す．一般系にも当てはまるよう，H を次のように定義する．

$$H = \sum_{k=1}^{3n} p_k \dot{q}_k - L(p_k, \dot{q}_k) \tag{2-7}$$

式(2-7)は速度 $\dot{q}_k$ を含むけれど，式(2-5)を使って速度を消せば，H を「座標と運動量だけの関数」にできる．H の全微分はこう書ける．

$$dH = \sum_{k=1}^{3n} p_k d\dot{q}_k + \sum_{k=1}^{3n} \dot{q}_k dp_k - \sum_{k=1}^{3n} \frac{\partial L}{\partial q_k} dq_k - \sum_{k=1}^{3n} \frac{\partial L}{\partial \dot{q}_k} d\dot{q}_k \tag{2-8}$$

式(2-5)と(2-6)の（ラグランジュ方程式と等価な）p_k, $\dot{p}_k$ を使えば次式になる．

$$dH = \sum_{k=1}^{3n} (\dot{q}_k dp_k - \dot{p}_k dq_k) \tag{2-9}$$

以上をまとめ，q_k と p_k を使って H を書けばこうなる．

$$\left. \begin{array}{l} \dfrac{\partial H}{\partial p_k} = \dot{q}_k \\[6pt] \dfrac{\partial H}{\partial q_k} = -\dot{p}_k \end{array} \right\} \quad k = 1, 2, \cdots, 3n \tag{2-10}$$

式(2-10)が，**ハミルトン形式（正準形式）の運動方程式**にほかならない．

2c．ハミルトニアンとエネルギー 保存系について，H の時間変化を考えよう．

p_k と $\dot{p}_k$ に前と同様な置換（式2-5と2-6）を施せば，次式になる．

$$\frac{dH}{dt} = \frac{d}{dt} \left(\sum_{k=1}^{3n} p_k \dot{q}_k - L \right) = \sum_{k=1}^{3n} \left(p_k \ddot{q}_k + \dot{p}_k \dot{q}_k - \frac{\partial L}{\partial q_k} \dot{q}_k - \frac{\partial L}{\partial \dot{q}_k} \ddot{q}_k \right) \tag{2-11}$$

$$= \sum_{k=1}^{3n} (\dot{p}_k \dot{q}_k - \dot{p}_k \dot{q}_k) = 0$$

つまり H は，時間によらない定数で，系の**エネルギー**とよぶ．今後も注目するニュートン力学系だとハミルトニアンは，座標と運動量を変数にした「運動エネルギー＋位置エネルギー」を表す．

---

[1] H が時刻 t によらない系．いままでみたのは，位置エネルギー V が t によらない保存系だった．

$$H = T + V \tag{2-12}$$

それを確かめよう．T は，どんな座標系でも，係数 a_{ij}（座標の関数でもよい）を使い，速度 $\dot{q}$ の斉次（同次）二次関数に書ける．

$$T = \sum_{i,j=1}^{3n} a_{ij} \dot{q}_i \dot{q}_j \tag{2-13}$$

すると次式が成り立つ．

$$\sum_{k=1}^{3n} p_k \dot{q}_k = \sum_{k=1}^{3n} \frac{\partial L}{\partial \dot{q}_k} \dot{q}_k = \sum_{k=1}^{3n} \frac{\partial T}{\partial \dot{q}_k} \dot{q}_k$$

$$= 2 \sum_{i,k=1}^{3n} a_{ik} \dot{q}_i \dot{q}_k = 2T \tag{2-14}$$

以上より，式(2-12)が確かめられた．

$$H = 2T - L = T + V$$

2d. 一般の例　距離 r を隔て，位置エネルギー $V(r)$ で引き合いながら運動する粒子2個（質量 m_1 と m_2）を，ハミルトン方程式で扱おう．水素原子がまさにそうだから，以下の結果は2章で使う．粒子の座標を (x_1, y_1, z_1)，(x_2, y_2, z_2) として，ラグランジュ関数 L はこう書ける．

$$L = \frac{m_1}{2}(\dot{x}_1^2 + \dot{y}_1^2 + \dot{z}_1^2) + \frac{m_2}{2}(\dot{x}_2^2 + \dot{y}_2^2 + \dot{z}_2^2) - V(r) \tag{2-15}$$

座標系を変え，重心のデカルト座標 (x, y, z) と，片方の粒子を固定して他方を表す極座標 (r, θ, φ) を使おう．まず，重心の座標 x は次式で決まる．

$$m_1 x_1 + m_2 x_2 = (m_1 + m_2) x \tag{2-16}$$

(y_1, y_2, y) と (z_1, z_2, z) も同様の関係にある．極座標 (r, θ, φ) は次式に従う．

$$\left.\begin{array}{l} x_2 - x_1 = r \sin\theta \cos\varphi \\ y_2 - y_1 = r \sin\theta \cos\varphi \\ z_2 - z_1 = r \cos\theta \end{array}\right\} \tag{2-17}$$

以上から x_2, y_2, z_2 を消去するとこうなる．

$$\left.\begin{array}{l} x_1 = x - \dfrac{m_2}{m_1 + m_2} r \sin\theta \cos\varphi \\[4pt] y_1 = y - \dfrac{m_2}{m_1 + m_2} r \sin\theta \sin\varphi \\[4pt] z_1 = z - \dfrac{m_2}{m_1 + m_2} r \cos\theta \end{array}\right\} \tag{2-18}$$

また，x_1, y_1, z_1 を消去すれば次のようになる．

$$\left.\begin{aligned} x_2 &= x + \frac{m_1}{m_1+m_2} r\sin\theta\cos\varphi \\ y_2 &= y + \frac{m_1}{m_1+m_2} r\sin\theta\sin\varphi \\ z_2 &= z + \frac{m_1}{m_1+m_2} r\cos\theta \end{aligned}\right\} \quad (2\text{-}19)$$

量それぞれの時間微分を使い，ラグランジュ関数 L をこう書く．

$$L = \frac{1}{2}(m_1+m_2)(\dot{x}^2+\dot{y}^2+\dot{z}^2) + \frac{1}{2}\mu(\dot{r}^2+r^2\dot{\theta}^2+r^2\sin^2\theta\dot{\varphi}^2) - V(r) \quad (2\text{-}20)$$

換算質量とよぶ μ は，次の意味をもつ．

$$\mu = \frac{m_1 m_2}{m_1+m_2} \quad (2\text{-}21)$$

座標 (x, y, z) と (r, θ, φ) に共役な運動量はこう書ける．

$$\left.\begin{aligned} p_x &= \frac{\partial L}{\partial \dot{x}} = (m_1+m_2)\dot{x} \\ p_y &= (m_1+m_2)\dot{y} \\ p_z &= (m_1+m_2)\dot{z} \\ p_r &= \mu\dot{r} \\ p_\theta &= \mu r^2 \dot{\theta} \\ p_\varphi &= \mu r^2 \sin^2\theta \dot{\varphi} \end{aligned}\right\} \quad (2\text{-}22)$$

するとハミルトニアンは式(2-23)，ハミルトンの運動方程式は式(2-24)〜(2-27)になる．

$$\begin{aligned} H &= (m_1+m_2)(\dot{x}^2+\dot{y}^2+\dot{z}^2) + \mu(\dot{r}^2+r^2\dot{\theta}^2+r^2\sin^2\theta\dot{\varphi}^2) - L \\ &= \frac{1}{2}(m_1+m_2)(\dot{x}^2+\dot{y}^2+\dot{z}^2) + \frac{1}{2}\mu(\dot{r}^2+r^2\dot{\theta}^2+r^2\sin^2\theta\dot{\varphi}^2) + V(r) \\ &= \frac{1}{2(m_1+m_2)}(p_x^2+p_y^2+p_z^2) + \frac{1}{2\mu}\left(p_r^2 + \frac{p_\theta^2}{r^2} + \frac{p_\varphi^2}{r^2\sin^2\theta}\right) + V(r) \end{aligned} \quad (2\text{-}23)$$

$$\left.\begin{aligned} \dot{p}_x &= -\frac{\partial H}{\partial x} = 0 \\ \dot{p}_y &= 0 \\ \dot{p}_z &= 0 \end{aligned}\right\} \quad (2\text{-}24)$$

$$\left.\begin{aligned} \dot{p}_r &= \frac{1}{\mu}\left(\frac{p_\theta^2}{r^3} + \frac{p_\varphi^2}{r^3\sin^2\theta}\right) - \frac{\partial V}{\partial r} \\ \dot{p}_\theta &= \frac{1}{\mu}\frac{p_\varphi^2 \cos\theta}{r^2\sin^3\theta} \\ \dot{p}_\varphi &= 0 \end{aligned}\right\} \quad (2\text{-}25)$$

2. ハミルトン形式の運動方程式

$$\left.\begin{aligned}\dot{x}&=\frac{\partial H}{\partial p_x}=\frac{p_x}{m_1+m_2}\\ \dot{y}&=\frac{p_y}{m_1+m_2}\\ \dot{z}&=\frac{p_z}{m_1+m_2}\end{aligned}\right\} \quad (2\text{-}26)$$

$$\left.\begin{aligned}\dot{r}&=\frac{p_r}{\mu}\\ \dot{\theta}&=\frac{p_\theta}{\mu r^2}\\ \dot{\varphi}&=\frac{p_\varphi}{\mu r^2\sin^2\theta}\end{aligned}\right\} \quad (2\text{-}27)$$

式(2-26)と(2-27)を構成する6個の式は,運動量の定義式とみてよい.式(2-25)は,式(1-33)〜(1-35)と密接にからむ.m を μ に変え,式(1-35)の $4\pi^2 m\nu_0^2 r$ を $\frac{\partial V}{\partial r}$ に変えれば,式(2-25)の p_r, p_θ, p_φ を $\dot{r}$, $\dot{\theta}$, $\dot{\varphi}$ で表す式になる.式(2-24)を構成する3個の式は,重心の等速運動を表す.続く式3個が,ポテンシャル関数 $V(r)$ を生む力で束縛された粒子(質量 μ)の運動方程式にほかならない.

たいていの場合,ハミルトン形の運動方程式を解く途中には,ラグランジュ方程式が顔を出す.いまの例でもそうだった.ハミルトンの運動方程式は用途が広く,たとえば統計力学で出合うリューヴィユの定理も,古い量子論で出合う量子化も,シュレーディンガー波動方程式の定式化も扱える.方程式が p と q について対称(共役)形になっているため,汎用性が高いのだ.

問題 2-1. 均一な電場内の電荷1個は,どんな運動をするか.

問題 2-2. 均一な電場のもと,力の定数 k のバネで原点に束縛され,x 軸上だけを動ける質量 m の荷電粒子は,どんな運動方程式に従うか(電場の位置エネルギーは,電気素量を e として $-eFx$).原点に固定電荷 $-e$ があるとして,量 e, m, F, k を使い,系の平均双極子モーメントと,系のエネルギーを書き表せ.後述の式(3-5)を参照.

問題 2-3. 円筒座標系で粒子の運動エネルギーを表し,円筒対称ポテンシャル内にある粒子の運動方程式を書け.

問題 2-4. 球面極座標で自由粒子の運動方程式を解き,結果を考察せよ.

問題 2-5. 1d項に述べた χ は,どんな解になるか.

問題 2-6. 前問の結果と,1d項に紹介した r の方程式から時間を消去し,粒子の軌跡が楕円になるのを確かめよ.

問題 2-7. 平面等方調和振動子の運動は,デカルト座標でも極座標でも同じになる.それ

を確かめよ．

問題 2-8． ラグランジュ関数が座標そのものを含まず，「座標の時間微分」だけを含む場合（そうした座標を**循環座標**という），運動方程式はどのように積分するか．

3. 放射の放出と吸収

　荷電粒子系が示す放射（電磁放射）の放出と吸収は，古典的な力学と電磁気学の法則をもとに説明できる．以下でそれを眺めるけれど，古典論は，原子や分子の観測結果を説明できない．その事実こそが，ボーア理論と，続く量子力学を生む原動力だった．

　いま量子力学は，電子と核からなる力学系をすっきり説明できるのだが，放射の放出・吸収まで完全につかめたとはいえない．ただし，放射の本性はさておき，以下に述べる古典論の結果と同形の結果が原子でも得られ，原子が示す放射の放出・吸収をほぼ実験に合う形で説明できることは，次章で明らかになる．

　古典論によれば，加速されている電荷 e の粒子は，次の速さ（時間変化率）で放射エネルギーを出す．

$$-\frac{dE}{dt} = \frac{2e^2\dot{v}^2}{3c^3} \tag{3-1}$$

$-\dfrac{dE}{dt}$ は粒子のエネルギー E が放射に変わる速さ，$\dot{v}$ は粒子の加速度，c は光速を表す．

　電荷 e の粒子は，x 軸の向きに振動数 ν の調和振動をしているとしよう．

$$x = x_0 \cos 2\pi\nu t \tag{3-2}$$

x_0 を定数とみて微分すれば，加速度の表式になる．

$$\dot{v} = \ddot{x} = -4\pi^2\nu^2 x_0 \cos 2\pi\nu t \tag{3-3}$$

系が出す放射エネルギーの平均変化率は，1周期に及ぶ $\cos^2 2\pi\nu t$ の平均値は $\dfrac{1}{2}$ だから，次式に書ける．

$$-\frac{dE}{dt} = \frac{16\pi^4\nu^4 e^2 x_0^2}{3c^3} \tag{3-4}$$

　エネルギー放出の結果，運動の振幅 x_0 は時間とともに減っていく．ただし1周期内のエネルギー変化が小さければ，式(3-4)は成り立つとしてよい．

　こうした系が出す放射（振動数 ν）は，x 軸（進行方向）を含む一平面内で振動する「平面偏光」になる．

空間の 3 方向 (x, y, z 軸)にそれぞれ振動数 ν_x, ν_y, ν_z と振幅 x_0, y_0, z_0 で調和振動する粒子なら，全エネルギーの放出速度は，式(3-4)の右辺と同様な項 3 個の和に書ける．

粒子の運動が調和振動でないなら，式(3-2)と同様な項の和ないし積分を使うフーリエ級数やフーリエ積分で書く．各項に特有な振動数の光を出す速さは，式(3-4)の x_0 をフーリエ係数に変えた式で表せる．

相互作用する複数の荷電粒子が出す放射は，次のように扱う．まず，ある状態で系が示す運動をフーリエ解析し，一連の次数をもつ項(調和項)に分解する．ある振動数 ν の運動を表す項のフーリエ解析でわかる係数(座標の関数)を，$\frac{x_1}{\lambda}$, …, $\frac{z_n}{\lambda}$ の巾(べき)級数に展開する．$x_1, …, z_n$ は原点(たとえば重心)から測った粒子の座標を表し，$\lambda = \frac{c}{\nu}$ は放射の波長を表す．級数展開の 0 次項は，系の電荷が時間的に一定なら 0 としてよい．また一次項は，座標の一次関数(時間の三角関数)になる．

時間で変わる一次項を，フーリエ解析の対象にした全振動数について足し合わせた次式の量を，系の**電気モーメント(電気能率)**という．

$$P = \sum_i e_i \boldsymbol{r}_i \tag{3-5}$$

$\boldsymbol{r}_i$ は，原点から粒子 i(電荷 e_i)に引いた位置ベクトルを表す．つまり現状の近似だと，複数の粒子を含む系の放射は，電気モーメント $\boldsymbol{P}$ のフーリエ解析で考察できる．

振動数 ν の項が，振動数 ν の放射を表す．放出の速さ(時間変化率)は，式(3-4)の ex_0 を電気モーメント展開のフーリエ係数で置き換えた式に書ける．通常，こうしたエネルギー放出は**双極子放出**とよび，放射そのものは**双極子放射**という．

$\frac{x_1}{\lambda}$, …, $\frac{z_n}{\lambda}$ の巾(べき)に展開したときの二次項は**四極子モーメント Q** を生み，高次の項はさらに高次のモーメントを生む．原子や分子の場合，四極子放出も，さらに高次の放出も，双極子放出よりずっと弱いため，ふつうは双極子放出だけを考える．ただし，双極子放射が 0 なのに弱い放射が観測されるなら，四極子放出だと思ってよい．

4. 章のまとめ

本章の中身は二つあった．ひとつは，ニュートンの運動方程式をラグランジュやハミルトンの運動方程式へと一般化すること．もうひとつは，一般化した結果が，いずれ量子力学で扱う問題にどう使えるのかの予告だった．

1節では，ニュートンの方程式をデカルト座標で書いたあと，運動エネルギーの変形をした．ニュートン系で定義したラグランジュ関数を使い，ラグランジュの運動方程式に書き直した．一般化座標を紹介したのち，ラグランジュの運動方程式がどんな座標系でも成り立つことを証明した．本章ではラグランジュの運動方程式をニュートン系から導いたけれど，ニュートン系を出発点にしなくても，適切なラグランジュ関数を選びさえすれば，多様な運動に適用できる．

2節では一般化運動量の発想を使い，第3形といえるハミルトンの運動方程式を紹介したあと，ハミルトン関数とエネルギーの関係を調べた．

3節では，いずれ原子に使う「加速された荷電粒子が示す放射」の古典理論をざっと眺めた．双極子放射と四極子放射にも触れてある．

本章の本文中で扱った素材，つまりデカルト座標と極座標で表した三次元調和振動子などは，次章から先，量子論と量子力学を使って解くことになる．

古典力学の教科書

W. D. MacMillan : "Theoretical Mechanics. Statics and the Dynamics of a Particle," McGraw-Hill Book Company, Inc., New York, 1932.

S. L. Loney : "Dynamics of a Particle and of Rigid Bodies," Cambridge University Press, Cambridge, 1923.

J. H. Jeans . "Theoretical Mechanics," Ginn and Company, Boston, 1907.

E. T. Whittaker : "Analytical Dynamics," Cambridge University Press, Cambridge, 1928.

R. C. Tolman : "Statistical Mechanics with Application to Physics and Chemistry," Chemical Catalog Company, Inc., New York, 1927, Chap. 2, The Elements of Classical Mechanics.

W. E. Byerly : "Generalized Coordinates," Finn & Company, Boston, 1916.

2章

古い量子論

5. 量子論の芽生え

　量子論の誕生は，黒体放射の理論式をプランク[1)]が提案した1900年のこと．振動数νで調和振動する粒子が，（連続的ではなく）飛び飛びのエネルギー$h\nu$を吸収・放出すると考えれば，実測の放射スペクトルをうまく説明できた．比例係数h (6.547×10^{-27} erg s) を**プランク定数**とよぶ．hの次元（エネルギー×時間）は古典力学の**作用量**と同じで，角運動量の次元も同じになる．後述のとおり，放射なら$h\nu$，角運動量なら$\frac{h}{2\pi}$を**量子**とみなす．

　1905年にはアインシュタイン[2)]が，光は四方八方に広がる波ではなく，「エネルギー$h\nu$をもつ粒子」の姿で一方向に飛ぶと考え，それを**光量子**や**光子**（**フォトン**）と命名．彼はまず光電効果を完璧に説明した．光を当てた金属は電子（光電子）を出す．古典論なら，光電子の最大速度は光の「強さ」が決める．だが実際は「振動数」が効く．つまり光電効果では，光子1個のエネルギー$h\nu$が，光電子の運動エネルギー（＋電子を金属から引き離す仕事）に変わる．分子に光を当てた場合も「分子1個が光子1個を吸収して」化学変化が進む（**光化学当量則**）．

　アインシュタインは固体の熱容量も量子論で説明した．量子$h\nu$を考えるプランクの仮説だと，平衡位置まわりに振動数ν_0で振動する原子がもつエネルギーは，$h\nu_0$の整数倍になる．統計力学の理論も使えば，固体（粒子集団）の熱容量は一定ではなく，温度を下げていくと，ある温度から0に向かって激減することになる．その予測がダイヤモンドの実測値（デュワーの結果）をきれいに説明したほ

---

1)　M. Planck, *Ann. d. Phys.* **4**, 553 (1901).
2)　A. Einstein, *Ann. d. Phys.* **17**, 132 (1905).

か，以後も多様な物質でネルンストとオイケンが確かめている．デバイ[1]が洗練した理論も，実測結果と定量的に一致した．

5a. ボーアの仮説 そんな状況のもと，1911年にラザフォードが原子のつくり(正電荷の重い核＋負電荷の軽い電子集団)を突き止めた結果，量子論は水素原子に使われ始める．とりわけ画期的なのが，1913年のボーア理論[2]だった．

古典力学が水素原子を説明できないのは当然のこと．古典力学なら，電子はクーロン力で核に引かれ(加速を受け)，惑星に似た楕円軌道や円軌道を描く．加速される電荷は，軌道サイズに応じたエネルギーを光の形で出す．エネルギーを出せば軌道が縮まり，振動数(基準振動数＋倍音)も変わっていくから，出る光は連続スペクトルになるだろう．

だが水素原子が出す放射は，振動数が決まった鋭い線の群れになる．しかも倍音のような関係ではなく，特有な加算関係(**リッツの結合則**)と，バルマーが見つけた「整数の2乗を含むきれいな関係」が成り立つ．しかも古典論なら，どんな原子も放射を出すことになってしまう．現実の原子はそうでないため，古典論で原子は説明できないのだ．

まちがいなくアインシュタインの成果に啓発されたボーアは，のちの量子力学にも当てはまる以下二つの仮説を発表した．

Ⅰ. 定常状態 原子系は，一定エネルギー W_2 の**定常状態**をとれる．ある定常状態から別の定常状態へ移るとき，状態間のエネルギー差に等しいエネルギーが，放射の形でやりとりされる．

Ⅱ. 振動数条件 エネルギー W_2 の始状態から低エネルギー W_1 の終状態へ落ちる系が出す(または $W_1 \to W_2$ と昇る系が吸う)放射の振動数はこう書ける[3]．

$$\nu = \frac{W_2 - W_1}{h} \tag{5-1}$$

---

[1] P. Debye, *Ann. d. Phys.* **39**, 789(1912); M. Born and T. von Kármán, *Phys. Z.* **13**, 297(1912); **14**, 15(1913).

[2] N. Bohr, *Phil. Mag.* **26**, 1(1913).

[3] 式(5-1)の背景をなす**リッツの結合則**は，「原子スペクトルに振動数 ν_1 と ν_2 の線があれば，$\nu_1 + \nu_2$ や $\nu_1 - \nu_2$ の線も出やすい」と書ける．それならスペクトル線の振動数は，原子ごとに決まった**項値**(エネルギー差)を反映するだろう．ふつう項値は，分光学の慣行に従って波数(cm単位とした波長の逆数，単位 cm^{-1})で書き，記号には $\bar{\nu}$ を使う．ぴったりイオン化した状態のエネルギーを0とすれば，項値(正値) $\bar{\nu}$ とエネルギー W (負値)は $\bar{\nu} = -\frac{W}{hc}$ で結びつく．

ボーアの振動数条件になじんだ昨今の学生なら，この関係はプランクとアインシュタインの論文で自明だと思うだろう．とはいえ，調和振動子の振動数と，量子化系が吸収・放出する放射の振動数が長らく混同され，量子論の浸透に時間がかかったという事実は指摘しておきたい．

さらにボーアは，水素原子の量子化状態（定常状態）を考え，円軌道の角運動量を量子 $\frac{h}{2\pi}$ の整数倍とみた．そのときエネルギー値は実測に合ったけれど，ほどなく次項の手順がずっと有力だとわかる．

問題 5-1. 核（電荷 Ze）まわりの円軌道を運動する電子を考えよう．遠心力と求心力 $\frac{Ze^2}{r^2}$ がつり合うとき，全エネルギーが位置エネルギー $\left(-\frac{Ze^2}{r}\right)$ の半分になるのを確かめよ．また，角運動量 $\frac{nh}{2\pi}$ ($n=1,2,3,\cdots$) をもつ定常状態のエネルギーを計算せよ．

5b. ウィルソン・ゾンマーフェルトの量子化則 1915年にウィルソンとゾンマーフェルト[1]が，強力な量子化法を独立に見つける．やがてゾンマーフェルトらは，その方法で水素原子とヘリウムイオンのスペクトル，ゼーマン効果，シュタルク効果を説明した．彼らは，座標 $q_1, \cdots, q_{3n}$ と共役運動量 $p_1, \cdots, p_{3n}$ を変数とするハミルトン形式の運動方程式（1章・2節）を解き，次式を満たす古典論の軌道だけが定常状態になるとした．

$$\oint p_k \, dq_k = n_k h \qquad k=1,2,\cdots,3n \qquad n_k = \text{整数} \qquad (5\text{-}2)$$

作用積分とよぶ式(5-2)は，座標それぞれが独立に周期変化する系の場合にだけ計算できる．記号 $\oint$ は1周期にわたる定積分を表す．座標の選びかたはいくつかあって，量子化軌道の形はそれぞれちがうものの，エネルギーは共通になる．上式を使うエネルギー準位の決定例を，6節と7節で紹介しよう．

5c. 対応原理と選択則 古い量子論だと，系が示すスペクトル線の強度，つまり「光子を放出・吸収して定常状態間を遷移する確率」は計算できない．ただし，古典電磁気学に従う系が出すさまざまな振動数の光の強さと，量子論の遷移確率を結ぶ**ボーアの対応原理**という定性的な話はあった．古典電磁気学で出るはずのない振動数なら，対応する遷移もないとみる．具体的には，次のような**選択則**で表す．

たとえばエネルギー値 $nh\nu_0$ の調和振動子（次節）は見かけ上，基本振動数 ν_0 の倍数 $(n_2-n_1)\nu_0$ にあたる光を放出・吸収できる．かたや古典論の調和振動子は，基本振動数 ν_0 の光を出しても，倍音は出さないから（1章・3節），対応原理をもとに，選択則 $\Delta n = \pm 1$ が成り立つとみる．つまり量子化された振動子は，隣り合う定常状態間だけで遷移する．

---

[1] W. Wilson, *Phil. Mag.* **29**, 795(1915); A. Sommerfeld, *Ann. d. Phys.* **51**, 1(1916).

6. 単純な系の量子化

6a. 調和振動子と縮退　平衡位置 $x=0$ に復元力 $-kx=-4\pi^2 m\nu_0^2 x$ で束縛され，x 軸上を動ける粒子(質量 m)は，次式の調和振動(振動数 ν_0)をする(前章).

$$x = x_0 \sin 2\pi\nu_0 t \tag{6-1}$$

運動量 $p_x = m\dot{x}$ は式(6-2)に書けて，作用積分は式(6-3)に従う.

$$p_x = 2\pi m\nu_0 x_0 \cos 2\pi\nu_0 t \tag{6-2}$$

$$\oint p_x dx = \int_0^{1/\nu_0} m(2\pi\nu_0 x_0 \cos 2\pi\nu_0 t)^2 dt = 2\pi^2 \nu_0 m x_0^2 = nh \tag{6-3}$$

振幅は $x_0 = \{nh/(2\pi^2 n_0 m)\}^{1/2}$ の姿に量子化され，エネルギー値はこうなる.

$$W_n = T + V = 2\pi^2 m\nu_0^2 x_{0n}^2 (\sin^2 2\pi\nu_0 t + \cos^2 2\pi\nu_0 t) = 2\pi^2 m\nu_0^2 x_{0n}^2$$

$$W_n = nh\nu_0 \qquad n = 0, 1, 2, \cdots \tag{6-4}$$

式(6-4)を図 6-1 に図解した．選択則 $\Delta n = \pm 1$ のため，振動数 ν_0 の光だけを吸収・放出できる．

二次元に拡張しよう．粒子を束縛しているポテンシャル関数は，x 方向と y 方向の復元力が異なるとして次式に書く．

$$V = 2\pi^2 m(\nu_x^2 x^2 + \nu_y^2 y^2) \tag{6-5}$$

粒子は 2 軸に沿う独立の調和振動をする．量子化したエネルギーは，量子数 n_x と n_y が決める次の値しかない．振幅 x_0 と y_0 は，式(6-3)と同様な式二つに書ける．

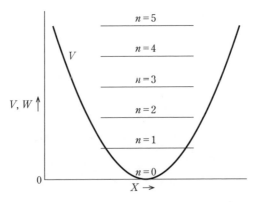

図 6-1　調和振動子のポテンシャルエネルギーとエネルギー準位(古い量子論)

$$W_{n_x n_y} = n_x h\nu_x + n_y h\nu_y \qquad n_x, n_y = 0, 1, 2, \cdots \tag{6-6}$$

$\nu_x = \nu_y = \nu_0$ の等方振動子なら，エネルギー準位はこうなる．

$$W_n = (n_x + n_y)h\nu_0 = nh\nu_0 \tag{6-7}$$

つまり，量子数 n_x と n_y を組み合わせた別々の運動状態が，同じエネルギーをもつ．その状況を**縮退**(**縮重**)とよぶ．縮退度は量子数の組み合わせで決まり，いまの場合，n 番目の準位は $(n+1)$ 重に縮退しているという．三次元等方調和振動子なら，n 番目のエネルギーは $\dfrac{(n+1)(n+2)}{2}$ 重に縮退している．

6b. 剛体回転子 平面内の剛体回転子は，1個の角座標 χ で配置が決まる．共役角運動量 p_χ (運動の定数．1章・1e項の脚注)は，慣性モーメント[1] I を使って $I\dot\chi$ と書ける．

すると量子化条件は次のようになる．

$$\int_0^{2\pi} p_\chi \mathrm{d}\chi = 2\pi p_\chi = Kh$$

$$p_\chi = \frac{Kh}{2\pi} \qquad K = 0, 1, 2, \cdots \tag{6-8}$$

角運動量はボーアの仮定どおり $\dfrac{h}{2\pi}$ の整数倍で，エネルギーは次の値をとる．

$$W_K = \frac{p_\chi^2}{2I} = \frac{K^2 h^2}{8\pi^2 I} \tag{6-9}$$

三次元剛体回転子の軸は，極座標 φ と θ で表せる．量子化則を使うと，全角運動量は式(6-8)で表され，角運動量の z 成分は次式に書ける．

$$p_\varphi = \frac{Mh}{2\pi} \qquad M = -K, -K+1, \cdots, 0, \cdots, +K \tag{6-10}$$

エネルギー準位は式(6-9)に従い，量子数 M の個数つまり $(2K+1)$ 重に縮退している(図6-2)．

6c. 二原子分子の振動と回転 平衡核間距離 r_0 の二原子分子は，慣性モーメント $I = \mu r_0^2$ (μ は換算質量) の剛体回転子(調和振動子)とみてよい．するとエネルギー準位は，v を**振動量子数**[2]，K を**回転量子数**として次式に書ける．

$$W_{vK} = v h\nu_0 + \frac{K^2 h^2}{8\pi^2 I} \tag{6-11}$$

遷移の選択則は $\Delta K = \pm 1$, $\Delta v = \pm 1$ となる(v の代わりに n を使う人もいる)．現実の分子だと，ポテンシャル関数が調和型ではなくなるため，もっと大きい

---

1) 慣性モーメントの定義は10章・36a項の脚注参照．
2) 1章・1e項の脚注参照．

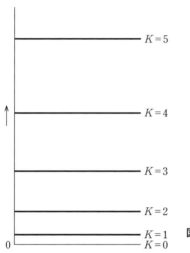

図 6-2 剛体回転子のエネルギー準位
(古い量子論)

$|\Delta v|$ もありうる.

量子数「$v'' \cdot K'' \to v' \cdot K'$」の遷移では,次の振動数をもつ光が吸収される.

$$\nu_{v''K'', v'K'} = (v' - v'')\nu_0 + (K'^2 - K''^2)\frac{h}{8\pi^2 I}$$

選択則 $\Delta K = \pm 1$ を使えばこうなる.

$$\nu_{v''K'', v'K''\pm 1} = (v' - v'')\nu_0 + (\pm 2K'' + 1)\frac{h}{8\pi^2 I} \tag{6-12}$$

予測と実測の結果を図6-3に比べた.大まかには一致するものの,現実の分子は慣性モーメントが一定でないため,スペクトル線が等間隔ではなくなる.

6d. 箱の中の粒子 辺長 a, b, c の四角い箱に入れた質量 m の粒子を考えよう.壁と弾性衝突する瞬間を除き,粒子は外力を受けない.すると運動量 p_x, p_y, p_z は(壁と衝突したときに符号を変えるが)運動の定数となり,量子化則によって以下の値だけをとる.

$$\left. \begin{array}{l} \oint p_x \mathrm{d}x = 2ap_x = n_x h \quad p_x = \dfrac{n_x h}{2a}, \ n_x = 0, 1, 2, \cdots \\[6pt] \phantom{\oint p_x \mathrm{d}x = 2ap_x = n_x h \quad} p_y = \dfrac{n_y h}{2b}, \ n_y = 0, 1, 2, \cdots \\[6pt] \phantom{\oint p_x \mathrm{d}x = 2ap_x = n_x h \quad} p_z = \dfrac{n_z h}{2c}, \ n_z = 0, 1, 2, \cdots \end{array} \right\} \tag{6-13}$$

それに応じてエネルギーも次の値にかぎられる.

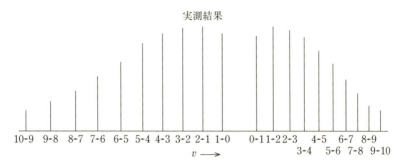

図 6-3 塩化水素の「$v=0 \to v=1$」遷移を表す回転微細構造．式(6-12)との差に注目したい．

$$W_{n_x n_y n_z} = \frac{1}{2m}(p_x^2 + p_y^2 + p_z^2) = \frac{h^2}{8m}\left(\frac{n_x^2}{a^2} + \frac{n_y^2}{b^2} + \frac{n_z^2}{c^2}\right) \tag{6-14}$$

6e．結晶格子による回折　原子面が一定の間隔 d でどこまでも積み重なった結晶格子を考えよう．量子化則により，z 軸方向の運動は次式に従う．

$$\oint p_z \mathrm{d}z = n_z h$$

z 軸方向の周期は d なので(外力ゼロなら p_z は一定)，量子化則はこう書ける．

$$\int_0^d p_z \mathrm{d}z = n_z h \quad \text{つまり} \quad p_z = \frac{n_z h}{d} \tag{6-15}$$

別の系と相互作用しても p_z は量子化されたままだから，p_z の変化量は $\Delta p_z = \frac{\Delta n_z h}{d}$ つまり $\frac{nh}{d}$ ($n = \Delta n_z$ は整数) と書ける．

相互作用のひとつ，光子(振動数 ν) との衝突を考えよう(図6-4)．光子の入射角 (=反射角) を θ とする．光子がもつ運動量 $\frac{h\nu}{c}$ の z 軸成分は $\frac{h\nu}{c}\sin\theta$ だから，光子から結晶に $\frac{2h\nu}{c}\sin\theta = \frac{2h}{\lambda}\sin\theta$ だけの運動量が移る．それが結晶の運動量変化 $\frac{nh}{d}$ に等しいとして，次式が成り立つ．

$$n\lambda = 2d\sin\theta \tag{6-16}$$

上式は，X線回折を表す名高い**ブラッグの式**に一致する．以上の考察は1923年にデュアンとコンプトン[1]が発表した．

---

1) W. Duane, *Proc. Nat. Acad. Sci.* **9**, 158 (1923); A. H. Compton, *ibid.* **9**, 359 (1923).

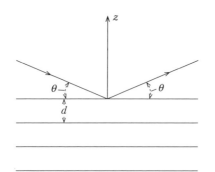

図 6-4 結晶面で反射する光子

次に,電子のような粒子(質量 m)を考えよう.反射する(散乱される)粒子から結晶に移る運動量 $2mv\sin\theta$ が「結晶の量子1個」に等しいとして,次式が成り立つ.

$$n\frac{h}{mv}=2d\sin\theta \tag{6-17}$$

上式もブラッグの式に合う.式(6-16)と(6-17)から出る光の波長 λ(次式)は,速さ v で動く電子の**ド・ブロイ波長**にほかならない.

$$\lambda=\frac{h}{mv} \tag{6-18}$$

古い量子論の時代には,こうした単純な発想をする人がいなかったため,その分だけ「粒子の波動性」の確認が遅れたといえよう.

上記の考察ではブラッグと同じく鏡面反射を仮定した.鏡面反射ではない場合の回折式は,ラウエが発表している.

このように古い量子論は,画期的ではありながら曖昧な部分もあった.古い量子論から,波の干渉を表す回折式と同型の式が出てくるし,結晶による電子の散乱を考えれば電子のド・ブロイ波長も出てくるため,古い量子論と新しい波動力学に極端な差はないといえる.古い量子論が曖昧なのは,多重周期系しか扱えないせいだった.だから回折の場合も,無限に続く結晶を考えた単純な回折式しか得られず,回折線の幅や,回折ピークの強度分布,結晶が有限だったらどうなるかなどは,手つかずに残った[1].

---

1) こうした問題を対応原理で考察した論文:P. S. Epstein and P. Ehrenfest, *Proc. Nat. Acad. Sci.* **10**, 133 (1924).

7. 水素原子

核1個と電子1個だけの系は，原子・分子の電子構造に迫る基礎をなす．ボーアも第1論文[1]で，「惑星電子」の円軌道を考えた．続いて彼は，「核＋電子」の重心まわりの運動も考え，換算質量を使って，水素とヘリウムイオンの実測発光スペクトルを説明した[2]．やがてゾンマーフェルト[3]が，一般的な量子化則をもとに「量子化された楕円軌道」を提案し，相対論的な質量変化を使って，水素型原子やイオンのスペクトルが示す微細構造(エネルギー準位の分裂)を説明する．以下，相対論の補正は無視しつつ，ゾンマーフェルトの扱いをたどろう．

7a. 運動方程式の解 「太陽—惑星」や「地球—月」と同様，質量 m_1 で電荷 Ze の重い核と，質量 m_2 で電荷 $-e$ の軽い電子が，次のポテンシャル関数(粒子間距離 r)で引き合う二粒子系を考える(重力による引き合いは無視)．

$$V(r) = -\frac{Ze^2}{r}$$

古くはニュートンが『プリンキピア』(1687年)で扱い，相対的な軌道が円錐曲線になると証明した系だ．古い量子論は水素イオンの双曲線軌道を扱えないため，閉じた楕円軌道と円軌道だけを扱おう．

2個の粒子は，デカルト座標 (x_1, y_1, z_1) と (x_2, y_2, z_2) で表せる．重心のデカルト座標 (x, y, z) と，核を中心にした電子の極座標 (r, θ, φ) を使えば(1章・2d項)，重心の運動は一定速度の並進とみてよい．また電子と核の相対運動は，**換算質量** $\mu = \frac{m_1 m_2}{m_1 + m_2}$ の粒子が，電子—核間と同じ力で引き合いながら固定中心まわりに行う運動に等しい．また，どの瞬間も軌道は一平面内にある(1章・1d項)．

運動平面内の変数 r と χ を使えば，ラグランジュの運動方程式はこう書ける．

$$\mu\ddot{r} = \mu r\dot{\chi}^2 - \frac{Ze^2}{r^2} \tag{7-1}$$

$$\frac{d}{dt}(\mu r^2 \dot{\chi}) = 0 \tag{7-2}$$

二つ目の式はすぐ積分できて，次の結果になる(1d節)．

$$\mu r^2 \dot{\chi} = p = \text{一定} \tag{7-3}$$

---

[1] N. Bohr, *Phil. Mag.* **26**, 1 (1913).
[2] N. Bohr, *Phil. Mag.* **27**, 506 (1914).
[3] A. Sommerfeld, *Ann. d. Phys.* **51**, 1 (1916).

上式は,「太陽—惑星間の動径ベクトルが一定時間内に掃く面積は等しい」というケプラーの第二法則を表す. また定数 p は系の全角運動量にあたる.

式(7-1)と(7-3)から $\dot{\chi}$ を消去すればこうなる.

$$\mu\ddot{r} = \frac{p^2}{\mu r^3} - \frac{Ze^2}{r^2} \tag{7-4}$$

$\dot{r}$ をかけて積分し, 次の結果を得る.

$$\frac{\mu\dot{r}^2}{2} = -\frac{p^2}{2\mu r^2} + \frac{Ze^2}{r} + W \tag{7-5}$$

積分定数 W が系の全エネルギーを意味する(並進運動のエネルギーは無視). 微分方程式(7-5)をそのまま解かず, 時刻 t を消去して r と χ を含む方程式にしよう.

$$\dot{r} = \frac{dr}{dt} = \frac{dr}{d\chi}\frac{d\chi}{dt} = \frac{dr}{d\chi}\frac{p}{\mu r^2} \tag{7-6}$$

すると式(7-5)は次式になる.

$$\left(\frac{1}{r^2}\frac{dr}{d\chi}\right)^2 = -\frac{1}{r^2} + \frac{2Ze^2\mu}{p^2 r} + \frac{2\mu W}{p^2} \tag{7-7}$$

式(7-7)の新しい変数を使えば, 式(7-8)ができる.

$$u = \frac{1}{r} \tag{7-7}$$

$$\pm d\chi = \frac{du}{\sqrt{\dfrac{2\mu W}{p^2} + \dfrac{2Ze^2\mu}{p^2}u - u^2}} \tag{7-8}$$

W が正でも負でもすぐに積分でき, 負の場合(閉じた軌道)の解はこうなる.

$$u = \frac{1}{r} = \frac{Ze^2\mu}{p^2} + \frac{1}{2}\sqrt{\frac{4\mu^2 Z^2 e^4}{p^4} + \frac{8\mu W}{p^2}}\sin(\chi - \chi_0) \tag{7-9}$$

上式は, 焦点のひとつを原点とする楕円の式にあたる(図7-1). 離心率 ε, 半長軸 a, 半短軸 b を使えば, $b = a\sqrt{1-\varepsilon^2}$ として, 楕円は次式に書ける(図7-1).

$$u = \frac{1}{r} = \frac{1 + \varepsilon\sin(\chi - \chi_0)}{a(1-\varepsilon^2)} = \frac{a}{b^2} + \frac{\sqrt{a^2-b^2}}{b^2}\sin(\chi - \chi_0) \tag{7-10}$$

以上から, 楕円軌道の要素は次の内容をもつ(長軸がエネルギー W を決める).

$$a = -\frac{Ze^2}{2W} \qquad b = \frac{p}{\sqrt{-2\mu W}} \qquad 1 - \varepsilon^2 = -\frac{2Wp^2}{\mu Z^2 e^4} \tag{7-11}$$

円軌道の場合, 全エネルギーは位置エネルギーの半分に等しく, 運動エネルギーの符号を変えたものだった(問題5-1). 同様な関係は楕円軌道にも当てはま

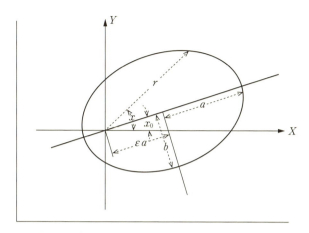

図 7-1　水素原子の電子を表す楕円軌道(古い量子論)

り，時間平均値を上つきバーで表せば次式が成り立つ．

$$W = \frac{1}{2}\overline{V} = -\overline{T} \tag{7-12}$$

7b. 量子化則の応用：エネルギー準位　ウィルソン・ゾンマーフェルトの量子化則は，極座標(r, θ, φ)を使って以下三つの式に書ける．

$$\oint p_r \mathrm{d}r = n_r h \tag{7-13a}$$

$$\oint p_\theta \mathrm{d}\theta = n_\theta h \tag{7-13b}$$

$$\oint p_\varphi \mathrm{d}\varphi = mh \tag{7-13c}$$

p_φ は一定だから(1章・1e項)，3番目の式はすぐ積分でき，次の結果になる．

$$2\pi p_\varphi = mh \quad \text{つまり} \quad p_\varphi = \frac{mh}{2\pi} \quad m = \pm 1, \pm 2, \cdots \tag{7-14}$$

つまり軌道角運動量の z 軸成分は，$\frac{h}{2\pi}$ の整数倍になる．量子数 m は，磁場のもとで原子が示すエネルギー準位の分裂にからむため，**磁気量子数**という．磁気量子数は，電子軌道の空間的な向き(7d項)と密接な関係をもつ．

2番目の積分は，角度 χ と共役運動量 $p_\chi = p$(系の全角運動量)を考え，1e項の式(1-41)と同じ次式に注目すれば扱いやすい．

$$p_\chi \mathrm{d}\chi = p_\theta \mathrm{d}\theta + p_\varphi \mathrm{d}\varphi \tag{7-15}$$

運動の定数 p_χ と，$n_\theta + mk = k$ を使って次式に書こう．

$$\oint p_\chi \mathrm{d}\chi = kh \tag{7-16}$$

積分すればこうなる．

$$2\pi p = kh \quad \text{つまり} \quad p = \frac{kh}{2\pi} \qquad k = 1, 2, \cdots \tag{7-17}$$

つまり軌道の全角運動量は，量子 $\frac{h}{2\pi}$ の整数倍になる．k を**方位量子数**とよぶ．
第1の積分をするため，角度 χ，変数 $u = \frac{1}{r}$ と式(7-6)を使って変形しよう．

$$p_r \mathrm{d}r = \mu \dot{r} \mathrm{d}r = \frac{p}{r^2}\left(\frac{\mathrm{d}r}{\mathrm{d}\chi}\right)^2 \mathrm{d}\chi = p \cdot \frac{1}{u^2}\left(\frac{\mathrm{d}u}{\mathrm{d}\chi}\right)^2 \mathrm{d}\chi \tag{7-18}$$

式(7-10)を微分すればこうなる．

$$\frac{\mathrm{d}u}{\mathrm{d}\chi} = \frac{\varepsilon \cos(\chi - \chi_0)}{a(1-\varepsilon^2)} \tag{7-19}$$

それを使うと，r の量子化条件は次式に書ける．

$$p\varepsilon^2 \int_0^{2\pi} \frac{\cos^2(\chi - \chi_0)}{\{1 + \varepsilon \sin(\chi - \chi_0)\}^2} \mathrm{d}\chi = n_r h \tag{7-20}$$

定積分はゾンマーフェルト[1]が計算し，次の結果を得た．

$$2\pi p \left(\frac{1}{\sqrt{1-\varepsilon^2}} - 1\right) = n_r h \tag{7-21}$$

式(7-17)の p 値と $b = a\sqrt{1-\varepsilon^2}$ より，次式を得る．

$$\frac{a}{b} = \frac{n_r + k}{k} = \frac{n}{k} \tag{7-22}$$

式(7-22)には，方位量子数 k と動径量子数 n_r を足した結果の**全量子数** n（次式）を使った．

$$n = n_r + k \tag{7-23}$$

以上の式と式(7-11)を使えば，量子化軌道のエネルギーと，半長軸の値，半短軸の値を，量子数と関連の物理定数で表せる．まずエネルギーは，全量子数だけで決まる．

$$W_n = -\frac{Z^2 2\pi^2 \mu e^4}{n^2 h^2} = -\frac{Z^2}{n^2} Rhc \tag{7-24}$$

式中の R は**リュードベリ定数**といい，換算質量 μ を使ってこう書ける．

$$R = \frac{2\pi^2 \mu e^4}{h^3 c} \tag{7-25}$$

---

[1] A. Sommerfeld, *Ann. d. Phys.* **51**, 1 (1916).

R の値は分光データから精密に決まる．たとえばバージは，水素とヘリウムイオン，核の質量が無限大の原子について次の値を得た．

$$R_\mathrm{H} = 109\,677.759 \pm 0.05 \text{ cm}^{-1}$$
$$R_\mathrm{He} = 109\,722.403 \pm 0.05 \text{ cm}^{-1}$$
$$R_\infty = 109\,737.42 \pm 0.06 \text{ cm}^{-1}$$

半長軸と半短軸は次式で表され，定数 a_0（**ボーア半径**）は式(7-27)に書ける．

$$a = \frac{n^2 a_0}{Z} \qquad b = \frac{n k a_0}{Z} \tag{7-26}$$

$$a_0 = \frac{h^2}{4\pi^2 \mu e^2} \tag{7-27}$$

水素原子の a_0 は，$n=1$，$k=1$ の円軌道にある電子と核の距離を表す．上記の原子3種なら，電気素量 e の実測誤差内で次の共通な値[1]となる（$1\,\text{Å} = 10^{-8}$ cm）．

$$a_0 = 0.5285\,\text{Å}$$

a_0 を使い，量子化されたエネルギーをこう書こう．

$$W_n = -\frac{Z e^2}{2a} = -\frac{Z^2 e^2}{2n^2 a_0} \tag{7-28}$$

すると，電子を核から引き離すのに必要な仕事（イオン化エネルギー）W_H はこうなる．

$$W_\mathrm{H} = \frac{2\pi^2 \mu_\mathrm{H} e^4}{h^2} = R_\mathrm{H} h c = \frac{e^2}{2a_0} \tag{7-29}$$

$W_\mathrm{H} = 2.1528 \times 10^{-11}\,\text{erg}$ は，eV（電子ボルト）単位で $13.530\,\text{eV}$，波数単位で $109\,677.76\,\text{cm}^{-1}$，モルあたりで $311.934\,\text{kcal mol}^{-1}$ となる．

水素のエネルギー準位を図7-2に描いた．$n=1$ 準位（基底状態）から $n=2$ 準位（第一励起状態）へ移るのに要するエネルギーは，$10.15\,\text{eV}$（$234\,\text{kcal mol}^{-1}$）と大きい．高い定常状態（全量子数 n'）から低い定常状態（n''）へ落ちる際に出る光子のエネルギーは，波数単位で次式に書ける．

$$\tilde{\nu} = R_\mathrm{H}\left(\frac{1}{n''^2} - \frac{1}{n'^2}\right) \tag{7-30}$$

基底状態（$n''=1$）への遷移は**ライマン系列**（紫外域），$n''=2, 3, 4$ への遷移はそれぞれ**バルマー系列**（紫外～可視域），**パッシェン系列**（赤外域），**ブラケット系列**

---

[1] 質量無限大の原子でバージが得た値は $0.5281_{69} \pm 0.0004 \times 10^{-8}\,\text{cm}$（水素より 0.0003 だけ大きい．付録Ⅰ）．

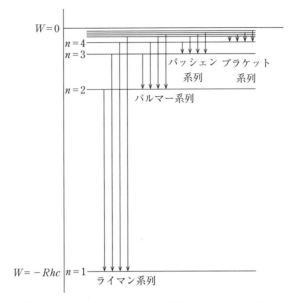

図 7-2 水素原子のエネルギー準位と，発光を生む遷移

(赤外域)を生む．

7c. 軌道の姿 前項で扱った軌道は，そのまま量子力学に使えはしないが，量子力学を学ぶ出発点にはなる．古い量子論の欠陥は，くっきりした軌道を考えるところだった．

上記のモデルだと水素原子の電子は，核—電子の重心を焦点とする楕円軌道を動き，楕円のサイズは量子数が決める．エネルギーは楕円の長軸だけで決まり，離心率や向きにはよらないため，あるエネルギー準位には，方位量子数 $k(1\sim n)$ に応じた複数の楕円が伴う．$k=n$ なら，式(7-26)でわかるとおり円軌道になる．$k<n$ だと，半短軸 b は半長軸 a より短く，k が小さいほど離心率 ε が大きい．$k=0$ のとき生じる「直線軌道」は，電子が核にぶつかるからと除外された．

$n=1, 2, 3$ の軌道を，k 値も添えて図7-3に描いた．$n=3$ の場合，楕円3個の長軸は等しく，短軸は k が小さいほど短い．軌道の半径が n^2 に比例するため，量子数が大きいほど軌道は広い．

水素より重い原子だと，電子と核の最近接距離に関心が向く．式(7-26)の a，b と楕円の性質から，最近接距離は次式に書ける．

$$\frac{n(n-\sqrt{n^2-k^2})a_0}{Z}$$

図 7-3 の軌道を参照すると, 同じ n なら,「つぶれ」の激しい (k の小さい) 軌道ほど, 最近接距離が短い. そのとき多電子原子だと, 核に近づいた電子は内殻電子の作用を受け, 同じ n でも多様なエネルギーの楕円軌道に分離する.

軌道半径の式 (7-26) と (7-27) が核電荷を含むため, ヘリウムイオン He^+ の軌道は水素の場合より小さくなり, 半長軸の長さが半減する.

7d. 空間量子化 いままで軌道の方位は考えなかった. 弱い電場や磁場が原子に働き, 空間の z 方向は区別してもエネルギー値がほぼ変わらなければ, 角運動量の z 成分は $\frac{h}{2\pi}$ の整数倍になる (7b 項の式 7-14). すると軌道面が飛び飛

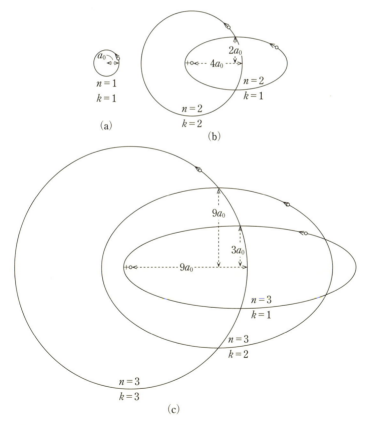

図 7-3 同じ縮尺で描いた $n=1,2,3$ のボーア・ゾンマーフェルト電子軌道

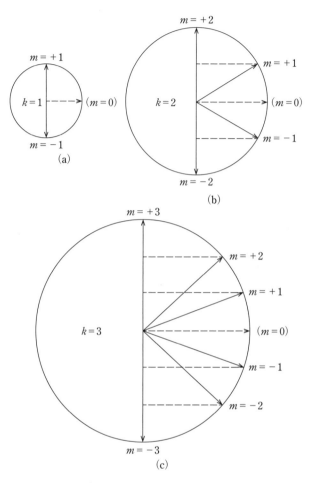

図 7-4 $k=1, 2, 3$ で起きるボーア・ゾンマーフェルト軌道の空間量子化

びの傾きをもつ(**空間量子化**).軌道面に垂直な全角運動量ベクトル p (1章・1e項)の長さは,式(7-17)から $\frac{kh}{2\pi}$ と書ける.また角運動量の z 成分は,ベクトル p と z 軸のなす角度を ω として,長さが $k\cos\omega\left(\frac{h}{2\pi}\right)$ になる.つまり $\cos\omega$ はこう書ける.

$$\cos\omega = \frac{m}{k}$$

$m=0$ を($k=0$ と同様に)無視すれば,m は $\pm 1, \pm 2, \cdots, \pm k$ となる.水素原子

の基底状態を含む $k=1$ の軌道なら，xy 平面上で時計回りか反時計回りにあたる m 値 ($+1$ と -1) しかない．$k=2$ だと四つの方位がありうる (図 7-4)．$m=\pm k$ の軌道は xy 面上にある．

電荷 $-e$，質量 m_0 の電子が角運動量 $\frac{kh}{2\pi}$ の運動をすれば，角運動量ベクトルと同じ向きに $\frac{kh}{2\pi}\frac{e}{2m_0 c}$ の磁気双極子を生む．磁気モーメントの z 軸成分は $m\frac{he}{4\pi m_0 c}$，z 軸に平行な強さ H の磁場との相互作用エネルギーは $m\frac{he}{4\pi m_0 c}H$ と書ける (磁気モーメント $\frac{he}{4\pi m_0 c}$ を**ボーア磁子**という)．それが**ゼーマン効果** (磁場によるスペクトル線の分裂) や常磁性の背景をなす．いまや電子スピンに伴う磁気モーメント (8 章) の寄与も大きいとわかっているため，軌道角運動量しか考えない説明は不十分なものだった．

問題 7-1. 原子量 2.0136 の重水素 D につき，バルマー系列をなす冒頭 5 項の振動数と波長を計算し，軽水素 H の値と比較せよ．

問題 7-2. 質量が電子と陽に等しい中性粒子 2 個が重力で引き合う系を量子化し，軌道半径とエネルギー準位を数式で書け．

8. 古い量子論の衰退

現在までの流れはこうまとめられる (むろん明確な線引きはできない)．

  1913～20 年 量子論の芽生え．古い量子論を使う原子の解析
  1920～25 年 古い量子論の衰退期
  1925 年～ 新しい量子力学の確立と物理学への応用
  1927 年～ 化学への応用

現時点 (1935 年) は，相対論と電磁場の理論をとり入れ，「核＋核外電子」系を精密に扱える量子力学の確立に向けた初期段階だといってよい．

古い量子論が衰えるきっかけのひとつは，実測結果を説明するのに半整数の量子数が必要になったこと．たとえばハロゲン化水素の回転スペクトルは，式 (6-9) の $K=0, 1, 2$ ではなく，$K=\frac{1}{2}, \frac{2}{3}, \cdots$ としなければ説明できない．また式 (6-11) の振動量子数 v も，半整数とすれば二原子分子の同位体効果を説明できる．価電子による分極やコアの貫通も，半整数の方位量子数 k に合う．

さらには，エネルギー値が実測と定量的に合わない例 (基底状態と励起状態の He 原子，基底状態の分子イオン H_2^+) や，定性的にすら合わない例 (気体の誘電

率に及ぼす磁場の効果)が，古い量子論の欠陥を浮き彫りにした．スペクトル線の遷移確率や強度を計算できない点も根本的な欠陥だといえる．光の分散現象も扱えない．

　1925年にハイゼンベルク[1]が唱え，たちまちボルンとジョルダン[2]が仕上げた行列形式の量子力学は，スペクトル線の振動数も強度も正しく計算できた．やがて，ド・ブロイ[3]の電子波(1924年)に触発されたシュレーディンガー[4]が翌1926年，波動力学を完成させる．行列力学と波動力学の等価性は，シュレーディンガー[5]とエッカルト[6]が証明した．以後の歩みには，相対論を入れて量子力学を一般化したディラック[7]の寄与が大きい(15章)．

古い量子論の教科書

　A. Sommerfeld : "Atomic Structure and Spectral Lines," E. P. Dutton & Co., Inc., New York, 1923.

　A. E. Ruark and H. C. Urey : "Atoms, Molecules and Quanta," McGraw-Hill Book Company, Inc., New York, 1930.

---

1) W. Heisenberg, *Z. f. Phys.* **33**, 879 (1925).
2) M. Born and P. Jordan, *ibid.* **34**, 858 (1925); M. Born, W. Heisenberg, and P. Jordan, *ibid.* **35**, 557 (1926).
3) L. de Broglie, 学位論文, Paris, 1924; *Ann. de Phys.* **3**, 22 (1925).
4) E. Schrödinger, *Ann. d. Phys.* **79**, 361, 489; **80**, 437; **81**, 109 (1926).
5) E. Schrödinger, *Ann. d. Phys.* **79**, 734 (1926).
6) C. Eckart, *Phys. Rev.* **28**, 711 (1926).
7) P. A. M. Dirac, *Proc. Roy. Soc.* **A113**, 621; **114**, 243 (1927); **117**, 610 (1928).

3章
シュレーディンガー方程式
① 一次元の調和振動子

いよいよ量子力学の学習に入ろう．本章では，自由度1の系にシュレーディンガー方程式を使い，物理学のさまざまな場面で出合う調和振動子を解剖する．一次元から三次元への拡張は次章で行う．

9. 波動方程式と波動関数

シュレーディンガーは 1926 年 1 月 27 日，次のように始まる論文[1]「量子化という固有値問題」を物理学論文誌 *Annalen der Physik* に投稿した．

> 非相対論的で無摂動の水素原子につき，振動する弦が整数個の節をもつのと同様，整数を使う量子化則が自然に出てくる理論を述べよう．この理論が量子化則の本質を浮き彫りにする．

1926 年の論文 5 篇で彼は「波動方程式」を提案し，水素原子や調和振動子，剛体回転子，二原子分子，電場下の水素原子（シュタルク効果）などに応用した．シュタルク効果の考察では摂動論を使い，分散現象も論じている．彼の理論はたちまち普及し，いまや物理と化学の全域にからむといってもよい．

シュレーディンガーの理論は，手法もねらいも，ニュートンやラグランジュ，ハミルトンの理論とは異なる．粒子の位置と速度を正確に予言するニュートンの

---

1) E. Schrödinger, *Ann. d. Phys.* **79**, 361 (1926). 同年の論文 5 篇は 2 章の末尾に付記．英訳：E. Schrödinger, "Collected Papers on Wave Mechanics," Blackie and Son, London and Glasgow. 1928.

方程式とはちがい,座標と時間の関数を計算する手続きだった.その関数を使えば,系の物理量がある値をとる確率が計算できる[1].やがてわかるとおり,波動方程式を受け入れるなら,系の「正確な記述」は諦めなければいけない.到達できる「正確度」は,ハイゼンベルクが提唱した**不確定性原理**[2]と深い関係をもつ(15章も参照).

シュレーディンガー方程式を解けば,系を表す座標と時間の関数 Ψ が決まる. Ψ を**波動関数**や**確率振幅関数**とよぶ.また $|\Psi|^2$ は, Ψ が表す状態の**確率分布関数**という(10a項).座標の二階微分方程式に書く波動方程式は,古典的な波の方程式に似ているけれど,それは見かけだけにすぎない.

シュレーディンガー方程式からは,波動関数 Ψ(確率振幅)のほか,定常状態のエネルギーも出る.古い量子論だと量子化を「仮定」して「整数倍のエネルギー」が出たのだけれど,波動方程式を解けば,自然な形で整数が出てくる.

つまりシュレーディンガー方程式も,波動関数 Ψ につける制約も,波動関数の解釈も,別の原理から出てくるものではないため,基本原理だと考えてよい.

その点がほかとはまったくちがう.どんな演繹科学も,ある基本仮説の上に立つ.実測結果と合えば,仮説は正しいことになる(電気力の逆2乗則など).

また,仮説の実験的検証はできないものの,仮説から出る結論と矛盾する事実がないので仮説は正しい,とみるケースもある.典型が熱力学の第二法則だろう.第二法則は,何か上位の原理から出るものではなく,簡単な実験で検証できるものでもない.とはいえ,いろいろな観察や実測の結果と矛盾しないので正しいと見なす.

上位の原理がなく,実測の裏打ちもなかったシュレーディンガー方程式は,熱力学第二法則に似ている.方程式が正しいと仮定し,その解を実測データと比べるのだ.

ある仮説を思いつくのと,理論の完成後に仮説が占める立場は,明確に区別しよう.仮説を立てる際は,ふつう類推が役に立つ.シュレーディンガーも,幾何光学と古典力学の類似性や,波動光学と波動力学の類似性から方程式に思い至ったのかもしれないが,類推するのと,論理的に演繹するのはまったくちがう.

ふつう基本仮説はいくつかの形で表現できる.たとえば古典力学の基礎方程式

---

1) M. Born, *Z. f. Phys.* **37**, 863; **38**, 803 (1926).
2) W. Heisenberg, *Z. f. Phys.* **43**, 172 (1927).

にはラグランジュ形とハミルトン形があり，一方から他方が出てきた．それは量子力学の基本仮説にも当てはまる．ただしどんな形で表そうとも，基本仮説だから，ほかの理論からは導けないことをいくつか仮定しなければならない．

基本原理の一般化はよく起きる．ニュートンの運動方程式は惑星の動きを予言でき，地上の力学現象も説明できた．かたやラグランジュとハミルトンの方程式は，ニュートンの方程式を含むうえ，電気や磁気，相対論にからむ運動も扱える．量子力学も，物体が重ければニュートンの法則に合うし，原子や電子のからむ問題も扱える．シュレーディンガー理論を含む一般論もできているが(15章)，たいていの問題では，シュレーディンガー方程式がよい出発点となる．

9a. 時間を含む波動方程式　まず，x 軸上を運動する質量 m の粒子(自由度1の力学系)を考えよう．位置エネルギー(ポテンシャル)関数が $V(x)$ ($-\infty < x < +\infty$) なら，系のシュレーディンガー方程式はこう書ける．

$$-\frac{h^2}{8\pi^2 m}\frac{\partial^2 \Psi(x,t)}{\partial x^2} + V(x)\Psi(x,t) = -\frac{h}{2\pi i}\frac{\partial \Psi(x,t)}{\partial t} \tag{9-1}$$

$\Psi(x,t)$ は**時間を含む波動関数**という．見た目は，弦の振動などを表す波の方程式に似ていよう．だから，古典力学と幾何光学の対応や，波動力学と波動光学の対応[1]が思い浮かぶが，そんな連想をする必要はない．また，波動力学をつかうのに，偏微分方程式の深い知識はなくてもよい．物理や化学の学生は波動力学を，むしろ偏微分方程式への導入素材だと思えばよい．

式(9-1)は，古典力学の次式と密接にからむ．

$$H(p_x, x) = T(p_x) + V(x) = W \tag{9-2}$$

全エネルギー W は，運動エネルギー T と位置エネルギー V の和，つまり**ハミルトニアン(ハミルトン関数)** $H(p_x, x)$ に等しい．座標 x と運動量 p_x を使い，次のように書き直そう．

$$H(p_x, x) = \frac{1}{2m}p_x^2 + V(x) = W \tag{9-3}$$

p_x を座標の微分演算子 $\frac{h}{2\pi i}\frac{\partial}{\partial x}$ に変え，W を時間の微分演算子 $-\frac{h}{2\pi i}\frac{\partial}{\partial t}$ に変えたうえ，演算子が作用する関数 $\Psi(x,t)$ を加えれば，式(9-3)はこう変わる．

---

1) Condon and Morse, "Quantum Mechanics," p. 10, McGraw-Hill Book Company, Inc., New York, 1929; Ruark and Urey, "Atoms, Molecules and Quanta," Chap. 15, McGraw-Hill Book Company, Inc., New York, 1930; E. Schrödinger, *Ann. d. Phys.* **79**, 487 (1926); K. K. Darrow, *Rev. Mod. Phys.* **6**, 23 (1943); 章末の文献も参照．

$$H\left(\frac{h}{2\pi\mathrm{i}}\frac{\partial}{\partial x}, x\right)\Psi(x,t) = -\frac{h^2}{8\pi^2 m}\frac{\partial^2 \Psi}{\partial x^2} + V\Psi = -\frac{h}{2\pi\mathrm{i}}\frac{\partial \Psi}{\partial t} \tag{9-4}$$

式(9-4)は式(9-1)と一致する．次の簡略表記をよく使う．

$$H\Psi = W\Psi \tag{9-5}$$

左辺の H が，演算子 $\dfrac{h}{2\pi\mathrm{i}}\dfrac{\partial}{\partial x}$ と $-\dfrac{h}{2\pi\mathrm{i}}\dfrac{\partial}{\partial t}$ を含んでいる[1]．

$p_x = \dfrac{h}{2\pi\mathrm{i}}\dfrac{\partial}{\partial x}$ より $p_x^2 = \left(\dfrac{h}{2\pi\mathrm{i}}\right)^2 \dfrac{\partial^2}{\partial x^2}$ となる．ほかも同様(本書で扱う単純な例だと問題はないが，一部の「演算子化」には異論もある[1])．

古典力学のハミルトニアン $H = H(p_x, x)$ と，次式の意味をもつ「演算子としてのハミルトニアン」を区別したいなら，後者を $H_{演}$ などと書く．ただし混同する場面は少ないので，ふつうは両者に同じ記号 H を使う．

$$H = H\left(\frac{h}{2\pi\mathrm{i}}\frac{\partial}{\partial x}, x\right)$$

H に Ψ や ϕ (時間を含まない波動関数．次章)が続くなら，H は「演算子としてのハミルトニアン」とみる．同様に，$W\Psi$ と書いたときの W は演算子 $-\dfrac{h}{2\pi\mathrm{i}}\dfrac{\partial}{\partial t}$ を表す．本書では文字 W をエネルギー値に使い(9b, 9c項)，演算子なら $-\dfrac{h}{2\pi\mathrm{i}}\dfrac{\partial}{\partial t}$ と書く．

このように波動方程式は，エネルギーを表す古典力学の式ときれいな対応がつく(同様な対応関係にはあとでも出合う)．だがそれは，見かけ上のことだと心得よう．ある系の波動方程式を書くには，とりあえず，なじみ深い古典力学の用語を使うとよい．水素原子の波動方程式もそうやって書き，解が実測の分光的性質や化学的性質に合うので正しいとみる．解が教える「想定外の性質」を実験で確認できたら，確信はいよいよ深まる．ただし波動方程式は，なにしろ数式表現だからイメージをつかみにくい．

波動力学と古典力学の対応を頼みに，たとえば水素原子を，「逆2乗則で引き合う電子＋陽子」とみるのはわかりやすい．けれど，原子の中で電子と陽子が引き合う力は実測できないため，マクロ世界と同じかどうかはわからない．形式上「波動方程式と古典的方程式が対応する」ことだけは確かだとしても．

以上をわきまえたうえ古典論の発想や用語を使うと，波動力学の学習はやさしい．多くの場合，古典力学と「古い量子論」の言葉で書いた原子・分子系の波動方程式の解は，実測結果と合う(ときにわずかな修正が必要)．だから以後は，「座

---

[1] B. Podolsky, *Phys. Rev.* **32**, 812 (1928).

標6個と関数 e^2/r_{12} を含む波動力学系」ではなく,「逆2乗則で引き合う二粒子系」というように表現する場面が多い.

9b. 振幅方程式 式(9-1)を解くには,定石どおり,解 Ψ が「時間だけの関数」と「座標だけの関数」の積(次式)に書けるものと仮定する.

$$\Psi(x,t) = \phi(x)\varphi(t)$$

上式を式(9-1)に代入し, $\phi(x)\varphi(t)$ で割ればこうなる.

$$\frac{1}{\phi(x)}\left\{-\frac{h^2}{8\pi^2 m}\frac{d^2\phi(x)}{dx^2}+V(x)\phi(x)\right\} = -\frac{h}{2\pi i}\frac{1}{\varphi(t)}\frac{d\varphi(t)}{dt} \qquad (9\text{-}6)$$

右辺は時間 t だけの関数,左辺は座標 x だけの関数だから,上式の値は x にも t にも無関係な定数でなければいけない.定数を W として,式(9-6)は次の方程式2個に分離できる.

$$\left.\begin{array}{r}\dfrac{d\varphi(t)}{dt} = -\dfrac{2\pi i}{h}W\varphi(t) \\[6pt] -\dfrac{h^2}{8\pi^2 m}\dfrac{d^2\phi(x)}{dx^2}+V(x)\phi(x) = W\phi(x)\end{array}\right\} \qquad (9\text{-}7)$$

2番目の式は,全体に $-\dfrac{8\pi^2 m}{h^2}$ をかけたあと移項すれば次のようになる.

$$\frac{d^2\phi}{dx^2} + \frac{8\pi^2 m}{h^2}\{W-V(x)\}\phi = 0 \qquad (9\text{-}8)$$

通常,時間に関係しない式(9-8)のほうを「シュレーディンガー波動方程式」とよぶ.また, $\phi(x)$ は $\Psi(x,t)$ の振幅だから,「振幅方程式」ともいう.式(9-8)は,定数 W の値に応じた解をもつ. W 値は記号 n を添えて区別し, W_n に応じた振幅関数を $\phi_n(x)$ と書く.

かたや1番目の微分方程式は簡単に積分でき,解 $\varphi(t)$ は次式に書ける.

$$\varphi_n(t) = e^{-2\pi i \frac{W_n}{h}t} \qquad (9\text{-}9)$$

式(9-1)の一般解は,定数 a_n を特解にかけた総和としてこう書ける.

$$\Psi(x,t) = \sum_n a_n \Psi_n(x,t) = \sum_n a_n \phi_n(x) e^{-2\pi i \frac{W_n}{h}t} \qquad (9\text{-}10)$$

離散的な W_n 値についての和 ($\sum_n$) は,エネルギーが連続なら積分を表す(ときには離散エネルギーと連続エネルギーの両方を考える).

定数 W_n は定常状態で系がとるエネルギーを意味する——というのが,波動方程式を解釈する際の大事な仮定だと考えよう(次節も参照).

9c. 離散エネルギーと連続エネルギー 式(9-8)(+下記の補助条件)を満たす関数 $\phi_n(x)$ は,**波動関数**や**固有関数**(eigenfunction),振幅関数,特性関数などと

42   3章 シュレーディンガー方程式 ① 一次元の調和振動子

よぶ．波動方程式を満たす解は，W_n(エネルギー)が一定値のときにだけ存在する．そこで W_n を波動方程式の**特性エネルギー**や**固有値**ともいう(波動方程式は**特性値方程式**とよんでもいい)．

$|\phi_n(x)|^2$ に「確率分布関数」の意味をもたせるには(後述)，波動関数を一価関数(変数と関数の値が 1：1 対応する関数)とみるのがよい．それを含め波動力学では，次の補助条件を仮定する：**シュレーディンガー方程式に従う波動関数は，系の全配置空間**(一次元なら座標 x の全域)**で連続・一価・有限**[1)]**となる**(振動する弦の位置を表す関数など，物理量を表す関数はどれもそうなる)．

系の特性エネルギー W_n は，離散的か連続的(または両方)になる．分光学の用語を借りて，それぞれ「離散スペクトル」「連続スペクトル」とよぶことも多い．単純な例として，x が正負どちらでも増すにつれ，ポテンシャル関数 $V(x)$ の値が増す自由度 1 の系を考えよう(図 9-1)．エネルギー W の波動方程式はこう書ける．

$$\frac{d^2\psi}{dx^2} = \frac{8\pi^2 m}{h^2}\{V(x)-W\}\psi \tag{9-11}$$

$x>a$ の範囲だと，$V(x)-W$ が正なので曲率 $\dfrac{d^2\psi}{dx^2}$ は，$\psi>0$ なら正，$\psi<0$ なら

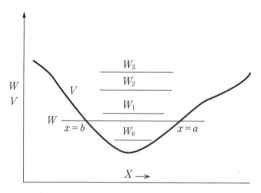

図 9-1 ポテンシャル関数とエネルギーの関係(自由度 1 の一般系)

---

1) 波動関数が全配置空間で有限という仮定はきびしいため，多様な代案が提出された．最善はパウリの提案("Handbuch der Physik," 2nd ed., Vol. 16, Part 1, p. 123)だろう．$\Psi^*\Psi$ が確率分布関数となるには(次節)，全空間で積分した $\Psi^*\Psi$ が，時間によらない一定値でなければいけない．パウリは，Ψ が全空間で有限ならそうなることと，ときに「全空間で有限ではない関数」も条件を満たすのを証明した(ただし本書の範囲外)．

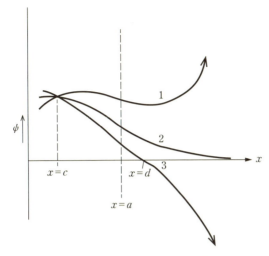

図 9-2　$x>a$ で関数 ϕ がもつ姿

負になる．任意の点 $x=c$ で関数 ϕ はある値(波動方程式が同次[1]なら任意に選べる)をもち，傾き $\dfrac{d\phi}{dx}$ も決まっているとする(図 9-2 の曲線 1)．関数の姿が $x=c$ の左右でどうなるかは，$x=c$ での傾き $\dfrac{d\phi}{dx}$ と，二階微分の値を決めるエネルギー W の値で完全に決まる．

曲線 1 の場合，$x<a$ で $V(x)-W$ は負，ϕ は正だから曲率は負になり，図に描いた姿で右手に続く．点 $x=a$ で関数は正，曲率は正だから，下に凸の曲線へと変わる．以後は無限大に向かう(発散する)ため，波動関数としては採用できない．

次に，$x=c$ で図 9-2 の傾きをもつ曲線 3 はどうか．曲線は a より右の $x=d$ で x 軸と交わる．$x>d$ の範囲だと，ϕ 自体も曲率も負になる．すると関数 ϕ は負の無限大に発散するため，やはり適切な波動関数ではない．

つまり，ある W 値の場合，$x=c$ で関数がもつ傾きを慎重に選んだときにだけ，x が大きい範囲で適切にふるまう関数が決まる．図 9-2 の例なら，曲線 2 ($x\to\infty$ で 0 に収束する波動関数)がそれにあたる．

そうやって決まった関数が，左(負)側の x で示すふるまいを考えよう．右側

---

[1] ϕ の全項が同じ次数(いまの例だと一次)なら，方程式は「ϕ について同次」という．同次方程式の解に定数をかけた関数も，方程式の解になる．

なら収束した関数も，左側では(曲線1や3と同じく)発散するかもしれない．W値しだいでは発散もありうる．そこで別のW値を選び，右側が収束するように$x=c$での傾きを決めたあと，左側も収束するかどうか調べる．W値が適切なら，ある傾きのとき，関数はx軸の左右両側で収束する．そのW値が，特性エネルギーのひとつにほかならない．曲線の形はWで敏感に変わるため，少しでもずれると発散してしまう．

つまり，適切な波動関数ϕを決めるWも，「$x=c$での傾き」も，決まった値しかとれない．適切なW値ごとに1個(ないし数個)の「適切な傾き」があり，それが波動関数をつくる．いまの系ならエネルギーは離散的なW_nの組だけがあり，Wがどれほど大きくても，xが正負それぞれで大きくなれば，$V(x)-W$は正値になる．

図9-1に描いた系の特性エネルギーは，波動関数$\phi_0(x), \phi_1(x), \cdots$に応じ，最低値$W_0$，次の値$W_1, \cdots$と番号を振る．$W_n$や$\phi_n(x)$の添え字$n$を**量子数**とよぶ．一次元系の$n$は，$\phi_n$がもつ節(零点)の数に等しい[1]．どの節も$x=b\sim a$の領域にあり，領域外では$V(x)-W$が正となる．このように，自然に出る整数(量子数)がエネルギー値を決める点こそが，「仮定ありき」の古い量子論と好対照をなす．

位置エネルギー(ポテンシャル)関数が$x\to +\infty$か$x\to -\infty$(または両方)で有限な系を考えよう(図9-3)．W値が$V(+\infty)$と$V(-\infty)$のどちらよりも小さければ，上記と同じ話だから，エネルギーは離散的な組になる．しかし$W>V(+\infty)$なら，同様な考察より，曲率のせいで状態がいつもx軸に戻される結果，波動関数はx軸のまわりを振動する．すると，$V(+\infty)$と$V(-\infty)$のどちらかより大きいW値はみな許容できるため，系のエネルギーは連続スペクトルになる．

9d. 複素共役波動関数 $\Psi^*(x, t)$　波動方程式と解の解釈(次節)には，いわば$\Psi(x,t)$の鏡像にあたる複素共役関数$\Psi^*(x,t)$を使う．Ψ^*は，式(9-1)の全体を複素共役にした次の波動方程式を満たす．

$$-\frac{h^2}{8\pi^2 m}\frac{\partial^2 \Psi^*(x,t)}{\partial x^2} + V^*(x)\Psi^*(x,t) = \frac{h}{2\pi \mathrm{i}}\frac{\partial \Psi^*(x,t)}{\partial t} \qquad (9\text{-}12)$$

式(9-12)の一般解はこうなる(式9-12にΨ，式9-1にΨ^*を使う流儀もある)．

$$\Psi^*(x,t) = \sum_n a_n^* \Psi_n^*(x,t) = \sum_n a_n^* \phi_n^*(x) \mathrm{e}^{2\pi \mathrm{i}\frac{W_n}{h}t} \qquad (9\text{-}13)$$

---

[1]　$\phi_n(x)=0$になる点をϕ_nの節という．

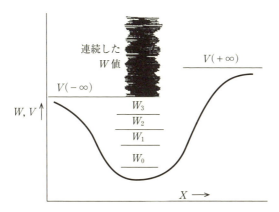

図 9-3 $V(-\infty)$ や $V(+\infty)$ が有限な系のエネルギー単位

　$\Psi^*(x,t)$ を構成する時間 t の指数項は，むろん複素共役なので Ψ とはちがう．かたや振幅関数 $\phi_n(x)$ のほうは実数だから，$\phi_n^*(x)=\phi_n(x)$ が成り立つ．

10. 波動関数の意味

　10a. 確率分布関数 $\Psi^*(x,t)\Psi(x,t)$　　波動方程式の一般解 $\Psi(x,t)$ を考えよう．Ψ と複素共役の積 $\Psi^*(x,t)\Psi(x,t)$ は，一次元なら $x=-\infty\sim+\infty$（全配置空間）で定義される．そして Ψ は，次の物理的意味をもつと仮定する．

　$\Psi^*(x,t)\Psi(x,t)\mathrm{d}x$ は，波動関数 $\Psi(x,t)$ に従う系が，時刻 t で領域 $\mathrm{d}x$ 内の1点に見つかる確率を表す．つまり $\Psi^*(x,t)\Psi(x,t)$ は，系の配置状態に関する**確率分布関数**を意味する．一次元系だと $\Psi^*(x,t)\Psi(x,t)\mathrm{d}x$ は，粒子が時刻 t で区間 $x\sim x+\mathrm{d}x$ にある確率を指す．

　その仮定に合うよう，波動関数 $\Psi(x,t)$ は1に**規格化**されていなければいけない．粒子が $x=-\infty\sim+\infty$ の「どこかにある確率」は必ず1だから，式(9-10)の定数 a_n は次式を満たす必要がある．

$$\int_{-\infty}^{+\infty}\Psi^*(x,t)\Psi(x,t)\mathrm{d}x=1 \tag{10-1}$$

振幅関数 ϕ のほうも，次のように規格化すれば見通しがよい．

$$\int_{-\infty}^{+\infty}\phi_n^*(x)\phi_n(x)\mathrm{d}x=1 \tag{10-2}$$

さらに，振幅方程式の独立な解二つ $\phi_m(x)$ と $\phi_n(x)$ は，積分 $\int \phi_m^*(x)\phi_n(x)\,\mathrm{d}x$ が全配置空間で0になる，つまり次式が成り立つように選べる（付録Ⅲ）．

$$\int_{-\infty}^{+\infty} \phi_m^*(x)\phi_n(x)\,\mathrm{d}x = 0 \qquad m \neq n \tag{10-3}$$

上式を満たす二つの関数は，**互いに直交**しているという．以上の関係と式(9-10)・(9-13)より，波動関数 $\Psi(x,t)=\sum_n a_n \Psi_n(x,t)$ は，係数 a_n が次式を満たせば規格化されている．

$$\sum_n a_n^* a_n = 1 \tag{10-4}$$

10b. 定常状態 波動関数 $\Psi(x,t)=\sum_n a_n \phi_n(x)\mathrm{e}^{-2\pi\mathrm{i}\frac{W_n}{h}t}$ とその複素共役 $\Psi^*(x,t)=\sum_m a_m^*\phi_m^*(x)\mathrm{e}^{2\pi\mathrm{i}\frac{W_m}{h}t}$ に従う系の確率分布関数 $\Psi^*\Psi$ は，次のように書ける．

$$\Psi^*(x,t)\Psi(x,t)$$
$$=\sum_n a_n^* a_n \phi_n^*(x)\phi_n(x) + \sum_m \sum_n{}' a_m^* a_n \phi_m^*(x)\phi_n(x)\mathrm{e}^{2\pi\mathrm{i}\frac{(W_m-W_n)}{h}t}$$

二重和記号の上につけた ′ は，$m \neq n$ を表す．二重和内の指数関数が t を含むため，確率関数（系の性質）は時間で変わる．ただし，ある n（たとえば n'）以外の係数 a_n がどれも0なら，振幅方程式の特解 $\phi_{n'}(x)$ を使い，波動関数は $\Psi_{n'}(x,t)=\phi_{n'}(x)\mathrm{e}^{-2\pi\mathrm{i}\frac{W_{n'}}{h}t}$ と書ける．そのとき $\Psi^*\Psi$ は指数項が打ち消し合って $\phi_{n'}(x)^2$ となり，時間 t に関係しない．それを**定常状態**という．

10c. 物理量の平均値 系の波動関数を Ψ とする．時刻 t で系の座標 x を測定したときの平均値は，$\Psi^*\Psi$ の性質を考えればこう書けるだろう．

$$\overline{x} = \int_{-\infty}^{+\infty} \Psi^*(x,t)\Psi(x,t)x\,\mathrm{d}x$$

つまり，変数 x に確率関数 $\Psi^*\Psi$ の「重み」をかけ，全空間で積分する．x^2 や x^3 も，あるいは座標 x のどんな関数 $F(x)$ も，平均値は上式の積分で求められる．

$$\overline{F} = \int_{-\infty}^{+\infty} \Psi^*(x,t)\Psi(x,t)F(x)\,\mathrm{d}x \tag{10-5}$$

運動量 p_x と座標 x を含む物理量の一般的関数 $G(p_x,x)$ の平均値を表すには，次のことを仮定する．

系が波動関数 $\Psi(x,t)$ に従うとき，物理量 $G(p_x,x)$ の平均値は次の積分に書ける．

$$\overline{G} = \int_{-\infty}^{+\infty} \Psi^*(x,t) G\!\left(\frac{h}{2\pi\mathrm{i}}\frac{\partial}{\partial x}, x\right) \Psi(x,t)\,\mathrm{d}x \tag{10-6}$$

10. 波動関数の意味

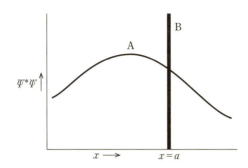

図 10-1 2種類の確率分布関数 $\Psi^*\Psi$

$G(p_x, x)$ の p_x を $\dfrac{h}{2\pi i}\dfrac{\partial}{\partial x}$ に変えた演算子 G は、関数 $\Psi(x,t)$ に作用する[1]。

ただし、「G の測定値が $\overline{G}$ になる」わけではない。Ψ に従う多くの系を測定した結果の平均値が $\overline{G}$ だと心得よう。同じ1個の系なら、同じ状態で何度もくり返した測定の平均値を表す。

$\Psi^*\Psi$ が x の一定範囲で有限なら(図 10-1 の曲線 A)、x の測定値は範囲内にある値のどれにもなり、それぞれの確率が $\Psi^*\Psi$ となる。かたや、$\Psi^*\Psi$ が曲線 B ($x=a$ 以外で 0) だと、x の測定値はいつも a になる。x^r の測定値も必ず a^r だから、$\overline{x^r}$ は $(\overline{x})^r$ に等しい。どんな r でも $\overline{G^r} = (\overline{G})^r$ となれば、物理量 G の確率分布関数は B 型だといえる(数学で証明可能)。

波動関数 $\Psi_n(x,t) = \phi_n(x) e^{-2\pi i \frac{W_n}{h} t}$ に従う定常状態の系でも、物理量を測れば平均値が出る。しかしハミルトニアン $H(p_x, x)$ が表す系のエネルギーは、定常状態なら一定値 W_n に等しいため、定常状態で測ったエネルギーの値はひとつに決まる。それを確かめるため、$\overline{H^r}$ と $(\overline{H})^r$ を計算しよう。時間を含む項は $e^{2\pi i \frac{W_n}{h} t} \times e^{-2\pi i \frac{W_n}{h} t} = 1$ だから、$\overline{H}$ は次の積分に書ける。

$$\overline{H} = \int_{-\infty}^{+\infty} \phi_n^*(x) \left\{ -\frac{h^2}{8\pi^2 m} \frac{d^2 \phi_n(x)}{dx^2} + V(x) \phi_n(x) \right\} dx$$

式(9-8)を使ってこう変形しよう。

$$\overline{H} = \int_{-\infty}^{+\infty} \phi_n^*(x) W_n \phi_n(x) dx$$

W_n は定数、$\int_{-\infty}^{+\infty} \phi_n^*(x) \phi_n(x) dx = 1$ なので、次式が成り立つ。

---

[1] 形を決めにくい演算子もあるが、本書では扱わない。

$$\overline{H} = W_n \quad \text{つまり} \quad (\overline{H})^r = W_n^r \qquad (10\text{-}7)$$

式(9-8)をくり返し使えば $\overline{H^r} = W_n^r$ だとわかり，$\overline{H^r} = (\overline{H})^r$ が証明できた．系の特性エネルギー W_n が一定なのでそうなる．

波動関数の意味につき，次節では調和振動子を，続く章ではほかの系を考えよう．系と波動関数の対応関係は 15 章に回す．最初のほうでは，おもに定常状態を扱う．

11. 調和振動子の波動力学

11a. 波動方程式の解 まずは一次元の調和振動子をシュレーディンガー方程式で解く．調和振動子の扱いは，波動方程式のよい応用となるほか，分子の振動エネルギー計算(後述)などにも大いに役立つ．

やや複雑な三次元振動子の古典力学は 1 章・1a 項で調べ，古い量子論を使う一次元振動子の扱いは 2 章・6a 項に述べた．

以前と同様，質量 m の粒子が平衡位置 $(x=0)$ から x だけ変位しているとき，位置エネルギーは $V(x) = 2\pi^2 m \nu_0^2 x^2$ と書ける．すると波動方程式はこう書いてよい．

$$\frac{d^2\psi}{dx^2} + \frac{8\pi^2 m}{h^2}(W - 2\pi^2 m \nu_0^2 x^2)\psi = 0 \qquad (11\text{-}1)$$

記号 $\lambda = \frac{8\pi^2 m W}{h^2}$ と $\alpha = \frac{4\pi^2 m \nu_0}{h}$ を使えば次式になる．

$$\frac{d^2\psi}{dx^2} + (\lambda - \alpha^2 x^2)\psi = 0 \qquad (11\text{-}2)$$

$x = -\infty \sim +\infty$ の範囲で上式を満たす適切な関数，つまり連続・一価・有限な関数 $\psi(x)$ を見つけたい．すぐ思いつくのは，冪(べき)級数にした ψ を波動方程式に入れ，x^n の係数を決めるやりかただ．ただし，もっといい方法がある．x が正負とも大きい範囲で ψ の形を決めたあと，ある因子を冪級数(いずれ有限な多項式だとわかる)の形で入れ，小さい $|x|$ で ψ が示すふるまいを調べる．それを**多項式の方法**[1] という．

まず，$|x|$ が大きいときの解を考えよう．エネルギー W がどんな値でも，$|x|$ が一定値より大きければ $\lambda \ll \alpha^2 x^2$ となるような $|x|$ が必ずある．そのとき波動方

---

[1] A. Sommerfeld, "Wave Mechanics," p. 11.

程式の漸近形はこう書ける．

$$\frac{d^2\psi}{dx^2}=\alpha^2 x^2\psi \tag{11-3}$$

漸近的な解を，次の指数関数に表す．

$$\psi=e^{\pm\frac{\alpha}{2}x^2}$$

ψ の一階微分と二階微分は次式に書ける．

$$\frac{d\psi}{dx}=\pm\alpha x e^{\pm\frac{\alpha}{2}x^2}$$

$$\frac{d^2\psi}{dx^2}=\alpha^2 x^2 e^{\pm\frac{\alpha}{2}x^2}\pm\alpha e^{\pm\frac{\alpha}{2}x^2}$$

$\frac{d^2\psi}{dx^2}$ の第2項は，第1項よりずっと小さいから無視してよい．

漸近解 $e^{-\frac{\alpha}{2}x^2}$ と $e^{+\frac{\alpha}{2}x^2}$ のうち，$|x|$ が増すと無限大に近づく後者は捨て，前者だけ採る．

漸近解に x の巾級数（係数はいずれ決める）$f(x)$ をかけ，全空間（$-\infty<x<+\infty$）にわたる波動方程式の解を求めていこう．$\psi=e^{-\frac{\alpha}{2}x^2}f(x)$ と書けば，$f'=\frac{df}{dx}$，$f''=\frac{d^2f}{dx^2}$ として次式ができる．

$$\frac{d^2\psi}{dx^2}=e^{-\frac{\alpha}{2}x^2}(\alpha^2 x^2 f-\alpha f-2\alpha x f'+f'')$$

式(11-2)を $e^{-\frac{\alpha}{2}x^2}$ で割ると，$\alpha^2 x^2 f$ の項が消える．

$$f''-2\alpha x f'+(\lambda-\alpha)f=0 \tag{11-4}$$

扱いやすくするため，次の新しい変数 ξ を使おう．

$$\xi=\sqrt{\alpha}\,x \tag{11-5}$$

すると関数 $f(x)$ は同等な $H(\xi)$ に変わり，微分方程式(11-4)は次式に書ける．

$$\frac{d^2H}{d\xi^2}-2\xi\frac{dH}{d\xi}+\left(\frac{\lambda}{\alpha}-1\right)H=0 \tag{11-6}$$

$H(\xi)$ を巾級数の姿に書き，一階微分と二階微分も表そう．

$$H(\xi)=\sum_\nu a_\nu\xi^\nu=a_0+a_1\xi+a_2\xi^2+a_3\xi^3+\cdots$$

$$\frac{dH}{d\xi}=\sum_\nu\nu a_\nu\xi^{\nu-1}=a_1+2a_2\xi+3a_3\xi^2+\cdots$$

$$\frac{d^2H}{d\xi^2}=\sum_\nu\nu(\nu-1)a_\nu\xi^{\nu-2}=1\cdot 2a_2+2\cdot 3a_3\xi+\cdots$$

以上を入れた式(11-6)は，次のように変わる．

$$1\cdot 2a_2+2\cdot 3a_3\xi+3\cdot 4a_4\xi^2+4\cdot 5a_5\xi^3+\cdots-2a_1\xi-2\cdot 2a_2\xi^2-2\cdot 3a_3\xi^3-\cdots$$
$$+\left(\frac{\lambda}{\alpha}-1\right)a_0+\left(\frac{\lambda}{\alpha}-1\right)a_1\xi+\left(\frac{\lambda}{\alpha}-1\right)a_2\xi^2+\left(\frac{\lambda}{\alpha}-1\right)a_3\xi^3+\cdots=0$$

どんな ξ でも級数が恒等的に 0 となり，$H(\xi)$ が (11-6) の解となるには，ξ の巾それぞれの係数が 0 でなければいけない[1]．

$$1\cdot 2a_2+\left(\frac{\lambda}{\alpha}-1\right)a_0=0$$
$$2\cdot 3a_3+\left(\frac{\lambda}{\alpha}-1-2\right)a_1=0$$
$$3\cdot 4a_4+\left(\frac{\lambda}{\alpha}-1-2\cdot 2\right)a_2=0$$
$$4\cdot 5a_5+\left(\frac{\lambda}{\alpha}-1-2\cdot 3\right)a_3=0$$

一般化すると，ξ^ν の係数は次の**漸化式**に従う．

$$(\nu+1)(\nu+2)a_{\nu+2}+\left(\frac{\lambda}{\alpha}-1-2\nu\right)a_\nu=0$$

$$a_{\nu+2}=-\frac{\left(\frac{\lambda}{\alpha}-2\nu-1\right)}{(\nu+1)(\nu+2)}a_\nu \tag{11-7}$$

係数 a_0 と a_1 が決まれば，$a_2, a_3, a_4, \cdots$ も順々に決まっていく．級数は，$a_0=0$ なら奇数巾だけ，$a_1=0$ なら偶数巾だけになる．

エネルギー変数 λ の値を勝手に選ぶと，級数は無限の項からなる．指数が負の項もあるにせよ正の項もあるから，x が増せば無限大に近づき，適切な波動関数はできない．それをみるため，H の級数を e^{ξ^2} の級数 (次式) と比べよう．

$$e^{\xi^2}=1+\xi^2+\frac{\xi^4}{2!}+\frac{\xi^6}{3!}+\cdots+\frac{\xi^\nu}{\left(\frac{\nu}{2}\right)!}+\frac{\xi^{\nu+2}}{\left(\frac{\nu}{2}+1\right)!}+\cdots$$

ζ が大きいとき，両級数とも第 1 項は無視できる．第 ν 項の係数比を c としよう．つまり，e^{ξ^2} の展開式で ξ^ν の係数を b_ν にした $c=a_\nu/b_\nu$ を考える．ν が十分に大きいと，次の漸近的な関係が成り立つ．

$$a_{\nu+2}=\frac{2}{\nu}a_\nu \qquad b_{\nu+2}=\frac{2}{\nu}b_\nu$$

まとめるとこう書ける．

---

[1] 6 章・23 節の脚注参照．

$$\frac{a_{\nu+2}}{b_{\nu+2}} = \frac{a_\nu}{b_\nu} = c$$

H と e^{ξ^2} の高次項は定数倍しかちがわないため，$|\xi|$ が大きいなら低次の項は無視できる．すると H は e^{ξ^2} と同様に変わり，積 $e^{-\frac{\xi^2}{2}} \times H$ が $e^{+\frac{\xi^2}{2}}$ と同様に変わる（発散する）から，適切な波動関数ではない．

つまり H の級数は，変数を調節し，有限個の項だけが残るようにしなければいけない．そのとき，$|\xi|$ の大きい $e^{-\frac{\xi^2}{2}}$ が関数を0に近づけ，適切な波動関数ができる．式(11-7)より，級数を第 n 項までに収める変数 λ は，次の値をもつ．

$$\lambda = (2n+1)\alpha \tag{11-8}$$

さらに，n の奇・偶に応じて a_0 か a_1 を0にする必要がある．それには適切な λ 値を選び，級数中の偶数項か奇数項を落とす（両方とも落ちることはない）．こうして解は ξ の奇関数か偶関数になり，そのとき波動方程式(11-2)は適切な解をもつ．ほかの λ 値なら，適切な解は出ない．

波動方程式は，$n = 0, 1, 2, 3, \cdots$（量子数）に応じた解をもつ．つまり多項式 $H(\xi)$ の次数として，整数が自然に出てくる．天下り式にエネルギー値を h の整数倍や半整数倍に仮定する古い量子論に比べ，単純明快だといえよう．

λ と α をもとに戻せば，波動関数の存在条件を語る式(11-8)はこう書ける．

$$W = W_n = \left(n + \frac{1}{2}\right) h\nu_0 \qquad n = 0, 1, 2, \cdots \tag{11-9}$$

古い量子論(2章・6a項)の結果 $W = nh\nu_0$ と比べ，エネルギー準位(図11-1)が準位間隔の半分だけ上にずれている．ずれ分の $\frac{1}{2}h\nu_0$ を**零点エネルギー**とよぶ．つまり調和振動子は，いちばん安定な状態でもエネルギーをもつ．零点エネルギーは量子力学に特有で，いろいろな問題に顔を出す[1]．なお，準位間の遷移に伴う放出・吸収エネルギー（振動数 ν_0）は，古い量子論でも量子力学でも変わらない．

11b. 波動関数 各エネルギー値 W_n について波動方程式(11-1)を満たす解は，漸化式(11-7)に従う．このように W_n と波動関数が1対1に対応するエネルギー準位を，準位1個に複数の波動関数が伴う**縮退**状態（後述）と区別して，**非縮退**という．

変数を $\xi = \sqrt{\alpha} x$ とすれば，式(11-1)の解はこう書ける．

---

[1] **零点エネルギー**という呼び名は，「絶対零度に近い温度で熱平衡にある系がもつエネルギー」にちなむ．統計力学や熱力学の考察に欠かせない零点エネルギーは，不確定性原理(15章)を反映する．

3章 シュレーディンガー方程式 ① 一次元の調和振動子

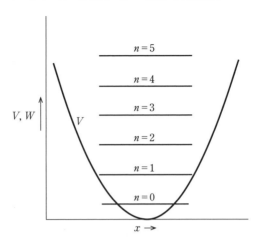

図 11-1 波動力学による調和振動子のエネルギー準位
(図 6-1 つまり古い量子論の結果と比べよう)

$$\phi_n(x) = N_n e^{-\frac{\xi^2}{2}} H_n(\xi) \tag{11-10}$$

$H_n(\xi)$ は ξ の n 次多項式を表す．係数 N_n は，ϕ_n の規格化条件(次式)から決まる．

$$\int_{-\infty}^{+\infty} \phi_n^*(x) \phi_n(x) \, dx = 1 \tag{11-11}$$

いまの場合，複素共役 ϕ_n^* は ϕ_n と等しい(ϕ_n の性質は次節で考察)．最低エネルギー状態の波動関数はこうなる(図 11-2 に描いた)．

$$\phi_0(x) = \left(\frac{\alpha}{\pi}\right)^{\frac{1}{4}} e^{-\frac{\xi^2}{2}} = \left(\frac{\alpha}{\pi}\right)^{\frac{1}{4}} e^{-\frac{\alpha}{2}x^2} \tag{11-12}$$

図 11-2 の $\phi_0^* \phi_0 = \phi_0^2$ は，座標 x に沿う確率分布関数を表す($\phi_0^2(x) \, dx$ は，$x \sim x+dx$ に粒子が見つかる確率)．量子力学の結果は，古典論の結果(破線)とまるで合わない．古典論なら，振動子が動きを止める左右の終点で確率が最大になる．かたや ϕ_0^2 は，$x=0$ に極大を示し，古典論ではありえない空間にも「しみ出し」がある．

粒子が「全エネルギー ＜ 位置エネルギー」の領域にも入りこめる結果は，「粒子の位置と速度が同時に確定することはない」というハイゼンベルクの不確定性原理(15章)にからむ．ともあれ，確率分布関数が「負の運動エネルギー」域に及んでも，エネルギー保存則は破れていないことに注目しよう．

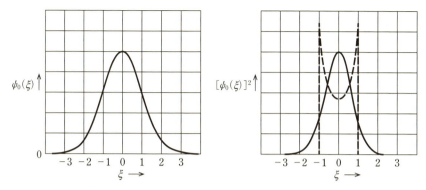

図 11-2 基底状態の調和振動子を表す波動関数 $\phi_0(\xi)$（左）と確率分布関数 $[\phi_0(\xi)]^2$（右）．破線は，全エネルギーが同じ古典的振動子の分布関数．

$n=1\sim 6$ の ϕ_n を図 11-3 に描いた．H_n が n 次の多項式だから，ϕ_n には n 個の節（零点）がある（節で粒子の存在確率は 0）．図示した解は，古典論の結果（2章・6c項）と共通点をもつ．つまり，古典論が許す「$V(x)<W_n$」の領域で波動関数は振動し，n 個の節を示す．だが波動関数は領域外にも伸び（節がなく），0 に向けて減る．もうひとつ，n が大きいほど，確率分布関数が（等エネルギーの）古典粒子と似ている点に注目しよう．

$n=10$ の $\phi^2(x)$ と，同じエネルギー $\frac{21}{2}h\nu_0$ をもつ古典的調和振動子の確率分布曲線を図 11-4 に比べた．波動力学の結果が示す激しい上下動に目をつぶると，両曲線の雰囲気は似ている．つまり，波動力学の調和振動子も，古典論の調和振動子と同様，軌道の中央で速く，端部では遅いとみてよい．振幅は一定ではなく激変するけれど，平均値は古典論の振動子に近い．また，「根 2 乗平均運動量」も古典論の値に等しい（問題 11-4）．

古典論との類似性は，波動方程式を直感的につかませるものの，完全には一致しないため，あまり強調しないほうがいい．たとえば確率分布関数が節をもつ事実は，古典論だと説明できないのだ．

11c. 数学でみる波動関数 波動方程式を解いて得られる多項式 $H_n(\xi)$ と関数 $e^{-\frac{\xi^2}{2}}H_n(\xi)$ は，数学者には古くからおなじみで，性質もよくわかっていた．

$H_n(\xi)$ を**エルミート多項式**という．$H_n(\xi)$ の性格は，別の定義（次式）をもとに考えるほうがわかりやすい（式 11-7 との等価性は後述）．

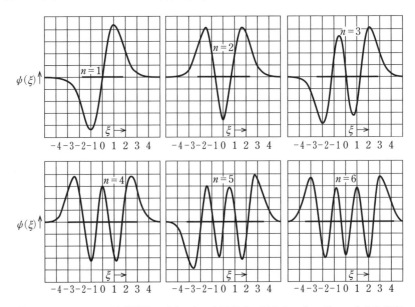

図 11-3 $n=1\sim 6$ の波動関数 $\psi_n(\xi)$. 太い水平線は,同じ全エネルギーの古典的調和振動子が運動する範囲.

$$H_n(\xi) = (-1)^n e^{\xi^2} \frac{d^n e^{-\xi^2}}{d\xi^n} \tag{11-13}$$

また,ほかの関数にも当てはまる**母関数**を使うやりかたもある.エルミート多項式の母関数はこう書ける.

$$S(\xi, s) \equiv e^{\xi^2 - (s-\xi)^2} \equiv \sum_{n=0}^{\infty} \frac{H_n(\xi)}{n!} s^n \tag{11-14}$$

補助変数 s を含む二つの恒等式からわかるとおり,関数 $e^{\xi^2-(s-\xi)^2}$ を s の巾級数に展開したとき s^n の係数は,$H_n(\xi)$ に $\frac{1}{n!}$ をかけたものとなる.定義(11-13)と(11-14)の等価性を確かめるため,S を s で n 回微分したあと,s を 0 に近づける.$\nu<n$ の項は微分で消え,$\nu>n$ の項は $s\to 0$ で消えて,$\nu=n$ の項だけが残る.

$$\left(\frac{\partial^n S}{\partial s^n}\right)_{s\to 0} = \left(\frac{\partial^n}{\partial s^n} \sum_\nu \frac{H_\nu(\xi) s^\nu}{\nu!}\right)_{s\to 0} = H_n(\xi)$$

$$\left(\frac{\partial^n S}{\partial s^n}\right)_{s\to 0} = \left(\frac{\partial^n e^{\xi^2-(s-\xi)^2}}{\partial s^n}\right)_{s\to 0} = e^{\xi^2}\left(\frac{\partial^n e^{-(s-\xi)^2}}{\partial (s-\xi)^n}\right)_{s\to 0}$$

$$= e^{\xi^2}(-1)^n \left(\frac{\partial^n e^{-(s-\xi)^2}}{\partial \xi^n}\right)_{s\to 0} = (-1)^n e^{\xi^2} \frac{d^n e^{-\xi^2}}{d\xi^n}$$

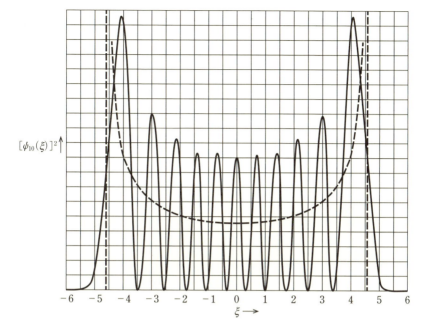

図 11-4 $n=10$ の確率分布関数 $[\psi_{10}(\xi)]^2$(実線)と，全エネルギーが同じ古典的振動子の確率分布曲線(破線). 両者の相違点と類似点に注目したい.

両式を比べると式(11-13)が出るから，$H_n(\xi)$ の定義二つは同じだとわかる. 式(11-13)は関数それぞれを得るのに役立ち，式(11-14)は，関数の性質を調べるのに役立つことが多い(後述).

上で定義した関数が調和振動子の解に等価だと確かめるため，$H_n(\xi)$ が従う方程式を探そう. まずは n 値を変えつつ，エルミート多項式と導関数との関係をつかむ. $S=e^{\xi^2-(s-\xi)^2}$ だから，s についての偏微分は次式に書ける.

$$\frac{\partial S}{\partial s} = -2(s-\xi)S$$

同様に級数 $S=\sum \frac{H_n(\xi)}{n!} s^n$ を偏微分し，$\frac{\partial S}{\partial s}$ の表式二つを等しいとおけばこうなる.

$$\sum_n \frac{H_n(\xi)}{(n-1)!} s^{n-1} = -2(s-\xi) \sum_n \frac{H_n(\xi)}{n!} s^n$$

s の同じ巾にあたる項をまとめ，次式を得る.

$$\sum_n \left\{ \frac{H_{n+1}(\xi)}{n!} + 2\frac{H_{n-1}(\xi)}{(n-1)!} - 2\xi \frac{H_n(\xi)}{n!} \right\} s^n = 0$$

上式は s がどんな値でも成り立つため，s の巾それぞれの係数は 0 でなければいけない．だからエルミート多項式の漸化式はこう書ける．

$$H_{n+1}(\xi) - 2\xi H_n(\xi) + 2n H_{n-1}(\xi) = 0 \tag{11-15}$$

同様に，ξ で微分すれば次式ができる．

$$\frac{\partial S}{\partial \xi} = 2sS$$

すると，エルミート多項式の一階微分を含む方程式はこうなる．

$$\sum_n \left\{ \frac{H'_n(\xi)}{n!} s^n - 2 \frac{H_n(\xi)}{n!} s^{n+1} \right\} = 0$$

$$H'_n(\xi) = \frac{dH_n(\xi)}{d\xi} = 2n H_{n-1}(\xi) \tag{11-16}$$

高次の微分を含む式を得るには，ξ でさらに微分すればよい．

式(11-15)と(11-16)から，$H_n(\xi)$ の微分方程式が得られる．まず(11-16)より，次式が成り立つ．

$$H''_n(\xi) = 2n H'_{n-1}(\xi) = 4n(n-1) H_{n-2}(\xi) \tag{11-17}$$

式(11-15)をこう書き直そう．

$$H_n(\xi) - 2\xi H_{n-1}(\xi) + 2(n-1) H_{n-2}(\xi) = 0 \tag{11-18}$$

最後に式(11-16)と(11-17)を使い，式(11-18)はこう書ける．

$$H_n(\xi) - \frac{2\xi}{2n} H'_n(\xi) + \frac{1}{2n} H''_n(\xi) = 0$$

$$H''_n(\xi) - 2\xi H'_n(\xi) + 2n H_n(\xi) = 0 \tag{11-19}$$

上式は，式(11-8)に従って $2n = \frac{\lambda}{\alpha} - 1$ とすれば，調和振動子の波動方程式(式11-6)に一致する．つまり整数値 n のそれぞれにつき，無限遠で収束する解を1個しかもたない多項式(11a項) $H_n(\xi)$ は，エルミート多項式にほかならない．

エルミート直交関数 とよぶ次の関数群が，調和振動子の適切な波動関数になる．

$$\psi_n(x) = N_n \, e^{-\frac{\xi^2}{2}} H_n(\xi) \qquad \xi = \sqrt{\alpha} \, x \tag{11-20}$$

ψ_n を規格化する N_n，つまり $\int_{-\infty}^{+\infty} \psi_n^2(x) \, dx = 1$ を満たす N_n は，次の値をもつ．

$$N_n = \left\{ \left(\frac{\alpha}{\pi} \right)^{1/2} \frac{1}{2^n n!} \right\}^{1/2} \tag{11-21}$$

関数群 ψ_n は，次式を満たせば互いに直交する．

$$\int_{-\infty}^{+\infty} \psi_n(x) \psi_m(x) \, dx = 0 \qquad n \neq m \tag{11-22}$$

関数の直交性を確かめ，式(11-21)の規格化定数を求めるには，以下二つの母関数を考えるとよい．

$$S(\xi, s) = \sum_n \frac{H_n(\xi)}{n!} s^n = e^{\xi^2 - (s-\xi)^2}$$

$$T(\xi, t) = \sum_m \frac{H_m(\xi)}{m!} t^m = e^{\xi^2 - (t-\xi)^2}$$

この二つを使い，次の関係式を得る．

$$\int_{-\infty}^{+\infty} ST e^{-\xi^2} d\xi = \sum_n \sum_m s^n t^m \int_{-\infty}^{+\infty} \frac{H_n(\xi) H_m(\xi)}{n! m!} e^{-\xi^2} d\xi$$

$$= \int_{-\infty}^{+\infty} e^{-s^2-t^2+2s\xi+2t\xi-\xi^2} d\xi = e^{2st} \int_{-\infty}^{+\infty} e^{-(\xi-s-t)^2} d(\xi - s - t)$$

$$= \sqrt{\pi} e^{2st} = \sqrt{\pi} \left(1 + \frac{2st}{1!} + \frac{2^2 s^2 t^2}{2!} + \cdots + \frac{2^n s^n t^n}{n!} + \cdots \right)$$

二つの等価な級数展開で $s^n t^m$ の係数を比べると，$\int_{-\infty}^{+\infty} H_n(\xi) H_m(\xi) e^{-\xi^2} d\xi$ は $m \neq n$ なら 0 になり，$m = n$ のとき $2^n n! \sqrt{\pi}$ になる．つまり関数は互いに直交し，規格化定数は上記の値になるとわかる．

最初から 11 番目までのエルミート多項式はこう書ける．

$$H_0(\xi) = 1$$
$$H_1(\xi) = 2\xi$$
$$H_2(\xi) = 4\xi^2 - 2$$
$$H_3(\xi) = 8\xi^3 - 12\xi$$
$$H_4(\xi) = 16\xi^4 - 48\xi^2 + 12$$
$$H_5(\xi) = 32\xi^5 - 160\xi^3 + 120\xi \tag{11-23}$$
$$H_6(\xi) = 64\xi^6 - 480\xi^4 + 720\xi^2 - 120$$
$$H_7(\xi) = 128\xi^7 - 1344\xi^5 + 3360\xi^3 - 1680\xi$$
$$H_8(\xi) = 256\xi^8 - 3584\xi^6 + 13440\xi^4 - 13440\xi^2 + 1680$$
$$H_9(\xi) = 512\xi^9 - 9216\xi^7 + 48384\xi^5 - 80640\xi^3 + 30240\xi$$
$$H_{10}(\xi) = 1024\xi^{10} - 23040\xi^8 + 161280\xi^6 - 403200\xi^4 + 302400\xi^2 - 30240$$

さらに拡張したいなら，漸化式(11-15)を使う．図 11-3 の曲線も，式(11-20)をもとに描いた．

母関数 S と T を使えば，ϕ_n を含む大事な積分いくつかを計算できる．たとえば，状態 $n \to m$ の遷移確率を表す積分(次式)を眺めよう(11 章・40c 項参照)．

$$x_{nm} = \int_{-\infty}^{+\infty} \phi_n \phi_m x \, dx = \frac{H_n H_m}{\alpha} \int_{-\infty}^{+\infty} H_n H_m e^{-\xi^2} \xi \, d\xi \tag{11-24}$$

S と T を使うと，次の関係が成り立つ．

$$\int_{-\infty}^{+\infty} ST e^{-\xi^2} \xi d\xi = \sum_n \sum_m \frac{1}{n!m!} s^n t^m \int_{-\infty}^{+\infty} H_n H_m e^{-\xi^2} \xi d\xi$$

$$= e^{2st} \int_{-\infty}^{+\infty} e^{-(\xi-s-t)^2} \xi d\xi$$

$$= e^{2st} \int_{-\infty}^{+\infty} e^{-(\xi-s-t)^2} (\xi-s-t) d(\xi-s-t) + e^{2st}(s+t) \int_{-\infty}^{+\infty} e^{-(\xi-s-t)^2} d(\xi-s-t)$$

最初の積分は 0，2番目が $\sqrt{\pi}$ になる．指数関数を展開して次式を得る．

$$\sqrt{\pi}\left(s + 2s^2t + \frac{2^2s^3t^2}{2!} + \cdots - \frac{2^n s^{n+1} t^n}{n!} + \cdots + t + 2st^2 + \frac{2^2 s^2 t^3}{2!} + \cdots + \frac{2^n s^n t^{n+1}}{n!} + \cdots \right)$$

$s^n t^m$ の係数を比べれば，積分は $m=n\pm 1$ のときにだけ，次の値をもつとわかる．

$$x_{n,n+1} = \sqrt{\frac{n+1}{2\alpha}} \tag{11-25a}$$

$$x_{n,n-1} = \sqrt{\frac{n}{2\alpha}} \tag{11-25b}$$

つまり調和振動子の遷移は，隣り合うエネルギー準位の間だけで起きる(2章・5c項でみた結論に一致する)．

問題 11-1. $V(-x) = V(x)$ のとき，振幅方程式(9-8)の解が $\psi_n(-x) = \pm \psi_n(x)$ となるのを確かめよ．

問題 11-2. 調和振動子が従う波動方程式の解 ψ_n を使い，以下の積分を計算せよ．
$(x^2)_{nm} = \int \psi_n \psi_m x^2 dx$ $(x^3)_{nm} = \int \psi_n \psi_m x^3 dx$ $(x^4)_{nm} = \int \psi_n \psi_m x^4 dx$

問題 11-3. n 番目の定常状態にある調和振動子につき，x, x^2, x^3, x^4 の平均値を計算せよ．$\overline{x^2} = (\bar{x})^2$ や $\overline{x^4} = (\bar{x^2})^2$ は正しいか？　以上より，x の測定結果からどのような結論が出せるか？

問題 11-4. n 番目の定常状態にある調和振動子で p_x と p_x^2 の平均値を計算し，同じ全エネルギーの古典的振動子と比較せよ．また，問題 11-3 の結果も合わせ，n 番目の定常状態がもつエネルギー $W = T + V$ の平均値を求めよ．

問題 11-5. a. 10 000 dyn の力で 1 cm だけ伸びるバネがある．そのバネで 1 g の質点を固定点につないだ系の零点エネルギーを求めよ．質点は x 方向に運動する．

　　　　b. エネルギーが kT にほぼ等しい系の量子数を計算せよ．k はボルツマン定数，$T=298$ K とする(室温での熱力学的平衡にからむ素材．14章・49節参照)．

量子力学の教科書

A. Sommerfeld: "Wave Mechanics," E. P. Dutton & Co., Inc., New York, 1930.

E. U. Condon and P. M. Morse: "Quantum Mechanics," McGraw-Hill Book Company, Inc., New York, 1929.

A. E. Ruark and H. C. Urey: "Atoms, Molecules and Quanta," McGraw-Hill Book Company, Inc., New York, 1930.

N. F. Mott: "An Outline of Wave Mechanics," Cambridge University Press, Cambridge, 1930.

J. Frenkel: "Wave Mechanics," Oxford University Press, 1933-1934.

K. K. Darraw: Elementary Notions of Quantum Mechanics, *Rev. Mod. Phys.* **6**, 23 (1934).

E. C. Kemble: General Principles of Quantum Mechanics, Part 1, *Rev. Mod. Phys.* **1**, 157 (1929).

E. C. Kemble and E. L. Hill: General Principles of Quantum Mechanics, Part 2, *Rev. Mod. Phys.* **2**, 1 (1930).

4章

シュレーディンガー方程式

② 三次元の粒子系

12. 粒子系の波動方程式

　空間内で相互作用する粒子 N 個のシュレーディンガー方程式は，一次元(前章)の拡張版にあたる．出発点の偏微分方程式が含む変数は，前章の一粒子系が 2 個(座標 x と時間 t)だったところ，$3N+1$ 個(デカルト座標 $3N$ 個と t)に増える．むろん波動関数も $3N+1$ 個の変数を含む．

　一次元と同じく波動方程式は，時間部分と，座標 $3N$ 個の振幅部分に分けられる．時間部分は一次元と同形なので，波動関数の時間変化も同形になる．

　かたや振幅部分は，$3N$ 次元空間内の方程式とみれば，解のほうも座標 $x_1, \cdots, z_N(-\infty \sim +\infty)$ の全部を含む．座標 $(x_1, \cdots, z_N)$ の値が，N 個の粒子それぞれの空間配置を表す．

　波動方程式と波動関数が従う補助条件も，波動関数の解釈も，次元が大きい点を別にして，一次元に同じだとみてよい．波動方程式と補助条件の妥当性は次節でわかる．

12a. 時間を含む波動方程式　ポテンシャル関数 $V(x_1, y_1, \cdots, z_N, t)$ のもとで空間内を運動する質点 N 個(質量 $m_1, m_2, \cdots, m_N$)の系を考えよう．粒子どうしや粒子—外場(または両方)の相互作用を表す V は，座標 $3N$ 個の関数でもよく，時間を含んでいてもよい．$V = V(x_1, \cdots, z_N)$ と書ける前者は保存系を表す(以下の考察はほぼ保存系にかぎる)．

　出発点のシュレーディンガー方程式は次式に書ける．

$$-\frac{h^2}{8\pi^2}\sum_{i=1}^{N}\frac{1}{m_i}\left(\frac{\partial^2 \Psi}{\partial x_i^2}+\frac{\partial^2 \Psi}{\partial y_i^2}+\frac{\partial^2 \Psi}{\partial z_i^2}\right)+V\Psi = -\frac{h}{2\pi \mathrm{i}}\frac{\partial \Psi}{\partial t} \tag{12-1}$$

簡単のため通常，**ラプラシアン**[1]（**ラプラス演算子**）とよぶ記号 ∇_i^2 を使ってこ

う書く．

$$-\frac{h^2}{8\pi^2}\sum_{i=1}^{N}\frac{1}{m_i}\nabla_i^2\Psi+V\Psi=-\frac{h}{2\pi\mathrm{i}}\frac{\partial\Psi}{\partial t}$$

デカルト座標なら，∇^2 は次の内容をもつ．

$$\nabla_i^2\equiv\frac{\partial^2}{\partial x_i^2}+\frac{\partial^2}{\partial y_i^2}+\frac{\partial^2}{\partial z_i^2}$$

座標 $3N$ 個と時間 t を含む波動関数は $\Psi=\Psi(x_1,\cdots,z_N,t)$ と書ける．

一次元のときと同じく上記のシュレーディンガー方程式は，古典力学のエネルギー方程式と対応がつく．ニュートン系の質点についてはこう書けた．

$$H(p_{x_1}\cdots p_{z_N},x_1\cdots z_N,t)=T(p_{x_1}\cdots p_{z_N})+V(x_1\cdots z_N,t)=W \tag{12-2}$$

運動量 $p_{x_1},\cdots,p_{z_N}$ を使って書き直そう．

$$H(p_{x_1}\cdots p_{s_N},x_1\cdots z_N,t)=\sum_i\frac{1}{2m_i}(p_{x_i}^2+p_{y_i}^2+p_{z_i}^2)+V(x_1\cdots z_N,t)=W \tag{12-3}$$

運動量 $p_{x_1},\cdots,p_{z_N}$ を座標の微分演算子 $\frac{h}{2\pi\mathrm{i}}\frac{\partial}{\partial x_1},\cdots,\frac{h}{2\pi\mathrm{i}}\frac{\partial}{\partial z_N}$ に，W を時間の微分演算子 $-\frac{h}{2\pi\mathrm{i}}\frac{\partial}{\partial t}$ に変え，演算子が関数 $\Psi(x_1,\cdots,z_N,t)$ に作用するとして，式 (12-1) と同形の次式ができる．

$$H\left(\frac{h}{2\pi\mathrm{i}}\frac{\partial}{\partial x_1}\cdots\frac{h}{2\pi\mathrm{i}}\frac{\partial}{\partial z_N},x_1\cdots z_N,t\right)\Psi=-\frac{h^2}{8\pi^2}\sum_{i=1}^{N}\frac{1}{m_i}\nabla_i^2\Psi+V\Psi=-\frac{h}{2\pi\mathrm{i}}\frac{\partial\Psi}{\partial t} \tag{12-4}$$

一次元と同様，簡潔な表記にしよう．

$$H\Psi=W\Psi \tag{12-5}$$

波動力学と古典力学の対応関係 (3章・9a項) は，むろん三次元にも成り立つ．

12b. 時間部分と振幅部分の変数分離 一次元 (9b項) と同様，波動方程式の解 (波動関数 Ψ) は，座標だけの関数 ϕ と，時間だけの関数 φ をかけた形に書けるとしよう．

$$\Psi(x_1\cdots z_N,t)=\phi(x_1\cdots z_N)\varphi(t) \tag{12-6}$$

式 (12-1) に入れると波動方程式は，次のとおり，$\varphi(t)$ の式と $\phi(x_1,\cdots,z_N)$ の式に分離できる．

$$\left.\begin{array}{l}\dfrac{\mathrm{d}\varphi(t)}{\mathrm{d}t}=-\dfrac{2\pi\mathrm{i}}{h}W\varphi(t)\\[6pt]-\dfrac{h^2}{8\pi^2}\sum\limits_{i=1}^{N}\dfrac{1}{m_i}\nabla_i^2\phi+V\phi=W\phi\end{array}\right\} \tag{12-7}$$

(前頁) 1) ∇^2 (読み：ナブラの2乗) は Δ とも書く．

ふつう次式の形に書く2番目が，保存系のシュレーディンガー振幅方程式を表す．

$$\sum_{i=1}^{N}\frac{1}{m_i}\nabla_i^2\psi+\frac{8\pi^2}{h^2}(W-V)\psi=0 \qquad (12\text{-}8)$$

解になる適切な波動関数は，座標$3N$個の全域($-\infty\sim+\infty$)で9c項の補助条件を満たさなければいけない．一次元の場合と同じく適切な解は，決まったエネルギー値Wだけで得られる(W値は離散的か連続，または両方になりうる)．

エネルギーの値と，対応する振幅関数は，座標と同じ$3N$個の量子数($n_1,\cdots,n_{3N}$)を使って表せばわかりやすい．座標と量子数の(個数面の)関係は，いずれくわしく扱う．以下では量子数$n_1,\cdots,n_{3N}$をn，エネルギー$W_{n_1},\cdots,n_{3N}$をW_n，振幅関数$\psi_{n_1},\cdots,n_{3N}$をϕ_nと書く．

$\varphi(t)$の方程式は，一次元のときと同様に積分できて，結果はこうなる．

$$\varphi(t)=e^{-2\pi i\frac{W_n}{h}t} \qquad (12\text{-}9)$$

すると波動方程式の特解(定常状態)は次式に書ける．

$$\Psi_n(x_1\cdots z_N,t)=\phi_n(x_1\cdots z_N)e^{-2\pi i\frac{W_n}{h}t} \qquad (12\text{-}10)$$

また一般解は，定数a_nを使ってこうなる．

$$\Psi(x_1\cdots z_N,t)=\sum_n a_n\Psi_n(x_1\cdots z_N,t)=\sum_n a_n\psi_n(x_1\cdots z_N)e^{-2\pi i\frac{W_n}{h}t} \qquad (12\text{-}11)$$

記号$\sum_n$は，W_nが離散的なら和を，連続なら積分を表す．

12c. 複素共役波動関数 $\Psi^*(x_1,\cdots,z_N,t)$ Ψ^*は，共役波動方程式(次式)の解になる．

$$-\frac{h^2}{8\pi^2}\sum_{i=1}^{N}\frac{1}{m_i}\nabla_i^2\Psi^*(x_1\cdots z_N,t)+V^*(x_1\cdots z_N,t)\Psi^*(x_1\cdots z_N,t)$$
$$=\frac{h}{2\pi i}\frac{\partial}{\partial t}\Psi^*(x_1\cdots z_N,t) \qquad (12\text{-}12)$$

保存系の場合，一般解はこう書ける．

$$\Psi^*(x_1\cdots z_N,t)=\sum_n a_n^*\Psi_n^*(x_1\cdots z_N,t)=\sum_n a_n^*\phi_n^*(x_1\cdots z_N)e^{2\pi i\frac{W_n}{h}t} \qquad (12\text{-}13)$$

12d. 波動関数の意味 波動関数の意味も一次元系(3章・10節)の拡張版だから，次のように表現できる．

量$\Psi^*(x_1,\cdots,z_N,t)\Psi(x_1,\cdots,z_N,t)$は，波動関数$\Psi$に従う系が，時刻$t$で体積素片$dx_1\cdots dz_N$中の1点に見つかる確率を表す．つまり$\Psi^*\Psi$は確率分布関数を意味する．

そのとき Ψ は，体積素片 $dx_1, \cdots, dz_N$ をまとめて $d\tau$ と書けば，次のように規格化されていなければいけない．

$$\int \Psi^*(x_1\cdots z_N, t)\Psi(x_1\cdots z_N, t)d\tau = 1 \tag{12-14}$$

振幅関数 $\phi_n(x_1, \cdots, z_N)$ のほうも，こう規格化されている．

$$\int \phi_n^*(x_1\cdots z_N)\phi_n(x_1\cdots z_N)d\tau = 1 \tag{12-15}$$

振幅方程式の独立な解は，次の直交条件を満たすように選べる(付録 III)．

$$\int \phi_m^*(x_1\cdots z_N)\phi_n(x_1\cdots z_N)d\tau = 0 \qquad m \neq n \tag{12-16}$$

式(12-11)の波動関数は，係数 a_n が次式を満たせば規格化されている．

$$\sum_n a_n^* a_n = 1 \tag{12-17}$$

10b 項と同様，式(12-10)の波動関数 $\Psi_n(x_1, \cdots, z_N, t)$ は，時間に関係しない定常状態の確率分布関数だとわかる．

また，10c 項と同じく，波動関数 $\Psi(x_1, \cdots, z_N, t)$ に従う系で，物理量 $G(p_{x_1}, \cdots, p_{x_N}, x_1, \cdots, z_N, t)$ の平均値は次の積分で表せる．

$$\overline{G} = \int \Psi^*(x_1\cdots z_N, t) G\left(\frac{h}{2\pi i}\frac{\partial}{\partial x_1}\cdots \frac{h}{2\pi i}\frac{\partial}{\partial z_N}, x_1\cdots z_N, t\right)\Psi(x_1\cdots z_N, t)d\tau \tag{12-18}$$

$G(p_{x_1}, \cdots, p_{z_N}, x_1, \cdots, z_N, t)$ の $p_{x_1}, \cdots, p_{z_N}$ を $\frac{h}{2\pi i}\frac{\partial}{\partial x_1}, \cdots, \frac{h}{2\pi i}\frac{\partial}{\partial z_N}$ に置き換えた演算子 G は関数 $\Psi(x_1, \cdots, z_N, t)$ に作用し，積分は系の全空間で行う．波動関数の意味について，さらに進んだ考察は 15 章に回す．

13. 自 由 粒 子

単純な例として，位置エネルギー V が一定の空間内を動く質量 m の粒子を考える．一定の V は 0 とみてもよいから，振幅方程式(12-8)をこう書こう．

$$\nabla^2 \psi + \frac{8\pi^2 m}{h^2} W\psi = 0 \tag{13-1}$$

デカルト座標で書けば，変数 3 個 (x, y, z) の偏微分方程式になる．

$$\frac{\partial^2 \psi}{\partial x^2} + \frac{\partial^2 \psi}{\partial y^2} + \frac{\partial^2 \psi}{\partial z^2} + \frac{8\pi^2 m}{h^2} W\psi = 0 \tag{13-2}$$

上式は，変数分離法(3章・9b 項)で 3 個の全微分方程式にできれば解きやす

い．まず，x だけの関数 $X(x)$，y だけの関数 $Y(y)$，z だけの関数 $Z(z)$ を使い，解が次の形に書けるかどうか調べよう．

$$\phi(x,y,z)=X(x)\cdot Y(x)\cdot Z(x) \tag{13-3}$$

上式を式(13-2)に入れ，ϕ で割ればこうなる．

$$\frac{1}{X}\frac{\mathrm{d}^2X}{\mathrm{d}x^2}+\frac{1}{Y}\frac{\mathrm{d}^2Y}{\mathrm{d}y^2}+\frac{1}{Z}\frac{\mathrm{d}^2Z}{\mathrm{d}z^2}+\frac{8\pi^2m}{h^2}W=0 \tag{13-4}$$

第1項は y と z に関係しない．第2項と第3項も同様だから，項三つの和は，x, y, z の値をどう選んでも定数 $-\frac{8\pi^2m}{h^2}W$ に等しい．x を変えれば第1項だけ変わるけれど，項三つの和が定数だから，$\frac{1}{X}\frac{\mathrm{d}^2X}{\mathrm{d}x^2}$ は(y と z ばかりか)x にも関係しない定数だとわかる．ほかの項もそうなので，式(13-5)と(13-6)が成り立つ．

$$\frac{1}{X}\frac{\mathrm{d}^2X}{\mathrm{d}x^2}=k_x \qquad \frac{1}{Y}\frac{\mathrm{d}^2Y}{\mathrm{d}y^2}=k_y \qquad \frac{1}{Z}\frac{\mathrm{d}^2Z}{\mathrm{d}z^2}=k_z \tag{13-5}$$

$$k_x+k_y+k_z=-\frac{8\pi^2m}{h^2}W \tag{13-6}$$

$k_x=-\frac{8\pi^2m}{h^2}W_x$ とおけば，X の部分が次の微分方程式になる．

$$\frac{\mathrm{d}^2X}{\mathrm{d}x^2}+\frac{8\pi^2m}{h^2}W_xX=0 \tag{13-7}$$

上式はすぐ解けて，定数 N_x と x_0 を使う一般解は正弦関数の形に書ける．

$$X(x)=N_x\sin\left\{\frac{2\pi}{h}\sqrt{2mW_x}(x-x_0)\right\} \tag{13-8}$$

Y と Z の部分も式(13-7)と同形だから，解はこうなる．

$$\left.\begin{array}{l}Y(y)=N_y\sin\left\{\dfrac{2\pi}{h}\sqrt{2mW_y}(y-y_0)\right\}\\[2mm]Z(z)=N_z\sin\left\{\dfrac{2\pi}{h}\sqrt{2mW_z}(z-z_0)\right\}\end{array}\right\} \tag{13-9}$$

解 X, Y, Z が出たからには，式(13-3)の仮定は正しかったといえる．別の解がないこと，つまり X, Y, Z の線形結合で表せない解が存在しないことも証明できる[1]．

次に，$W=W_x+W_y+W_z$ がどんなの値のとき，ϕ が適切な関数(3章・9c項)になるのか調べよう．三角関数は変数が実数なら連続・一価・有限なので，W_x,

---

[1] R. Courant and D. Hilbert, "Methoden der mathematischen Physik," 2nd ed., Springer, Berlin, 1931 参照．

W_y, W_z がどれも正, つまり $W>0$ が唯一の条件となる. すると自由粒子は, 9c 項の予測どおり, 連続エネルギー準位をもつことになる.

式(13-10)のエネルギーに対応する波動関数は, N を規格化定数として式(13-11)に書ける.

$$W = W_x + W_y + W_z \tag{13-10}$$

$\phi(x, y, z)$
$$= N\sin\left\{\frac{2\pi}{h}\sqrt{2mW_x}(x-x_0)\right\}\cdot\sin\left\{\frac{2\pi}{h}\sqrt{2mW_y}(y-y_0)\right\}\cdot\sin\left\{\frac{2\pi}{h}\sqrt{2mW_z}(z-z_0)\right\} \tag{13-11}$$

こうした関数, つまり全空間で連続エネルギーをもち, 値が0でない波動関数の規格化はたやすくない. 本書では原子や分子の構造に注目し, 衝突など自由粒子にからむ問題はあまり扱わないため, 規格化の話は他書にゆずる[1].

波動関数の意味だけは考えておこう. まず, 式(13-11)で $W_y = W_z = 0$, $W_x = W$ となる状態を考える. そのとき関数 $\Psi(x, y, z, t) = N\sin\left\{\frac{2\pi}{h}\sqrt{2mW}(x-x_0)\right\}$ $\times e^{-2\pi i\frac{W}{h}t}$ は, x 軸に垂直な波面をもつ定在波の組を表し[2], 波長は次式に書ける.

$$\lambda = \frac{h}{\sqrt{2mW}} \tag{13-12}$$

古典力学だと, 質量 m で速さ v の自由粒子は, エネルギー $W = \frac{1}{2}mv^2$ をもつ. じつは量子力学でも同形となり, $W = \frac{1}{2}mv^2$ を式(13-12)に入れて出る次式が, 名高いド・ブロイの式[3]にほかならない.

$$\lambda = \frac{h}{mv} \tag{13-13}$$

自由粒子の波動関数が正弦波に書けて, 同様な別の系もあることから, **波動力学**という呼び名ができた. 電子が正弦波のようにふるまう性質は実験でも確認できるため, 電子の本性を「波」とみる人も多い. ただし本書では電子の本性を「粒子」と見なし, 波動関数の性質が「波のような粒子」を生むと考える. 波も粒子も, ミクロ現象には当てはめにくいマクロな概念だから, どちらの見かたも万全とはいえないけれど, 以下では「粒子」イメージを基本に波動力学の結論を考察

---

1) A. Sommerfeld, "Wave Mechanics," English translation by H. L. Brose, pp. 293-295, E. P. Dutton & Co., Inc., New York, 1929; Ruark and Urey, "Atoms, Molecules, and Quanta," p. 541, McGraw-Hill Book Company, Inc., New York, 1930.
2) 式(13-11)の y と z を含む因子が一定値に近づく状況.
3) L. de Broglie, 学位論文, 1924; *Ann. de Phys.* **3**, 22 (1925).

しよう(そのほうが考えやすいと思うので).

波動関数を使い，x 軸に沿って動く粒子の全エネルギー(運動エネルギー $T_x = \frac{1}{2m}p_x^2$)を計算するには，12d 項の原理を使う．T_x の平均値は次のようになる．

$$\overline{T_x} = \frac{1}{2m}\int \Psi^* \left(\frac{h}{2\pi i}\right)^2 \frac{\partial^2}{\partial x^2} \Psi \mathrm{d}\tau$$
$$= \frac{1}{2m}\left(\frac{h}{2\pi i}\right)^2 \left(\frac{2\pi i}{h}\sqrt{2mW_x}\right)^2 \int \Psi^* \Psi \mathrm{d}\tau$$
$$= W_x$$

$W_x = W$ と仮定したため，こう書いてよい．

$$\overline{T_x} = W$$

同様に $\overline{T_x^r} = W^r = (\overline{T_x})^r$ だとわかる．つまり x 軸方向の運動エネルギーは一定値 W となり，$W_x \neq W$ のとき確率分布関数は 0 になる(3章・10c項参照)．

p_x そのものの平均値は 0 だから，次式の波動関数は，x 軸の「正か負」ではなく，「正と負の両方向」に同じ確率で運動する粒子を表すと考えなければいけない．

$$N \sin\left\{\frac{2\pi}{h}\sqrt{2mW}\,(x-x_0)\right\} \mathrm{e}^{-2\pi i \frac{W}{h}t}$$

余弦波の波動関数 $N \cos\left\{\frac{2\pi}{h}\sqrt{2mW}\,(x-x_0)\right\} \mathrm{e}^{-2\pi i \frac{W}{h}t}$ は，正弦波とちがうのは位相だけだから，エネルギーは等しい．余弦関数と「虚数 i をかけた正弦関数」の和・差からできる次の関数二つも波動方程式の解なので，「正弦関数と余弦関数の組」に等価だといえる．

$$N' \mathrm{e}^{\frac{2\pi i}{h}\sqrt{2mW}(x-x_0)} \mathrm{e}^{-\frac{2\pi i W}{h}t} \qquad N' \mathrm{e}^{-\frac{2\pi i}{h}\sqrt{2mW}(x-x_0)} \mathrm{e}^{-\frac{2\pi i W}{h}t}$$

上記の複素波動関数それぞれが，x 軸の正方向に一定の運動量 $p_x = \sqrt{2mW}$ と $p_x = -\sqrt{2mW}$ で動く粒子を表す．正方向の運動が 1 番目の波動関数，負方向の運動が 2 番目の波動関数にあたることは，$\overline{p_x}$ と $\overline{p_x^2}$ の計算からたやすくわかる．

式(13-11)を一般化した波動関数も波長 $\lambda = \frac{h}{\sqrt{2mW}}$ の定在波を表し，波面に垂直な直線が x, y, z 軸に対してもつ方向余弦は $\sqrt{\frac{W_x}{W}}, \sqrt{\frac{W_y}{W}}, \sqrt{\frac{W_z}{W}}$ となる．

問題 13-1. 二つ前の段落に書いた $p_x = \sqrt{2mW}$ と $p_x = -\sqrt{2mW}$ を確かめてみよ．

14. 箱の中の粒子[1]

辺長 a, b, c の四角い箱に入れた粒子を考えよう．ポテンシャル関数 $V(x, y,$

z)は, $0<x<a$, $0<y<b$, $0<z<c$ で 0 だが, 壁の位置で急増したあと無限大に向かう. 定常状態のエネルギーは連続ではなく, 箱の大きさと形で決まる離散的な値だといずれわかる.

ポテンシャル関数をこう書く.

$$V(x, y, z) = V_x(x) + V_y(y) + V_z(z) \tag{14-1}$$

$V_x(x)$ は $0<x<a$ で 0, $x<0$ と $x>a$ では無限大となる. $V_y(y)$ と $V_z(z)$ も同様.

自由粒子の場合と同じく, 波動方程式(14-2)を(14-3)のように変数分離する.

$$\frac{\partial^2 \psi}{\partial x^2} + \frac{\partial^2 \psi}{\partial y^2} + \frac{\partial^2 \psi}{\partial z^2} + \frac{8\pi^2 m}{h^2}\{W - V_x(x) - V_y(y) - V_z(z)\}\psi = 0 \tag{14-2}$$

$$\psi(x, y, z) = X(x) \cdot Y(y) \cdot Z(z) \tag{14-3}$$

すると全微分方程式が 3 個でき, うち x の部分はこうなる.

$$\frac{d^2 X}{dx^2} + \frac{8\pi^2 m}{h^2}\{W_x - V_x(x)\}X = 0 \tag{14-4}$$

$0<x<a$ での一般解は, 自由粒子と同様, 適当な振幅・振動数・位相の正弦関数となる. ただし, $x=0$ と $x=a$ で 0 になる関数しかありえない(図 14-1). 3 章・9c 項の考察を思い出そう. $x=a$ で 0 にならない曲線 A は, $x \to a$ のとき値も傾きも有限にとどまり, 曲率は次式に書ける.

$$\frac{d^2 X}{dx^2} = -\frac{8\pi^2 m}{h^2}\{W_x - V_x(x)\}X \tag{14-5}$$

$x \to a$ で $V(x)$ 値は無限大に向けて急増し, 定数 W_x がどれほど大きくても $W_x - V_x$ は負の無限大に向かう. だから曲率(傾きの変化率)が増し, 曲線も無限大に向かう. 大きな x で関数 $X(x)$ が有限(じつは 0)にとどまるには, $X(x)$ 自体が $x=a$ で 0 になる必要がある.

正弦関数は $x=0$ でも 0 にならなければいけない(曲線 C). つまり適切な波動関数 $X(x)$ は, $x=0$ と $x=a$ で 0 になり, 中間に何個か節をもつ正弦関数だといえる. それが位相と振動数(波長)を決め, 振幅は規格化条件から決まる. 区間 $0 \sim a$ にある節の数を量子数 n_x とみれば, 波長は $\frac{2a}{n_x}$ だから, 規格化された波動関数は式(14-6), エネルギー値は式(14-7)に書ける.

$$X_{n_x}(x) = \sqrt{\frac{2}{a}} \sin \frac{n_x \pi x}{a} \qquad n_x = 1, 2, 3, \cdots \qquad 0<x<a \tag{14-6}$$

(前頁) 1) 古い量子論の扱いは 2 章・6d 項参照.

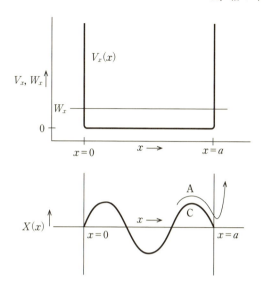

図 14-1 ポテンシャル関数 $V_x(x)$ と $X(x)$ のふるまい

$$W_{n_x} = \frac{n_x^2 h^2}{8ma^2} \tag{14-7}$$

波動関数 $X_1(x), \cdots, X_4(x)$ と，対応する確率分布関数 $[X_{n_x}(x)]^2$ を図 14-2 に描いた．

y と z の部分も同様に扱えば，$Y_{n_y}(y)$ と $Z_{n_z}(z)$ も，W_y と W_z も同形の式に書ける．以上をまとめ，n_x などを $1, 2, \cdots$ として，三次元の（振幅を表す）波動関数 $\psi_{n_x n_y n_z}(x, y, z)$ は式(14-8)，エネルギー値は式(14-9)になる．

$$\psi_{n_x n_y n_z}(x, y, z) = \sqrt{\frac{8}{abc}} \sin \frac{n_x \pi x}{a} \sin \frac{n_y \pi y}{b} \sin \frac{n_z \pi z}{c} \tag{14-8}$$

$$W_{n_x n_y n_z} = W_{n_x} + W_{n_y} + W_{n_z} = \frac{h^2}{8m}\left(\frac{n_x^2}{a^2} + \frac{n_y^2}{b^2} + \frac{n_z^2}{c^2}\right) \tag{14-9}$$

完全な波動関数 $\Psi_{n_x n_y n_z}$ は，x 軸に垂直な等間隔の節面(n_x+1 個)，y 軸に垂直な節面(n_y+1 個)，z 軸に垂直な節面(n_z+1 個)をもつ定在波となる．

各エネルギー値の定常状態は，幾何学から類推できる．格子点がデカルト座標 $\left(\frac{n_x}{a}, \frac{n_y}{b}, \frac{n_z}{c}\right)$ で表せる格子を考えよう（$n_x=1, 2, \cdots$；$n_y=1, 2, \cdots$；$n_y=1, 2, \cdots$）．原点を含む最小の格子は，辺長が $\frac{1}{a}, \frac{1}{b}, \frac{1}{c}$ で体積が $\frac{1}{abc}$ の単位胞を表し，格子点それぞれが波動関数を表す(図 14-3)．格子点(n_x, n_y, n_z)に対応するエネル

70　4章　シュレーディンガー方程式　② 三次元の粒子系

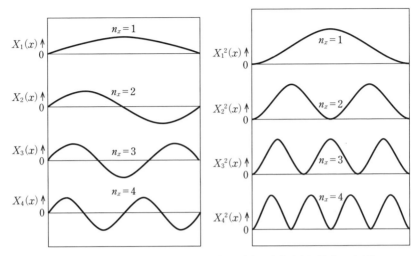

図 14-2　箱の中の粒子を表す波動関数 $X_{n_x}(x)$ と確率分布関数 $[X_{n_x}(x)]^2$

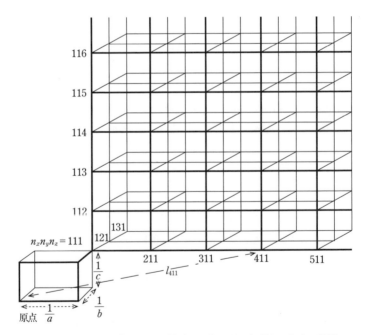

図 14-3　長方形の箱に入れた粒子のエネルギーを考えるための格子

ギーは，式(14-11)の $l_{n_x n_y n_z}$ (原点－格子点の距離)を使って式(14-10)のように書ける．

$$W_{n_x n_y n_z} = \frac{h^2}{8m} l_{n_x n_y n_z}^2 \tag{14-10}$$

$$l_{n_x n_y n_z} = \sqrt{\frac{n_x^2}{a^2} + \frac{n_y^2}{b^2} + \frac{n_z^2}{c^2}} \tag{14-11}$$

辺長 a, b, c のうち，どの二つも整数比でなければ，量子数3個の組に応じたエネルギー準位はすべて異なり，波動関数もそれぞれに特有となる(**非縮退**)．かたや，a, b, c の間に整数比の関係があると，同じエネルギーに2～3個の波動関数が属す(**縮退**)．

具体的にみよう．箱が $a=b=c$ の立方体なら，エネルギー準位の多くが縮退を示す．量子数 $n_x n_y n_z$ が111の最低準位(非縮退)はエネルギーが $\frac{3h^2}{8ma^2}$ となる．

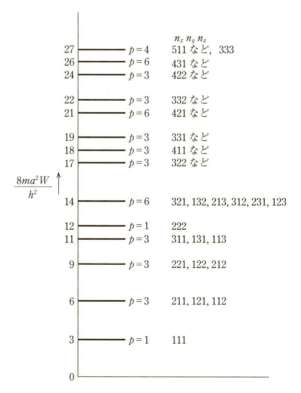

図 14-4 立方体の箱に入れた粒子のエネルギー準位，量子数，縮退度

次に高い量子数 211, 121, 112 の準位はエネルギー $\dfrac{6h^2}{8ma^2}$ をもつ(三重に縮退).

こうしてわかる量子数 n_x, n_y, n_z と縮退度 p の関係を図14-4に描いた．縮退度は**量子重率**ともいう．

15. デカルト座標でみた三次元調和振動子

三次元調和振動子もデカルト座標で解ける(古典力学の扱いは1章・1a項)．三次元調和振動子とは，力の定数が k_x などのとき，x, y, z 軸向きのベクトル力 $(-k_xx, -k_yy, -k_zz)$ で原点に束縛された粒子をいう．変位 x, y, z に応じて位置エネルギーはこう書ける．

$$V = \frac{1}{2}k_x x^2 + \frac{1}{2}k_y y^2 + \frac{1}{2}k_z z^2 \tag{15-1}$$

古典論の振動数 ν_x, ν_y, ν_z を使って定数 k_x, k_y, k_z を表せば次式になる．

$$V = 2\pi^2 m(\nu_x^2 x^2 + \nu_y^2 y^2 + \nu_z^2 z^2) \tag{15-2}$$

$$\left.\begin{aligned} k_x &= 4\pi^2 m \nu_x^2 \\ k_y &= 4\pi^2 m \nu_y^2 \\ k_z &= 4\pi^2 m \nu_z^2 \end{aligned}\right\} \tag{15-3}$$

以上をもとに波動方程式(12-8)を書こう．

$$\frac{\partial^2 \psi}{\partial x^2} + \frac{\partial^2 \psi}{\partial y^2} + \frac{\partial^2 \psi}{\partial z^2} + \frac{8\pi^2 m}{h^2}\{W - 2\pi^2 m(\nu_x^2 x^2 + \nu_y^2 y^2 + \nu_z^2 z^2)\}\psi = 0 \tag{15-4}$$

式(15-5a)〜(15-5d)の記号を使い，簡潔な式(15-6)を得る．

$$\lambda = \frac{8\pi^2 m}{h^2} W \tag{15-5a}$$

$$\alpha_x = \frac{4\pi^2 m}{h} \nu_x \tag{15-5b}$$

$$\alpha_y = \frac{4\pi^2 m}{h} \nu_y \tag{15-5c}$$

$$\alpha_z = \frac{4\pi^2 m}{h} \nu_z \tag{15-5d}$$

$$\frac{\partial^2 \psi}{\partial x^2} + \frac{\partial^2 \psi}{\partial y^2} + \frac{\partial^2 \psi}{\partial z^2} + (\lambda - \alpha_x^2 x^2 - \alpha_y^2 y^2 - \alpha_z^2 z^2)\psi = 0 \tag{15-6}$$

自由粒子(13節)の場合と同様，次の変数分離ができるものと仮定しよう．

$$\psi(x, y, z) = X(x) \cdot Y(y) \cdot Z(z) \tag{15-7}$$

式(15-6)に入れた結果を ψ で割ればこうなる．

15. デカルト座標でみた三次元調和振動子

$$\left(\frac{1}{X}\frac{\mathrm{d}^2 X}{\mathrm{d}x^2}-\alpha_x^2 x^2\right)+\left(\frac{1}{Y}\frac{\mathrm{d}^2 Y}{\mathrm{d}y^2}-\alpha_y^2 y^2\right)+\left(\frac{1}{Z}\frac{\mathrm{d}^2 Z}{\mathrm{d}z^2}-\alpha_z^2 z^2\right)+\lambda=0 \qquad (15\text{-}8)$$

13節と同じ考察により，項それぞれが定数 $(\lambda_x, \lambda_y, \lambda_z)$ に等しいため，たとえば x 部分は次の全微分方程式に書ける．

$$\frac{\mathrm{d}^2 X(x)}{\mathrm{d}x^2}+(\lambda_x-\alpha_x^2 x^2)X(x)=0 \qquad (15\text{-}9)$$

式(15-8)の定数 λ は次の内容をもつ．

$$\lambda_x+\lambda_y+\lambda_z=\lambda \qquad (15\text{-}10)$$

式(15-9)は一次元調和振動子の波動方程式(11-2)と同形だから，解の波動関数 $X(x)$ は式(15-11)に書ける．また λ_x は，量子数 $n_x(0,1,2,\cdots)$ を使った式(15-12)の値にかぎられる．

$$X(x)=N_{n_x}\mathrm{e}^{-\frac{\alpha_x x^2}{2}}H_n(\sqrt{\alpha_x}\,x) \qquad (15\text{-}11)$$

$$\lambda_x=(2n_x+1)\alpha_x \qquad (15\text{-}12)$$

$Y(y)$ と $Z(z)$ も同形だから，全エネルギーは式(15-13)，完全な波動関数は式(15-14)となる．

$$W_{n_x n_y n_z}=h\left\{\left(n_x+\frac{1}{2}\right)\nu_x+\left(n_y+\frac{1}{2}\right)\nu_y+\left(n_z+\frac{1}{2}\right)\nu_z\right\} \qquad (15\text{-}13)$$

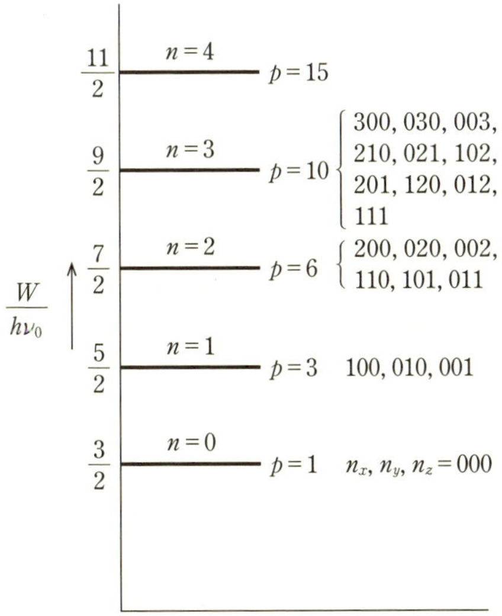

図 15-1 三次元等方調和振動子のエネルギー準位，量子数，縮退度

$$\psi_{n_x n_y n_z}(x, y, z) = N_{n_x n_y n_z} e^{-1/2(\alpha_x x^2 + \alpha_y y^2 + \alpha_z z^2)} H_{n_x}(\sqrt{\alpha_x} x) H_{n_y}(\sqrt{\alpha_y} y) H_{n_z}(\sqrt{\alpha_z} z) \tag{15-14}$$

規格化因子は次の形をもつ．

$$N_{n_x n_y n_z} = \left\{ \frac{(\alpha_x \alpha_y \alpha_z)^{1/2}}{\pi^{3/2} 2^{n_x + n_y + n_z} n_x! \, n_y! \, n_z!} \right\}^{1/2} \tag{15-15}$$

$\nu_x = \nu_y = \nu_z = \nu_0$, $\alpha_x = \alpha_y = \alpha_z$ の等方振動子なら，全量子数 $n = n_x + n_y + n_z$ を使ってエネルギーの式(15-13)はこう書ける．

$$W = \left(n_x + n_y + n_z + \frac{3}{2} \right) h\nu_0 = \left(n + \frac{3}{2} \right) h\nu_0 \tag{15-16}$$

エネルギーは全量子数だけで決まるため，1個だけの最低準位を除いてエネルギー準位は縮退し，縮退度は $\frac{(n+1)(n+2)}{2}$ となる．そのありさまを図15-1に描いた．

16. 曲線座標

古典力学の問題には，デカルト座標ではなく曲線座標(極座標など)を使うと解きやすいものが多かった(1章)．波動力学でも多様な座標を使う(どれも「直交座標」の類)．13節と15節ではデカルト座標を使い，波動方程式を変数分離できる系二つ(自由粒子と三次元調和振動子)を調べた．そんな扱いができない系も多い．デカルト座標だと変数分離できない場合，別の直交座標系を使えばうまく分離できることがある．

次の座標変換を考えよう．

$$x = f(u, v, w) \tag{16-1a}$$
$$y = g(u, v, w) \tag{16-1b}$$
$$z = h(u, v, w) \tag{16-1c}$$

デカルト座標なら次式に書けるラプラシアン ∇^2 が，新しい座標系でどう書けるかを調べよう．

$$\nabla^2 \equiv \frac{\partial^2}{\partial x^2} + \frac{\partial^2}{\partial y^2} + \frac{\partial^2}{\partial z^2} \tag{16-2}$$

偏微分の理論によれば，互いに直交する新しい座標系 (u, v, w) の ∇^2 は，式(16-3)と(16-4)で表せる．

$$\nabla^2 = \frac{1}{q_u q_v q_w} \left\{ \frac{\partial}{\partial u} \left(\frac{q_v q_w}{q_u} \frac{\partial}{\partial u} \right) + \frac{\partial}{\partial v} \left(\frac{q_u q_w}{q_v} \frac{\partial}{\partial v} \right) + \frac{\partial}{\partial w} \left(\frac{q_u q_v}{q_w} \frac{\partial}{\partial w} \right) \right\} \tag{16-3}$$

$$q_u^2 = \left(\frac{\partial x}{\partial u}\right)^2 + \left(\frac{\partial y}{\partial u}\right)^2 + \left(\frac{\partial z}{\partial u}\right)^2$$
$$q_v^2 = \left(\frac{\partial x}{\partial v}\right)^2 + \left(\frac{\partial y}{\partial v}\right)^2 + \left(\frac{\partial z}{\partial v}\right)^2 \qquad (16\text{-}4)$$
$$q_w^2 = \left(\frac{\partial x}{\partial w}\right)^2 + \left(\frac{\partial y}{\partial w}\right)^2 + \left(\frac{\partial z}{\partial w}\right)^2$$

式(16-3)は，$u \cdot v \cdot w$ 一定の座標面が互いに直交する座標系(u, v, w)だけで成り立つ（ふつうはそのタイプだけ使う）．

新しい座標系で体積素片 $d\tau$ はこう書ける．
$$d\tau = dx\,dy\,dz = q_u q_v q_w\,du\,dv\,dw \qquad (16\text{-}5)$$

いろいろな座標系で q_u, q_v, q_w と ∇^2 がどうなるかを付録 IV にまとめた．

数学の理論[1] によると三次元の波動方程式は，一部の座標系(付録 IV)だけで，しかも位置エネルギーが次の形をもつときにだけ変数分離できる[$\Phi_u(u)$はuだけ，$\Phi_v(v)$はvだけ，$\Phi_w(w)$はwだけの関数]．

$$V = q_u \Phi_u(u) + q_v \Phi_v(v) + q_w \Phi_w(w)$$

17. 円筒極座標でみた三次元調和振動子

デカルト座標と円筒極座標，球面極座標なら，三次元等方調和振動子の波動方程式は，変数分離を通じて解ける．ここでは円筒系を使い，結果をデカルト座標の場合(15節)と比べよう．

図 17-1 の円筒極座標 ρ, φ, z は，デカルト座標と次のように結びつく．
$$\left.\begin{array}{l} x = \rho\cos\varphi \\ y = \rho\sin\varphi \\ z = z \end{array}\right\} \qquad (17\text{-}1)$$

∇^2 を ρ, φ, z で表そう(付録 IV)．
$$\nabla^2 \equiv \frac{1}{\rho}\frac{\partial}{\partial \rho}\left(\rho\frac{\partial}{\partial \rho}\right) + \frac{1}{\rho^2}\frac{\partial^2}{\partial \varphi^2} + \frac{\partial^2}{\partial z^2} \qquad (17\text{-}2)$$

波動方程式(15-4)は，$\nu_x = \nu_y = \nu_0$ として(その場合だけ変数分離可)こうなる．
$$\frac{1}{\rho}\frac{\partial}{\partial \rho}\left(\rho\frac{\partial \psi}{\partial \rho}\right) + \frac{1}{\rho^2}\frac{\partial^2 \psi}{\partial \varphi^2} + \frac{\partial^2 \psi}{\partial z^2} + \frac{8\pi^2 m}{h^2}\{W - 2\pi^2 m(\nu_0^2 \rho^2 + \nu_z^2 z^2)\}\psi = 0 \qquad (17\text{-}3)$$

---

[1] H. P. Robertson, *Math. Ann.* **98**, 749 (1928); L. P. Eisenhart. *Ann. Math.* **35**, 284 (1934).

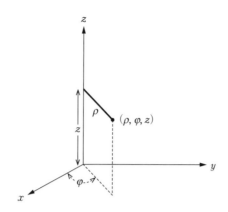

図 17-1 円筒極座標

式(17-4a)〜(17-4c)の記号を使えば，簡潔な式(17-5)が得られる．

$$\lambda = \frac{8\pi^2 m}{h^2} W \tag{17-4a}$$

$$\alpha = \frac{4\pi^2 m}{h} \nu_0 \tag{17-4b}$$

$$\alpha_z = \frac{4\pi^2 m}{h} \nu_z \tag{17-4c}$$

$$\frac{1}{\rho}\frac{\partial}{\partial \rho}\left(\rho \frac{\partial \psi}{\partial \rho}\right) + \frac{1}{\rho^2}\frac{\partial^2 \psi}{\partial \varphi^2} + \frac{\partial^2 \psi}{\partial z^2} + (\lambda - \alpha^2 \rho^2 - \alpha_z^2 z^2)\psi = 0 \tag{17-5}$$

15節と同様，次の変数分離を試みよう．

$$\psi = P(\rho) \cdot \Phi(\varphi) \cdot Z(z) \tag{17-6}$$

式(17-5)に入れ，ψ で割ればこうなる．

$$\frac{1}{P\rho}\frac{d}{d\rho}\left(\rho \frac{dP}{d\rho}\right) + \frac{1}{\rho^2 \Phi}\frac{d^2 \Phi}{d\varphi^2} + \frac{1}{Z}\frac{d^2 Z}{dz^2} + \lambda - \alpha^2 \rho^2 - \alpha_z^2 z^2 = 0 \tag{17-7}$$

上式を構成する項は，zだけの部分と，ρとφだけの部分に分けられる．以前と同様，変数のちがう関数の和が一定だから，どちらも定数に等しい．つまり，$\lambda' + \lambda_z = \lambda$として，以下二つの全微分方程式が書ける．

$$\frac{d^2 Z}{dz^2} + (\lambda_z - \alpha_z^2 z^2)Z = 0 \tag{17-8}$$

$$\frac{1}{P\rho}\frac{d}{d\rho}\left(\rho \frac{dP}{d\rho}\right) + \frac{1}{\rho^2 \Phi}\frac{d^2 \Phi}{d\varphi^2} - \alpha^2 \rho^2 + \lambda' = 0 \tag{17-9}$$

1番目の式(17-8)は一次元調和振動子の方程式だから，解はエルミート直交関

17. 円筒極座標でみた三次元調和振動子

数になる(3章・11c項).

$$Z_{n_z}(z) = N_{n_z} e^{-\frac{\alpha_z}{2}z^2} H_{n_z}(\sqrt{\alpha_z} z) \tag{17-10}$$

一次元と同様, 波動関数は3章・9c項の条件を満たすため, 定数 λ_z は下記にかぎられる.

$$\lambda_z = (2n_z + 1)\alpha_z \qquad n_z = 0, 1, 2, \cdots \tag{17-11}$$

2番目の式(17-9)は ρ と φ の関数だから, さらに分離したい. 全体に ρ^2 をかければ分離できる. できた方程式の第2項は ρ に無関係なので定数に等しい. 定数を $-m^2$ として, 以下二つの方程式になる.

$$\frac{d^2 \Phi}{d\varphi^2} + m^2 \Phi = 0 \tag{17-12}$$

$$\frac{1}{\rho}\frac{d}{d\rho}\left(\rho \frac{dP}{d\rho}\right) + \left(\lambda' - \alpha^2 \rho^2 - \frac{m^2}{\rho^2}\right) P = 0 \tag{17-13}$$

式(17-12)は簡単に積分でき, 規格化された解[1]はこうなる.

$$\Phi(\varphi) = \frac{1}{\sqrt{2\pi}} e^{im\varphi} \tag{17-14}$$

$e^{im\varphi} = \cos m\varphi + i \sin m\varphi$ だから, m が勝手な値だと $\Phi(\varphi)$ は φ の一価関数ではなく, 同じ点($\varphi = 0$ と $\varphi = 2\pi$)で同じ値をもたない. m が正か負の整数(または0)のときにだけ, Φ は一価になる(9c項).

φ のように, 波動方程式に現れない(微分変数としてだけ現れる)変数を, **循環座標**や**無視可能な座標**という. 循環座標は, 式(17-14)のように, 波動関数の指数因子となる[2].

$P(\rho)$ の方程式は, 一次元調和振動子(11a項)に使った方法で扱える. まず, ρ が大きいときに式(17-13)がこう近似できるような漸近解を求める.

$$\frac{d^2 P}{d\rho^2} - \alpha^2 \rho^2 P = 0 \tag{17-15}$$

漸近解は $e^{\pm \frac{\alpha}{2}\rho^2}$ となる ($e^{\pm \frac{\alpha}{2}\rho^2}$ は次式を満たし, 次式は ρ が大きくなれば式(17-15)に近づく).

$$\frac{d^2 e^{\pm \frac{\alpha}{2}\rho^2}}{d\rho^2} - (\alpha^2 \rho^2 \pm \alpha) e^{\pm \frac{\alpha}{2}\rho^2} = 0$$

11a項の発想を使い, 式(17-13)に次の関数を代入しよう.

---

[1] 指数関数の代わりに $\Phi(\varphi) = N \cos m\varphi$ と $N \sin m\varphi$ を使ってもよい(5章・18b項参照).
[2] Condon and Morse, "Quantum Mechanics," p. 72.

$$P(\rho) = e^{-\frac{\alpha}{2}\rho^2} f(\rho) \tag{17-16}$$

すると f は次の方程式に従う．

$$f'' - 2\alpha\rho f' + \frac{1}{\rho} f' + (\lambda' - 2\alpha) f - \frac{m^2}{\rho^2} f = 0 \tag{17-17}$$

前と同様，変数 ρ を次のように変換し，$f(\rho)$ を $F(\xi)$ に変える．

$$\xi = \sqrt{\alpha}\,\rho \tag{17-18}$$

こうして次の方程式を得る．

$$\frac{d^2 F}{d\xi^2} - 2\xi \frac{dF}{d\xi} + \frac{1}{\xi}\frac{dF}{d\xi} + \left(\frac{\lambda'}{\alpha} - 2 - \frac{m^2}{\xi^2}\right) F = 0 \tag{17-19}$$

F は ξ の巾（べき）級数に展開できるけれど(3章・11a項)，最初の係数いくつかが 0 になりうるので都合が悪い．そこで未定変数 s を使い，$a_0 \neq 0$ として次の形に変える．

$$F(\xi) = \xi^s \sum_{\nu=0}^{\infty} a_\nu \xi^\nu = a_0 \xi^s + a_1 \xi^{s+1} + \cdots \tag{17-20}$$

この変換は微分方程式の性質から必要になる[1]．式(17-19)は，$\frac{d^2 F}{d\xi^2}$ の係数を 1 とした次の標準形に書ける．

$$\frac{d^2 F}{d\xi^2} + p(\xi) \frac{dF}{d\xi} + q(\xi) F = 0$$

式(17-19)の係数 p と q は，$\xi=0$ に特異点[2]をもつ．ただし $p(\xi)$ が $\frac{1}{\xi}$ の桁，$q(\xi)$ が $\frac{1}{\xi^2}$ の桁なら，特異点 $\xi=0$ は**正則点**となる．ふつう原点が正則点になる微分方程式を解くには，式(17-20)の変換をし，得られた**指標方程式**から指数 s が決まる．

適切な波動関数だけを考えるなら，s の負値は無視してよい．同じ理由で $F(\xi)$ は ξ の正の巾だけを含むとする．ときには指標方程式から出る s が整数でなくなるけれど，そのときは式(17-20)の変換をして扱いやすくする．

級数(17-20)を式(17-19)に入れ，ξ が同じ巾の係数をまとめると次式になる．

$$(s^2 - m^2) a_0 \xi^{s-2} + \{(s+1)^2 - m^2\} a_1 \xi^{s-1}$$

$$+ \left[\{(s+2)^2 - m^2\} a_2 + \left\{\frac{\lambda'}{\alpha} - 2(s+1)\right\} a_0 \right] \xi^s + \cdots$$

$$+ \left[\{(s+\nu)^2 - m^2\} a_\nu + \left\{\frac{\lambda'}{\alpha} - 2(s+\nu-1)\right\} a_{\nu-2} \right] \xi^{s+\nu-2} + \cdots = 0 \tag{17-21}$$

---

[1] 線形微分方程式論を参照．例：Whittaker and Watson, "Modern Analysis," Chap. 10.
[2] 特異点では関数 $p(\xi)$ が無限大になる（発散する）．

ξ についての恒等式，つまり ξ がどんな値でも成り立つ等式だから，各巾の係数そのものが 0 に等しい．以上より，次の等式群を得る．

$$(s^2-m^2)a_0=0 \tag{17-22a}$$

$$\{(s+1)^2-m^2\}a_1=0 \tag{17-22b}$$

………

$$\{(s+\nu)^2-m^2\}a_\nu+\left\{\frac{\lambda'}{\alpha}-2(s+\nu-1)\right\}a_{\nu-2}=0 \tag{17-22c}$$

1番目の式(17-22a)が指標方程式にほかならない．$a_0=0$ でないかぎり，$s=+m$ または $s=-m$ となる．原点で有限な解(17-20)は，m が正のときだけ出るため，$s=+|m|$ としよう．それを式(17-22b)に入れ，$a_1=0$ を得る．一般漸化式(17-22c)はひとつ置きの係数を結びつけ，$a_1=0$ だから，奇数巾の係数はみな 0 になる．偶数巾の係数は，a_0 を使って式(17-22c)から求める．

一次元調和振動子と同様，出てくる無限級数は，λ' 値が勝手なら適切な波動関数にならない．大きな ξ で級数の値が無限大に向かうからだ．適切な波動関数を得るには，一定の次数より大きい項が消えるようにしなければいけない．

級数を $a_{n'}\xi^{n'+|m|}$ (n' は偶整数)までで止めるには，式(17-22c)の ν を $n'+2$ に変え，$a_{n'}$ の係数を 0 とおけばよい．すると次式が得られる．

$$\lambda'=2(|m|+n'+1)\alpha \tag{17-23}$$

式(17-11)の λ_z と式(17-23)の λ' を組み合わせればこうなる．

$$\lambda=\lambda'+\lambda_z=2(|m|+n'+1)\alpha+2\left(n_z+\frac{1}{2}\right)\alpha_z \tag{17-24}$$

λ，α，α_z の表式を代入し，次式を得る．

$$W_{mn'n_z}=(|m|+n'+1)h\nu_0+\left(n_z+\frac{1}{2}\right)h\nu_z \tag{17-25}$$

等方調和振動子($\nu_z=\nu_0$)の場合，エネルギーと量子数は次のようになる．

$$W_n=\left(n+\frac{3}{2}\right)h\nu_0 \qquad n=|m|+n'+n_z \tag{17-26}$$

また，量子数の制約はこう書ける(エネルギー準位の縮退度は 15 節の結果と同じ)．

$$m=0, \pm 1, \pm 2, \cdots$$
$$n'=0, 2, 4, 6, \cdots$$
$$n_z=0, 1, 2, \cdots$$

最後に波動関数は，N を規格化定数，漸化式(17-11)から出る ρ の多項式を

$F_{|m|,n'}(\sqrt{\alpha}\rho)$ として次式に書ける.

$$\psi_{n'mn_z}(\rho,\varphi,z) = Ne^{im\varphi}e^{-\frac{\alpha}{2}\rho^2}F_{|m|,n'}(\sqrt{\alpha}\rho)e^{-\frac{\alpha_z}{2}z^2}H_{n_z}(\sqrt{\alpha_z}z) \qquad (17\text{-}27)$$

上式は, $|m|$ が奇数なら ρ の奇数巾だけ, $|m|$ が偶数なら偶数巾だけを含む.

問題 17-1. 自由粒子の波動方程式は, いろいろな座標系で変数分離できる. 円筒極座標で書いた波動方程式を変数分離し, φ と z についての解を求めよ. また, ρ 方程式の級数解につき, 係数の漸化式を求めよ(ヒント:多項式法を当てはめる際, 漸近解を見つける手順は省いてよい).

問題 17-2. 式(17-27)の $\psi_{n'mn_z}$ が表す調和振動子の $\overline{p_z^2}$ を計算せよ. また, $\overline{p_x}=0$ となるのを確かめよ(ヒント:$\frac{\partial}{\partial x}$ を円筒極座標に変換する).

問題 17-3. 等方調和振動子の波動方程式は, 球面極座標でも変数分離できる. 球面極座標系の波動方程式を書いて変数分離し, 3個の全微分方程式を書き表せ.

5章
シュレーディンガー方程式
③ 水素原子

　原子のうちでいちばん単純な水素原子は，ほかの原子や分子を調べる出発点にふさわしい．多電子原子や分子を波動力学で扱うときは，水素原子を基本に使い，「水素型の波動関数」を多用する．定性的ないし半定量的なやりかたで波動力学を化学に使う際は，水素型の波動関数がよく顔を出す．

　水素原子は物理学を前に進める立役者だった．量子論の芽生えには，バルマー系列など水素原子の発光線が役立っている(p.32)．ボーアは水素原子を素材に古い量子論をつくり，シュレーディンガーは水素原子に注目して波動力学を生んだ．水素原子をめぐる謎は，ハイゼンベルクとボルン，ジョルダンを経て，パウリが最終的に解き明かす．

　本書で扱わないパウリの相対論的量子力学も，一電子系つまり水素原子にかぎられる（もっと複雑な系はまだ扱えていない）．

　本章では水素原子のシュレーディンガー方程式を，おおむねゾンマーフェルト流に解剖する．18節では波動方程式を変数分離法と多項式法で解き，量子数とエネルギー準位をつかむ．波動関数に現れるルジャンドル関数とラゲール関数を19節・20節で紹介したあと，波動関数の姿を21章でくわしく眺めよう．

18. 方程式の解とエネルギー

18a. 波動方程式の分離　水素原子は，クーロン力で引き合う粒子2個の系とみてよい．外場がないとき，電子(電荷$-e$)－核(電荷Ze)間の静電ポテンシャル

は，粒子間の距離 r を使って $-\dfrac{Ze^2}{r}$ と表せる．

核(質量 m_1)と電子(m_2)のデカルト座標(直角座標)をそれぞれ (x_1, y_1, z_1)，(x_2, y_2, z_2) として，波動方程式はこう書ける(添え字 T は「系の全体」を意味).

$$\frac{1}{m_1}\left(\frac{\partial^2 \psi_T}{\partial x_1^2}+\frac{\partial^2 \psi_T}{\partial y_1^2}+\frac{\partial^2 \psi_T}{\partial z_1^2}\right)+\frac{1}{m_2}\left(\frac{\partial^2 \psi_T}{\partial x_2^2}+\frac{\partial^2 \psi_T}{\partial y_2^2}+\frac{\partial^2 \psi_T}{\partial z_2^2}\right)+\frac{8\pi^2}{h^2}(W_T-V)\psi_T=0$$
(18-1)

位置エネルギー V は次の具体形をもつ．

$$V=-\frac{Ze^2}{\sqrt{(x_2-x_1)^2+(y_2-y_1)^2+(z_2-z_1)^2}}$$

式(18-1)は，原子全体の並進運動と，粒子2個の相対運動を表す式に分けられる．一般に，位置エネルギーが粒子の相対位置で決まる $V=V(x_2-x_1, y_2-y_1, z_2-z_1)$ の形なら分離できる．水素原子は，一様な電場の中にあってもよい[電場の位置エネルギーは，z 軸方向の電場強度が E なら $eEz_2-eEz_1=eE(z_2-z_1)$]．

式(18-1)を二分するため，系の重心を表すデカルト座標 (x, y, z) と，粒子どうしの相対位置を表す極座標 (r, θ, φ) を使おう．座標変換は次式に書ける．

$$x=\frac{m_1 x_1+m_2 x_2}{m_1+m_2} \tag{18-2a}$$

$$y=\frac{m_1 y_1+m_2 y_2}{m_1+m_2} \tag{18-2b}$$

$$z=\frac{m_1 z_1+m_2 z_2}{m_1+m_2} \tag{18-2c}$$

$$r\sin\theta\cos\varphi=x_2-x_1 \tag{18-2d}$$

$$r\sin\theta\sin\varphi=y_2-y_1 \tag{18-2e}$$

$$r\cos\theta=z_2-z_1 \tag{18-2f}$$

すると波動方程式(18-1)はこう変わる．

$$\frac{1}{m_1+m_2}\left(\frac{\partial^2 \psi_T}{\partial x^2}+\frac{\partial^2 \psi_T}{\partial y^2}+\frac{\partial^2 \psi_T}{\partial z^2}\right)$$
$$+\frac{1}{\mu}\left\{\frac{1}{r^2}\frac{\partial}{\partial r}\left(r^2\frac{\partial \psi_T}{\partial r}\right)+\frac{1}{r^2\sin^2\theta}\frac{\partial^2 \psi_T}{\partial \varphi^2}+\frac{1}{r^2\sin\theta}\frac{\partial}{\partial \theta}\left(\sin\theta\frac{\partial \psi_T}{\partial \theta}\right)\right\}$$
$$+\frac{8\pi^2}{h^2}\{W_T-V(r,\theta,\varphi)\}\psi_T=0$$
(18-3)

新しい変数 μ は，粒子2個の換算質量(1章・2d項)を意味する．

$$\mu = \frac{m_1 m_2}{m_1 + m_2} \quad \left(\frac{1}{\mu} = \frac{1}{m_1} + \frac{1}{m_2}\right) \tag{18-4}$$

式(18-3)の最初の( )内はデカルト座標で書いたϕ_Tのラプラシアンを,続く{ }内は極座標で書いたラプラシアンを表す(付録IV).

ϕ_Tを次のように変数分離できるかどうか調べよう.

$$\phi_T(x,y,z,r,\theta,\varphi) = F(x,y,z)\phi(r,\theta,\varphi) \tag{18-5}$$

式(18-5)を式(18-3)に代入し,全体を$\phi_T = F\phi$で割ると波動方程式は,x, y, z部分とr, θ, φ部分の和に書けるため,両方とも定数(0とする)に等しい.

$$\frac{\partial^2 F}{\partial x^2} + \frac{\partial^2 F}{\partial y^2} + \frac{\partial^2 F}{\partial z^2} + \frac{8\pi^2(m_1+m_2)}{h^2}W_{\mathrm{tr}}F = 0 \tag{18-6}$$

$$\frac{1}{r^2}\frac{\partial}{\partial r}\left(r^2\frac{\partial\phi}{\partial r}\right) + \frac{1}{r^2\sin^2\theta}\frac{\partial^2\phi}{\partial\varphi^2} + \frac{1}{r^2\sin\theta}\frac{\partial}{\partial\theta}\left(\sin\theta\frac{\partial\phi}{\partial\theta}\right)$$
$$+ \frac{8\pi^2\mu}{h^2}\{W - V(r,\theta,\varphi)\}\phi = 0 \tag{18-7}$$

エネルギーについては次式が成り立つ.

$$W_{\mathrm{tr}} + W = W_T \tag{18-8}$$

式(18-6)は,4章・13節の式(13-2)と同じく,自由粒子の運動を表す.つまり系の並進運動は,質量$m_1 + m_2$をもつ粒子の運動に等しい.ふつう並進運動は重要でないため,並進運動のエネルギーW_{tr}は気にしない.以下では並進運動を無視し,W_TのうちWだけを「系のエネルギー」とみよう.

式(18-7)が,ポテンシャル関数$V(r,\theta,\varphi)$に従う粒子1個(質量μ)の波動方程式を表す.古典力学でいうと,1章・2d項の式(2-25)にあたる.

Vがrだけの関数$V(r)$なら,式(18-7)はさらに分離できる.まずこう書こう.

$$\phi(r,\theta,\varphi) = R(r)\cdot\Theta(\theta)\cdot\Phi(\varphi) \tag{18-9}$$

式(18-7)に代入し,$R\Theta\Phi$で割れば次式になる.

$$\frac{1}{r^2 R}\frac{\mathrm{d}}{\mathrm{d}r}\left(r^2\frac{\mathrm{d}R}{\mathrm{d}r}\right) + \frac{1}{r^2\sin^2\theta\,\Phi}\frac{\mathrm{d}^2\Phi}{\mathrm{d}\varphi^2} + \frac{1}{r^2\sin\theta\,\Theta}\frac{\mathrm{d}}{\mathrm{d}\theta}\left(\sin\theta\frac{\mathrm{d}\Theta}{\mathrm{d}\theta}\right)$$
$$+ \frac{8\pi^2\mu}{h^2}\{W - V(r)\} = 0 \tag{18-10}$$

全体に$r^2\sin^2\theta$をかけると第2項は,φだけが変数の$\frac{1}{\Phi}\frac{\mathrm{d}^2\Phi}{\mathrm{d}\varphi^2}$になる.その$\frac{1}{\Phi}\frac{\mathrm{d}^2\Phi}{\mathrm{d}\varphi^2}$値が,$\varphi$を含まない「残り部分」と等しいから,$\frac{1}{\Phi}\frac{\mathrm{d}^2\Phi}{\mathrm{d}\varphi^2}$は定数でなければいけない.定数を$-m^2$としてこう書く.

$$\frac{\mathrm{d}^2\Phi}{\mathrm{d}\varphi^2} = -m^2\Phi \tag{18-11}$$

以上から，θとrの式は次の姿になる．

$$\frac{1}{R}\frac{d}{dr}\left(r^2\frac{dR}{dr}\right)-\frac{m^2}{\sin^2\theta}+\frac{1}{\sin\theta\Theta}\frac{d}{d\theta}\left(\sin\theta\frac{d\Theta}{d\theta}\right)+\frac{8\pi^2\mu r^2}{h^2}\{W-V(r)\}=0$$

第2項と第3項はrに関係せず，残り部分はθに関係しないため，どちらも定数に等しい．θの項を定数$(-\beta)$，rの項も定数$(+\beta)$とし，それぞれにΘと$\frac{R}{r^2}$をかけると，以下二つの式が得られる．

$$\frac{1}{\sin\theta}\frac{d}{d\theta}\left(\sin\theta\frac{d\Theta}{d\theta}\right)-\frac{m^2}{\sin^2\theta}\Theta+\beta\Theta=0 \tag{18-12}$$

$$\frac{1}{r^2}\frac{d}{dr}\left(r^2\frac{dR}{dr}\right)-\frac{\beta}{r^2}R+\frac{8\pi^2\mu}{h^2}\{W-V(r)\}R=0 \tag{18-13}$$

式(18-11)，(18-12)，(18-13)が解ければエネルギーもわかる．以後の話はこう進む．まず式(18-11)は，mが特別な値のときにだけ適切な解をもつとわかる．それを入れた式(18-12)の適切な解は，βが特別な値のときにだけ得られる．そのβ値を入れた式(18-13)も，やはりWが特別な値のときにだけ解(定常状態のエネルギー)をもつ．

水素原子の波動方程式は，極座標(r, θ, φ)以外の座標系でも分離できる．たとえばシュタルク効果を扱うには，放物線座標がふさわしい(シュレーディンガーの第3論文)．

18b. φ部分の解　循環座標φを含む式(18-11)の解はこうなる(4章・17節)．

$$\Phi_m(\varphi)=\frac{1}{\sqrt{2\pi}}e^{im\varphi} \tag{18-14}$$

Φが$\varphi=0(\varphi=2\pi)$で一価関数となるには，mが整数でなければいけない．つまりφ部分の解は，$m=0, +1, +2, \cdots, -1, -2$(略記形：$0, \pm 1, \pm 2, \cdots$)のときに得られる．

定数mを**磁気量子数**という(古い量子論でも同様．2章・7b項)．因子$\frac{1}{\sqrt{2\pi}}$は関数$\Phi_m(\varphi)$の規格化条件(次式)からくる

$$\int_0^{2\pi}\Phi^*(\varphi)\Phi_m(\varphi)d\varphi=1 \tag{18-15}$$

mの絶対値$|m|$が同じ関数$\Phi_{|m|}(\varphi)$と$\Phi_{-|m|}(\varphi)$も，両者の線形結合も，同じ微分方程式を満たす．また，両者の和と差は三角関数になる．ときには波動方程式の解を，複素指数関数ではなく，実数の三角関数にするとわかりやすい．そんな場合，直交規格化された解はこうなる($|m|=0$の解は1個だけ)．

$$\Phi_0(\varphi) = \frac{1}{\sqrt{2\pi}}$$

$$\Phi_{|m|}(\varphi) = \begin{cases} \dfrac{1}{\sqrt{\pi}} \cos|m|\varphi \\ \dfrac{1}{\sqrt{\pi}} \sin|m|\varphi \end{cases} \quad |m|=1,\ 2,\ 3,\ \cdots \tag{18-16}$$

文字 m を，磁気量子数そのもののほか「絶対値」にも使うと便利なことがある．ただし混同を避けるために以下，絶対値は $|m|$ と書こう．

18c. θ 部分の解 式(18-12)を解くには，$-1\sim+1$ の範囲で変わる次の変数 z を使うとよい．

$$z = \cos\theta \tag{18-17}$$

関数のほうも，$\Theta(\theta)$ から次式の $P(z)$ に変換する．

$$P(z) = \Theta(\theta) \tag{18-18}$$

$\sin^2\theta = 1 - z^2$ だから，次式が成り立つ．

$$\frac{d\Theta}{d\theta} = \frac{dP}{dz}\frac{dz}{d\theta} = -\frac{dP}{dz}\sin\theta$$

すると微分方程式はこう変わる．

$$\frac{d}{dz}\left\{(1-z^2)\frac{dP(z)}{dz}\right\} + \left\{\beta - \frac{m^2}{1-z^2}\right\}P(z) = 0 \tag{18-19}$$

多項式法で解こうとすれば，漸化式の項が3個以上になってしまう．そこで，多項式法が使える形になるよう変数変換を試みよう．

式(18-19)は $z=\pm 1$ に特異点をもち，どちらも正則点だから(4章・17節)，それぞれの指標方程式を調べよう．$z=+1$ 付近の姿を調べるには，$x=1-z$，$R(x)=P(z)$ と変換し，$z=+1$ を x の原点にもってくるとよい．そのとき式はこう変わる．

$$\frac{d}{dx}\left\{x(2-x)\frac{dR}{dx}\right\} + \left\{\beta - \frac{m^2}{x(2-x)}\right\}R = 0$$

上式に $R = x^s \sum_{\nu=0}^{\infty} a_\nu x^\nu$ を入れると，指標方程式より $s = \dfrac{|m|}{2}$ になる(17節)．同様に $y=1+z$ と変換して点 $z=-1$ を調べ，y の原点で指標方程式を書いてみれば，指標の値は同じだとわかる．

以上をもとに，次の置き換えをする．

$$P(z) = x^{\frac{|m|}{2}} y^{\frac{|m|}{2}} G(z) = (1-z^2)^{\frac{|m|}{2}} G(z) \tag{18-20}$$

式(18-19)に入れ, $\dfrac{dG}{dz}$ を G', $\dfrac{d^2G}{dz^2}$ を G'' とした次の微分方程式は, 巾(べき)級数の形で解ける.

$$(1-z^2)G''-2(|m|+1)zG'+\{\beta-|m|(|m|+1)\}G=0 \tag{18-21}$$

調和振動子の扱い(3章・11節)と同様, G を次の多項式に書く(微分すれば G' と G'' の級数ができる).

$$G=a_0+a_1z+a_2z^2+a_3z^3+\cdots \tag{18-22}$$

式(18-21)に入れ, $\{\beta-|m|(|m|+1)\}$ を $\{\}$ と略記して次の結果を得る.

$$1\cdot 2a_2+2\cdot 3a_3z+3\cdot 4a_4z^2+4\cdot 5a_5z^3+\cdots-1\cdot 2a_2z^2-2\cdot 3a_3z^3-\cdots$$
$$-2(|m|+1)a_1z-2\cdot 2(|m|+1)a_2z^2-2\cdot 3(|m|+1)a_3z^3-\cdots$$
$$+\{\beta-|m|(|m|+1)\}a_0+\{\}a_1z+\{\}a_2z^2+\{\}a_3z^3+\cdots=0$$

z についての恒等式だから, どの巾の係数も 0 になり, 次式が成り立つ.

$$1\cdot 2a_2+\{\}a_0=0$$
$$2\cdot 3a_3+(\{\}-2(|m|+1))a_1=0$$
$$3\cdot 4a_4+(\{\}-2\cdot 2(|m|+1)-1\cdot 2)a_2=0$$
$$4\cdot 5a_5+(\{\}-2\cdot 3(|m|+1)-2\cdot 3)a_3=0$$

一般化してこう書こう.

$$(\nu+1)(\nu+2)a_{\nu+2}+[\{\beta-|m|(|m|+1)\}-2\nu(|m|+1)-\nu(\nu-1)]a_\nu=0$$

すると級数 G の係数 $a_{\nu+2}$ と a_ν は, 次の漸化式で結びつく.

$$a_{\nu+2}=\dfrac{(\nu+|m|)(\nu+|m|+1)-\beta}{(\nu+1)(\nu+2)}a_\nu \tag{18-23}$$

数学の理論[1]によると, 漸化式(18-23)に従う無限級数は, $|m|$ と β が勝手な値のとき, $-1<z<1$ では収束しても $z=+1$ と -1 では発散するため, 適切な波動関数はできない. つまり適切な波動関数は, 級数 G の項が有限個のときにだけ得られる.

変数 β を次のように選べば, 偶奇どちらかの級数を $z^{\nu'}$ 項までにかぎれる(片方だけ残すには $a_0=0$ か $a_1=0$ とする).

$$\beta=(\nu'+|m|)(\nu'+|m|+1) \qquad \nu'=0,1,2,\cdots$$

β の特性値を上記のようにすると関数 $G(z)$ は, ν' の偶奇に応じ, z の偶数巾か奇数巾だけになる.

ν' に代え, 次の新しい量子数を使うとわかりやすい.

---

[1] R. Courant and D. Hilbert, "Methoden der mathematischen Physik," 2nd ed., Vol. 1, p. 281, Springer, Berlin, 1931.

$$l = \nu' + |m| \tag{18-24}$$

l の値は $|m|, |m|+1, |m|+2, \cdots$ だから，β の特性値はこうなる．

$$\beta = l(l+1) \qquad l = |m|, |m|+1, \cdots \tag{18-25}$$

方位量子数とよぶ l は，古い量子論の量子数 k にあたる．ただし l 値は k 値より 1 だけ小さい ($k=1$ なら $l=0$, $k=2$ なら $l=1$, $\cdots$)．

こうして θ 部分の適切な解は，漸化式(18-23)に従う $G(z)$ を使って次式に書ける．なお β は $l(l+1)$ に等しい．

$$\Theta(\theta) = (1-z^2)^{|m|/2} G(z)$$

関数 $\Theta(\theta)$ はルジャンドル陪関数だと次節でわかる（具体形は 21 節参照）．

18d. r 部分の解　最後に残った r 部分の微分方程式は，$\beta = l(l+1)$ と $V(r) = -\dfrac{Ze^2}{r}$ (Z：原子番号) を使ってこう書ける．

$$\frac{1}{r^2}\frac{d}{dr}\left(r^2\frac{dR}{dr}\right) + \left[-\frac{l(l+1)}{r^2} + \frac{8\pi^2\mu}{h^2}\{W - V(r)\}\right]R = 0 \tag{18-26}$$

電子 1 個の原子を表す式(18-26)は，水素原子や水素型原子ばかりか，ポテンシャル $V(r)$ で相互作用するどんな二粒子系にも使える．たとえば，二原子分子内で電子の作用を受けつつ運動する核 2 個も，ボルン・オッペンハイマーの方法で扱える (10 章・35a 項)．

まず，原子がイオン化しない $W<0$ の場合を考えよう．式(18-27)の記号と式(18-28)の新しい独立変数を使い，波動方程式を式(18-29)のように書く．

$$\left.\begin{aligned}\alpha^2 &= -\frac{8\pi^2\mu W}{h^2} \\ \lambda &= \frac{4\pi^2\mu Ze^2}{h^2\alpha}\end{aligned}\right\} \tag{18-27}$$

$$\rho = 2\alpha r \tag{18-28}$$

$$\frac{1}{\rho^2}\frac{d}{d\rho}\left(\rho^2\frac{dS}{d\rho}\right) + \left\{-\frac{1}{4} - \frac{l(l+1)}{\rho^2} + \frac{\lambda}{\rho}\right\}S = 0 \qquad 0 \leq \rho \leq \infty \tag{18-29}$$

上式の $S(\rho)$ は $R(r)$ に等しい．調和振動子のときと同様，まず方程式の漸近形を調べよう．ρ が大きくなると，上式は次の形に近づく．

$$\frac{d^2S}{d\rho^2} = \frac{1}{4}S$$

解は次のように書けて，発散しない二つ目だけが波動関数にふさわしい．

$$S = e^{+\frac{\rho}{2}} \quad \text{および} \quad S = e^{-\frac{\rho}{2}}$$

式(18-29)の解を次の形に仮定しよう．

$$S(\rho)=e^{-\frac{\rho}{2}}F(\rho) \tag{18-30}$$

$F(\rho)$は次式を満たす.

$$F''+\left(\frac{2}{\rho}-1\right)F'+\left\{\frac{\lambda}{\rho}-\frac{l(l+1)}{\rho^2}-\frac{1}{\rho}\right\}F=0 \qquad 0\leq\rho\leq\infty \tag{18-31}$$

F'とFの係数は原点($\rho=0$)で特異性を示すけれど,正則点だから(4章・17節)こう変換しよう.

$$F(\rho)=\rho^s L(\rho) \tag{18-32}$$

$L(\rho)$は,0でない定数項から始まるρの巾級数(次式)を表す.

$$L(\rho)=\sum_\nu a_\nu \rho^\nu \qquad a_0\neq 0 \tag{18-33}$$

一階微分と二階微分はこう書ける.

$$F'(\rho)=s\rho^{s-1}L+\rho^s L'$$

$$F''(\rho)=s(s-1)\rho^{s-2}L+2s\rho^{s-1}L'+\rho^s L''$$

こうして式(18-31)は次の形になる.

$$\rho^{s+2}L''+2s\rho^{s+1}L'+s(s-1)\rho^s L$$
$$+2\rho^{s+1}L'+2s\rho^s L$$
$$-\rho^{s+2}L'-s\rho^{s+1}L$$
$$+(\lambda-1)\rho^{s+1}L-l(l+1)\rho^s L=0 \tag{18-34}$$

Lの初項a_0を使い,ρ^sの係数は$\{s(s-1)+2s-l(l+1)\}a_0$と書ける.また$a_0\neq 0$で,式(18-34)はρについての恒等式だから,$\{\ \}$内は0に等しい.するとsに関する指標方程式はこうなる.

$$s(s+1)-l(l+1)=0 \quad \text{つまり} \quad s=+l,\ -(l+1) \tag{18-35}$$

解のうち$s=-(l+1)$は,適切な波動関数にならない.そこで式(18-36)のように書き,sにlを入れてρ^{l+1}で割ると,式(18-34)より式(18-37)が得られる.

$$F(\rho)=\rho^l L(\rho) \tag{18-36}$$

$$\rho L''+\{2(l+1)-\rho\}L'+(\lambda-l-1)L=0 \tag{18-37}$$

Lの級数形(18-33)を上式に代入すれば,ρの巾乗を含む式になる.その係数はどれも0になるはずだから,最初の3個はこう書ける.

$$(\lambda-l-1)a_0+2(l+1)a_1=0$$
$$(\lambda-l-1-1)a_1+\{2\cdot 2(l+1)+1\cdot 2\}a_2=0$$
$$(\lambda-l-1-2)a_2+\{3\cdot 2(l+1)+2\cdot 3\}a_3=0$$

一般化して次式を得る.

$$(\lambda-l-1-\nu)a_\nu+\{2(\nu+1)(l+1)+\nu(\nu+1)\}a_{\nu+1}=0 \tag{18-38}$$

調和振動子(3章・11a項)と同様，上式で係数が決まる級数は，λ と l がどんな値だろうと，途中で切れないかぎり不適切な関数 $S(\rho)$ になる．ν が増せば，式(13-38)に従う無限級数の各項は e^ρ を展開した姿に近づく(つまり e^ρ は級数の漸近形)．$S(\rho)=e^{-\frac{\rho}{2}}\rho^l L(\rho)$ の漸近形は $e^{+\frac{\rho}{2}}$ だから，ρ が十分に大きいと無限大に向かう．だから級数は有限個で切れなければいけない．$\rho^{n'}$ より先の項が消える条件は，式(18-38)からこうなる．

$$\lambda-l-1-n'=0$$
$$\lambda=n \qquad n=n'+l+1 \tag{18-39}$$

$n'(=0,1,2,3,\cdots)$を**動径量子数**，n を**全量子数**(**主量子数**)という．n の値は次節で考察しよう．

こうして r 部分の適切な解は，$\lambda=n$ とした漸化式(18-38)に従う $L(\rho)$ を使い，$R(r)=e^{-\frac{\rho}{2}}\rho^l L(\rho)$ と書ける．

$L(\rho)$ はラゲール陪関数だと 20 節でわかる(具体形は 21 節参照)．

18e. エネルギー準位　以上の結果を式(18-27)に戻せば，エネルギー W は次式に書ける．

$$W_n=-\frac{2\pi^2\mu Z^2 e^4}{h^2 n^2}=-\frac{RhcZ^2}{n^2}=-\frac{Z^2}{n^2}W_H \tag{18-40}$$

$$R=\frac{2\pi^2\mu e^4}{h^3 c} \quad \text{および} \quad W_H=Rhc$$

式(18-40)は，古い量子論の式(7-24)と細部まで一致する．量子数 n', l, m をとる状態のエネルギーは，それぞれ個別の値ではなく，主量子数 $n=n'+l+1$ の値で決まる．n' も l も $0,1,2,\cdots$ をとるため，n 値は $1,2,3,4,\cdots$ となり，古い量子論の仮定にも，実測の結果にもぴたりと合う(2章・7b項)．

$n=1$ 以外だとエネルギー準位は縮退し，あるエネルギー値に複数の解が伴う．n' の代わりに n を使えば，量子数 n, l, m を添えた適切な波動関数は，18b, 18c, 18d 項で決まった関数の積としてこう書ける．

$$\psi_{nlm}(r,\theta,\varphi)=R_{nl}(r)\Theta_{lm}(\theta)\Phi_m(\varphi) \tag{18-41}$$

量子数 n, l, m は，次の値にかぎられる．

$$m=0, \pm 1, \pm 2, \cdots$$
$$l=|m|, |m|+1, |m|+2, \cdots$$
$$n=l+1, l+2, l+3, \cdots$$

それをこう書き直せばわかりやすい．

　　　主量子数　　$n = 1, 2, 3, \cdots,$
　　　方位量子数　$l = 0, 1, 2, \cdots, n-1$
　　　磁気量子数　$m = -l, -l+1, \cdots, -1, 0, +1, \cdots, +l-1, +l$

　l 値が同じ波動関数は $2l+1$ 個あり，n 値（エネルギー値）が同じ波動関数は n^2 個ある．n と l が共通の関数 $2l+1$ 個は**完全な部分群**をつくり，n 値に応じた n^2 個の関数は**完全な群**をつくるという（波動関数の具体的な姿は次節）．

　いままでは $W<0$ の束縛電子を考えた．$W>0$ の波動方程式からは，連続エネルギーの解が出る（9c 項）．つまり量子力学は，離散エネルギーも連続エネルギーも統一的に扱える．ただし連続スペクトルの波動関数は，直交規格化が面倒なうえ化学との縁は浅いから，これ以上の深入りはしない[1]．

19. ルジャンドル関数と球面調和関数

　θ 部分の解を**ルジャンドル陪関数**[2]，θ と φ の関数を**球面調和関数**（複素指数関数の代わりに三角関数を使うなら**等軸調和関数**）とよぶ．そんな関数の性質は，多項式の係数が従う漸化式（前記）からつかめるけれど，スマートなやりかたとはいえない．そこで，関数をまず微分方程式か母関数の形で定義し，微分方程式や母関数をもとに関数の性質を調べるとよい（多項式法で得た関数に同じだとわかれば一件落着）．

　19a．ルジャンドル関数（ルジャンドル多項式）　ルジャンドル関数 $P_l(\cos\theta) = P_l(z)$ は，次の母関数 $T(t, z)$ を使って定義できる．

$$T(t, z) \equiv \sum_{l=0}^{\infty} P_l(z) t^l \equiv \frac{1}{\sqrt{1 - 2tz + t^2}} \tag{19-1}$$

　エルミート多項式（3 章・11c 項）と同様，多項式と導関数の関係は，母関数を t と z で微分すればわかる．まず t で偏微分しよう（右辺は式 19-1 を使って変形）．

$$\frac{\partial T}{\partial t} \equiv \sum_{l=0}^{\infty} l P_l t^{l-1} \equiv -\frac{\frac{1}{2}(-2z + 2t)}{(1 - 2zt + t^2)^{3/2}}$$

$$(1 - 2zt + t^2) \sum_l l P_l t^{l-1} \equiv (z - t) \sum_l P_l t^l$$

---

[1] Sommerfeld, "Wave Mechanics," p. 290.
[2] ルジャンドル関数（$m=0$）と派生関数（$|m|>0$）を合わせてルジャンドル陪関数という．

19. ルジャンドル関数と球面調和関数

両辺で t が同じ冪(べき)の項は係数どうしが等しいため,次の漸化式を得る.

$$(l+1)P_{l+1}(z) - (2l+1)zP_l(z) + lP_{l-1}(z) = 0 \tag{19-2}$$

次に T を z で偏微分すればこうなる.

$$\frac{\partial T}{\partial z} \equiv \sum_l P_l' t^l \equiv \frac{t}{(1-2zt+t^2)^{3/2}}$$

$$(1-2zt+t^2)\sum_l P_l' t^l \equiv t \sum_l P_l t^l$$

すると,多項式の導関数を含む次の関係式が出る.

$$P_{l+1}'(z) - 2zP_l'(z) + P_{l-1}'(z) - P_l(z) = 0 \tag{19-3}$$

簡単化を試みよう.式(19-2)の微分と式(19-3)を合わせ,次式にする.

$$zP_l'(z) - P_{l-1}'(z) - lP_l(z) = 0 \tag{19-4}$$

$$P_{l+1}'(z) - zP_l'(z) - (l+1)P_l(z) = 0 \tag{19-5}$$

これで $P_l(z)$ の従う微分方程式が見つかる.式(19-5)の添え字 l を $l-1$ に変え,式(19-4)の z 倍を引けばこうなる.

$$(1-z^2)P_l' + lzP_l - lP_{l-1} = 0$$

微分して次式を得る.

$$\frac{d}{dz}\left\{(1-z^2)\frac{dP_l(z)}{dz}\right\} + lP_l(z) + lzP_l'(z) - lP_{l-1}'(z) = 0$$

式(19-4)より,末尾の2項は $l^2 P_l$ に等しいため,ルジャンドル関数(ルジャンドル多項式)を定義する微分方程式はこう書ける.

$$\frac{d}{dz}\left\{(1-z^2)\frac{dP_l(z)}{dz}\right\} + l(l+1)P_l(z) = 0 \tag{19-6}$$

19b. ルジャンドル陪関数 l 次・$|m|$ 階のルジャンドル陪関数($l=0,1,2,\cdots$;$|m|=0,1,2,\cdots,l$)$P_l^{|m|}(z)$ は,ルジャンドル多項式を使ってこう定義できる(階数 $|m|$ は正か0.前述の磁気量子数は m に相当).

$$P_l^{|m|}(z) = (1-z^2)^{|m|/2} \frac{d^{|m|}}{dz^{|m|}} P_l(z) \tag{19-7}$$

$P_l^{|m|}(z)$ が従う微分方程式を見つけよう.式(19-6)を $|m|$ 回微分すれば,$\frac{d^{|m|}P_l(z)}{dz^{|m|}}$ の従う微分方程式ができる.

$$(1-z^2)\frac{d^{|m|+2}P_l(z)}{dz^{|m|+2}} - 2(|m|+1)z\frac{d^{|m|+1}P_l(z)}{dz^{|m|+1}}$$

$$+ \{l(l+1) - |m|(|m|+1)\}\frac{d^{|m|}P_l(z)}{dz^{|m|}} = 0 \tag{19-8}$$

式(19-7)を使い,$P_l^{|m|}(z)$ の従う微分方程式が次の形に得られる.

$$(1-z^2)\frac{\mathrm{d}^2 P_l^{|m|}(z)}{\mathrm{d}z^2} - 2z\frac{\mathrm{d}P_l^{|m|}(z)}{\mathrm{d}z} + \left\{l(l+1) - \frac{m^2}{1-z^2}\right\}P_l^{|m|}(z) = 0 \quad (19\text{-}9)$$

以上より 18c 項の θ 関数は，定数因子を別にして，ルジャンドル陪関数と同じだとわかる[1]．$P(z)$ が $P_l^{|m|}(z)$ になり，β が特性値 $l(l+1)$ になった点を除き，式(19-9)は式(18-19)と同じだからだ．つまり方位量子数 l と磁気量子数 m に応じて決まる θ 関数は，ルジャンドル陪関数 $P_l^{|m|}(z)$ にほかならない．

ルジャンドル陪関数は，$P_0^0(z) = 1$ と漸化式(19-2)，定義式(19-7)を使って具体的に書ける（くわしくは 21 節）．

ときにはルジャンドル陪関数の母関数が役に立つ．母関数はこう書ける．

$$T_{|m|}(z,t) \equiv \sum_{l=|m|}^{\infty} P_l^{|m|}(z) t^l \equiv \frac{(2|m|)!(1-z^2)^{|m|/2}t^{|m|}}{2^{|m|}(|m|)!(1-2zt+t^2)^{|m|+1/2}} \quad (19\text{-}10)$$

次の関係も成り立つ（付録 VI）．

$$\int_{-1}^{+1} P_l^{|m|}(z) P_{l'}^{|m|}(z) \mathrm{d}z = \begin{cases} 0 & (l' \neq l \text{ のとき}) \\ \dfrac{2}{(2l+1)} \dfrac{(l+|m|)!}{(l-|m|)!} & (l' = l \text{ のとき}) \end{cases} \quad (19\text{-}11)$$

上式を使うと θ 部分の規格化定数がわかり，$\Theta(\theta)$ の最終形はこう書ける．

$$\Theta(\theta) = \sqrt{\frac{(2l+1)}{2}\frac{(l-|m|)!}{(l+|m|)!}} P_l^{|m|}(\cos\theta) \quad (19\text{-}12)$$

問題 19-1. ルジャンドル多項式の定義（次式）が式(19-1)に等価なことを確かめよ．

$$\left. \begin{array}{l} P_0(z) = 1 \\ P_l(z) = \dfrac{1}{2^l l!}\dfrac{\mathrm{d}^l(z^2-1)^l}{\mathrm{d}z^l} \quad l=1,2,\cdots \end{array} \right\} \quad (19\text{-}13)$$

問題 19-2. ルジャンドル陪関数は次の性質をもつ．確かめてみよ．

$$(1-z^2)^{1/2} P_l^{|m|-1}(z) = \frac{1}{(2l+1)} P_{l+1}^{|m|}(z) - \frac{1}{(2l+1)} P_{l-1}^{|m|}(z) \quad (19\text{-}14)$$

$$(1-z^2)^{1/2} P_l^{|m|+1}(z)$$
$$= \frac{(l+|m|)(l+|m|+1)}{(2l+1)} P_{l-1}^{|m|}(z) - \frac{(l-|m|)(l-|m|+1)}{(2l+1)} P_{l+1}^{|m|}(z) \quad (19\text{-}15)$$

$$zP_l^{|m|}(z) = \frac{(l-|m|)}{(2l+1)} P_{l-1}^{|m|}(z) + \frac{(l-|m|+1)}{(2l+1)} P_{l+1}^{|m|}(z) \quad (19\text{-}16)$$

---

[1] 両関数とも，同じ次数の多項式からつくれる．

20. ラゲール多項式とラゲール陪関数

20a. ラゲール多項式 変数 ρ のラゲール多項式は，母関数を使い，$0 \leq \rho \leq \infty$ の範囲でこう定義できる．

$$U(\rho, u) \equiv \sum_{r=0}^{\infty} \frac{L_r(\rho)}{r!} u^r \equiv \frac{e^{\frac{\rho u}{1-u}}}{1-u} \tag{20-1}$$

多項式 $L_r(\rho)$ が従う微分方程式は，母関数を u と ρ で微分する方法（先述）により見つかる．$\frac{\partial U}{\partial u}$ をつくれば，次の関係が成り立つとわかる．

$$\sum_r \frac{L_r(\rho)}{(r-1)!} u^{r-1} = \frac{e^{-\frac{\rho u}{1-u}}}{1-u} \left(-\frac{\rho}{1-u} - \frac{\rho u}{(1-u)^2} + \frac{1}{1-u} \right)$$

$$(1-2u+u^2) \sum_r \frac{L_r(\rho)}{(r-1)!} u^{r-1} = (1-u-\rho) \sum_r \frac{L_r(\rho)}{r!} u^r$$

以上より次の漸化式を得る．

$$L_{r+1}(\rho) + (\rho - 1 - 2r) L_r(\rho) + r^2 L_{r-1}(\rho) = 0 \tag{20-2}$$

同様に $\frac{\partial U}{\partial \rho}$ をつくると，次の関係が成り立つ（記号 ′ は一階微分）．

$$\sum_r \frac{L_r'(\rho)}{r!} u^r = -\frac{u}{1-u} \sum_r \frac{L_r(\rho)}{r!} u^r$$

$$L_r'(\rho) - r L_{r-1}'(\rho) + r L_{r-1}(\rho) = 0 \tag{20-3}$$

式(20-3)を変形して微分すれば次式ができる（$L_{r+2}'(\rho)$ と $L_{r+2}''(\rho)$ の式も同様）．

$$L_{r+1}'(\rho) = (r+1)\{L_r'(\rho) - L_r(\rho)\}$$

$$L_{r+1}''(\rho) = (r+1)\{L_r''(\rho) - L_r'(\rho)\}$$

式(20-2)の r を $r+1$ に変え，微分を2回すると次式になる．

$$L_{r+2}''(\rho) + (\rho - 3 - 2r) L_{r+1}''(\rho) + (r+1)^2 L_r''(\rho) + 2 L_{r+1}'(\rho) = 0$$

先述の表現を使えば，$L_r(\rho)$ だけの式（ラゲール多項式の微分方程式）ができる．

$$\rho L_r''(\rho) + (1-\rho) L_r'(\rho) + r L_r(\rho) = 0 \tag{20-4}$$

問題 20-1. $L_r(\rho) = e^{\rho} \frac{d^r}{d\rho^r} (\rho^r e^{-\rho})$ を確かめてみよ．

20b. ラゲールの陪多項式と陪関数 r 番目のラゲール多項式の s 階導関数を，$(r-s)$ 次・s 階の**ラゲール陪多項式**という（次式）．

$$L_r^s(\rho) = \frac{d^s}{d\rho^s} L_r(\rho) \tag{20-5}$$

$L_r^s(\rho)$ が従う微分方程式は,式(20-4)を微分して次式になる.

$$\rho L_r^{s\prime\prime}(\rho) + (s+1-\rho)L_r^{s\prime}(\rho) + (r-s)L_r^s(\rho) = 0 \tag{20-6}$$

r を $n+1$ に,s を $2l+1$ に変えると,式(20-6)はこう変わる.

$$\rho L_{n+l}^{2l+1\prime\prime}(\rho) + \{2(l+1)-\rho\}L_{n+l}^{2l+1\prime}(\rho) + (n-l-1)L_{n+l}^{2l+1}(\rho) = 0 \tag{20-7}$$

多項式法で得た水素原子の式(18-37)と比べれば,$L_{n+l}^{2l+1}(\rho)$ は $L(\rho)$ と同じだとわかり,また λ に特性値 n を入れると,両式は等価だとわかる.つまり水素原子の r 部分を表す多項式は,$(n-l-1)$次・$(2l+1)$階のラゲール陪多項式にほかならない.さらに波動関数の r 部分は,規格化因子を除き,次の関数に等しい.

$$\mathrm{e}^{-\frac{\rho}{2}}\rho^l L_{n+l}^{2l+1}(\rho)$$

上式を**ラゲール陪関数**という(くわしくは次節).

式(20-1)より,s 階のラゲール陪多項式の母関数はこう書ける[1].

$$U_s(\rho, u) \equiv \sum_{r=s}^{\infty} \frac{L_r^s(\rho)}{r!} u^r \equiv (-1)^s \frac{\mathrm{e}^{-\frac{\rho u}{1-u}}}{(1-u)^{s+1}} u^s \tag{20-8}$$

多項式 $L_{n+l}^{2l+1}(\rho)$ を具体的に書けば次式になる.

$$L_{n+l}^{2l+1}(\rho) = \sum_{k=0}^{n-l-1} (-1)^{k+1} \frac{\{(n+l)!\}^2}{(n-l-1-k)!(2l+1+k)!k!} \rho^k \tag{20-9}$$

ラゲール陪関数の規格化積分は次の値をもつ(付録 VII.$\rho^2 \mathrm{d}\rho$ は極座標の体積素片).

$$\int_0^\infty \mathrm{e}^{-\rho}\rho^{2l}\{L_{n+l}^{2l+1}(\rho)\}^2 \rho^2 \mathrm{d}\rho = \frac{2n\{(n+l)!\}^3}{(n-l-1)!} \tag{20-10}$$

以上をまとめ,水素原子の規格化された波動関数は,式(20-12)の ρ を使って次式に書ける.

$$R_{nl}(r) = -\sqrt{\left(\frac{2Z}{na_0}\right)^3 \frac{(n-l-1)!}{2n\{(n+l)!\}^3}}\, \mathrm{e}^{-\frac{\rho}{2}} \rho^l L_{n+l}^{2l+1}(\rho) \tag{20-11}$$

$$\rho = 2\alpha r = \frac{8\pi^2 \mu Z e^2}{nh^2} r = \frac{2Z}{na_0} \tag{20-12}$$

問題 20-2. 式(20-2)と(20-3)にならい,ラゲール陪多項式と陪関数の関係を書け.

---

[1] シュレーディンガーが第3論文 *Ann. d. Phys.* **80**, 485 (1926)に記述.

21. 水素原子の波動関数

21a. 水素型波動関数 以上から，水素原子や水素型原子の離散的エネルギー定常状態を表す波動関数は式(21-1)に書けて，3項の具体形は式(21-2)～(21-4)だとわかった．

$$\psi_{nlm}(r,\theta,\varphi)=R_{nl}(r)\Theta_{lm}(\theta)\Phi_m(\varphi) \tag{21-1}$$

$$\Phi_m(\varphi)=\frac{1}{\sqrt{2\pi}}\,\mathrm{e}^{im\varphi} \tag{21-2}$$

$$\Theta_{lm}(\theta)=\left\{\frac{(2l+1)(l-|m|)!}{2(l+|m|)!}\right\}^{1/2}P_l^{|m|}(\cos\theta) \tag{21-3}$$

$$R_{nl}(r)=-\left[\left(\frac{2Z}{na_0}\right)^3\frac{(n-l-1)!}{2n\{(n+l)!\}^3}\right]^{1/2}\mathrm{e}^{-\frac{\rho}{2}}\rho^l L_{n+l}^{2l+1}(\rho) \tag{21-4}$$

式中の ρ と a_0（古い量子論でいう「最小軌道の半径」）は，次の内容をもつ．

$$\rho=\frac{2Z}{na_0}r \tag{21-5}$$

$$a_0=\frac{h^2}{4\pi^2\mu e^2}$$

$P_l^{|m|}(\cos\theta)$ はルジャンドル陪関数(19節)，$L_{n+l}^{2l+1}(\rho)$ はラゲール陪多項式(20節)を表す．式(21-4)中の負号は，r が小さい範囲で関数を正値にする．

波動関数(21-1)は，次のように規格化されている．

$$\int_0^\infty\int_0^\pi\int_0^{2\pi}\psi_{nlm}^*(r,\theta,\varphi)\psi_{nlm}(r,\theta,\varphi)r^2\sin\theta\,\mathrm{d}\varphi\mathrm{d}\theta\mathrm{d}r=1 \tag{21-6}$$

むろん r, θ, φ 部分も，それぞれ規格化されている．

$$\left.\begin{array}{l}\int_0^\infty\{R_{nl}(r)\}^2 r^2\mathrm{d}r=1 \\ \int_0^\pi\{\Theta_{lm}(\theta)\}^2\sin\theta\,\mathrm{d}\theta=1 \\ \int_0^{2\pi}\Phi_m^*(\varphi)\Phi_m(\varphi)\,\mathrm{d}\varphi=1\end{array}\right\} \tag{21-7}$$

直交化もできていて，次の積分は，$n=n'$, $l=l'$, $m=m'$ でないかぎり0となる（$m\neq m'$ なら φ の積分が0, $m=m'$, $l\neq l'$ なら θ の積分が0, $m=m'$, $l=l'$, $n\neq n'$ なら r の積分が0）．

$$\int_0^\infty\int_0^\pi\int_0^{2\pi}\psi_{nlm}^*(r,\theta,\varphi)\psi_{n'l'm'}(r,\theta,\varphi)r^2\sin\theta\,\mathrm{d}\varphi\mathrm{d}\theta\mathrm{d}r$$

$n=6$, $l=5$ 以下の波動関数を，表 21-1〜3 にまとめた．

関数 $\Phi_m(\varphi)$ は，複素関数形と実数形（三角関数）で書いた（目的に応じて使い分ける）．

表 21-2 の波動関数 $\Theta_{lm}(\theta)$ は，規格化されたルジャンドル陪関数 $P_l^{|m|}(\cos\theta)$ を表す．式(19-1)と(19-7)で定義されるルジャンドル陪関数は，$\sin^{|m|}\theta$ の項と，$m+l$ の偶奇に応じて次の因子をかけた $\cos\theta$ の多項式からなる．

$$\frac{(l+|m|)!}{2^l\left(\frac{l+|m|}{2}\right)!\left(\frac{l-|m|}{2}\right)!} \quad \text{または} \quad \frac{(l+|m|+1)!}{2^l\left(\frac{l+|m|+1}{2}\right)!\left(\frac{l-|m|-1}{2}\right)!}$$

高次のルジャンドル陪関数はバヤリーの本[1]，ルジャンドル多項式の数値表は同書のほかヤーンケとエムデの本[2]に載っている．

マリケンに従い，本章で扱う一電子の状態をときに**軌道**とよぶ．また分光学の慣行に従い，方位量子数 $l=0$, 1, 2, 3, 4 の状態を s，p，d，f，g 軌道とよぶことが多い（たとえば $l=0$ は s 軌道）．

表 21-3 中で（ ）内の多項式は，式(20-1)と(20-5)で決まるラゲール陪多項式 $L_{n+l}^{2l+1}(\rho)$ に，次の因子をかけて簡単化した姿を表す．

$$-\frac{(n+l)!}{(n-l-1)!}$$

n 値に応じ，変数 ρ と r の結びつきかたがちがうのに注意しよう．

表 21-1　$\Phi_m(\varphi)$ の具体形

$\Phi_0(\varphi)=\dfrac{1}{\sqrt{2\pi}}$	または	$\Phi_0(\varphi)=\dfrac{1}{\sqrt{2\pi}}$
$\Phi_1(\varphi)=\dfrac{1}{\sqrt{2\pi}}e^{i\varphi}$	または	$\Phi_{1\cos}(\varphi)=\dfrac{1}{\sqrt{\pi}}\cos\varphi$
$\Phi_{-1}(\varphi)=\dfrac{1}{\sqrt{2\pi}}e^{-i\varphi}$	または	$\Phi_{1\sin}(\varphi)=\dfrac{1}{\sqrt{\pi}}\sin\varphi$
$\Phi_2(\varphi)=\dfrac{1}{\sqrt{2\pi}}e^{i2\varphi}$	または	$\Phi_{2\cos}(\varphi)=\dfrac{1}{\sqrt{\pi}}\cos 2\varphi$
$\Phi_{-2}(\varphi)=\dfrac{1}{\sqrt{2\pi}}e^{-i2\varphi}$	または	$\Phi_{2\sin}(\varphi)=\dfrac{1}{\sqrt{\pi}}\sin 2\varphi$

---

1) W. E. Byerly, "Fourier's Series and Spherical Harmonics," pp. 151, 159, 198, Ginn and Company, Boston, 1893.
2) W. E. Byerly, *ibid.* pp. 278-281; Jahnke and Emde, "Funktionentafeln," B. G. Teubner. Leipzig, 1933.

21. 水素原子の波動関数

表 21-2 $\Theta_{lm}(\theta)$ の具体形

$l=0$, s 軌道

$$\Theta_{00}(\theta) = \frac{\sqrt{2}}{2}$$

$l=1$, p 軌道

$$\Theta_{10}(\theta) = \frac{\sqrt{6}}{2}\cos\theta$$

$$\Theta_{1\pm 1}(\theta) = \frac{\sqrt{3}}{2}\sin\theta$$

$l=2$, d 軌道

$$\Theta_{20}(\theta) = \frac{\sqrt{10}}{4}(3\cos^2\theta - 1)$$

$$\Theta_{2\pm 1}(\theta) = \frac{\sqrt{15}}{2}\sin\theta\cos\theta$$

$$\Theta_{2\pm 2}(\theta) = \frac{\sqrt{15}}{4}\sin^2\theta$$

$l=3$, f 軌道

$$\Theta_{30}(\theta) = \frac{3\sqrt{14}}{4}\left(\frac{5}{3}\cos^3\theta - \cos\theta\right)$$

$$\Theta_{3\pm 1}(\theta) = \frac{\sqrt{42}}{8}\sin\theta(5\cos^2\theta - 1)$$

$$\Theta_{3\pm 2}(\theta) = \frac{\sqrt{105}}{4}\sin^2\theta\cos\theta$$

$$\Theta_{3\pm 3}(\theta) = \frac{\sqrt{70}}{8}\sin^3\theta$$

$l=4$, g 軌道

$$\Theta_{40}(\theta) = \frac{9\sqrt{2}}{16}\left(\frac{35}{3}\cos^4\theta - 10\cos^2\theta + 1\right)$$

$$\Theta_{4\pm 1}(\theta) = \frac{9\sqrt{10}}{8}\sin\theta\left(\frac{7}{3}\cos^3\theta - \cos\theta\right)$$

$$\Theta_{4\pm 2}(\theta) = \frac{3\sqrt{5}}{8}\sin^2\theta(7\cos^2\theta - 1)$$

$$\Theta_{4\pm 2}(\theta) = \frac{3\sqrt{70}}{8}\sin^3\theta\cos\theta$$

$$\Theta_{4\pm 4}(\theta) = \frac{3\sqrt{35}}{16}\sin^4\theta$$

$l=5$, h 軌道

$$\Theta_{50}(\theta) = \frac{15\sqrt{22}}{16}\left(\frac{21}{5}\cos^5\theta - \frac{14}{3}\cos^3\theta + \cos\theta\right)$$

$$\Theta_{5\pm 1}(\theta) = \frac{\sqrt{165}}{16}\sin\theta(21\cos^4\theta - 14\cos^2\theta + 1)$$

$$\Theta_{5\pm 2}(\theta) = \frac{\sqrt{1155}}{8}\sin^2\theta(3\cos^3\theta - \cos\theta)$$

(つづく)

表 21-2 つづき

$$\Theta_{5\pm3}(\theta) = \frac{\sqrt{770}}{32}\sin^3\theta(9\cos^2\theta - 1)$$

$$\Theta_{5\pm4}(\theta) = \frac{3\sqrt{385}}{16}\sin^4\theta\cos\theta$$

$$\Theta_{5\pm5}(\theta) = \frac{3\sqrt{154}}{32}\sin^5\theta$$

表 21-3 動径波動関数 $R_{nl}(r)$ の具体形

$n=1$, K殻

 $l=0$, 1s $R_{10}(r) = (Z/a_0)^{3/2} \cdot 2e^{-\frac{\rho}{2}}$

$n=2$, L殻

 $l=0$, 2s $R_{20}(r) = \dfrac{(Z/a_0)^{3/2}}{2\sqrt{2}}(2-\rho)e^{-\frac{\rho}{2}}$

 $l=1$, 2p $R_{21}(r) = \dfrac{(Z/a_0)^{3/2}}{2\sqrt{6}}\rho e^{-\frac{\rho}{2}}$

$n=3$, M殻

 $l=0$, 3s $R_{30}(r) = \dfrac{(Z/a_0)^{3/2}}{9\sqrt{3}}(6-6\rho+\rho^2)e^{-\frac{\rho}{2}}$

 $l=1$, 3p $R_{31}(r) = \dfrac{(Z/a_0)^{3/2}}{9\sqrt{6}}(4-\rho)\rho e^{-\frac{\rho}{2}}$

 $l=2$, 3d $R_{32}(r) = \dfrac{(Z/a_0)^{3/2}}{9\sqrt{30}}\rho^2 e^{-\frac{\rho}{2}}$

$n=4$, N殻

 $l=0$, 4s $R_{40}(r) = \dfrac{(Z/a_0)^{3/2}}{96}(24-36\rho+12\rho^2-\rho^3)e^{-\frac{\rho}{2}}$

 $l=1$, 4p $R_{41}(r) = \dfrac{(Z/a_0)^{3/2}}{32\sqrt{15}}(20-10\rho+\rho^2)\rho e^{-\frac{\rho}{2}}$

 $l=2$, 4d $R_{42}(r) = \dfrac{(Z/a_0)^{3/2}}{96\sqrt{5}}(6-\rho)\rho^2 e^{-\frac{\rho}{2}}$

 $l=3$, 4f $R_{43}(r) = \dfrac{(Z/a_0)^{3/2}}{96\sqrt{35}}\rho^3 e^{-\frac{\rho}{2}}$

$n=5$, O殻

 $l=0$, 5s $R_{50}(r) = \dfrac{(Z/a_0)^{3/2}}{300\sqrt{5}}(120-240\rho+120\rho^2-20\rho^3+\rho^4)e^{-\frac{\rho}{2}}$

 $l=1$, 5p $R_{51}(r) = \dfrac{(Z/a_0)^{3/2}}{150\sqrt{30}}(120-90\rho+18\rho^2-\rho^3)\rho e^{-\frac{\rho}{2}}$

 $l=2$, 5d $R_{52}(r) = \dfrac{(Z/a_0)^{3/2}}{150\sqrt{70}}(42-14\rho+\rho^2)\rho^2 e^{-\frac{\rho}{2}}$

 $l=3$, 5f $R_{53}(r) = \dfrac{(Z/a_0)^{3/2}}{300\sqrt{70}}(8-\rho)\rho^3 e^{-\frac{\rho}{2}}$

(つづく)

表 21-3 つづき

$l=4$, 5g $\quad R_{54}(r) = \dfrac{(Z/a_0)^{3/2}}{900\sqrt{70}} \rho^4 e^{-\frac{\rho}{2}}$

$n=6$, P殻

$l=0$, 6s $\quad R_{60}(r) = \dfrac{(Z/a_0)^{3/2}}{2160\sqrt{6}} (720 - 1800\rho + 1200\rho^2 - 300\rho^3 + 30\rho^4 - \rho^5) e^{-\frac{\rho}{2}}$

$l=1$, 6p $\quad R_{61}(r) = \dfrac{(Z/a_0)^{3/2}}{432\sqrt{210}} (840 - 840\rho + 252\rho^2 - 28\rho^3 + \rho^4) \rho e^{-\frac{\rho}{2}}$

$l=2$, 6d $\quad R_{62}(r) = \dfrac{(Z/a_0)^{3/2}}{864\sqrt{105}} (336 - 168\rho + 24\rho^2 - \rho^3) \rho^2 e^{-\frac{\rho}{2}}$

$l=3$, 6f $\quad R_{63}(r) = \dfrac{(Z/a_0)^{3/2}}{2592\sqrt{35}} (72 - 18\rho + \rho^2) \rho^3 e^{-\frac{\rho}{2}}$

$l=4$, 6g $\quad R_{64}(r) = \dfrac{(Z/a_0)^{3/2}}{12960\sqrt{7}} (10 - \rho) \rho^4 e^{-\frac{\rho}{2}}$

$l=5$, 6h $\quad R_{65}(r) = \dfrac{(Z/a_0)^{3/2}}{12960\sqrt{77}} \rho^5 e^{-\frac{\rho}{2}}$

最初三つの殻につき，完全な波動関数 $\psi_{nlm}(r,\theta,\varphi)$ を表21-4にまとめた．簡単のために変数 $\rho = \dfrac{2Zr}{na_0}$ を，次式に従う新しい変数 σ で置き換えてある．

$$\sigma = \frac{n}{2}\rho = \frac{Z}{a_0} r$$

σ と r の関係は，どんな量子数でも成り立つ．φ 関数は実数形にした．また便宜上，記号 p_x, p_y, p_z, d_{x+y}, d_{y+z}, d_{x+z}, d_{xy}, d_z を使ってある．p軌道の ψ_{np_x}, ψ_{np_y}, ψ_{np_z} は，空間内の方位だけがちがう．d軌道の四つ $\psi_{nd_{x+y}}$, $\psi_{nd_{y+z}}$, $\psi_{nd_{x+z}}$, $\psi_{nd_{xy}}$ も，方位だけが異なる（五つ目のd関数つまり ψ_{nd_z} だけは形が異質）．

21b. 水素原子の基底状態　基底状態（1sつまり $n=1$, $l=0$, $m=0$）の水素原子は，次式の波動関数に書ける．

$$\psi_{100} = \frac{1}{\sqrt{\pi a_0^3}} e^{-\frac{r}{a_0}}$$

関数の性質より $\psi^*\psi = \dfrac{1}{\pi a_0^3} e^{-\frac{2r}{a_0}}$ は，核まわりで電子がもつ確率分布を表す．θ と φ に無関係だから，確率分布は球対称になる．電子が体積素片 $r^2 dr \sin\theta d\theta d\varphi$ 内にある確率は $\dfrac{1}{\pi a_0^3} e^{-\frac{2r}{a_0}} r^2 dr \sin\theta d\theta d\varphi$ と書けるが，体積素片の大きさに θ と φ は関係しない（ちなみにボーア軌道は一平面内だから，ボーア原子は球対称ではなかった）．

θ と φ につき全球面で積分した結果の次式は，電子が核から $r \sim r+dr$ の距離

表 21-4 水素型原子の波動関数 ψ_{nlm}

K殻　$n=1,\ l=0,\ m=0$：
$$\psi_{1s}=\frac{1}{\sqrt{\pi}}\left(\frac{Z}{a_0}\right)^{3/2}e^{-\sigma}$$

L殻　$n=2,\ l=0,\ m=0$：
$$\psi_{2s}=\frac{1}{4\sqrt{2\pi}}\left(\frac{Z}{a_0}\right)^{3/2}(2-\sigma)e^{-\frac{\sigma}{2}}$$

$n=2,\ l=1,\ m=0$：
$$\psi_{2p_z}=\frac{1}{4\sqrt{2\pi}}\left(\frac{Z}{a_0}\right)^{3/2}\sigma e^{-\frac{\sigma}{2}}\cos\theta$$

$n=2,\ l=1,\ m=\pm 1$：
$$\psi_{2p_x}=\frac{1}{4\sqrt{2\pi}}\left(\frac{Z}{a_0}\right)^{3/2}\sigma e^{-\frac{\sigma}{2}}\sin\theta\cos\varphi$$

$$\psi_{2p_y}=\frac{1}{4\sqrt{2\pi}}\left(\frac{Z}{a_0}\right)^{3/2}\sigma e^{-\frac{\sigma}{2}}\sin\theta\sin\varphi$$

M殻　$n=3,\ l=0,\ m=0$：
$$\psi_{3s}=\frac{1}{81\sqrt{3\pi}}\left(\frac{Z}{a_0}\right)^{3/2}(27-18\sigma+2\sigma^2)e^{-\frac{\sigma}{3}}$$

$n=3,\ l=1,\ m=0$：
$$\psi_{3p_z}=\frac{\sqrt{2}}{81\sqrt{\pi}}\left(\frac{Z}{a_0}\right)^{3/2}(6-\sigma)\sigma e^{-\frac{\sigma}{3}}\cos\theta$$

$n=3,\ l=1,\ m=\pm 1$：
$$\psi_{3p_x}=\frac{\sqrt{2}}{81\sqrt{\pi}}\left(\frac{Z}{a_0}\right)^{3/2}(6-\sigma)\sigma e^{-\frac{\sigma}{3}}\sin\theta\cos\varphi$$

$$\psi_{3p_y}=\frac{\sqrt{2}}{81\sqrt{\pi}}\left(\frac{Z}{a_0}\right)^{3/2}(6-\sigma)\sigma e^{-\frac{\sigma}{3}}\sin\theta\sin\varphi$$

$n=3,\ l=2,\ m=0$：
$$\psi_{3d_z}=\frac{\sqrt{2}}{81\sqrt{6\pi}}\left(\frac{Z}{a_0}\right)^{3/2}\sigma^2 e^{-\frac{\sigma}{3}}(3\cos^2\theta-1)$$

$n=3,\ l=2,\ m=\pm 1$：
$$\psi_{3d_{x+y}}=\frac{\sqrt{2}}{81\sqrt{\pi}}\left(\frac{Z}{a_0}\right)^{3/2}\sigma^2 e^{-\frac{\sigma}{3}}\sin\theta\cos\theta\cos\varphi$$

$$\psi_{3d_{y+z}}=\frac{\sqrt{2}}{81\sqrt{\pi}}\left(\frac{Z}{a_0}\right)^{3/2}\sigma^2 e^{-\frac{\sigma}{3}}\sin\theta\cos\theta\sin\varphi$$

$n=3,\ l=2,\ m=\pm 2$：
$$\psi_{3d_{xy}}=\frac{1}{81\sqrt{2\pi}}\left(\frac{Z}{a_0}\right)^{3/2}\sigma^2 e^{-\frac{\sigma}{3}}\sin^2\theta\cos 2\varphi$$

$$\psi_{3d_{x+y}}=\frac{1}{81\sqrt{2\pi}}\left(\frac{Z}{a_0}\right)^{3/2}\sigma^2 e^{-\frac{\sigma}{3}}\sin^2\theta\sin 2\varphi$$

$$\sigma=\frac{Z}{a_0}r$$

にある確率を表す．

$$D(r)\,dr = \frac{4}{a_0^3} r^2 e^{-\frac{2r}{a_0}} dr$$

動径分布関数 $D_{100}(r) = \frac{4}{a_0^3} r^2 e^{-\frac{2r}{a_0}}$ と距離 r の関係を（ψ_{100} と ψ_{100}^2 も）図 21-1 に描いた．ボーア理論と同じく電子は核からほぼ 1 Å 以内にあり，水素原子のサイズもボーア理論の結果に近い．図 21-1 から，$D(r)$ が極大をとる r 値，つまり電子の存在確率が最大となる距離は $a_0 = 0.529$ Å となって，ボーア軌道の半径にぴたりと合う．

分布関数自体，半径 $r = a_0$ の円形ボーア軌道とはまったくちがう．ψ_{100}^2 は $r = 0$ に極大をもつから，電子の存在確率は核の場所で最大になる．つまり，同じ大きさの体積素片なら，核に近い場所ほど電子の存在確率が高い[1]．古い量子論の方位量子数 k を，1 ではなく 0 にしてできる直線形（完全につぶれた楕円）のボーア軌道は，波動力学の分布関数にやや似ている（図 21-1 の破線）．

次式で計算した電子—核の平均距離は $\frac{3}{2} a_0$ となる．

$$\bar{r}_{nlm} = \iiint \psi_{nlm}^* r \psi_{nlm} r^2 dr \sin\theta\, d\theta\, d\varphi \tag{21-8}$$

$\frac{3}{2} a_0$ も，$k = 0$ のボーア軌道とぴたり等しい．次節でわかるとおり，量子力学で計算した r の平均値は，主量子数 n が共通のとき，$k^2 = l(l+1)$ のボーア軌道と一致する．基底状態の電子は軌道角運動量がない（15 章．$k = 0$ のボーア軌道に同じ）．電子が直線運動するとして計算した運動量（2 乗平均の平方根）$\frac{2\pi\mu e^2}{h}$（次節）も，ボーア軌道の値に等しい．

つまり基底状態の水素原子は，電子 1 個が $n = 1$, $k = 0$ のボーア軌道にあるとイメージしてよいけれど，角運動量がゼロだから，動きは「円形」ではなく「放射的」だといえる．運動範囲は広く，動径分布関数 $D(r)$ は無限遠にまで続くものの，半径 1～2 Å を越えたところで急減する．電子の速さは最低ボーア軌道の値に近く，動きの向きがしじゅう変わるため電子分布は球対称になる．

こうしたイメージを強調しすぎるのは危険だが，波動力学とボーア理論の対比はこれからも続けていこう．

21c. 水素型原子の動径波動関数 $(n = 1, 2, 3)$, $(l = 0, 1)$ の動径波動関数 $R_{nl}(r)$ を図 21-2 に描いた．横軸は ρ 値だから，横軸のスケールを n 倍すれば，距離 r と $R(r)$ のグラフになる．s 状態 ($l = 0$) だけは，$r = 0$ で波動関数が有限な

---

[1] 前段では r^2 に比例する体積素片 $4\pi r^2 dr$ を考えたため，一見ちがう結論になる．

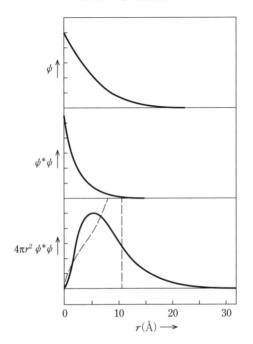

図 21-1 水素原子の ϕ と $\phi^*\phi$, $4\pi r^2\phi^*\phi$. 破線はボーア軌道の確率分布関数

値をもつ．波動関数は $\rho = 0 \sim \infty$ の間で $n-l-1$ 回，ρ 軸と交わる．
　次式の動径分布関数を，共通の $(n=1,2,3)$，$(l=0,1)$ で描けば図 21-3 になる．
$$D_{nl}(r) = 4\pi r^2 \{R_{nl}(r)\}^2 \tag{21-9}$$
球対称な s 状態で水素原子の確率分布 $\phi^*\phi$(図 21-2)は，原点で最大値をとり，r が増すと 0 に近づく．また図 21-3 より，核を囲む電子は，2s 状態なら中心の球 1 個と外殻 1 個をつくり，3s 状態なら中心の球 1 個と同心殻 2 個をつくる．
　動径分布関数の値がかなり大きい範囲は，ボーア軌道だと，n が等しくて $k^2 = l(l+1)$ となるような「近日点」～「遠日点」間の r 値(図 21-3 の太い水平線)にあたる．水平線の両端は，ボーア軌道で電子―核間距離がとる極小値(左端)と極大値(右端)を表す．ボーア軌道で s 状態($k=0$)の太線が及ぶ $r=0$ は，短軸の長さゼロの「線状楕円」にあたる．かたや $l>0$ の場合，$\phi^*\phi$ は原点で 0 だけれど，$k=\sqrt{l(l+1)}$ のボーア軌道なら，原点から外れた位置に極小値をもつ．
　核―電子の平均距離は式(21-8)で計算でき，結果はこうなる．

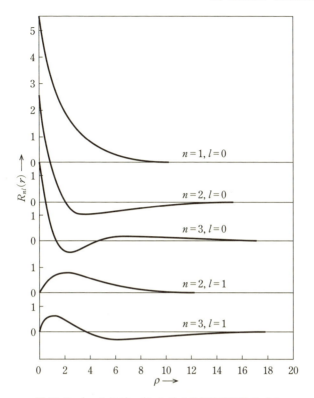

図 21-2 $(n=1,2,3)$, $(l=0,1)$ の動径波動関数 $R_{nl}(r)$

$$\bar{r}_{nlm} = \frac{n^2 a_0}{Z}\left[1 + \frac{1}{2}\left\{1 - \frac{l(l+1)}{n^2}\right\}\right] \tag{21-10}$$

対応する ρ 値が図 21-3 の垂直線にあたる．上式より，原子サイズは主量子数 n の 2 乗にほぼ比例する（$l=0$ なら正比例する）．それもボーア理論の結果（次式）に合う．

$$\bar{r}_{nk} = \frac{n^2 a_0}{Z}\left\{1 + \frac{1}{2}\left(1 - \frac{k^2}{n^2}\right)\right\} \tag{21-11}$$

先述のとおり上式は，k^2 を $l(l+1)$ に変えれば波動力学の式になる．

r^s の平均値を以下にまとめた[1]．$k^2 \to l(l+1)$ の手入れをしても，波動力学の結果とボーア理論の結果は少しちがう．

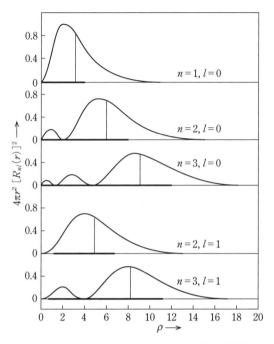

図 21-3 水素原子の電子分布関数 $4\pi r^2 [R_{nl}(r)]^2$

r^s の平均値*
波動力学

$$\overline{r^2} = \frac{a_0^2 n^4}{Z^2}\left[1 + \frac{3}{2}\left\{1 - \frac{l(l+1) - \frac{1}{3}}{n^2}\right\}\right]$$

$$\overline{\left(\frac{1}{r}\right)} = \frac{Z}{a_0 n^2}$$

$$\overline{\left(\frac{1}{r^2}\right)} = \frac{Z^2}{a_0^2 n^3 \left(l + \frac{1}{2}\right)}$$

$$\overline{\left(\frac{1}{r^3}\right)} = \frac{Z^3}{a_0^3 n^3 l \left(l + \frac{1}{2}\right)(l+1)}$$

(前頁) 1) I. Waller, *Z.f. Phys.* **38**, 635 (1926); $\overline{\left(\frac{1}{r^5}\right)}$ と $\overline{\left(\frac{1}{r^6}\right)}$ の値は J. H. Van Vleck, *Proc. Roy. Soc.* **A143**, 679 (1934)にある.

$$\overline{\left(\frac{1}{r^4}\right)} = \frac{\frac{3}{2}Z^4\left\{1-\frac{l(l+1)}{3n^2}\right\}}{a_0^4 n^3\left(l+\frac{3}{2}\right)(l+1)\left(l+\frac{1}{2}\right)l\left(l-\frac{1}{2}\right)}$$

古い量子論

$$\overline{r^2} = \frac{a_0^2 n^4}{Z^2}\left\{1+\frac{3}{2}\left(1-\frac{k^2}{n^2}\right)\right\}$$

$$\overline{\left(\frac{1}{r}\right)} = \frac{Z}{a_0 n^2}$$

$$\overline{\left(\frac{1}{r^2}\right)} = \frac{Z^2}{a_0^2 n^3 k}$$

$$\overline{\left(\frac{1}{r^3}\right)} = \frac{Z^3}{a_0^3 n^3 k^3}$$

$$\overline{\left(\frac{1}{r^4}\right)} = \frac{\frac{3}{2}Z^4\left(1-\frac{k^2}{3n^2}\right)}{a_0^4 n^3 k^5}$$

* $\overline{r}$ は式(21-10)と(21-11)で計算した．

上記の結果を使い，たとえば電子の静電エネルギーはこう計算できる．

$$\overline{V}_{nlm} = -\iiint \phi_{nlm}^* \frac{Ze^2}{r} \phi_{nlm} r^2 \mathrm{d}r \sin\theta \mathrm{d}\theta \mathrm{d}\varphi$$

$$= -Ze^2 \overline{\left(\frac{1}{r}\right)}_{nlm}$$

$$= -\frac{Z^2 e^2}{a_0 n^2} \tag{21-12}$$

すると全エネルギー W は，平均運動エネルギー $\overline{T}$ と平均位置エネルギー $\overline{V}$ の和つまり $-\frac{Z^2 e^2}{2a_0 n^2}$ に等しい．また，W は $\overline{V}$ の半分だから，$\overline{T}$ は W の符号を変えたものだとわかる（次式）．

$$\overline{T}_{nlm} = \frac{Z^2 e^2}{2a_0 n^2} \tag{21-13}$$

クーロン相互作用をする粒子系なら，古典力学でも W と $\overline{V}$ と $\overline{T}$ の関係は上記のようになる（2章・7a項）．それを**ビリアル定理**という．

さて運動エネルギー T は，系の重心に対して電子と核がもつ運動量（核が静止しているとみれば電子だけの運動量）p_x, p_y, p_z を使ってこう書ける．

$$T = \frac{1}{2\mu}(p_x^2 + p_y^2 + p_z^2)$$

すると式(21-13)より，全運動量の 2 乗 $p^2=p_x^2+p_y^2+p_z^2$ の平均値は，波動力学でも古い量子論でも，平均運動エネルギーの 2μ 倍に等しい．つまり p^2 の平均値はこうなる．

$$\overline{p_{nlm}^2}=\frac{2\mu Z^2 e^2}{2a_0 n^2}=\left(\frac{2\pi Z\mu e^2}{nh}\right)^2 \tag{21-14}$$

以上から電子の根 2 乗平均速さは次のように書けて，基底状態の水素原子なら 2.185×10^8 cm s^{-1}（光速の約 70 %）に等しい．

$$\sqrt{\overline{v_{nlm}^2}}=\frac{2\pi Ze^2}{nh} \tag{21-15}$$

問題 21-1. 式(20-2)と同様な漸化式を使って(または別の方法で) $\bar{r}_{nlm}$ の式を書け．

21d. 波動関数の θ と φ 依存性

波動関数の角度分布を調べるには，実数より複素数で $\Phi(\varphi)$ を書くとよい．電子の軌道角運動量も，量子力学と古い量子論の間にきれいな対応がつく(15 章)．l 値を決めたとき，全角運動量の 2 乗は $l(l+1)\times\frac{h^2}{4\pi^2}$，$Z$ 軸成分は $\frac{mh}{2\pi}$ になり，量子数 n，k，m のボーア軌道ならそれぞれ $\frac{k^2 h^2}{4\pi^2}$ と $\frac{mh}{2\pi}$ になる．同じ l で m のちがう状態は，全角運動量が同じでも空間内の方位はちがう．

本書で扱わない電磁気現象も含めた波動関数を使うと，電子の軌道運動が生む磁気モーメントは，古い量子論の結果(2 章・7d 項)と同様，軌道角運動量に $\frac{e}{2m_0 c}$ をかけた値になる．つまり磁気モーメントの z 軸成分は $m\frac{he}{4\pi m_0 c}$ で，z 軸に平行な磁場(強さ H)との磁気的相互作用エネルギーは $m\frac{he}{4\pi m_0 c}H$ と書ける．

古い量子論の空間量子化は，z 軸に対する軌道面の傾きを決めた．$m=\pm k$ なら z 軸に垂直となり，ほかの m 値なら傾いている．確率分布関数 $\psi^*\psi$ も同様に考え，$m=\pm l$ のとき角運動量の z 成分 $\frac{mh}{2\pi}$ は全角運動量 $\frac{\sqrt{l(l+1)}h}{2\pi}$ におよそ等しい．z 軸にほぼ垂直なボーア軌道に相当する軌道なら，確率分布関数が $\theta=90°$ で大きく，$\theta=0$ と $180°$ では小さいと見なす．$m=\pm l$；$l=0\sim 5$ の関数 $[\Theta_{lm}(\theta)]^2$ を描いた図 21-4 がまさにそれを物語り，l が増すほど確率分布関数は xy 面に集中する．

ほかの m 値($l=3$；$m=0$，± 1，± 2，± 3)につき，分布関数を図 21-5 に描いた．分布関数は，ボーア軌道面(m 軸となす角度をほぼ決める面)の向きに集まる傾向を示す．

21. 水素原子の波動関数　　107

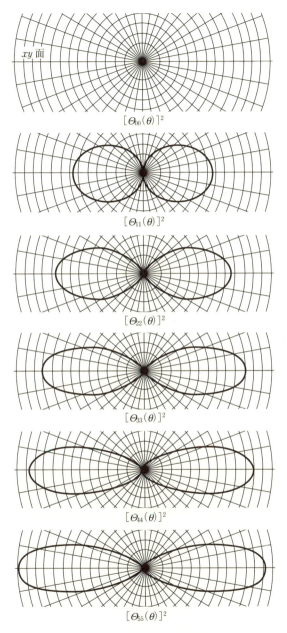

図 21-4　$m=\pm l$；$l=0\sim 5$ で描いた $[\Theta_{lm}(\theta)]^2$ の角度分布

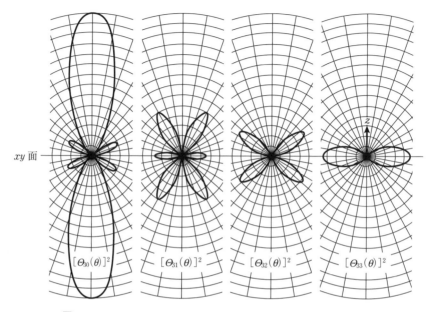

図 21-5　$l=3$；$m=0$, ± 1, ± 2, ± 3 で描いた $[\Theta_{lm}(\theta)]^2$ の角度分布

　複素数の φ 関数を使うと，こうした図は，φ に関係しない確率分布関数の角度依存性を表す．φ の三角関数を使えば，$\sin^2 m\varphi$ や $\cos^2 m\varphi$ が，φ で変わる確率分布関数にあたる．実数形に書いたs軌道とp軌道の確率分布関数(表 21-4)は，図 21-6 のような角度分布をもつ．前述のとおりs軌道は球対称，p_x, p_y, p_z 軌道は向きを除いて等価だとわかる．縮退した波動関数の選びかたは次章で紹介しよう．

　名高いウンゼルトの定理[1]によると，l 値を決めたとき，m の値すべてについて確率分布関数を足し合わせれば一定値になる（その意味は 9 章で考察）．

$$\sum_{m=-l}^{+l} \Theta_{lm}(\theta)\Phi_m^*(\varphi)\Theta_{lm}(\theta)\Phi_m(\varphi) = 一定 \tag{21-16}$$

問題 21-2. ウンゼルトの定理(式 21-16)を証明してみよ．

---

[1]　A. Unsöld, *Ann. d. Phys.* **82**, 355 (1927).

21. 水素原子の波動関数　109

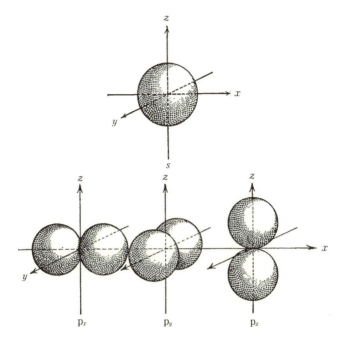

図 21-6　s 軌道と p 軌道を表す関数の姿．2 乗したものが確率分布関数

6章

近似法 ① 摂動論

　ある系の波動方程式を前章の手順で厳密に解けるなら，系の性質はすっかりわかる．しかし多電子系だとそうはいかない．電子が2個だけのヘリウム原子や水素分子でさえ，波動方程式を厳密に解く道はないのだ．

　そこで近似解を得る方法がくふうされ，エネルギー値も波動関数もかなり正しく計算できるようになった．1926年のシュレーディンガー第3論文にある摂動論（摂動＝小さな乱れ＝が起こす系の変化を見積もる手法）[1]が，近似法の筆頭をなす．幸いなことに波動力学の摂動論は，古典力学の摂動論よりもずっとわかりやすい．

　摂動論の根元には，「どんな関数も直交規格化関数の無限級数に展開できる」という数学の定理がある．こまかい点には踏みこまず，骨子だけを次節で眺めよう．

22. 関数の級数展開

　関数の巾級数展開は，大学数学の初めに出合う．無限級数が所定の関数に収束する条件を教える定理もいくつか学ぶ．

　以下では，直交規格化関数に係数をかけて足し合わせた無限級数を考えよう．直交規格化関数が $f_0(x), f_1(x), f_2(x), \cdots$ なら，級数はこう書く．

$$\varphi(x) = a_0 f_0(x) + a_1 f_1(x) + a_2 f_2(x) + \cdots$$
$$= \sum_{n=0}^{\infty} a_n f_n(x) \tag{22-1}$$

---

[1]　一般化した摂動論は7章・27a項を参照．

和が $\varphi(x)$ に収束するのなら,式(22-1)右辺の無限級数は,ある x の範囲で関数 $\varphi(x)$ を表現できる.$\varphi(x)$ を表す係数 a_n は確かに見つかるのか? 級数が $\varphi(x)$ に収束すると仮定してよければ,式(22-1)の両辺に $f_k^*(x)$ をかけて積分し,式(22-3)を使って,係数 a_k は次のように計算できる($a \leq x \leq b$ が $f_n(x)$ どうしの直交範囲).

$$\int_a^b \varphi(x) f_k^*(x) \, dx = a_k \tag{22-2}$$

$$\left. \begin{array}{ll} \int_a^b f_k^*(x) f_n(x) \, dx = 0 & (n \neq k \text{ のとき}) \\ = 1 & (n = k \text{ のとき}) \end{array} \right\} \tag{22-3}$$

ただし,上記の仮定が成り立たず,級数が発散したり,$\varphi(x)$ 以外の関数に収束したりする場合も多い.上記の仮定が成り立つ条件は,数学の理論でわかっている.理論の紹介は省くけれど,ともかく理論の裏づけがあることだけを知っていればよい.

直交関数を使う展開としては,フーリエ展開が名高い.たとえば次式の矩形関数 $\varphi(x)$ は,式(22-5)のフーリエ級数に展開できる.

$$\left. \begin{array}{ll} \varphi(x) = 1 & (0 < x < \pi \text{ のとき}) \\ \varphi(x) = -1 & (\pi < x < 2\pi \text{ のとき}) \end{array} \right\} \tag{22-4}$$

$$\varphi(x) = a_0 + a_1 \sin x + b_1 \cos x + a_2 \sin 2x + b_2 \cos 2x + \cdots \tag{22-5}$$

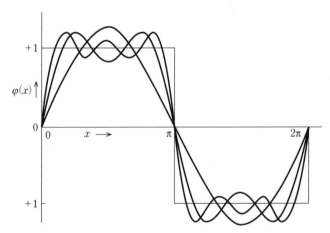

図 22-1 $0 < x < \pi$ で $+1$,$\pi < x < 2\pi$ で -1 の矩形関数 $\varphi(x)$ と,第一・第三・第五近似のフーリエ級数が生む曲線

第一近似($\cos x$ 項まで)と第三近似($\cos 3x$ 項まで)，第五近似($\cos 5x$ 項まで)を図22-1に描いた．不連続点を除き，直交関数の級数は不連続関数をも表せる．項数を増やしていけば，級数は $\varphi(x)$ に近づいていく．

量子力学の話には，直交関数として波動方程式の解を使うのがいい．調和振動子の解(エルミート関数．3章・11節)も，水素原子の解(前章)も，直交規格化関数の集まりだった．実のところ，波動方程式の解ならどれも直交関数系をなしている(付録III)．

直交関数を使って展開するときは，関数の**完全な組**を使う．式(22-4)と(22-5)の場合，sin 項を落として $\cos x, \cos 2x, \cdots$ だけ使うと，$\cos x, \cos 2x, \cdots$ が「完全な組」ではないため，級数は収束しても，結果が $\varphi(x)$ にはならない．

波動方程式の解で展開する際も，解の全部を使う．解のエネルギーが連続値と離散値の両方になる波動方程式も多い．そんな解で展開するなら，連続準位の波動関数も含める．連続準位だと量子数も連続だから「展開」は，式(22-1)の和ではなく積分になる．

係数 a_k の一部が0になるときは，不完全な関数の組でも展開できる．たとえば，注目する関数 $\varphi(x)$ が x の偶関数[1]で，展開用の直交系が偶関数と奇関数の両方を含めば，式(22-2)から推測できるとおり，奇関数 $f_k(x)$ の係数はみな0になる．

以上の話を，変数が複数個の系に拡張しよう．変数 $x_1, y_1, \cdots, z_N$ を含む直交規格化関数は次式を満たす($d\tau$ は体積素片)．

$$\int\cdots\int f_n^*(x_1, y_1, \cdots, z_N) f_m(x_1, y_1, \cdots, z_N) d\tau$$
$$\begin{aligned}&=0 \quad (n \neq m \text{ のとき}) \\ &=1 \quad (n=m \text{ のとき})\end{aligned} \right\} \quad (22\text{-}6)$$

積分は系の全配置空間で行う．変数が複数個の直交関数は，複数の指標を添えて区別する(1文字ですむこともある)．直交規格化関数群の例には，水素原子の解がある．離散エネルギーの解(5章)は，量子数 n, l, m を指標にして表す．完全な集合がほしいなら，連続エネルギー状態(核の束縛を振り切った電子)の解も合わせて使う[2]．

変数が複数個ある関数を展開したときの係数は，式(22-2)と同形の次式で計算

---

1) 偶関数は $f(-x) = f(x)$，奇関数は $f(-x) = -f(x)$ の性質をもつ．
2) 連続エネルギーの水素を表す波動関数は Sommerfeld, "Wave Mechanics," p. 290 参照．

できる(積分範囲と $d\tau$ は式 22-6 と同様).

$$a_k = \int \cdots \int \varphi(x_1, y_1, \cdots, z_N) f_k^*(x_1, y_1, \cdots, z_N) d\tau \qquad (22\text{-}7)$$

完全直交規格化関数で展開した関数 φ は,係数が $\sum_n a_n^* a_n = 1$ を満たせば規格化されている.

互いに直交しない関数の組を使うと便利なこともある.どんな関数もそういう関数群で展開できるけれど,直交関数群の場合に比べ,係数の決定はむずかしい(例は 24 節参照).

直交関数を使う展開には,次の結果になるものもある.

$$\sum_n a_n f_n(x) = 0$$

$f_k^*(x)$ をかけて積分すれば,係数はみな 0 (n の値によらず $a_n = 0$)だとわかる.

問題 22-1. $\varphi(x) = (2+x)^{-\frac{3}{2}} = \sum a_k \sqrt{\frac{2k+1}{2}} P_k(x)$ と展開しよう(範囲は $|x| \leq 1$. $P_k(x)$ は k 次のルジャンドル多項式.5 章・19 節).最初 4 個の係数を求めよ.関数 $\varphi(x)$ と,第 1,第 2,第 3,第 4 項までの近似曲線を描け.[発展:$P_k(x)$ の母関数を使い,a_k の一般式を求めよ].

23. 一次摂動論:縮退がないとき

厳密には解けない波動方程式も,小さい付加項(摂動項)を落とせば解けることが多い.摂動論はそんな系で役に立ち,近似解を求めたあとで小さい補正を入れる.

式(23-2)のハミルトニアン H を使い,真の波動方程式を次式に書こう.

$$H\phi - W\phi = 0 \qquad (23\text{-}1)$$

$$H = -\frac{h^2}{8\pi^2} \sum_i \frac{1}{m_i} \nabla_i^2 + V \qquad (23\text{-}2)$$

変数(パラメータ)λ を使って H をこう展開する.

$$H = H^0 + \lambda H' + \lambda^2 H'' + \cdots \qquad (23\text{-}3)$$

$\lambda = 0$ の波動方程式(次式)は,そのまま解けるとする.

$$H^0 \phi^0 - W^0 \phi^0 = 0 \qquad (23\text{-}4)$$

上式を**無摂動系の波動方程式**という.下記の部分が摂動(乱れ)を表す.

$$\lambda H' + \lambda^2 H'' + \cdots$$

23. 一次摂動論：縮退がないとき

例として，電場をかけた水素原子が示すシュタルク効果を調べよう．展開の変数には電場強度 E を使う．むろん $E=0$ のときは解ける（前章）．

式(23-4)の解，つまり**無摂動波動関数**をこう書こう．

$$\phi_0^0, \phi_1^0, \phi_2^0, \cdots, \phi_k^0, \cdots$$

それぞれのエネルギーは次の値だとする．

$$W_0^0, W_1^0, W_2^0, \cdots, W_k^0, \cdots$$

関数 ϕ_k^0 は完全直交系をなし（22 節），さらに規格化もできていれば次式を満たす（付録 III）．

$$\left. \begin{array}{ll} \int \phi_i^0 \phi_j^0 \mathrm{d}\tau = 0 & (i \neq j \text{ のとき}) \\ \phantom{\int \phi_i^0 \phi_j^0 \mathrm{d}\tau} = 1 & (i = j \text{ のとき}) \end{array} \right\} \qquad (23\text{-}5)$$

摂動の効果をみよう．摂動は小さく，波動関数は連続[1]だから，摂動系のエネルギーと波動関数は，無摂動系のものに近いだろう．すると摂動系の波動関数 ϕ もエネルギー W も，次のように展開してよい．

$$\phi_k = \phi_k^0 + \lambda \phi_k' + \lambda^2 \phi_k'' + \cdots \qquad (23\text{-}6)$$

$$W_k = W_k^0 + \lambda W_k' + \lambda^2 W_k'' + \cdots \qquad (23\text{-}7)$$

摂動（つまり λ）が小さいと，$\lambda^2, \lambda^3, \cdots$ がどんどん小さくなって級数は収束する．H, ϕ, W_k の展開式を式(23-1)に入れ，λ が同冪の係数をまとめればこうなる．

$$(H^0 \phi_k^0 - W_k^0 \phi_k^0) + (H^0 \phi_k' + H' \phi_k^0 - W_k^0 \phi_k' - W_k' \phi_k^0) \lambda$$
$$+ (H^0 \phi_k'' + H' \phi_k' + H'' \phi_k^0 - W_k^0 \phi_k'' - W_k' \phi_k' - W_k'' \phi_k^0) \lambda^2 + \cdots = 0 \qquad (23\text{-}8)$$

上式が λ 値に関係なく 0 となるには，λ^n の係数はどれも 0 でなければいけない[2]．λ^0 の係数を 0 とすれば式(23-4)になるため，展開式(23-6)と(23-7)をそれぞれ ϕ^0 と W^0 で始めたのは正しかった．

λ の係数から次式を得る．

$$H^0 \phi_k' - W_k^0 \phi_k' = (W_k' - H') \phi_k^0 \qquad (23\text{-}9)$$

前節の定理をもとに，未知関数 ϕ_k' を直交規格化関数群 ϕ_l^0 で展開しよう（係数 a_l は a_{lk} と書くべきところ，k 状態だけに注目する前提で添え字 k を省く）．

$$\phi_k' = \sum_l a_l \phi_l^0 \qquad (23\text{-}10)$$

展開式を代入すると，$H^0 \phi_l^0 = W_l^0 \phi_l^0$ より，次式が得られる．

---

[1] Courant and Hilbert, "Methoden der mathematischen Physik" 参照．

[2] $\sum_n a_n \lambda^n \equiv \varphi(\lambda) \equiv 0$ のとき，級数が収束すれば $a_n = \dfrac{1}{n!} \left(\dfrac{\mathrm{d}^n \varphi}{\mathrm{d} \lambda^n} \right)_{\lambda=0}$ と書ける．

$$H^0\psi'_k = \sum_l a_l H^0 \psi_l^0 = \sum_l a_l W_l^0 \psi_l^0 \tag{23-11}$$

つまり式(23-9)はこうなる．

$$\sum_l a_l (W_l^0 - W_k^0) \psi_l^0 = (W'_k - H') \psi_k^0 \tag{23-12}$$

ψ_k^{0*} をかけ，全空間で積分しよう．$\int \psi_k^{0*} \psi_l^0 d\tau$ も $W_l^0 - W_k^0$ も $l \neq k$ のときに 0 だから，左辺は 0 となる．

$$\int \psi_k^{0*} \sum_l a_l (W_l^0 - W_k^0) \psi_l^0 d\tau = \sum_l a_l (W_l^0 - W_k^0) \int \psi_k^{0*} \psi_l^0 d\tau = 0$$

こうして次式が得られる．

$$\int \psi_k^{0*} (W'_k - H') \psi_k^0 d\tau = 0 \tag{23-13}$$

上式がエネルギーの一次補正 W'_k を教える．W'_k は式(23-13)中の定数なので，積分はすぐにでき，λ をかければこうなる．

$$\lambda W'_k = \lambda \int \psi_k^{0*} H' \psi_k^0 d\tau \tag{23-14}$$

エネルギーの補正分は $\lambda W'_k$ だが，一次摂動を表す量の記号に λ を含めると見やすい．そのとき摂動後の量は，式(23-16)の W'_k を使ってこう書ける．

$$\left. \begin{array}{l} H = H^0 + H' \\ \phi_k = \psi_k^0 + \psi'_k \\ W_k = W_k^0 + W'_k \end{array} \right\} \tag{23-15}$$

$$W'_k = \int \psi_k^{0*} H' \psi_k^0 d\tau \tag{23-16}$$

つまり**一次摂動エネルギーは，無摂動波動関数を使って摂動項を平均した値に等しい**．

波動関数の補正 ψ'_k はどうか．ψ^0 の直交規格化性より，式(23-12)の両辺に ψ_j^{0*} をかけて積分すれば次式を得る．

$$a_j (W_j^0 - W_k^0) = -\int \psi_j^{0*} H' \psi_k^0 d\tau \qquad j \neq k \tag{23-17}$$

すると，ψ' の展開式(23-10)に現れる係数 a_j はこう書ける．

$$a_j = -\frac{\int \psi_j^{0*} H' \psi_k^0 d\tau}{W_j^0 - W_k^0} \qquad j \neq k \tag{23-18}$$

まだわからない a_k 値は，ϕ を規格化するように選ぶ．λ^2 項を無視して一次項だけ考えるなら，a_k は 0 に等しい．次の記号を使えば表記を簡単化できる．

$$H'_{jk} = \int \psi_j^{0*} H' \psi_k^0 d\tau \tag{23-19}$$

こうして一次摂動の波動関数は，係数 a_j の表式を使って次式になる（総和記号につけた ′ は，$j=k$ の項を除くという意味）．

$$\phi_k = \phi_k^0 - \lambda \sum_{j=0}^{\infty}{}' \frac{H'_{jk}}{W_j^0 - W_k^0} \phi_j^0 \tag{23-20}$$

前述のとおり λ を H' に含め，一次エネルギーと一次波動関数はこう書ける．

$$W_k = W_k^0 + H'_{kk} \tag{23-21}$$

$$\phi_k = \phi_k^0 - \sum_{j=0}^{\infty}{}' \frac{H'_{jk}}{W_j^0 - W_k^0} \phi_j^0 \tag{23-22}$$

23a. 例：摂動のある調和振動子 次の波動方程式に従う系のエネルギーを調べよう．

$$\frac{\mathrm{d}^2 \psi}{\mathrm{d}x^2} + \frac{8\pi^2 m}{h^2}\left(W - \frac{1}{2}kx^2 - ax^3 - bx^4\right)\psi = 0 \tag{23-23}$$

無摂動（$a=b=0$）の解は 3 章・11 節でみた．a も b も小さいとして摂動項をこう書く．

$$H' = ax^3 + bx^4 \tag{23-24}$$

次式の積分を計算しなければいけない．

$$H'_{nn} = a\int_{-\infty}^{+\infty} \psi_n^{0*} x^3 \psi_n^0 \mathrm{d}x + b\int_{-\infty}^{+\infty} \psi_n^{0*} x^4 \psi_n^0 \mathrm{d}x \tag{23-25}$$

x^3 は奇関数，$\psi_n^{0*}\psi_n^0$ は偶関数だから，第一の積分は 0 に等しい（ax^3 が生む一次摂動は 0）．第二の積分では，11c 項に書いた関数 ψ_n^0 の性質を使う．式(11-20)を ψ_n^0 に代入すると，積分はこう書ける．

$$I = \int_{-\infty}^{\infty} \psi_n^{0*} x^4 \psi_n^0 \mathrm{d}x = \frac{N_n^2}{\alpha^{5/2}} \int_{-\infty}^{\infty} e^{-\xi^2} H_n^2(\xi) \xi^4 \mathrm{d}\xi \tag{23-26}$$

式(11-15)を次のように書こう．

$$\xi H_n(\xi) = \frac{1}{2}H_{n+1}(\xi) + nH_{n-1}(\xi) \tag{23-27}$$

ξH_{n+1} と ξH_{n-1} に式(23-27)を使い，整理すればこうなる．

$$\xi^2 H_n(\xi) = \frac{1}{4}H_{n+2}(\xi) + \left(n + \frac{1}{2}\right)H_n(\xi) + n(n-1)H_{n-2}(\xi) \tag{23-28}$$

つまり $H_n(\xi)$ の漸化式を利用し，$\xi^2 H_n(\xi)$ を定係数のエルミート多項式で表した．2 乗した $\xi^4 H_n^2(\xi)$ の式を使い，積分(23-26)は，次の積分(11c 項)の和に表す．

$$\left.\begin{array}{ll}\int_{-\infty}^{\infty} e^{-\xi^2} H_n(\xi) H_m(\xi) \mathrm{d}\xi = 0 & (m \neq n \text{ のとき}) \\ \qquad\qquad\qquad\qquad\quad = 2^n n! \sqrt{\pi} & (m = n \text{ のとき})\end{array}\right\} \tag{23-29}$$

するとIは，式(11-21)のN_n値を使ってこう書ける．

$$I = \frac{N_n^2\sqrt{\pi}}{\alpha^{5/2}}\left\{\frac{1}{16}2^{n+2}(n+2)! + \left(n+\frac{1}{2}\right)^2 2^n n! + n^2(n-1)^2 2^{n-2}(n-2)!\right\}$$

$$= \frac{3}{4\alpha^2}(2n^2+2n+1)$$

以上から，一次摂動エネルギーは次式，全エネルギーは式(23-30)に表せる．

$$W' = H'_{nn} = \frac{3b}{4\alpha^2}(2n^2+2n+1)$$

$$W = W^0 + W' = \left(n+\frac{1}{2}\right)h\nu_0 + \frac{3}{64\pi^4}(2n^2+2n+1)\frac{h^2 b}{m^2\nu_0^2} \tag{23-30}$$

波動関数の計算には，すべてのH'_{nk}値を要する．積分にはx^3項もx^4項もからむが，積分値が0でないのは$k=n$, $n\pm 1$, $n\pm 2$, $n\pm 3$, $n\pm 4$の項にかぎられる．

23b. 例：ヘリウム原子 基底状態のヘリウム原子を考えよう．摂動項は小さくないため，結果の精度は悪いだろう．電子2個と核(電荷Ze)の系がもつ位置エネルギーは，核から電子1と2までの距離(r_1, r_2)と電子間距離r_{12}を使ってこう書ける．

$$V = -\frac{Ze^2}{r_1} - \frac{Ze^2}{r_2} + \frac{e^2}{r_{12}} \tag{23-31}$$

核は不動とみても誤差は小さい．電子(質量m_0)のデカルト座標を(x_1, y_1, z_1)・(x_2, y_2, z_2)として，波動方程式は次式になる(式12-8参照)．

$$H\psi = -\frac{h^2}{8\pi^2 m_0}\left(\frac{\partial^2\psi}{\partial x_1^2} + \frac{\partial^2\psi}{\partial y_1^2} + \frac{\partial^2\psi}{\partial z_1^2} + \frac{\partial^2\psi}{\partial x_2^2} + \frac{\partial^2\psi}{\partial y_2^2} + \frac{\partial^2\psi}{\partial z_2^2}\right)$$

$$+ \left(-\frac{Ze^2}{r_1} - \frac{Ze^2}{r_2} + \frac{e^2}{r_{12}}\right)\psi = W\psi \tag{23-32}$$

$Z=2$, 3, 4が，それぞれHe, Li$^+$, Be^{2+}を表す．$\frac{e^2}{r_{12}}$項のない波動方程式なら厳密に解けるため，$\frac{e^2}{r_{12}}$が摂動項にあたる．

$$H' = \frac{e^2}{r_{12}}$$

無摂動の波動方程式は，以下2行の置換をすれば二つに分かれ，u_1^0は式(23-23)に従う(添え字を除き，u_2^0も同形の式に従う)[1]．

---

[1] 多電子原子の原子1個を表す波動関数(一電子波動関数)uに，記号1s, 2s, 2pを添える．

23. 一次摂動論：縮退がないとき

$$\phi^0(x_1, y_1, z_1, x_2, y_2, z_2) = u_1^0(x_1, y_1, z_1) u_2^0(x_2, y_2, z_2)$$

$$W^0 = W_1^0 + W_2^0$$

$$\frac{\partial^2 u_1^0}{\partial x_1^2} + \frac{\partial^2 u_1^0}{\partial y_1^2} + \frac{\partial^2 u_1^0}{\partial z_1^2} + \frac{8\pi^2 m_0}{h^2}\left(W_1^0 + \frac{Ze^2}{r_1}\right)u_1^0 = 0 \tag{23-33}$$

式(23-33)は水素型原子の波動方程式，解は $\psi_{nlm}(r, \theta_1, \varphi_1)$ だった（前章）．またエネルギーは，次式の W_H を使って $-\dfrac{Z^2 W_H}{n^2}$ と書く．

$$W_H = \frac{2\pi^2 m_0 e^4}{h^2} = 13.53 \text{ eV}$$

つまり二電子原子の最低準位を表す無摂動の波動関数は，核を原点とした電子2個の極座標 $(r_1, \theta_1, \varphi_1)$，$(r_2, \theta_2, \varphi_2)$ を使ってこう書ける．

$$\phi^0_{100,100} = \phi_{100}(r_1, \theta_1, \varphi_1) \phi_{100}(r_2, \theta_2, \varphi_2) = u_{1s}(r_1, \theta_1, \varphi_1) u_{1s}(r_2, \theta_2, \varphi_2) \tag{23-34}$$

対応するエネルギー値は次のようになる．

$$W^0_{100,100} = W_1^0 + W_2^0 = -2Z^2 W_H \tag{23-35}$$

一次摂動エネルギー W' は，無摂動の波動関数で摂動項 $H' = \dfrac{e^2}{r_{12}}$ を平均したものだから，次式に書ける．

$$W' = \int \phi^{0*} H' \phi^0 d\tau = \int \frac{e^2}{r_{12}} \phi^2_{100,100} d\tau \tag{23-36}$$

たとえば u_{1s} は，$\rho = \dfrac{2Zr}{a_0}$，$a_0 = \dfrac{h^2}{4\pi^2 m_0 e^2}$ として次の姿をもつ（5章の表21-4参照）．

$$u_{1s} = \phi_{100} = \sqrt{\frac{Z^3}{\pi a_0^3}} e^{-\frac{\rho}{2}} \tag{23-37}$$

これを式(23-34)に使えば，$\psi_{100,100}$ はこうなる．

$$\phi_{100,100} = \frac{Z^3}{\pi a_0^3} e^{-\frac{\rho_1}{2}} e^{-\frac{\rho_2}{2}}$$

体積素片は次の形をもつ．

$$d\tau = r_1^2 dr_1 \sin\theta_1 d\theta_1 d\varphi_1 \cdot r_2^2 dr_2 \sin\theta_2 d\theta_2 d\varphi_2$$

すると W' の積分は，$\rho_{12} = \dfrac{2Zr_{12}}{a_0}$ を使って次式に書ける．

$$W' = \frac{Ze^2}{2^5 \pi^2 a_0} \int_0^{2\pi}\int_0^{\pi}\int_0^{\infty}\int_0^{2\pi}\int_0^{\pi}\int_0^{\infty} \frac{e^{-\rho_1 - \rho_2}}{\rho_{12}} \rho_1^2 d\rho_1 \sin\theta_1 d\theta_1 d\varphi_1 \rho_2^2 d\rho_2 \sin\theta_2 d\theta_2 d\varphi_2 \tag{23-38}$$

上の積分は，密度関数 $e^{-\rho_1}$ と $e^{-\rho_2}$ の球対称分布電荷が示すクーロン相互作用エネルギーだから簡単に計算でき，次の結果になる（付録V）[1]．

$$W' = \frac{5}{4} Z W_\mathrm{H} \tag{23-39}$$

以上より，全エネルギーの値はこうなる．

$$W = -\left(2Z^2 - \frac{5}{4}Z\right) W_\mathrm{H} \tag{23-40}$$

上の値を実測値(イオン化エネルギーの測定値)と比べよう．He, Li$^+$, Be^{2+}, B^{3+}, C^{4+}につき，実測エネルギー$W_\text{実測}$，無摂動エネルギーW^0，一次摂動全エネルギーの計算値W^0+W'，理論と実測の差($\Delta^0 = W_\text{実測} - W^0$と$\Delta' = W_\text{実測} - W^0 - W'$)，差の比 ($\frac{\Delta'}{\Delta^0}$) を表23-1にまとめた．

表 23-1 ヘリウム原子とヘリウム型イオンのエネルギー：計算値と実測値

	$-W_\text{実測}$ (eV)	$-W^0$ (eV)	$-W^0-W'$ (eV)	Δ^0 (eV)	Δ' (eV)	$\frac{-\Delta'}{\Delta^0}$
He	78.62	108.24	74.42	29.62	-4.20	0.142
Li$^+$	197.14	243.54	192.80	46.40	-4.34	0.094
Be^{2+}	369.96	432.96	365.31	63.00	-4.65	0.074
B^{3+}	596.4	676.50	591.94	80.1	-4.5	0.056
C^{4+}	876.2	974.16	872.69	98.0	-3.5	0.036

核の電荷が増えても差Δ'の絶対値はあまり変わらない．全エネルギーはZとともに増えるため，差の相対的な大きさはその分だけ減る．核の電荷が多いほど，電子間反発より核の引力のほうが強く効くからだ．摂動項 $\frac{e^2}{r_{12}}$ は小さくないのに，単純な一次摂動論でも全エネルギー値の誤差(Heで5%, C^{4+}で0.4%)が小さいのを鑑賞しよう．

問題 23-1. 摂動項を$H'(x)$($|x|<\varepsilon$でb，$|x|\geq\varepsilon$で0)とし，一次元調和振動子の一次摂動エネルギーを計算せよ．εは$b\to\infty$で0に近づくが，積$2\varepsilon b$は一定値cにとどまるとする．エネルギーの奇数準位と偶数準位は，それぞれどう変わるか．古典論で許されない領域で値が大きく，ほかの領域では0となる摂動は，どのように効くか．

問題 23-2. 一次元の箱に入れた粒子(波動関数は式14-6，エネルギー準位は式14-7)が摂動H'を受けたとき，一次摂動エネルギーを求めよ．H'は，$\frac{a}{k}-\varepsilon \leq x \leq \frac{a}{k}+\varepsilon$で$b$，ほかでは0だが，$b\to\infty$のとき$2\varepsilon b = c$を保ちつつ$\varepsilon\to 0$となり，$k$は整数とする．

(前頁) 1) A. Unsöld, *Ann. d. Phys.* **82**, 355 (1927).

$k=5$ のとき，摂動の影響が最大のエネルギー準位と最小の準位を考察せよ．また $k=2$ のとき，一次摂動の波動関数を書け．

問題 23-3. 一次元の箱に入れた粒子(式 14-6 と 14-7)に，次の摂動 H' が働くとする．

$$H'(x) = -b\left(0 \leq x \leq \frac{a}{2}\right), \quad H'(x) = +b\left(\frac{a}{2} \leq x \leq a\right)$$

一次摂動の波動関数を書け．粒子の存在確率が箱の右半分で増すのを，古典理論で定性的に考察せよ(ヒント：点 $x=\frac{a}{2}$ まわりの対称性に注目する)．

24. 一次摂動論：縮退があるとき

無摂動系のエネルギー準位が縮退していると，前節の方法は使えない．前節では，摂動後の波動関数と，あるエネルギー準位の無摂動波動方程式の解 ψ_k^0 との差が小さいと仮定した．しかし今度は同じ準位に関数が複数あって，そのうちどれが摂動後の解に近づくのかわからない．

$W = W_k$ の波動方程式を満たす α 個の独立な関数 $\psi_{k1}, \psi_{k2}, \cdots, \psi_{k\alpha}$ があれば，エネルギー準位 W_k は **α 重に縮退** している[1](14 節参照)．α 個の関数は，ほかのエネルギー値に属す波動関数のどれとも直交するが(付録Ⅲ)，同エネルギーの関数とは必ずしも直交しない．

縮退した関数群 $\psi_{k1}, \psi_{k2}, \cdots, \psi_{k\alpha}$ の線形結合(一次結合) $\sum_{j=1}^{\alpha} k_j \psi_{kj}$ も，W_k 値に属す波動方程式の解となる．k_j 値を適切に選べば，一次独立な α 個の線形結合 χ_{kj}(次式)をつくれる．

$$\chi_{ki} = \sum_{j=1}^{\alpha} \kappa_{ij} \psi_{kj} \qquad i = 1, 2, 3, \cdots, \alpha \tag{24-1}$$

上式の線形結合は，最初の組 $\psi_{k1}, \psi_{k2}, \cdots, \psi_{k\alpha}$ と完全に等価だといえる．すると縮退準位は，上式のような組をいくらでもつくれるため，特定の解では表せない．変換式(24-1)を，「定係数の線形変換」という．

使う波動関数は，直交規格化されたものがいい．係数 k_{ij} を選べば χ_{ki} の直交規格化はできるとわかっているため，それを前提に考えよう．

以上を使い，縮退準位に摂動論を適用する．まず波動方程式を書く．

$$H\phi - W\phi = 0 \tag{24-2}$$

$$H = H^0 + \lambda H' + \lambda^2 H'' + \cdots$$

---

[1] $\psi_{k1}, \psi_{k2}, \cdots, \psi_{k\alpha}$ は，独立変数をどう選んでも $a_1 \psi_{k1} + a_2 \psi_{k2} + \cdots + a_\alpha \psi_{k\alpha} = 0$ ($a_1, a_2, \cdots, a_\alpha$ は定係数) と書けないとき，一次独立だという．

無摂動系の波動方程式はこう書ける(続く2行が波動関数とエネルギー値).

$$H^0\phi^0 - W^0\phi^0 = 0 \tag{24-3}$$

$$\phi^0_{01}, \phi^0_{02}, \cdots ; \phi^0_{11}, \phi^0_{12}, \cdots ; \cdots ; \phi^0_{k1}, \phi^0_{k2}, \cdots, \phi^0_{k\alpha} ; \cdots$$

$$W^0_0 ; W^0_1 ; \cdots ; W^0_k ; \cdots$$

ある波動関数が,摂動を伴う波動方程式(24-2)の解だとしよう.摂動項 $\lambda H'$ +…が小さくなると,エネルギー値も波動関数も,無摂動系の姿に近づく.ただし極限の関数は $\phi^0_{k1}, \cdots, \phi^0_{k\alpha}$ のどれかとはかぎらない(一般には $\phi^0_{k1}, \cdots, \phi^0_{k\alpha}$ の線形結合).

まずは,摂動前の波動関数(**正しい零次波動関数**)を決めたい.縮退系だから,次のような線形結合に書こう.

$$\chi^0_{kl} = \sum_{l'=0}^{\alpha} \kappa_{ll'} \phi^0_{kl'} \qquad l = 1, 2, \cdots, \alpha \tag{24-4}$$

摂動後の波動関数 ϕ_{kl} とエネルギー W_{kl} は,$\lambda=0$ のときに無摂動系の姿なので,こう書いてよい.

$$\phi_{kl} = \chi^0_{kl} + \lambda \psi'_{kl} + \lambda^2 \psi''_{kl} + \cdots \tag{24-5}$$

$$W_{kl} = W^0_k + \lambda W'_{kl} + \lambda^2 W''_{kl} + \cdots \tag{24-6}$$

添え字 $l(=1, 2, \cdots, \alpha)$ が,縮退関数 α 個のどれかを指定する(式23-10と同様,k 番目の縮退準位に注目していると了解し,$\kappa_{kll'}$ の k を省いて $\kappa_{ll'}$ と書いた).

ϕ, W, H の展開形を式(24-2)に入れ,非縮退の式(23-8)と同形の次式を得る.

$$(H^0 \chi^0_{kl} - W^0_k \chi^0_{kl}) + (H^0 \psi'_{kl} + H' \chi^0_{kl} - W^0_k \psi'_{kl} - W'_{kl} \chi^0_{kl}) \lambda + \cdots = 0 \tag{24-7}$$

前節と同様,λ の係数が0なら無摂動の式になる(式23-9と同形).

$$H^0 \psi'_{kl} - W^0_k \psi'_{kl} = W'_{kl} \chi^0_{kl} - H' \chi^0_{kl} \tag{24-8}$$

非縮退の場合は関数 ψ^0_k を使ったところ,縮退系では式(24-4)の線形結合 χ^0_{kl} を使う.続く段階でも,ψ'_k や $H^0 \psi'_k$ は完全直交関数系 ϕ^0_k で展開する.出発点の χ^0_{kl} は,式(24-8)に書いた $\phi^0_{kl'}$ の線形結合だから,摂動後の $\phi_{n'}$ と $H^0 \phi_{n'}$ も次の線形結合に書く.

$$\psi'_{kl} = \sum_{k'l'} a_{klk'l'} \phi^0_{k'l'} \tag{24-9}$$

$$H^0 \psi'_{kl} = \sum_{k'l'} a_{klk'l'} H^0 \phi^0_{k'l'} = \sum_{k'l'} a_{klk'l'} W^0_{k'} \phi^0_{k'l'} \tag{24-10}$$

以上を式(24-8)に入れた結果は次のようになる.右辺は縮退準位 W^0_k の関数 $\phi^0_{kl'}$ だけを含み,左辺の展開は $\phi^0_{k'l'}$ の全部を含む.

24. 一次摂動論：縮退があるとき

$$\sum_{k'l'} a_{klk'l'}(W_k^0 - W_{k'}^0)\phi_{k'l'}^0 = \sum_{l'=0}^{\alpha} \kappa_{ll'}(W_{kl}' - H')\phi_{kl'}^0 \quad (24\text{-}11)$$

両辺に ϕ_{kj}^{0*} をかけ，全空間にわたる積分をこう書こう．

$$\sum_{k'l'} a_{klk'l'}(W_k^0 - W_{k'}^0)\int\phi_{kj}^{0*}\phi_{k'l'}^0 d\tau = \sum_{l'=1}^{\alpha}\kappa_{ll'}\left(W_{kl}'\int\phi_{kj}^{0*}\phi_{kl'}^0 d\tau - \int\phi_{kj}^{0*}H'\phi_{kl'}^0 d\tau\right) \quad (24\text{-}12)$$

$k \neq k'$ なら ϕ_{kj}^0 と $\phi_{k'l'}^0$ が直交し，$k=k'$ なら $W_k^0 - W_{k'}^0$ が 0 なので，上式の左辺は 0 に等しい．

以下 2 種類の記号を使うと，式(24-12)は式(24-15)になる．

$$H_{jl'}' = \int\phi_{kj}^{0*}H'\phi_{kl'}^0 d\tau \quad (24\text{-}13)$$

$$\Delta_{jl'} = \int\phi_{kj}^{0*}\phi_{kl'}^0 d\tau \quad (24\text{-}14)$$

$$\sum_{l'=1}^{\alpha}\kappa_{ll'}(H_{jl'}' - \Delta_{jl'}W_{kl}') = 0 \quad j=1,2,3,\cdots,\alpha \quad (24\text{-}15)$$

上式は，α 個の未知数 $\kappa_{l1}, \kappa_{l2}, \cdots, \kappa_{l\alpha}$ を含む α 個の一次連立方程式だから，具体的にはこう書ける．

$$\left.\begin{array}{l}(H_{11}'-\Delta_{11}W_{kl}')\kappa_{l1} + (H_{12}'-\Delta_{12}W_{kl}')\kappa_{l2} + \cdots + (H_{1\alpha}'-\Delta_{1\alpha}W_{kl}')\kappa_{l\alpha}=0 \\ (H_{21}'-\Delta_{21}W_{kl}')\kappa_{l1} + (H_{22}'-\Delta_{22}W_{kl}')\kappa_{l2} + \cdots + (H_{2\alpha}'-\Delta_{2\alpha}W_{kl}')\kappa_{l\alpha}=0 \\ \cdots\cdots\cdots\cdots\cdots\cdots\cdots\cdots\cdots \\ (H_{\alpha1}'-\Delta_{\alpha1}W_{kl}')\kappa_{l1} + (H_{\alpha2}'-\Delta_{\alpha2}W_{kl}')\kappa_{l2} + \cdots + (H_{\alpha\alpha}'-\Delta_{\alpha\alpha}W_{kl}')\kappa_{l\alpha}=0\end{array}\right\} \quad (24\text{-}16)$$

上式を解けば，α 個ある κ の相対値（κ どうしの比）がわかる．W_{kl}' が勝手な値なら，無意味な解 $\kappa_{l1}=\kappa_{l2}=\cdots\kappa_{l\alpha}=0$ しかないけれど，W_{kl}' が特別な値なら，意味のある解が出てくる．

線形代数によれば，「$\kappa_{kll'}$ の係数」がつくる行列式が 0 になるとき，連立方程式(24-16)は $\kappa_{l1}=\kappa_{l2}=\cdots\kappa_{l\alpha}=0$ 以外の解をもつ．つまり次式が成り立つ．

$$\begin{vmatrix} H_{11}'-\Delta_{11}W_{kl}' & H_{12}'-\Delta_{12}W_{kl}' & \cdots & H_{1\alpha}'-\Delta_{1\alpha}W_{kl}' \\ H_{21}'-\Delta_{21}W_{kl}' & H_{22}'-\Delta_{22}W_{kl}' & \cdots & H_{2\alpha}'-\Delta_{2\alpha}W_{kl}' \\ \cdots\cdots & \cdots\cdots & \cdots & \cdots\cdots \\ H_{\alpha1}'-\Delta_{\alpha1}W_{kl}' & H_{\alpha2}'-\Delta_{\alpha2}W_{kl}' & \cdots & H_{\alpha\alpha}'-\Delta_{\alpha\alpha}W_{kl}' \end{vmatrix} = 0 \quad (24\text{-}17)$$

行列式を開いて方程式にし，W_{kl}' を未知数とみて解く．物理や化学に顔を出す波動関数なら行列式は，主対角線（＼）の両側で対称か複素共役 ($H_{ij}'=H_{ji}'^{*}$) になる．そのとき出る α 個の実根 ($W_{k1}', W_{k2}', \cdots, W_{k\alpha}'$) が，$\alpha$ 重に縮退した無摂動エネルギー準位 W_k^0 の波動関数（α 個）に応じた一次摂動エネルギーの値を表す．一部

にまだ同じ根が残るなら,縮退が完全には解けていない.

　ある摂動準位 W'_{kl} にあたる零次波動関数 χ^0_{kl} を決める係数 κ'_{il} は,W'_{kl} 値を連立方程式(24-16)に入れ,ある1個の係数でほかの係数を表せば決まる.基準の係数は,χ^0_{kl} を規格化するように決める.複数の根 W'_{kl} が等しいなら,結果はひとつに決まらない(縮退が残っていて波動関数がピシリと決まらない状況).

　無摂動の $\phi^0_{k1}, \cdots, \phi^0_{k\alpha}$ が直交規格化関数なら(いままでの話に必要なかった仮定),関数 $\Delta_{jl'}$ は $j=l'$ で 1(それ以外で 0)だから,行列式(24-17)は次の姿をもつ.

$$\begin{vmatrix} H'_{11}-W_{kl} & H'_{12} & H'_{13} & \cdots & H'_{1\alpha} \\ H'_{21} & H'_{22}-W_{kl} & H'_{23} & \cdots & H'_{2\alpha} \\ \cdots & \cdots & \cdots & & \cdots \\ H'_{\alpha 1} & H'_{\alpha 2} & H'_{\alpha 3} & \cdots & H'_{\alpha\alpha}-W_{kl} \end{vmatrix}=0 \quad (24\text{-}18)$$

式(24-17)や(24-18)を**永年方程式**といい,永年方程式を使って解く摂動を**永年摂動**[1]とよぶ.

　次の永年方程式を考えよう.

$$\begin{vmatrix} H'_{11}-W'_{kl} & 0 & \cdots & 0 \\ 0 & H'_{22}-W'_{kl} & \cdots & 0 \\ \cdots & \cdots & \cdots & \cdots \\ 0 & 0 & \cdots & H'_{\alpha\alpha}-W'_{kl} \end{vmatrix}=0 \quad (24\text{-}19)$$

出発点の関数 $\phi^0_{k1}, \phi^0_{k2}, \cdots, \phi^0_{k\alpha}$ は,摂動 H' が加わる前の正しい零次関数とする.主対角線上を除いて成分はみな 0 だから,**対角型**の永年方程式という.根 W'_{kl} は,行列式を開いてできる次の代数方程式からわかる.

$$(H'_{11}-W'_{kl})(H'_{22}-W'_{kl})\cdots(H'_{\alpha\alpha}-W'_{kl})=0 \quad (24\text{-}20)$$

根:$W'_{kl}=H'_{11}, H'_{22}, \cdots, H'_{\alpha\alpha}$

　式(24-19)の積分 H'_{mn} は,零次関数の組 ϕ^0_{kl} からつくった.たいていの場合,どんな関数の組 ϕ^0 を使えば永年方程式が簡単な姿になるかは,あらかじめ推定できる.とりわけ,摂動が変数(たとえば x)だけで表現でき,出発点の波動関数

---

[1] **永年**はラテン語の *saeculum*(時代,年代)にちなみ,「長時間かけて成就する」の意味.古典力学で**永年摂動**は,軌道を少しずつ変える撹乱を意味した.ふつう惑星の軌道は,大きさも形も向きも決まった楕円だが,力が逆 2 乗則からわずかに狂うと(相対論的な質量変化に似た状況),惑星の公転ごとに主軸が少しずれ,軌道が歳差運動する(歳差運動の周期は,乱れが小さいほど長い).かたや,重心まわりを摩擦なく回る輪の場合,輪の 1 点につけた微小なおもりは,下降運動を加速し,上昇運動を減速する.回転が速ければ,おもりの影響は小さいため永年摂動とはみない.量子力学では,時間を含む摂動を考察すると(11 章),永年という用語の意味が納得できよう.

が x の関数と他変数の関数をかけ合わせた姿をもち,関数どうしが直交しているなら,かけ合わせた関数は,注目する摂動を表す零次波動関数だといえる.無摂動波動方程式が, x を含む一組の変数に分離できるときは,いつもそうなる.

$H_{ij} = H_{ij}^0 + H'_{ij}$, $W = W_k^0 + W'_{kl}$ と変換し, $i=j$ なら W_k^0 に等しくて $i \neq j$ なら 0 となる H_{ij}^0 を使えば,式(24-18)は次の姿に変わる(9章・30c項で使う).

$$\begin{vmatrix} H_{11}-W & H_{12} & \cdots & H_{1\alpha} \\ H_{21} & H_{22}-W & \cdots & H_{2\alpha} \\ \cdots & \cdots & \cdots & \cdots \\ H_{\alpha 1} & H_{\alpha 2} & \cdots & H_{\alpha\alpha}-W \end{vmatrix} = 0$$

24a. 例:水素原子の摂動

縮退系の例として,摂動のある水素原子を考えよう.最低準位は非縮退だから,23節の扱いが使える.摂動を $H'=f(x)$ としてこう書く.

$$W' = \int \phi_{100}^2 f(x) \mathrm{d}\tau$$

第2準位は, $W_2^0 = -\frac{1}{4}Rhc$ に以下四つの波動関数が属すため(5章),縮退系として扱う.

$$\phi_{2s} = \phi_{200}^0 = \sqrt{\frac{1}{32\pi a_0^3}} \, \mathrm{e}^{-\frac{r}{2a_0}} \left(\frac{r}{a_0} - 2\right)$$

$$\phi_{2p_0} = \phi_{210}^0 = \sqrt{\frac{1}{32\pi a_0^3}} \, \mathrm{e}^{-\frac{r}{2a_0}} \left(\frac{r}{a_0}\right) \cos\theta$$

$$\phi_{2p_{-1}} = \phi_{21\bar{1}}^0 = \sqrt{\frac{1}{32\pi a_0^3}} \, \mathrm{e}^{-\frac{r}{2a_0}} \left(\frac{r}{a_0}\right) \cdot \frac{1}{2}\sqrt{2} \, \mathrm{e}^{-\mathrm{i}\varphi} \sin\theta$$

$$\phi_{2p_{+1}} = \phi_{211}^0 = \sqrt{\frac{1}{32\pi a_0^3}} \, \mathrm{e}^{-\frac{r}{2a_0}} \left(\frac{r}{a_0}\right) \cdot \frac{1}{2}\sqrt{2} \, \mathrm{e}^{+\mathrm{i}\varphi} \sin\theta$$

永年方程式は,次の積分をもとにつくる.

$$H'_{2lm, 2l'm'} = \int \phi_{2lm}^{0*} f(x) \phi_{2l'm'}^0 \mathrm{d}\tau$$

$f(x) = H'$ の中身を明示しなくても,次のことがいえる. $\mathrm{e}^{-\mathrm{i}\varphi}$ と複素共役 $\mathrm{e}^{+\mathrm{i}\varphi}$ には $\mathrm{e}^{-\mathrm{i}\varphi}\mathrm{e}^{+\mathrm{i}\varphi} = 1$ の関係があるため, H' が実数なら下記が成り立つ.

$$B = H'_{21\bar{1}, 21\bar{1}} = H'_{211, 211}$$

x を次の極座標で表せば, $\cos(2\pi - \varphi) = \cos\varphi$ から, $f(x)$ は φ の関数でもあり, $\varphi' = 2\pi - \varphi$ の関数でもある.

$$x = r\sin\theta\cos\varphi$$

積分変数を置換すると,定積分は変数をどう書いてもよいのでこうなる.

$$\int_0^{2\pi} g(\varphi)\,\mathrm{d}\varphi = -\int_{2\pi}^0 g(2\pi-\varphi')\,\mathrm{d}\varphi' = \int_0^{2\pi} g(2\pi-\varphi')\,\mathrm{d}\varphi'$$
$$= \int_0^{2\pi} g(2\pi-\varphi)\,\mathrm{d}\varphi \qquad (24\text{-}21)$$

置換で $\mathrm{e}^{-\mathrm{i}\varphi}$ は $\mathrm{e}^{-\mathrm{i}(2\pi-\varphi')}$ や $\mathrm{e}^{+\mathrm{i}\varphi'}$ に変わるため，次の等式が成り立つ．
$$D = H'_{200,21\bar{1}} = H'_{200,211}$$

$\sin(\pi-\theta') = \sin\theta'$ だから，$\theta=\pi-\theta'$ の置換をしても $f(x)$ の形は変わらない．また，極座標の体積素片 $\mathrm{d}\tau$ が含む $\sin\theta$ を使い，積分は次のようにも書ける．

$$\int_0^\pi g(\theta)\sin\theta\,\mathrm{d}\theta = \int_0^\pi g(\pi-\theta')\sin\theta'\,\mathrm{d}\theta' = \int_0^\pi g(\pi-\theta)\sin\theta\,\mathrm{d}\theta \qquad (24\text{-}22)$$

置換 $\theta=\pi-\theta'$ で $\cos\theta$ は変わり，$\cos(\pi-\theta')=-\cos\theta'$ となる．ただし，ϕ^0_{210} 中の余弦関数が符号を変えても被積分量は変わらないため，次式が成り立つ．
$$H'_{210,200} = -H'_{210,200} \quad \text{つまり} \quad H'_{210,200}=0$$

同様にして次式が書ける．
$$H'_{210,211}=0 \qquad H'_{210,21\bar{1}}=0$$

一般化して次のように書こう．
$$H'_{2lm,2l'm'} = H'^{*}_{2l'm',2lm}$$

以上より，$A=H'_{200,200}$, $B=H'_{211,211}$, $C=H'_{210,210}$, $D=H'_{200,211}$, $E=H'_{211,21\bar{1}}$ という記号を使えば，摂動の永年方程式はこう書ける（行と列は 200, 211, $21\bar{1}$, 210 の順）．

$$\begin{vmatrix} A-W' & D & D & 0 \\ D & B-W' & E & 0 \\ D & E & B-W' & 0 \\ 0 & 0 & 0 & C-W' \end{vmatrix} = 0 \qquad (24\text{-}23)$$

$C-W'$ を含む行と列の成分はみな 0 だから，$C-W'$ は，行列式から出る代数式の因数になる．$C-W'=0$ として根 $W'=C$ が出る．あと三つの根は三次方程式を解いて出るが，永年方程式を眺めると，簡単な方法が見つかる．ある行の a 倍（a は正負の実数）を別の行に足しても，ある列の成分を別の列に足しても，行列式の値は変わらない．だから次の行列式ができる．

24. 一次摂動論：縮退があるとき

$$\begin{vmatrix} A-W' & D & D \\ D & B-W' & E \\ D & E & B-W' \end{vmatrix}$$

$$= -\frac{1}{2}\begin{vmatrix} A-W' & 2D & 0 \\ D & B-W'+E & B-W'-E \\ D & B-W'+E & E-B+W' \end{vmatrix}$$

$$= \frac{1}{4}\begin{vmatrix} A-W' & 2D & 0 \\ 2D & 2(B+E-W') & 0 \\ 0 & 0 & 2(B-E-W') \end{vmatrix} = 0 \quad (24\text{-}24)$$

第3行を第2行に足して新しい第2行にし，第3行を第2行から引いて新しい第3行にしたあと，列にも同じ操作をくり返した．その結果，二つ目の根 $W'=B-E$ がくくり出され，あとに二次方程式（次式）が残る．二次方程式を解き，残る二つの根を出す．

$$(A-W')(B+E-W')-2D^2=0$$

永年方程式を一次式2個と二次式2個に因数分解する方法は，ψ_{kl}^0 として ψ_{2s}, ψ_{2p_1}, $\psi_{2p_{-1}}$, ψ_{2p_0} の組ではなく，実数関数の組 ψ_{2s}, ψ_{2p_x}, ψ_{2p_y}, ψ_{2p_z} を使うことにあたる (5章・18b項)．実数関数を使って書いた永年方程式はこうなる．

$$\begin{vmatrix} A-W' & \sqrt{2}D & 0 & 0 \\ \sqrt{2}D & B+E-W' & 0 & 0 \\ 0 & 0 & B-E-W' & 0 \\ 0 & 0 & 0 & C-W' \end{vmatrix} = 0 \quad (24\text{-}25)$$

最終の行と列を除き，式(24-24)の最後に書いた行列式とは定数倍の差しかない．つまり，摂動計算に適する零次波動関数は，ψ_{2p_y} と ψ_{2p_z}，および線形結合 $\alpha\psi_{2s}+\beta\psi_{2p_x}$ と $\beta\psi_{2s}-\alpha\psi_{2p_x}$ の四つになる．定数 α と β は，永年方程式の二次式から出る根を，線形結合の係数を表す方程式に入れ，比 α/β を求めればわかる．そのとき規格化条件の式が必要になる．

ψ_{2p_y} や ψ_{2p_z} ではなく，適当な線形結合を使って永年方程式(24-25)を書いても，できる方程式は同じように因数分解できるため，線形結合も適切な零次波動関数になりうる．

問題 24-1. すぐ上に述べたことを確かめてみよ．

問題 24-2. 24a項の場合，摂動が $f(x)$ ではなく $f(y)$ なら，結果はどうなるか．

25. 二次摂動論

23節では，W' と ψ' を次の級数で表した．

$$W = W^0 + \lambda W' + \lambda^2 W'' + \cdots \tag{25-1}$$

$$\phi = \phi^0 + \lambda \phi' + \lambda^2 \phi'' + \cdots \tag{25-2}$$

二次摂動が主役の問題もある．たとえば電気モーメントにからむ自由回転子のシュタルク効果は，一次摂動 W' が0なので，二次摂動を考えなければいけない（14章・49f項）．

W'' と ϕ'' の表現は，式(23-8)で λ^2 の係数を0として生じる方程式の解から出る．詳細は省いて結果だけ書くと，エネルギーの補正分は，式(25-4)と(25-5)の記号を使って次式に書ける（Σ につけた $'$ は $l=k$ 項を除くという意味）．

$$W''_k = {\sum_l}' \frac{H'_{kl} H'_{lk}}{W^0_k - W^0_l} + H''_{kk} \tag{25-3}$$

$$H'_{kl} = \int \phi^{0*}_k H' \phi^0_l \, d\tau \tag{25-4}$$

$$H''_{kk} = \int \phi^{0*}_k H'' \phi^0_k \, d\tau \tag{25-5}$$

$l=k$ 以外の l 値は，連続スペクトルがあればそれも和に含める．W^0_k が縮退し，一次摂動が縮退を除く場合だと，H'_{kl} などの計算には，永年方程式を解いて出る正しい零次関数を使う．

無摂動系の縮退が一次摂動で除けないなら，二次の補正をしても縮退は除けない．ただし $\lambda^2 H'' \neq 0$ のとき，縮退が除けることもある（除けないこともある）．そうした系の扱いは24節の場合とよく似ている．

25a. 例：平面回転子のシュタルク効果 慣性モーメントが I，双極子モーメント[1]が μ で，一様な電場 E のもと，重心を通る軸まわりに一平面内で回転する剛体は，回転角を φ として次の波動方程式[2]に書ける．

$$\frac{d^2 \phi}{d\varphi^2} + \frac{8\pi^2 I}{h^2} (W + \mu E \cos \varphi) \phi = 0$$

摂動項を $-\mu E \cos \varphi$ とし，変数 λ を E に変えれば，$E=0$ での無摂動方程式は，

---

1) μ の定義は1章・式(3-5)を参照．
2) 二原子分子（10章・35c項）と同様，互いの距離が一定のまま平面に束縛された二粒子系の波動方程式．

25. 二次摂動論

規格化された解(25-6)とエネルギー(25-7)をもつ．

$$\phi_m^0 = \frac{1}{\sqrt{2\pi}} e^{im\varphi} \qquad m=0, \pm 1, \pm 2, \pm 3, \cdots \qquad (25\text{-}6)$$

$$W_m^0 = \frac{m^2 h^2}{8\pi^2 I} \qquad (25\text{-}7)$$

摂動エネルギーは次の積分で計算する．

$$\begin{aligned}
H'_{mm'} &= -\mu \int_0^{2\pi} \phi_m^{0*} \phi_{m'}^0 \cos\varphi\, d\varphi = -\frac{\mu}{2\pi} \int_0^{2\pi} e^{i(m'-m)\varphi} \cos\varphi\, d\varphi \\
&= -\frac{\mu}{4\pi} \int_0^{2\pi} e^{i(m'-m+1)\varphi} d\varphi - \frac{\mu}{4\pi} \int_0^{2\pi} e^{i(m'-m-1)\varphi} d\varphi \\
&= 0 \qquad (m' \neq m \pm 1 \text{ のとき}) \\
&= -\frac{\mu}{2} \qquad (m' = m \pm 1 \text{ のとき})
\end{aligned} \right\} \qquad (25\text{-}8)$$

上の結果から，エネルギーの一次補正は0だとわかる．

$$W'_m = E H'_{mm} = 0 \qquad (25\text{-}9)$$

W^0値は$|m|$が決めるから，最低準位を除くどの準位にも二つの波動関数が伴う(縮退系)．ただし一次摂動も二次摂動も縮退を除けないため，W'_mとW''_mの計算では縮退を無視してよい．そのため適切な零次波動関数は，指数関数(25-6)でもよいし，対応する実数の正弦関数でも余弦関数でもよい．

式(25-3)に従う二次エネルギーはこうなる．

$$W''_m = E^2 \frac{(H'_{m,m-1})^2}{W_m^0 - W_{m-1}^0} + E^2 \frac{(H'_{m,m+1})^2}{W_m^0 - W_{m+1}^0} = \frac{4\pi^2 I \mu^2 E^2}{h^2(4m^2-1)} \qquad (25\text{-}10)$$

すると二次までの全エネルギーは次式に表せる．

$$W = W^0 + \lambda W' + \lambda^2 W'' = \frac{m^2 h^2}{8\pi^2 I} + \frac{4\pi^2 I \mu^2 E^2}{h^2(4m^2-1)} \qquad (25\text{-}11)$$

上の結果は，回転子の**分極率**に及ぼす電場の影響とみなせる．分極率αは，誘起双極子モーメントと印加電場Eを結ぶ比例係数にあたり，電場が生む誘起双極子のエネルギーは$-\frac{1}{2}\alpha E^2$と書ける．それを式(25-11)と比べ，次の関係が成り立つ．

$$\alpha = -\frac{8\pi^2 I \mu^2}{h^2(4m^2-1)} \qquad (25\text{-}12)$$

$m=0$で$\alpha>0$だから，誘起双極子(いまの場合，電場Eが永久双極子μを回転させる効果)は電場Eと同じ向きをもつ．かたや$|m|>0$なら，電場は双極子を反転させる．

130　6章　近　似　法　①　摂動論

　以上は古典力学の結果とも合う．場の中で1回転するだけのエネルギーをもたない平面回転子は，場と平行になろうとする．一方，1回転できるエネルギーの回転子は，場に平行なら加速されるけれど，逆平行なら減速される結果，場と逆向きの分極を生む[1]．

問題 25-1.　10章・35c項の脚注にある波動方程式と波動関数を使い，三次元の剛体回転子を上と同様に扱ってみよ．その結果を，すぐ上に述べた視点で考察せよ．ある l 値がもつ状態 $m = -l, -l+1, \cdots, +l$ の全部が分極に寄与するとき，寄与の平均値はどうなるか（平均操作は同じ重みで行う）．

---

[1] 摂動論はまず水素原子のシュタルク効果に使われた．一次摂動は Schrödinger, *Ann. d. Phys.* **80**, 437 (1926) と P. S. Epstein, *Phys. Rev.* **28**, 695 (1926) が発表し，二次摂動は Epstein, 同上, G. Wentzel, *Z. f. Phys.* **38**, 518 (1926) と I. Waller, *ibid.* **38**, 635 (1926) が，三次摂動は S. Doi, Y. Ishida, and S. Hiyama, *Sci. Pap. I. P. C. R.* (Tokyo) **9**, 1 (1928) と M. A. El-Sherbini, *Phil Mag.* **13**, 24 (1932) が発表．7章・27a項と27e項も参照．

7章

近 似 法 ② 変分法ほか

波動方程式が厳密には解けないうえ，摂動論でもうまく扱えない問題は多い．例のひとつに，次章のヘリウム原子がある．摂動論で扱っても第一近似の精度は低く，高次の近似計算は複雑きわまりない．

そんな場合，系のエネルギーを近似計算する方法がある．本章では**変分法**を主体にした近似法を眺めよう．系の最低エネルギーを計算する変分法は，とりわけ化学の分野で大いに役立つ．

26. 変 分 法

26a. 変分積分 考えている系の全ハミルトニアン $H\left(\dfrac{h}{2\pi i}\dfrac{\partial}{\partial q}, q\right)$ を H，3章・9c 項の補助条件を満たす座標の規格化関数を $\phi(q)$ とした次の積分は，系がとる最低エネルギー W_0 より必ず大きい上限を表す[1]．

$$E=\int \phi^{*}H\phi\, d\tau \tag{26-1}$$

関数 ϕ（**変分関数**）をうまく選ぶほど，E は最低エネルギー W_0 に近くなる．

むろん，真の波動関数 ψ_0 を ϕ に選べば，$H\psi_0=W_0\psi_0$ だから E は W_0 に等しい．

$$E=\int \psi_0^{*}H\psi_0\, d\tau = W_0 \tag{26-2}$$

ψ_0 そのものではない ϕ を，直交規格化関数の完全系 $\psi_0, \psi_1, \cdots, \psi_n$ で展開しよう．

$$\phi=\sum_n a_n\psi_n \qquad \left(\sum_n a_n^{*}a_n=1\right) \tag{26-3}$$

展開式を E の積分に入れると，式(26-5)が成り立つので次式になる．

---

1) C. Eckart, *Phys. Rev.* **36**, 878 (1930).

$$E=\sum_n\sum_{n'}a_n^*a_{n'}\int\phi_n^*H\phi_n\mathrm{d}\tau=\sum_n a_n^*a_n W_n \qquad (26\text{-}4)$$

$$H\phi_n=W_n\phi_n \qquad (26\text{-}5)$$

式(26-4)の両辺から,最低エネルギー W_0 を差し引こう.

$$E-W_0=\sum_n a_n^*a_n(W_n-W_0) \qquad (26\text{-}6)$$

$W_n\geq W_0$ と $a_n^*a_n\geq 0$ より,式(26-6)の右辺は正か 0 で,E は W_0 の上限だから,次式が成り立つ.

$$E\geq W_0 \qquad (26\text{-}7)$$

上式が変分法の基礎になる.いろいろな変分関数 $\phi_1,\phi_2,\phi_3,\cdots$ について $E_1,E_2,E_3,\cdots$ を計算したとき,最小の E が W_0 にいちばん近いといえる.ふつう,ある変数を含む関数 $\phi_1,\phi_2,\phi_3,\cdots$ を用意し,変数の値に応じ E がどう変わるかを調べて極小値(最適な近似解)を見つける.

変数いくつかをうまく選んだ試行関数 ϕ を使い,変数値に応じた ϕ の変化が急なほど,出てくる E は真のエネルギー W_0 に近い.次章に紹介するヘリウム原子の扱いでは,そのやりかたが大きな成功を収めた.

$E=W_0$ のとき $\phi=\phi_0$ なので(式 26-6)[1],$E\approx W_0$ なら $\phi\approx\phi_0$(真の波動関数)とみてよい.つまり変分法を使えば,エネルギーのほか波動関数の近似形もわかる.式(26-6)より,ϕ_0 に近い ϕ は次のようにして探す.$\phi-\phi_0$ を正しい関数 ϕ_n で展開すると,$\sum_n a_n^*a_n(W_n-W_0)$ が極小になる.つまり,励起状態を表す波動関数の係数の 2 乗に重み W_n-W_0 をかけ,足し合わせた値が極小になる.

ただしこの手順は,エネルギー計算には適するものの,波動関数のほうも最適になるとはかぎらない.

変分関数が真の解 ϕ_0 にどれほど近いか,W_0,W_1 の実測値と計算値 E から見積もる方法をエッカルト[2] が見つけた.ϕ と ϕ_0(実数関数)は,展開式(26-3)に使う ϕ_0 の係数を a_0 として,次の値が小さいほど関数も近いだろう.

$$\varepsilon=\int(\phi-\phi_0)^2\mathrm{d}\tau=\int\left(\phi^2-2\phi_0\sum_n a_n\psi_n+\phi_0^2\right)\mathrm{d}\tau=2-2a_0 \qquad (26\text{-}8)$$

式(26-6)から次式が成り立つ.

$$E-W_0=\sum_{n=0}^{\infty}a_n^2(W_n-W_0)\geq\sum_{n=1}^{\infty}a_n^2(W_1-W_0)$$

---

[1] W_0 が縮退準位なら $E=W_0$ なので,ϕ は W_0 を表す波動関数のどれかに等しい.
[2] 前頁脚注 1)の文献.

$$E - W_0 \geq (W_1 - W_0)(1 - a_0^2)$$

すると，$\varepsilon^2 < \varepsilon$（$\varepsilon^2$を無視できる状況）なら，上式と式(26-8)を合わせて次のことがいえる．

$$\varepsilon < \frac{E - W_0}{W_1 - W_0} \quad \text{つまり} \quad 1 - a_0 < \frac{1}{2} \frac{E - W_0}{W_1 - W_0} \tag{26-9}$$

つまり，低い2準位の正しいエネルギー値 $W_0 \cdot W_1$ と，変分関数 ϕ のエネルギー積分 E がわかれば，a_0 と1の差（ϕ_0 以外の関数が ϕ に効く度合い）の上限がわかる．

変分法はエネルギーの上限を教えるが，真のエネルギーとの差はつかみにくい（単純ではないけれど，上限と下限の両方を教える手法を26e項で紹介）．とはいえ変分法は，変分関数を選ぶ余地が広く，前章の摂動論よりもエネルギーの近似度が高い場合が多いため，大いに役立つ．

摂動論で考察した零次近似関数 ϕ_0^0 を ϕ とし，$H = H^0 + H'$ とみて変分法を使うと，一次摂動エネルギー $W_0^0 + W_0'$ に等しい E 値が得られる．つまり，ある値で $\phi = \phi_0^0$ になるような変数を含む ϕ を選べば，出てくる E 値は，一次摂動論の結果と同程度（ないしそれ以上）によい．また，一次摂動関数を ϕ とした変分法で出る E 値は，λ^2 項を使った摂動論の結果（二次摂動エネルギー）に等しい．

ϕ を規格化しにくい場合，E は次式で計算する．

$$E = \frac{\int \phi^* H \phi \, d\tau}{\int \phi^* \phi \, d\tau} \tag{26-10}$$

26b. 例：基底状態のヘリウム原子　摂動論（6章・23b項）とはちがって変分法では，エネルギー値を表す零次関数（式23-34と23-37）の指数（$\rho = \frac{2Zr}{a_0}$）が含む原子番号 Z を，確定値ではなく変数 Z' と見なす．つまり，次式の ϕ を仮定して Z' 値を決める．

$$\phi = \phi_1 \phi_2 = \left(\frac{Z'^3}{\pi a_0^3}\right) e^{-\frac{Z' r_1}{a_0}} e^{-\frac{Z' r_2}{a_0}} \tag{26-11}$$

ハミルトニアンは，真の原子番号 Z を使ってこう書く．

$$H = -\frac{h^2}{8\pi^2 m_0}(\nabla_1^2 + \nabla_2^2) - Ze^2\left(\frac{1}{r_1} + \frac{1}{r_2}\right) + \frac{e^2}{r_{12}}$$

かけ合わせた ϕ_1 と ϕ_2 は，電荷 $Z'e$ の核を表す水素型波動関数を意味し，ϕ_1 は次式に従う（$W_H = \frac{e^2}{2a_0}$）．むろん ϕ_2 も同様に書き表す．

$$-\frac{h^2}{8\pi^2 m_0}\nabla_1^2\phi_1 = \frac{Z'e^2}{r_1}\phi_1 - Z'^2 W_H \phi_1 \qquad (26\text{-}12)$$

こうした関数と H の表式から，次式が成り立つ．

$$E = -2Z'^2 W_H + (Z'-Z)e^2\int\phi^*\left(\frac{1}{r_1}+\frac{1}{r_2}\right)\phi\,d\tau + \int\phi^*\frac{e^2}{r_{12}}\phi\,d\tau \qquad (26\text{-}13)$$

最初の積分は次の値になる．

$$e^2\int\phi^*\left(\frac{1}{r_1}+\frac{1}{r_2}\right)\phi\,d\tau = 2e^2\int\frac{\phi_1^2}{r_1}d\tau_1$$

$$= \frac{2e^2 Z'^3}{\pi a_0^3}\int_0^\infty\int_0^\pi\int_0^{2\pi}\frac{1}{r_1}e^{-\frac{2Z'r_1}{a_0}}r_1^2\sin\theta\,d\varphi\,d\theta\,dr_1 = \frac{8Z'^3 e^2}{a_0^3}\int_0^\infty r_1 e^{-\frac{2Z'r_1}{a_0}}dr_1$$

$$= \frac{2Z'e^2}{a_0} = 4Z'W_H \qquad (26\text{-}14)$$

第 2 の積分は，$Z \to Z'$ とした式 (23-38) に同じだから，結果はこうなる．

$$\int\phi^*\frac{e^2}{r_{12}}\phi\,d\tau = \frac{5}{4}Z'W_H \qquad (26\text{-}15)$$

以上をまとめ，E は次のように書ける．

$$E = \left\{-2Z'^2 + \frac{5}{4}Z' + 4Z'(Z'-Z)\right\}W_H \qquad (26\text{-}16)$$

Z' で偏微分し，E の極小値を探す．

$$\frac{\partial E}{\partial Z'} = 0 = \left(-4Z' + \frac{5}{4} + 8Z' - 4Z\right)W_H$$

$$Z' = Z - \frac{5}{16} \qquad (26\text{-}17)$$

最終結果はこうなる．

$$E = -2\left(Z - \frac{5}{16}\right)^2 W_H \qquad (26\text{-}18)$$

こうしてエネルギーの誤差は，摂動論の結果に比べ $\frac{1}{3}$ に減る．変分法を洗練すれば，計算結果の精度はさらに上がる (8 章・29c 項)．

問題 26-1. z 軸に沿う一様な電場 F を受けた基底状態の水素原子がもつエネルギーを変分法で求め，分極率 α（電場エネルギー $=-\frac{1}{2}\alpha F^2$）を計算せよ [ヒント：変分関数を $\phi_{1s}(1+Az)$ と仮定し[1]，A で微分してエネルギーの極小点を求める]．

---

[1] 二次摂動論 (前章末の脚注) で出る水素原子の正確な α 値は $\frac{9}{2}a_0^2 = 0.667\times10^{-24}$ cm^3 となる．変分関数 $\phi_{1s}(1+Az+Bzr)$ を使っても同じ値になった：H. R. Hassé, *Proc. Cambridge Phil. Soc.* **26**, 542 (1930). ハッセは三次項と四次項の影響も調べたが，三次以上は考えなくてよい．27a 項の扱いも同じ結果になる．

26c. 高い準位も扱う変分法　$E \geq W_0$ と書ける定理(26a項)は，最低準位より高い準位へも拡張できる．ときには，展開式(26-3)に使う冒頭の係数いくつかが0になるようにϕを選べる．たとえばa_0, a_1, a_2 が0のとき，式(26-4)の両辺からW_3を引けば，負値になるW_0-W_3, W_1-W_3, W_2-W_3の係数はみな0なので，次式が書ける．

$$E-W_3 = \sum_n a_n a_n^* (W_n - W_3) \geq 0 \tag{26-19}$$

つまり不等式 $E \geq W_3$ が成り立つ．

こうした状況は少なくない．単純な一次元の場合だと，ポテンシャル関数Vが変数 $x(-\infty \sim +\infty)$ の偶関数のときにそうなる．

$$V(-x) = V(+x)$$

最低準位の波動関数は偶関数 $[\phi_0(-x) = \phi_0(x)]$ とみてよく，ϕ_1 は奇関数 $[\phi_1(-x) = -\phi_1(x)]$ とみてよい(3章・9c項)．すると，ϕが偶関数なら$E \geq W_0$ としかいえない．かたやϕが奇関数なら，a_0とnが偶数のa_nはみな0になり，$E \geq W_1$ だといえる．そんな場合に変分法は，最低準位の二つを決めるのに使う．

変分法は，角運動量と電子スピンの最低状態を決めるのにも使える(次章の29d項)．最低準位より上の準位を扱う別のやりかたを次項で眺めよう．

26d. 線形変分関数　未定係数 $c_1, c_2, \cdots, c_m$ をもつ独立な関数 $\chi_1, \chi_2, \cdots, \chi_m$ の和(線形結合)を変分関数 ϕ に選ぶとわかりやすい[1]．つまり変分関数 ϕ を次のように書き，E が最低値(最良の近似)になるよう係数 $c_1, c_2, \cdots, c_m$ を決める．

$$\phi = c_1 \chi_1 + c_2 \chi_2 + \cdots + c_m \chi_m \tag{26-20}$$

関数 $\chi_1, \chi_2, \cdots, \chi_m$ が9c項の条件を満たすとしよう．とりあえずϕは実数と考え，次式の記号を使うと，E は式(26-22)に書ける．

$$H_{nn'} = \int \chi_n H \chi_{n'} d\tau \qquad \Delta_{nn'} = \int \chi_n \chi_{n'} d\tau \tag{26-21}$$

$$E = \frac{\int \phi H \phi \, d\tau}{\int \phi \phi \, d\tau} = \frac{\sum_{n=1}^{m} \sum_{n'=1}^{m} c_n c_{n'} H_{nn'}}{\sum_{n=1}^{m} \sum_{n'=1}^{m} c_n c_{n'} \Delta_{nn'}} \tag{26-22}$$

$$E \sum_n \sum_{n'} c_n c_{n'} \Delta_{nn'} = \sum_n \sum_{n'} c_n c_{n'} H_{nn'}$$

E を極小化する $c_1, c_2, \cdots, c_m$ を見つけるため，c_k で偏微分しよう．

$$\frac{\partial E}{\partial c_k} \sum_n \sum_{n'} c_n c_{n'} \Delta_{nn'} + E \frac{\partial}{\partial c_k} \left(\sum_n \sum_{n'} c_n c_{n'} \Delta_{nn'} \right) = \frac{\partial}{\partial c_k} \left(\sum_n \sum_{n'} c_n c_{n'} H_{nn'} \right)$$

---

[1] 27a項の一般化摂動論は，本項の扱いと密接にからむ．

極小条件は $\frac{\partial E}{\partial c_k}=0$ なので，以下の方程式群ができる．

$$\sum_n c_n(H_{nk}-\Delta_{nk}E)=0 \qquad k=1,2,\cdots,m \qquad (26\text{-}23)$$

独立変数 m 個 $(c_1, c_2, \cdots, c_m)$ の連立一次方程式だから，意味のある解をもつには，係数のつくる行列式が0でなければいけない．

$$\begin{vmatrix} H_{11}-\Delta_{11}E & H_{12}-\Delta_{12}E & \cdots & H_{1m}-\Delta_{1m}E \\ H_{21}-\Delta_{21}E & H_{22}-\Delta_{22}E & \cdots & H_{2m}-\Delta_{2m}E \\ \cdots & \cdots & \cdots & \cdots \\ H_{m1}-\Delta_{m1}E & H_{m2}-\Delta_{m2}E & \cdots & H_{mm}-\Delta_{mm}E \end{vmatrix}=0 \qquad (26\text{-}24)$$

上式は摂動論の永年方程式(24-17)によく似ている．永年方程式は数値計算[1]などで解け，最小の根 $E=E_0$ がエネルギー W_0 の上限を表す．E_0 値を式(26-23)に入れ，$c_2, c_3, \cdots, c_m$ を基準値 c_1 で表せば，E_0 に伴う変分関数 ϕ_0 ができる．

ほかの根 $E_1, E_2, \cdots, E_{m-1}$ は，それぞれ $W_1, W_2, \cdots, W_{m-1}$ の上限を表す[2]．さらに，ある関数 χ_{m+1} を含む次の新しい試行関数 ϕ' を使い，根がどう変わるかを調べよう．

$$\phi'=c_1\chi_1+c_2\chi_2+\cdots+c_m\chi_m+c_{m+1}\chi_{m+1} \qquad (26\text{-}25)$$

そのとき根 $E'_0, E'_1, E'_2, \cdots, E'_m$ は，もとの根 $E_0, E_1, E_2, \cdots, E_m$ が分裂した姿になり(図26-1)，$E'_0 \leq E_0$，$E'_1 \leq E_1$，$E_0 \leq E'_1$，$E_1 \leq E'_2 \cdots$ という関係が成り立つ．こうしたやりかたは実用性がたいへん高い(8, 12章参照)．

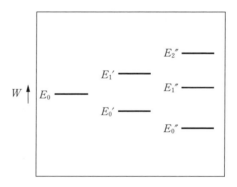

図 26-1 線形変分関数の項数増加によるエネルギー準位の分裂

---

[1] 数値計算法の初出は H. M. James and A. S. Coolidge, *J. Chem. Phys.* **1**, 825 (1933).
[2] J. K. L. MacDonald, *Phys. Rev.* **43**, 830 (1933).

波動力学の変分法は，微分方程式を変分問題として解くリッツの発想(*J. Reine Angew. Math.* **135**, 1, 1909)に源をもつ．3章・9c項の条件に合い，ϕ_1 の変分で積分 $E=\int\phi_1^*H\phi_1 d\tau$ を極小にする規格化関数 ϕ_1 は微分方程式 $H\phi=W\phi$ の解となり，E は特性エネルギーに等しい．別の規格化関数 ϕ_2 も E を極小にする場合，ϕ_1 と直交するなら ϕ_2 も解になる．同じ手順を続けていくと，全部の解が見つかる．

また，m 個の直交規格化関数 $\phi_1, \phi_2, \cdots$ の線形結合(係数 $c_1, c_2, \cdots, c_m$) ϕ の積分 $\int\phi^*H\phi d\tau$ に極限操作を施すやりかたで，ϕ が厳密解になるのも証明できる(係数 c_m は，$\int\phi^*\phi d\tau=1$ と積分 $\int\phi^*H\phi d\tau$ の極小化で決める)．こうして，一定の制約のもと，ϕ は真の解に収束し，積分値は真のエネルギーに収束する．本項の近似法はリッツの方法に近いけれど，関数 ϕ が必ずしも完全直交系でなく，極限操作もしていない点がちがう．

問題 26-2. 変分関数 $\phi=A+B\cos\varphi+C\sin\varphi$ を使い，次の波動方程式に従う平面回転子がとる最低エネルギー値の上限を計算せよ．
$$\frac{d^2\phi}{d\varphi^2}+\frac{8\pi^2 I}{h^2}(W+\mu E\cos\varphi)\phi=0$$

26e. 一般的な変分法 エネルギーの上限も下限もつかめる方法がある[1]．前と同様，規格化された ϕ を試行変分関数とし，次の積分 E と D を考える．
$$E=\int\phi^*H\phi d\tau \qquad D=\int(H\phi)^*(H\phi)d\tau \qquad (26\text{-}26)$$

あるエネルギー準位 W_k が次の関係を満たすのを確かめよう．
$$E+\sqrt{D-E^2}\geq W_k\geq E-\sqrt{D-E^2} \qquad (26\text{-}27)$$

式(26-3)と同様，ϕ をこう展開する．
$$E=\sum_n a_n^*a_n W_n \qquad D=\sum_n a_n^*a_n W_n^2 \qquad \sum_n a_n^*a_n=0 \qquad (26\text{-}28)$$

以上から次式が書ける．
$$\Delta=D-E^2=\sum_n a_n^*a_n W_n^2-2E\sum_n a_n^*a_n W_n+E^2\sum_n a_n^*a_n$$
$$=\sum_n a_n^*a_n(W_n-E)^2 \qquad (26\text{-}29)$$

ほかの W_n よりは E に近く，次の関係を満たす W_k があるとしよう．
$$(W_k-E)^2\leq(W_n-E)^2$$

---

[1] D. H. Weinstein, *Proc. Nat. Acad. Sci.* **20**, 529 (1934); J. K. L. MacDonald, *Phys. Rev.* **46**, 828 (1934).

そのとき Δ と W_k-E は，次の不等式に従う．

$$\Delta \geq (W_k-E)^2 \sum_n a_n^* a_n$$

$$\Delta \geq (W_k-E)^2 \qquad (26\text{-}30)$$

以下二つの可能性がある．

$$W_k \geq E \quad \text{と} \quad W_k < E$$

最初の場合はこう書ける．

$$\sqrt{\Delta} \geq W_k-E \quad \text{つまり} \quad E+\sqrt{\Delta} \geq W_k \geq E$$

第2の場合は次式が成り立つため，式(26-27)は両方に当てはまるとわかる．

$$\sqrt{\Delta} \geq E-W_k \quad \text{と} \quad E > W_k \geq E-\sqrt{\Delta}$$

ただし上記の方法は，積分 E のほか D も計算する必要があって，後者は E の計算より面倒だから，単純な変分法よりも使いにくい．

ある関数 ϕ が含む変数を，Δ が極小となるよう調節し，ϕ を正しい波動関数 ψ_k に近づける方法もある．そのやりかたも変分法の類とみてよい．

27. ほかの近似法

波動関数とエネルギーの近似解を得る手法は，ほかにも多い．うち五つ，一般化摂動法とヴェンツェル・クラマース・ブリユアン法，数値積分法，差分法，近似的な二次摂動法を順に紹介しよう．そのほか，調和振動子に使った多項式法(3章・11a項)もある．特殊な場合は級数 ϕ の係数を2項の漸化式にできるが，3項の漸化式になってしまうときも低エネルギー準位を近似計算できるようになった(12章・42c項でざっと紹介)．

27a. 一般化摂動法 シュレーディンガーの第1論文に接したエプシュタイン[1] は1926年，さまざまな問題に役立つ近似的な(ときには正確な)波動方程式の解法を見つけ，水素原子の一次と二次シュタルク効果に適用した．完全直交関数系を使う波動関数の展開がポイントだけれど，その関数系は，無摂動波動方程式の解でなくてもいいし，同じ配置空間の直交関数でなくてもいい．

同類の扱いをスレーターとカークウッド[2]，レナード=ジョーンズ[3] も発表し

---

1) P. S. Epstein, *Phys. Rev.* **28**, 695 (1926).
2) J. C. Slater and J. G. Kirkwood, *Phys. Rev.* **37**, 682 (1931).
3) J. E. Lennard-Jones, *Proc. Roy. Soc.* **A129**, 598 (1930).

た．以下，まずあらましを眺め，ふつうの摂動論(6章)との関係を調べたあと，水素原子の二次シュタルク効果に使った例を紹介しよう．

独立変数の全部を x で代表させ，波動方程式を式(27-1)，関数 $F_n(x)$ を使う $\phi(x)$ の展開を式(27-2)に書こう．

$$H\phi(x) = W\phi(x) \tag{27-1}$$

$$\phi(x) = \sum_n A_n F_n(x) \tag{27-2}$$

とりあえず $F_n(x)$ は完全直交関数系とみるが，注目する系と同じ配置空間で直交していなくてもよい．ただし，次の規格化条件と直交条件は満たす．

$$\left.\begin{aligned}\int F_m^*(x) F_n(x) \rho(x) \mathrm{d}x &= \delta_{mn} \\ \delta_{mn} &= \begin{cases} 1 & (m=n \text{ のとき}) \\ 0 & (m \neq n \text{ のとき}) \end{cases}\end{aligned}\right\} \tag{27-3}$$

$\rho(x)\mathrm{d}x$ は，波動方程式(27-1)に伴う体積素片 $\mathrm{d}\tau$ とは別物でもいい．$\rho(x)$ は $F_n(x)$ の**重み因子**[1] という．式(27-2)を式(27-1)に入れるとこうなる．

$$\sum_n A_n (H-W) F_n(x) = 0 \tag{27-4}$$

$F_m^*(x)\rho(x)\mathrm{d}x$ をかけて積分すれば，式(27-6)の H_{mn} を使った次式になる．

$$\sum_n A_n (H_{mn} - W\delta_{mn}) = 0 \qquad m = 1, 2, \cdots \tag{27-5}$$

$$H_{mn} = \int F_m^*(x) H F_n(x) \rho(x) \mathrm{d}x \tag{27-6}$$

$F_n(x)$ が勝手な関数なら，式(27-5)は無限個の未知係数 A_n をもつ無限個の方程式になり，収束の処理がむずかしい．ただし特別な場合は，有限個の関数 $F_n(x)$ だけで $\phi(x)$ を表せる．そのとき連立一次方程式(27-5)は，A_n の係数がつくる行列式が 0 になるとき，つまり次式が成り立つときにだけ，意味のある解をもつ．

$$\begin{vmatrix} H_{11}-W & H_{12} & H_{13} & \cdots \\ H_{21} & H_{22}-W & H_{23} & \cdots \\ H_{31} & H_{32} & H_{33}-W & \cdots \\ \cdots & \cdots & \cdots & \end{vmatrix} = 0 \tag{27-7}$$

---

[1] 変数 λ を使う次の微分方程式を満たす $F_n(x)$ は，重み因子 $\rho(x)$ について完全直交関数系をなす(ほかの性質も含め，R. Courant and D. Hilbert, "Methoden der mathematischen Physik," Springer, Berlin, 1931 参照)．

$$\frac{\mathrm{d}}{\mathrm{d}x}\left\{p(x)\frac{\mathrm{d}F}{\mathrm{d}x}\right\} - q(x)F + \lambda\rho(x)F = 0$$

無限個のときも収束の問題は解消され，無限次元の行列式(27-7)を扱えるとしよう．

こうして形式上，問題は解けた．波動方程式に伴うエネルギー準位は行列式(27-7)の根が決め，それを式(27-5)に入れて係数 A_n を決めれば，波動関数もわかる．

以上と摂動論(6章)の関係を眺めよう．$F_n(x)$ が式(27-1)を満たす真の解 $\psi_n(x)$ なら，行列式(27-7)は次の姿をもち，根は $W=W_1, W_2, \cdots$ となる．

$$\begin{vmatrix} W_1-W & 0 & 0 & \cdots \\ 0 & W_2-W & 0 & \cdots \\ 0 & 0 & W_3-W & \cdots \\ \cdots & \cdots & \cdots & \cdots \end{vmatrix} = 0 \tag{27-8}$$

また，$F_n(x)$ が真の解 $\psi_n(x)$ にかなり近ければ，式(27-7)の非対角項は小さいので無視できる．すると，ふつうの一次摂動論と同様，次のように書ける．

$$\left.\begin{array}{l} W_1=H_{11} \\ W_2=H_{22} \\ W_3=H_{33} \\ \vdots \end{array}\right\} \tag{27-9}$$

つまり，$H=H^0+H'$ で次式が成り立てば，$W_n=H_{nn}=W_n^0+\int F_n^*(x) H' F_n(x) \rho(x) \mathrm{d}x$ だから，$\rho(x)\mathrm{d}x=\mathrm{d}\tau$ とした摂動論の結果(6章・23節)に等しい．

$$H^0 F_n(x) = W_n^0 F_n(x)$$

関数 $F_n(x)$ は無摂動系と関係ないため，式(27-9)は一次摂動論の式より一般性が高い．ただし $F_n(x)$ をうまく選ばないと信頼度は低い．ふつうの摂動論では，適切な零次関数を見つけるのが第一歩だった．

非対角項には，大きいものと小さいものがある．小さい項を省き，たとえば次式にする．

$$\begin{vmatrix} H_{11}-W & H_{12} & 0 & 0 & \cdots \\ H_{21} & H_{22}-W & 0 & 0 & \cdots \\ 0 & 0 & H_{33}-W & 0 & \cdots \\ 0 & 0 & 0 & H_{44}-W & \cdots \\ \cdots & \cdots & \cdots & \cdots & \cdots \end{vmatrix} = 0$$

6章・24a項の話にならい，次の簡略化ができる．

$$\left.\begin{array}{l}\begin{vmatrix}H_{11}-W & H_{12} \\ H_{21} & H_{22}-W\end{vmatrix}=0 \\ \qquad H_{33}-W=0 \\ \qquad H_{44}-W=0 \\ \qquad \vdots\end{array}\right\} \qquad (27\text{-}10)$$

　以上は縮退系の摂動論(6章・24節)と同じだが，いまの一般的な扱いは，無摂動準位が完全には等しくない「近似的縮退」のケースに役立つ．

　式(27-7)の第二近似解は次のように得る．たとえばエネルギーの第2準位につき，第一近似を H_{22} としよう．$H_{22}-W$ 以外の項すべてに $W=H_{22}$ を入れ，H_{2n} と H_{n2} を除く非対角項を省けば次式になる．

$$\begin{vmatrix} H_{11}-H_{22} & H_{12} & 0 & 0 & \cdots \\ H_{21} & H_{22}-W & H_{23} & H_{24} & \cdots \\ 0 & H_{32} & H_{33}-H_{22} & 0 & \cdots \\ 0 & H_{42} & 0 & H_{44}-H_{22} & \cdots \\ \cdots & \cdots & \cdots & \cdots & \cdots \end{vmatrix}=0 \qquad (27\text{-}11)$$

行列式を開くと次の方程式ができ，解は式(27-12)になる(記号 ′ は $l=2$ の項を除くという意味)．

$$(H_{22}-W)(H_{11}-H_{22})(H_{33}-H_{22})(H_{44}-H_{22})\cdots$$
$$-H_{12}H_{21}(H_{33}-H_{22})(H_{44}-H_{22})\cdots$$
$$-H_{32}H_{23}(H_{11}-H_{22})(H_{44}-H_{22})\cdots-\cdots=0$$

$$W=H_{22}-\sum_{l}{}' \frac{H_{2l}H_{l2}}{H_{ll}-H_{22}} \qquad (27\text{-}12)$$

　上記は二次摂動(6章・25節)の一般化を意味し，H_{ll} を W_l^0 に，H_{2l} を H'_{kl} に変えた式(27-12)は，式(25-3)と等しい．

　以上は高次の近似にたやすく拡張できる．式(27-7)を有限次数の方程式に分解できさえすれば，代数法や数値計算できちんと解ける．

　例として水素原子の二次シュタルク効果を，先述のエプシュタイン流に解剖しよう(ここは高度なので読み飛ばしてもよい)．有用な新しい直交関数がまた顔を出す．

　電場内にある水素原子の波動方程式は，z 軸に沿う電場 F との相互作用を eFz として次式に書ける．

$$-\frac{h^2}{8\pi^2\mu}\nabla^2\psi-\frac{e^2}{r}\psi+eFz\psi=W\psi \qquad (27\text{-}13)$$

ラゲール陪関数とルジャンドル陪関数(5章・19, 20節)を使う次の関数を考える.

$$F_{\nu\lambda\mu}(\xi,\theta,\varphi)=\Lambda_{\nu\lambda}(\xi)\Theta_{\lambda\mu}(\theta)\Phi_\mu(\varphi) \tag{27-14}$$

右辺の冒頭は次の内容をもつ.

$$\Lambda_{\nu\lambda}(\xi)=\left[\frac{(\nu-\lambda-1)!}{\{(\nu+\lambda)!\}^3}\right]^{1/2}\xi^\lambda L_{\nu+\lambda}^{2\lambda+1}(\xi)e^{-\frac{\xi}{2}} \tag{27-15}$$

$L_{\nu+\lambda}^{2\lambda+1}(\xi)$ はラゲール陪関数(20b項)にほかならない. $\Theta_{\lambda\mu}(\theta)$ と $\Phi_\mu(\varphi)$ は, 式(21-2)と(21-3)の $\Theta_{lm}(\theta)$ と $\Phi_m(\varphi)$ に $l\to\lambda$, $m\to\mu$ の置換をしたものを表す. 19節と20節の話から, $F_{\nu\lambda\mu}(\xi,\theta,\varphi)$ は次の微分方程式に従う.

$$\frac{\partial^2 F}{\partial\xi^2}+\frac{2}{\xi}\frac{\partial F}{\partial\xi}+\left(\frac{\nu}{\xi}-\frac{1}{4}\right)F+\frac{1}{\xi^2\sin^2\theta}\frac{\partial^2 F}{\partial\varphi^2}+\frac{1}{\xi^2\sin\theta}\frac{\partial}{\partial\theta}\left(\sin\theta\frac{\partial F}{\partial\theta}\right)=0 \tag{27-16}$$

以上の関数は, 重み因子 ξ を使って次のように直交規格化されている.

$$\int_0^{2\pi}\int_0^\pi\int_0^\infty F_{\nu\lambda\mu}^* F_{\nu'\lambda'\mu'}\xi\,\mathrm{d}\xi\sin\theta\mathrm{d}\theta\,\mathrm{d}\varphi=1 \quad\left\{\begin{array}{l}\nu=\nu'\\ \lambda=\lambda'\\ \mu=\mu'\text{のとき}\end{array}\right\} \tag{27-17}$$
$$=0 \quad (\text{それ以外})$$

$\xi=\frac{2Zr}{n'a_0}$ とすれば $(a_0=\frac{h^2}{4\pi^2\mu e^2})$, 主量子数 n が $n=n'$ のとき, $F_{\nu\lambda\mu}$ は水素原子の波動関数 ψ_{nlm} に等しい($n\neq n'$ だとそうはならない). $F_{\nu\lambda\mu}$ はみな同じ「r の指数関数」を含むが, 水素原子の波動関数は, n の値ごとに指数関数の形がちがう. $n'=1$, $Z=1$ として次式に書けば, 関数 $F_{\nu\lambda\mu}$ は式(27-19)に従う.

$$\xi=\frac{2r}{a_0}\qquad a_0=\frac{h^2}{4\pi^2\mu e^2} \tag{27-18}$$

$$\nabla^2 F_{\nu\lambda\mu}+\left(\frac{1}{\xi}-\frac{1}{4}\right)F_{\nu\lambda\mu}=-\frac{(\nu-1)}{\xi}F_{\nu\lambda\mu} \tag{27-19}$$

波動方程式(27-13)は, 式(27-21)の新しい変数を使ってこう書ける.

$$\nabla^2\psi+\left(\frac{1}{\xi}-\frac{1}{4}\right)\psi-A\xi\cos\theta\psi=\beta\psi \tag{27-20}$$

$$\left.\begin{array}{l}A=\dfrac{a_0^2 F}{4e}\\[2mm]\beta=-\dfrac{Wa_0}{2e^2}-\dfrac{1}{4}\end{array}\right\} \tag{27-21}$$

ラプラシアン ∇^2 の変数には, r ではなく, 式(27-18)の座標 ξ を使う. 式

(27-20)の近似解を求めるため,式(27-11)と同様な永年方程式をつくろう.結果は,式(27-23)の H_{ij} (i も j も,3個の指標 ν, λ, μ を代表)を使ってこう書ける.

$$\begin{vmatrix} H_{11}-2\beta & H_{12} & H_{13} & \cdots \\ H_{21} & H_{22} & 0 & \cdots \\ H_{31} & 0 & H_{33} & \cdots \\ \cdots & \cdots & \cdots & \cdots \end{vmatrix} = 0 \tag{27-22}$$

$$H_{ij} = \iiint F_i^* \left(\nabla^2 + \frac{1}{\xi} - \frac{1}{4} - A\xi\cos\theta \right) F_j \xi^2 \mathrm{d}\xi \sin\theta \mathrm{d}\theta \mathrm{d}\varphi \tag{27-23}$$

$F_{\nu\lambda\mu}$ は体積素片 $\xi^2 \mathrm{d}\xi \sin\theta \mathrm{d}\theta \mathrm{d}\varphi$ で 1 に規格化されていないため,式(27-22)の中で β を 2 倍してある.

いま考えている近似だと,永年方程式(27-22)は,F_{100}, F_{210}, F_{310} だけを含む項と,ほかの項を含む項に因数分解できるから,その3関数だけ考えればよい.式(27-17)と以下二つの式を組み合わせれば,3関数のからむ永年方程式は式(27-26)に書ける.

$$\xi^2\cos\theta F_{100} = 4\sqrt{2}F_{210} - 2\sqrt{2}F_{310} \tag{27-24}$$

$$\xi F_{\nu\lambda\mu} = -\{(\nu-\lambda)(\nu+\lambda+1)\}^{1/2}F_{\nu+1,\lambda\mu} + 2\nu F_{\nu\lambda\mu} - \{(\nu+\lambda)(\nu-\lambda-1)\}^{1/2}F_{\nu-1,\lambda\mu} \tag{27-25}$$

$$\begin{vmatrix} -2\beta & -4\sqrt{2}A & 2\sqrt{2}A \\ -4\sqrt{2}A & -1 & 0 \\ 2\sqrt{2}A & 0 & -2 \end{vmatrix} = 0 \tag{27-26}$$

簡単な計算で根は $\beta = 18A^2$ だとわかり,エネルギー W と二次摂動分 W'' が次のように決まる.

$$W = -\frac{e^2}{2a_0} - \frac{9}{4}a_0^3 F^2$$

$$W'' = W - W^0 = -\frac{9}{4}a_0^3 F^2 \tag{27-27}$$

以上から,基底状態の水素原子が示す分極率の計算値は次のようになる.

$$\alpha = \frac{9}{2}a_0^3 = 0.677 \times 10^{-24}\,\mathrm{cm}^3$$

問題 27-1. 式(27-24)と(27-25)を確かめてみよ.

問題 27-2. $F_{\nu\lambda\mu}$ を使い,水素原子の $n=2$ 状態につき一次と二次のシュタルク効果を考察せよ(ヒント:$H_{\nu\lambda\mu,\nu'\lambda'\mu'}$ を計算する際,ν か ν' が 2 でないと A 項は無視できる.また永年方程式は,$\mu=1$, $\mu=0$, $\mu=-1$ の項に因数分解できる).

27b. ヴェンツェル・クラマース・ブリユアン法 量子数が大きいときや粒子が重いとき，量子力学の結果は古典力学の結果に近い．中間的な場合は通常，古い量子論がうまくいく．そこで，第1項が古典力学の結果，第2項が古い量子論の結果，高次項が量子力学の補正になる形で波動方程式の近似解を出すやりかたが提案された[1]．それを**ヴェンツェル・クラマース・ブリユアン法**（WKB法）という．以下，サワリだけ紹介しよう．

一次元の波動方程式はこう書けた．

$$\frac{d^2\psi}{dx^2}+\frac{8\pi^2 m}{h^2}(W-V)\psi=0 \qquad -\infty<x<+\infty$$

式(27-28)の置換をすると，古典力学の運動量 $p=\pm\sqrt{2m(W-V)}$ を使い，y についての微分方程式(27-29)ができる．

$$\psi=e^{\frac{2\pi i}{h}\int y dx} \qquad (27\text{-}28)$$

$$\frac{h}{2\pi i}\frac{dy}{dx}=2m(W-V)-y^2=p^2-y^2 \qquad (27\text{-}29)$$

y を h の関数とみて，$\dfrac{h}{2\pi i}$ の巾(べき)に展開しよう．

$$y=y_0+\frac{h}{2\pi i}y_1+\left(\frac{h}{2\pi i}\right)^2 y_2+\cdots \qquad (27\text{-}30)$$

展開形を式(27-29)に入れ，どの巾の係数も0と置けば，$V'=\dfrac{dV}{dx}$, $V''=\dfrac{d^2V}{dx^2}$ として以下三つの式を得る．

$$y_0=p=\pm\sqrt{2m(W-V)} \qquad (27\text{-}31)$$

$$y_1=-\frac{y_0'}{2y_0}=-\frac{p'}{2p}=\frac{V'}{4(W-V)} \qquad (27\text{-}32)$$

$$y_2=-\frac{1}{32}\{5V'^2+4V''(W-V)\}(2m)^{-1/2}(W-V)^{-5/2} \qquad (27\text{-}33)$$

最初の2項を式(27-28)に入れると，次の近似的な波動関数が得られる．

$$\psi\cong N(W-V)^{-\frac{1}{4}}e^{\frac{2\pi i}{h}\int\sqrt{2m(W-V)}dx} \qquad (27\text{-}34)$$

いまの変形には以下二つの関係式を使った．

$$\int y_1 dx=\frac{1}{4}\int\frac{V'}{W-V}dx=+\frac{1}{4}\int\frac{dV}{W-V}=-\frac{1}{4}\log(W-V)$$

$$e^{\int y_1 dx}=(W-V)^{-1/4}$$

現状の近似だと，確率分布関数はこう書ける．

---

[1] G. Wentzel, *Z. f. Phys.* **38**, 518 (1926); H. A. Kramers, *Z. f. Phys.* **39**, 828 (1926); L. Brillouin, *J. de Phys.* **7**, 353 (1926); J. L. Dunham, *Phys. Rev.* **41**, 713 (1932).

$$\phi^*\phi = N^2(W-V)^{-1/2} = 定数 \times \frac{1}{p} \tag{27-35}$$

古典力学では，p が速度に比例し，dx 内に粒子が見つかる確率は粒子の速度に反比例するため，式(27-35)も古典力学の結果に合う．

式(27-34)の近似は，$W=V$ となる古典的運動の回帰点では成り立たない．式(27-30)が収束級数ではなく（y の漸近表現にすぎず），$W=V$ から遠い点だけで正しいからだ．

ここまで，量子化にあたるものは現れていない．量子化の効果は，波動関数を $W=V$ 点から越え，$W<V$ の範囲にまで広げたときに現れる．3章・9c項の条件を満たし，古典的に妥当な領域で成り立つ関数(27-34)にうまくつながる近似解は，W を一定の離散値に限定しないとつくれない[1]．

W に課す条件は，位相積分（2章・5b項）を使ってこう書ける．

$$\oint y \mathrm{d}x = nh \qquad n=0,1,2,3,\cdots \tag{27-36}$$

級数 y の第1項 $y=p$ を代入すると，古い量子論の条件（5b項）に一致する．

$$\oint p \mathrm{d}x = nh \qquad n=0,1,2,3,\cdots \tag{27-37}$$

注目している系だと，第2項には半量子数を使い，$y=y_0+\frac{h}{2\pi \mathrm{i}}y_1$ とすれば，第二近似として次の結果を得る．

$$\oint y \mathrm{d}x = \oint p \mathrm{d}x + \frac{h}{2\pi \mathrm{i}}\oint y_1 \mathrm{d}x = \oint p \mathrm{d}x - \frac{h}{2} = nh$$

$$\oint p \mathrm{d}x = \left(n+\frac{1}{2}\right)h \tag{27-38}$$

なお積分 $\oint y_1 \mathrm{d}x$ は，複素変数を使うと行いやすい[2]（詳細は略）．

WKB法はさまざまな問題に使える．複素積分の知識を要するのが欠点だけれど，ほかの方法に比べ，エネルギー準位を求める手間はずっと少なくてすむ．

27c. 数値積分法　微分方程式の数値積分もくふうされ[3]，慣れた人ならたちまち結果を出す．波動方程式のエネルギー計算はそう簡単でもないが，実用性は高い．

---

[1]　高度な話題なので詳細は省く．
[2]　J. L. Dunham, *Phys. Rev.* **41**, 713 (1932).
[3]　E. P. Adams, "Smithsonian Mathematical Formulae," Chap. 10, The Smithsonian Institution, Washington, 1922; E. T. Whittaker & G. Robinson, "Calculus of Observations," Chap. 14, Blackie and Son., Ltd., London, 1929.

たとえばハートリー[1]（9章も参照）は，Wの値を仮定して波動方程式を数値積分した．変数xが及ぶ領域の一端で境界条件を満たす試行関数から出発し，領域の内部へと解をつなげる．次に，同じW値にあたる別の解を，xの他端で境界条件を満たす関数から出発して計算する．Wが勝手な値なら，二つの解はxの中間点でうまくつながらない．そこでWを少し変え，同じ手順をくり返す．何度かくり返せば，左右の解がなめらかにつながり，境界条件をすべて満たす唯一の波動関数を生むW値が見つかる．

ハートリー法は，3章・9c項の定性的な発想を定量化したものだといえる．数値積分では，1点Aでϕがもつ値と傾きから出発し，近くのB点でϕがもつ値を，Aでの傾きと，波動方程式からわかる曲率$\frac{d^2\phi}{dx^2}$の値を使って計算する．

こうした手順は，独立変数1個の全微分方程式だけに当てはまる．ただし，変数が複数個でも，変数ごとの全微分方程式に分離できて上記の方法を使える問題は多い．複雑な原子を扱うハートリー法（9章・32節）も，H_2^+のエネルギーを計算するブラウの方法（12章・42c項）も，数値積分法の例となる．

27d. 差分法　次の波動方程式は，式(27-40)の差分方程式[2]で近似できる．

$$\frac{d^2\phi}{dx^2} + k^2(W-V)\phi = 0 \qquad k^2 = \frac{8\pi^2 m}{h^2} \qquad (27\text{-}39)$$

$$\frac{1}{a^2}(\phi_{i-1} - 2\phi_i + \phi_{i+1}) + k^2\{W - V(x_i)\}\phi_i = 0 \qquad (27\text{-}40)$$

同じ間隔$(x_i - x_{i-1} = a)$の点$x_1, x_2, \cdots, x_i, \cdots$で関数$\phi$がもつ値を$\phi_1, \phi_2, \cdots, \phi_i, \cdots$とすれば，式(27-40)は次式に書ける．

$$\sum_j b_{ij}\phi_j = W\phi_i \qquad (27\text{-}41)$$

それを確かめるため，図27-1の点$(x_1, \phi_1), (x_2, \phi_2), (x_i, \phi_i), \cdots$を結ぶ直線がつくる多角形で$\phi$を近似する．$x_{i-1}$と$x_i$の途中で$\phi$がもつ傾きは，$x_{i-1}$と$x_i$を結ぶ直線の傾き$(\frac{\phi_i - \phi_{i-1}}{a})$にほぼ等しい．$x = x_i$で$\phi$の二階微分は，$\frac{x_i + x_{i-1}}{2}$から$\frac{x_i + x_{i+1}}{2}$に変わる「傾きの変化」の$\frac{1}{a}$倍だから，こう書ける．

$$\frac{d^2\phi}{dx^2} \cong \frac{\phi_{i-1} - 2\phi_i + \phi_{i+1}}{a^2} \qquad (27\text{-}42)$$

---

[1] D. R. Hartree, *Proc. Cambridge Phil. Soc.* **24**, 105 (1928); *Mem. Manchester Phil. Soc.* **77**, 91 (1932-33).

[2] R. G. D. Richardson, *Trans. Am. Math. Soc.* **18**, 439 (1917); R. Courant, K. Friedrichs, and H. Lewy, *Math. Ann.* **100**, 32 (1928).

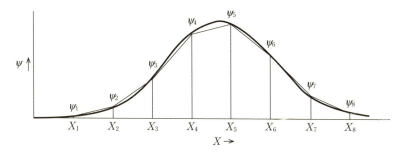

図 27-1　波動関数 ϕ の折れ線近似

微分方程式(27-39)は，ある1点での曲率 $\dfrac{d^2\psi}{dx^2}$ と関数 $k^2(W-V)\phi$ を結びつける．すると，各 x_i で成り立つ方程式のセット(27-40)で微分方程式を近似できよう．点 x_i をこまかくとるほど，式(27-40)は式(27-39)に近くなる．

$\int \phi^*\phi d\tau=1$ のもとでエネルギー積分 $E=\int \phi^* H\phi d\tau$ を極小化すれば最低エネルギーがわかるのと同様，式(27-40)の解となる W の最小値は，次の二次形式を極小化すればわかる．

$$E=\dfrac{\sum\limits_{ij} b_{ij}\phi_i\phi_j}{\sum\limits_{i}\phi_i^2} \tag{27-43}$$

$\phi_1, \phi_2, \cdots, \phi_i, \cdots$ は，E が極小になるまで変える数値を表す（ϕ が3章・9c 項の条件に従うのと同様，数値 ϕ_i は適切な波動関数を表す曲線に近づかなければいけない）．

簡便な極小化法[1] がある．仮に選んだ数値の組 ϕ で E 値を計算する．変分して ϕ_i 値が収束する真の解 ϕ_i は，式(27-40)を満たす．解の1個を移項してこう書く．

$$\phi_i=\dfrac{\phi_{i-1}+\phi_{i+1}}{2-a^2k^2\{W-V(x_i)\}} \tag{27-44}$$

選んだ ϕ_i が真の ϕ_i に近ければ，式(27-44)右辺の ϕ_{i-1} と ϕ_{i+1} を「ϕ_{i-1} と ϕ_{i+1}」に変え，$W=E$ とした式は，改良形の ϕ_i つまり ϕ_i' を表す[1]．

$$\phi_i'=\dfrac{\phi_{i-1}+\phi_{i+1}}{2-a^2k^2\{E-V(x_i)\}} \tag{27-45}$$

こうして最初の $\phi_1, \phi_2, \cdots, \phi_i, \cdots$ からできる $\phi_1', \phi_2', \cdots, \phi_i', \cdots$ の E 値は，最初よ

---

[1] G. E. Kimball and G. H. Shortley, *Phys. Rev.* **45**, 815 (1934).

り低い(真の値に近い). 手続きをくり返すほど E 値が下がっていく.

座標の切りかたを等間隔でなくすと近似は上がる. また, 二次元以上にも拡張できるけれど, 二次元の扱いは格段にむずかしい.

問題 27-3. 座標間隔 $a=\frac{1}{2}$ の差分法を用い, 次の波動方程式(式 11-1 参照)に従う調和振動子につき, 最低エネルギー W_0 の上限値と近似解 ψ_0 を求めよ.

$$\frac{d^2\psi}{dx^2} + (\lambda - x^2)\psi = 0$$

27e. 近似的な二次摂動法 二次摂動エネルギーの式(25-3)は, 下に付記する H'_{kl} と H''_{kk} を使ってこう書ける.

$$W''_k = \sum_l{}' \frac{H'_{kl}H'_{lk}}{W^0_k - W^0_l} + H''_{kk} \tag{27-46}$$

$$H'_{kl} = \int \phi^0_k{}^* H' \phi^0_l d\tau$$

$$H''_{kk} = \int \phi^0_k{}^* H'' \phi^0_k d\tau$$

和の部分(右辺第 1 項)を変形しよう. $1 - \frac{W^0_l}{W^0_k} + \frac{W^0_l}{W^0_k}$ をかければこうなる.

$$\frac{1}{W^0_k}\sum_l{}' H'_{kl}H'_{lk} + \sum_l{}' \frac{W^0_l}{W^0_k}\frac{H'_{kl}H'_{lk}}{(W^0_k - W^0_l)}$$

$\sum_l{}' H'_{kl}H'_{lk}$ は $(H'^2)_{kk} - (H'_{kk})^2$ と書けるため[1], W''_k は次式に表せる [$(H'^2)_{kk}$ の内容は式 27-48].

$$W''_k = \frac{(H'^2)_{kk}}{W^0_k} - \frac{(H'_{kk})^2}{W^0_k} + H''_{kk} + \sum_l{}' \frac{W^0_l}{W^0_k}\frac{H'_{kl}H'_{lk}}{(W^0_k - W^0_l)} \tag{27-47}$$

$$(H'^2)_{kk} = \int \phi^0_k{}^* H'^2 \phi^0_k d\tau \tag{27-48}$$

式(27-46)と同様, 式(27-47)の計算もたやすくはないけれど, 和の項が他項より小さいこともある. たとえば k が基底状態を表し, W^0_k が負となるようにエネルギーの原点を選べば, 和が含む項は, $W^0_l < 0$ なら負値, $W^0_l > 0$ なら正値となって, かなりの打ち消しが起こる.

そんなふうに上式の項それぞれは, エネルギーの原点をどう選ぶかで変わる

---

1) $H'\phi^0_k = \sum_l H'_{lk}\phi^0_l$ ($\phi^0_l{}^*$ をかけて積分すれば確認可能)だから次式が成り立つ.

$$(H'^2)_{kk} = \int \phi^0_k{}^* H'^2 \phi^0_k d\tau = \int \phi^0_k{}^* H'H'\phi^0_k d\tau = \int \phi^0_k{}^* H'\left(\sum_l H'_{lk}\phi^0_l\right)d\tau = \sum_l H'_{kl}H'_{lk}$$

上式と $\sum_l{}' H'_{kl}H'_{lk}$ には, $l=k$ 項つまり $(H'_{kk})^2$ だけの差がある.

(原点の調整を要するところが，本法のおもな欠点). ともかく原点をうまく選べば和を0にでき，二次摂動エネルギーは，注目する状態の従う無摂動波動関数だけを含む積分が教える．つまり和の項を落とすのが本法の要点になる．

例として，$H'=eFz$ の摂動を受けた水素原子の分極率を眺めよう．まず $H'_{1s,1s}=0$ は自明だろう．$(H'^2)_{1s,1s}=e^2F^2(z^2)_{1s,1s}$ が成り立ち，基底状態の波動関数は球対称で $r^2=x^2+y^2+z^2$ だから，$(z^2)_{1s,1s}$ 値は，$(r^2)_{1s,1s}=3a_0^2$ (5章・21c項) の3分の1に等しい．すると次式が書ける．

$$W''_{1s}=\frac{e^2F^2a_0^2}{W^0_{1s}}$$

イオン化状態をエネルギーの零点とみなし，$W^0_{1s}=-\dfrac{e^2}{2a_0}$ として次式を得る．

$$W''=-2F^2a_0^3$$

つまり分極率は $\alpha=4a_0^3$ となる．$4a_0^3$ は，単純なやりかたで求めた問題 26-1 の値にちょうど一致し，真の値 (27a 項) よりは 11% だけ小さい．

系の基底状態を考察する際，無摂動の第1励起準位をエネルギーの零点に選ぶと，和の項が必ず正値となる結果，W''_0 の下限がわかる．水素原子の結果は次式に書けて，α の上限は $\dfrac{16}{3}a_0^3$ (真の値 $\dfrac{9}{2}a_0^3$ より 18% だけ大きい) となる．

$$W''_{1s}\geq -\frac{8}{3}F^2a_0^3$$

変分法の結果 $\alpha=4a_0^3$ は下限だから，以上2種類のたいへん簡単な計算が，分極率 α を数パーセント内の誤差で決めたことになる．

レナード＝ジョーンズ[1] によれば，上記のような W''_k の扱いは，$A=\dfrac{1}{W^0_k}$ とした次式の (非規格化) 一次摂動関数を使うことに等しい．

$$\psi_k=\psi^0_k(1+AH'+\cdots) \tag{27-49}$$

すると変分法を使う際も，(可能なら) 変分関数にそんな摂動関数を含めるのが望ましい (計算例は 8 章・29e 項と 14 章・47 節に紹介).

---

[1] J. E. Lennard-Jones, *Proc. Roy. Soc.* **A129**, 598 (1930).

8章

電子スピンとヘリウム原子

28. 電子スピン[1]

　水素原子の発光スペクトルは，5章に述べた波動関数の解だけでは説明しきれない．発光線が想定外の分裂(微細構造)を示すのだ．まずは古い量子論時代の1916年，そのことにゾンマーフェルトが注目する[2]．相対論的効果が電子の質量を変えるなら，エネルギー準位は，主量子数nのほか方位量子数kの影響も受けて分裂するだろう．計算してみると，水素やヘリウムばかりか重い原子でも，発光線の分裂を説明できそうだった．

　以後しばらくはその解釈が通用した．だが量子力学誕生の少し前，アルカリ金属のスペクトルが難題を突きつける．基底状態の原子は，単純な陽イオン(電子2個か8個の閉殻)と価電子1個からなる．価電子—イオン間の相互作用は，価電子の主量子数と方位量子数がおもに決め，はるかに弱い相対論的効果は無視できるはず．しかし現実の発光線は，ゾンマーフェルトの計算値と同程度の分裂を示している．そこに気づいたミリカンとボウエン[3]，ランデ[4]が，「二重準位」の方位量子数は同じだから「相対論的効果」ではありえない…と見抜く．

　やがてウーレンベックとハウトスミット[5]が答えを出す．電子の「スピン運動」に伴う角運動量と，磁気モーメントを考えればいい．電子の全角運動量を

---

1) くわしくは L. Pauling and S. Goudsmit, "The Structure of Line Spectra," Chap. 4 参照.
2) A. Sommerfeld, *Ann. d. Phys.* **51**, 1 (1916).
3) R. A. Millikan and I. S. Bowen, *Phys. Rev.* **24**, 223 (1924).
4) A. Landé, *Z. f. Phys.* **25**, 46 (1924).
5) G. E. Uhlenbeck and S. Goudsmit, *Naturwiss.* **13**, 952 (1925); *Nature* **117**, 264 (1926). 電子スピンの発想は，R. Bichowsky and H. C. Urey, *Proc. Nat. Acad. Sci.* **12**, 80 (1926) などにも書いてある．

$\sqrt{s(s+1)}\frac{h}{2\pi}$ としたとき,実測に合う**スピン量子数** s は $\frac{1}{2}$ となり,スピン軸まわりの角運動量成分は $+\frac{1}{2}\frac{h}{2\pi}$ または $-\frac{1}{2}\frac{h}{2\pi}$ と書ける(角運動量を $m_s\frac{h}{2\pi}$ として量子数が $m_s=+\frac{1}{2},\ -\frac{1}{2}$).

軌道運動の磁気モーメントは,「角運動量 $\times\frac{e}{2m_0c}$」だった(5章・21d項).しかし電子スピンの生む磁気モーメントは,実測の微細構造やゼーマン効果と合わせるなら,スピン角運動量に「$\frac{e}{2m_0c}$ の2倍」をかけなければいけない.余分な2を**ランデの g 因子**という.こうして電子の全磁気モーメントは $2\times\frac{e}{2m_0c}\frac{h}{2\pi}\times\sqrt{\frac{1}{2}\frac{3}{2}}$ つまり $\sqrt{3}$ ボーア磁子となり,ある軸方向の成分は $+1$ ボーア磁子か -1 ボーア磁子だとわかる.

ほかの研究[1]も合わせてスピンは,質量と並ぶ電子の本質だとわかった.アルカリ金属の発光スペクトルに出る二重線も,電子のスピン―軌道相互作用が生む.水素型原子が示す微細構造は,スピンと相対論的効果のからみ合いから生まれ,ゾンマーフェルト提案と同形の式に書ける.さまざまな原子の異常ゼーマン効果(磁場によるスペクトル線の分裂)は,電子の軌道磁気モーメントとスピン磁気モーメントが磁場と相互作用する結果だけれど,ランデの g 因子($=2$)がスペクトルを複雑な姿にする[2].

電子スピンの理論はディラック[3]が完成させる.相対論にも合う量子力学の確立を目指した彼は,一電子の系を独特な方程式に書いた.方程式を解いた結果,電子スピンも g 因子も自然に出てくる.ディラックの方程式は水素型原子の微細構造を説明しきったほか,4年後にアンダーソンが見つける陽電子の存在も予言した.ただしディラックの理論は当面,電子1個の系にとどまっている.

本章では,非相対論的な量子力学で電子スピンを扱う(化学や物理学の問題なら通常,相対論効果が効く磁気相互作用は無視してよい).電子の向きを表すスピン変数 ω と,二つのスピン波動関数 $\alpha(\omega)$ および $\beta(\omega)$ を考えよう.$\alpha(\omega)$ はスピン量子数 $m_s=+\frac{1}{2}$(決まった軸に沿うスピン角運動量成分が $+\frac{1}{2}\frac{h}{2\pi}$)に,$\beta(\omega)$ は $m_s=-\frac{1}{2}$ にあたる.二つの波動関数は,次のように直交規格化されている.

---

1) W. Pauli, *Z. f. Phys.* **36**, 336 (1926); W. Heisenberg, P. Jordan, *Z. f. Phys.* **37**, 266 (1926); W. Gordon, *Z. f. Phys.* **48**, 11 (1928); C. G. Darwin, *Proc. Roy. Soc.* **A118**, 654 (1928); A. Sommerfeld and A. Unsöld, *Z. f. Phys.* **36**, 259; **38**, 237 (1926).

2) 詳細は Pauling and Goudsmit, "The Structure of Line Spectra," Chap. 17 & 27 参照.

3) P. A. M. Dirac, *Proc. Roy. Soc.* **A117**, 610; **A118**, 351 (1928).

$$\left.\begin{array}{l}\int \alpha^2(\omega)\,\mathrm{d}\omega = 1 \\ \int \beta^2(\omega)\,\mathrm{d}\omega = 1 \\ \int \alpha(\omega)\beta(\omega)\,\mathrm{d}\omega = 0\end{array}\right\} \quad (28\text{-}1)$$

つまり一電子系の波動関数は，座標4個(位置座標 x, y, z とスピン座標 ω)を含むため，シュレーディンガー方程式の解 $\psi(x,y,z)$ を使って，$\psi(x,y,z)\alpha(\omega)$，$\psi(x,y,z)\beta(\omega)$ と書ける．多電子系のスピン波動関数はあとで考えよう．

電子スピンを扱う簡単なやりかたは，パウリ[1]とダーウィン[2]，ディラック[3]も提案した．そんな手法は，電子スピンがからむ多電子系相互作用の近似計算に役立つ．

29. ヘリウム原子とパウリの排他律

29a. 1s2s 状態と 1s2p 状態 ヘリウム原子の一次摂動論は6章・23b項に紹介した．以下，電子1個が主量子数 $n=1$，別の1個が $n=2$ にある第一励起状態を，摂動論で扱おう[4]．

電子間相互作用 $\dfrac{e^2}{r_{12}}$ を摂動とみる．無摂動波動方程式の解は，電子1の座標 $(r_1, \theta_1, \varphi_1)$ を(1)，電子2の座標を(2)として，水素型波動関数2個の積に書けるのだった．

$$\psi_{n_1 l_1 m_1}(1)\psi_{n_2 l_2 m_2}(2)$$

零次エネルギーは次の姿をもつ(電子スピンの効果は次項から考える)．

$$W^0_{n_1 n_2} = -4Rhc\left(\dfrac{1}{n_1^2} + \dfrac{1}{n_2^2}\right)$$

エネルギー $W^0 = -5Rhc$ の第1励起準位には，$n_1=1$, $n_2=2$ と $n_1=2$, $n_2=1$ がある．八重に縮退した零次波動関数は，実数関数 φ を念頭に $\psi_{100}(1)$ を $1s(1)$ のように書けば，次の8個となる(以下，波動関数を指す文字には「1s」などイタリック体を，状態を指す文字には「1s」などローマン体を使う)．

---

1) W. Pauli. *Z. f. Phys.* **43**, 601 (1927).
2) C. G. Darwin, *Proc. Roy. Soc.* **A116**, 227 (1927).
3) P. A. M. Dirac, *Proc. Roy. Soc.* **A123**, 714 (1929).
4) 初出は Heisenberg, *Z. f. Phys.* **39**, 499 (1926).

8章 電子スピンとヘリウム原子

$$\left.\begin{array}{l} 1s(1)\ 2s(2) \\ 2s(1)\ 1s(2) \\ 1s(1)\ 2p_x(2) \\ 2p_x(1)\ 1s(2) \\ 1s(1)\ 2p_y(2) \\ 2p_y(1)\ 1s(2) \\ 1s(1)\ 2p_z(2) \\ 2p_z(1)\ 1s(2) \end{array}\right\} \tag{29-1}$$

永年方程式は,摂動積分を表す式(29-3)の記号を使って次式に書ける.

$$\begin{vmatrix} J_s-W' & K_s & 0 & 0 & 0 & 0 & 0 & 0 \\ K_s & J_s-W' & 0 & 0 & 0 & 0 & 0 & 0 \\ 0 & 0 & J_p-W' & K_p & 0 & 0 & 0 & 0 \\ 0 & 0 & K_p & J_p-W' & 0 & 0 & 0 & 0 \\ 0 & 0 & 0 & 0 & J_p-W' & K_p & 0 & 0 \\ 0 & 0 & 0 & 0 & K_p & J_p-W' & 0 & 0 \\ 0 & 0 & 0 & 0 & 0 & 0 & J_p-W' & K_p \\ 0 & 0 & 0 & 0 & 0 & 0 & K_p & J_p-W' \end{vmatrix} = 0 \tag{29-2}$$

$$\left.\begin{array}{l} J_s = \iint 1s(1)2s(2)\dfrac{e^2}{r_{12}}1s(1)2s(2)\,\mathrm{d}\tau_1\mathrm{d}\tau_2 \\[6pt] K_s = \iint 1s(1)2s(2)\dfrac{e^2}{r_{12}}2s(1)1s(2)\,\mathrm{d}\tau_1\mathrm{d}\tau_2 \\[6pt] J_p = \iint 1s(1)2p_x(2)\dfrac{e^2}{r_{12}}1s(1)2p_x(2)\,\mathrm{d}\tau_1\mathrm{d}\tau_2 \\[6pt] K_p = \iint 1s(1)2p_x(2)\dfrac{e^2}{r_{12}}2p_x(1)1s(2)\,\mathrm{d}\tau_1\mathrm{d}\tau_2 \end{array}\right\} \tag{29-3}$$

J_p と K_p は,方位だけがちがう波動関数 $2p_y$ と $2p_z$ にも当てはまる.積分 J_s と J_p を**クーロン積分**という.たとえば J_s は,確率分布関数が $\{1s(1)\}^2$, $\{2s(2)\}^2$ と書ける電子2個の平均クーロン相互作用エネルギーを表す.また,電子の入れ替えを伴う積分 K_s と K_p を,**共鳴積分**(11章・41節)や**交換積分**とよぶ.

対称性より,ほかの摂動積分は0になる.たとえば $\iint 1s(1)2s(2)\dfrac{e^2}{r_{12}}1s(1)2p_x(2)\,\mathrm{d}\tau_1\mathrm{d}\tau_2$ の場合,$2p_x(2)$ は座標 x_2 の奇関数,他項は x_2 の偶関数だから,積分したときに正負がちょうど打ち消し合う.

永年方程式(29-2)より,摂動エネルギーは次のようになる(図29-1).

29. ヘリウム原子とパウリの排他律

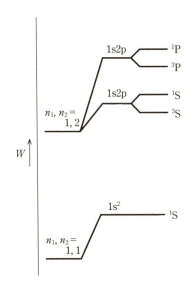

図 29-1 ヘリウム原子のエネルギー分裂

$$\left.\begin{array}{l} W' = J_s + K_s \\ J_s - K_s \\ J_p + K_p \quad \text{（三重根）} \\ J_p - K_p \quad \text{（三重根）} \end{array}\right\} \quad (29\text{-}4)$$

クーロン積分 J_s と J_p の差による分裂は，内側の 1s 電子と外側の 2s・2p 電子が相互作用して生まれる．その解釈は古い量子論でも似ていた．つまり外側電子の軌道は離心率が高いほど原子のコア（核と内部電子）を大きく貫いて安定性を増し，同じ n 値なら s 軌道のほうが p 軌道より安定だった（電子のエネルギーは n と l で変わるため，原子のエネルギーも**電子配置**で変わる．ふつう電子配置は ns, np のように書き，電子数を右肩に添える．$1s^2$ は 1s 電子 2 個を表し，2p 電子 1 個が加われば $1s^2 2p$）[1]．

かたや積分 K_s と K_p が生む分裂は量子力学に特有で，根源は**共鳴現象**だと考えてよい（41節）．たとえば $W' = J_s + K_s$ の状態は，電子 1 が 1s 軌道，電子 2 が 2s 軌道にある状況と，電子が入れ替わった状況の共鳴とみて，次式の零次波動関数に書く．

$$\frac{1}{\sqrt{2}}\{1s(1)2s(2) + 2s(1)1s(2)\}$$

---

[1] Pauling & Goudsmit, "The Structure of Line Spectra," Chap. 3.

上の波動関数は，電子の座標を交換しても同じだから，電子座標について**対称**という．しかし下記の波動関数は，座標の入れ替えで符号を変えるため，**反対称**という．

$$\frac{1}{\sqrt{2}}\{1s(1)2s(2) - 2s(1)1s(2)\}$$

二粒子系の波動関数は，粒子の座標について対称か反対称のどちらかになる．

対称な関数と反対称な関数で書ける二電子原子の定常状態は，それぞれ**一重項状態**，**三重項状態**とよぶ(次項参照)．一般に三重項は一重項よりエネルギーが低い．

29b. パウリの排他律 電子スピンも入れて摂動を扱おう．スピン関数には下記の4種があるため，8個の軌道関数 $1s(1)2s(2)$, $1s(1)2p_s(2)$ と組み合わせ，計32個のスピン―軌道波動関数を考えなければいけない．

$$\alpha(1)\alpha(2)$$
$$\alpha(1)\beta(2)$$
$$\beta(1)\alpha(2)$$
$$\beta(1)\beta(2)$$

スピン関数のうち2番目と3番目は，線形結合(一次結合)にしたほうが扱いやすい．そのとき，4個の直交規格化関数はこうなる．

$$\left.\begin{array}{c} \alpha(1)\alpha(2) \\ \frac{1}{\sqrt{2}}\{\alpha(1)\beta(2) + \beta(1)\alpha(2)\} \\ \beta(1)\beta(2) \\ \frac{1}{\sqrt{2}}\{\alpha(1)\beta(2) - \beta(1)\alpha(2)\} \end{array}\right\} \tag{29-5}$$

上から三つは電子2個のスピン座標について対称，四つ目は反対称だとわかる．以上4個の関数が，スピンを含む摂動の正しい零次関数を表す．

4個のスピン関数を軌道関数8個にかければ，つごう32個の波動関数(下記)になる．

$1s(1)2s(2)\alpha(1)\alpha(2)$

$2s(1)1s(2)\alpha(1)\alpha(2)$

$1s(1)2p_x(2)\alpha(1)\alpha(2)$

....

$1s(1)2s(2)\cdot\dfrac{1}{\sqrt{2}}\{\alpha(1)\beta(2)+\beta(1)\alpha(2)\}$

....

永年方程式はこう書ける.

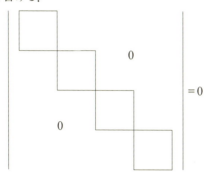

小さい正方形は,行列式(29-2)と同形になる.外側の積分は,スピン関数が直交し,摂動関数 $\dfrac{e^2}{r_{12}}$ がスピン座標を含まないので 0 になる.行列式の根は式(29-2)と同じだけれど,スピン関数4個を入れたため,同じものが4回くり返す.

零次の波動関数は,位置の波動関数(前項)に4個のスピン関数をかけた姿をもつ.たとえば電子配置 1s2s ならこう書ける.

$\dfrac{1}{\sqrt{2}}\{1s(1)2s(2)+2s(1)1s(2)\}\cdot\alpha(1)\alpha(2)$

$\dfrac{1}{\sqrt{2}}\{1s(1)2s(2)+2s(1)1s(2)\}\cdot\dfrac{1}{\sqrt{2}}\{\alpha(1)\beta(2)+\beta(1)\alpha(2)\}$

$\dfrac{1}{\sqrt{2}}\{1s(1)2s(2)+2s(1)1s(2)\}\cdot\beta(1)\beta(2)$

$\dfrac{1}{\sqrt{2}}\{1s(1)2s(2)-2s(1)1s(2)\}\cdot\dfrac{1}{\sqrt{2}}\{\alpha(1)\beta(2)-\beta(1)\alpha(2)\}$

三重項 $\begin{cases} \dfrac{1}{\sqrt{2}}\{1s(1)2s(2)-2s(1)1s(2)\}\cdot\alpha(1)\alpha(2) \\ \dfrac{1}{\sqrt{2}}\{1s(1)2s(2)-2s(1)1s(2)\}\cdot\dfrac{1}{\sqrt{2}}\{\alpha(1)\beta(2)+\beta(1)\alpha(2)\} \\ \dfrac{1}{\sqrt{2}}\{1s(1)2s(2)-2s(1)1s(2)\}\cdot\beta(1)\beta(2) \end{cases}$

一重項 $\dfrac{1}{\sqrt{2}}\{1s(1)2s(2)+2s(1)1s(2)\}\cdot\dfrac{1}{\sqrt{2}}\{\alpha(1)\beta(2)-\beta(1)\alpha(2)\}$

関数8個のうち,最初の4個は電子座標を入れ替えても変わらない.最初の3個は,軌道部分もスピン部分も対称だから対称性をもつ.4番目の関数だと,電子を入れ替えたときの「反対称性」がかけ合わされ,$(-1)\times(-1)=1$で対称になる.残る4個は,軌道が反対称でスピンが対称,またはその逆だから,反対称な関数だとわかる.

1s2sを含むどんな電子配置も,対称な波動関数と反対称な波動関数で表せる.$1s^2$だと,対称な軌道波動関数(23b項)と4個のスピン関数から,対称関数3個と反対称関数1個ができる.1s2pなら,どちらも12個ずつある(スピン対称・軌道対称の関数9個とスピン反対称・軌道反対称の関数3個;スピン対称・軌道反対称の関数9個とスピン反対称・軌道対称の関数3個).以上を図29-2にまとめた(左側が対称関数,右側が反対称関数).

対称な波動関数に書ける(電子2個が等価な)ヘリウム原子は,どんな摂動が働いても対称なまま変わらない.出発点が反対称なら,摂動後も反対称にとどまる.つまり波動方程式の解は,完全に独立な波動関数のセットになる.それを確かめよう.

位置座標とスピン座標の両方にからむ摂動をH'として,定常状態間の遷移確率を表す次の積分(11章)が0なら,対称波動関数ψ_Sの状態は反対称波動関数ψ_Aの状態に変わらないといえる.

$$\int \psi_A^* H' \psi_S d\tau$$

2個の電子が等価なら,$H'\psi_S$は座標の対称関数,ψ_A^*は反対称関数なので,被積分量は電子座標の交換で符号を変える.積分域は電子2個の座標について対称だから,ある要素の効きかたは電子の入れ替えで相殺され,積分は0になる[1].

---

1) 添字1と2を入れ替えると積分値の符号が変わるため,積分は0でなければいけない…と考えてもよい.

29. ヘリウム原子とパウリの排他律

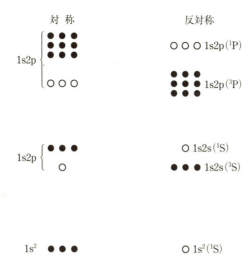

図 29-2　電子配置 $1s^2$, $1s2s$, $1s2p$ が生む波動関数
● 対称スピン，○ 反対称スピン

　自然界にある原子の波動関数が対称型か反対称型かは，実験でつかむしかない．ヘリウムの場合，実測結果は反対称型を指し示す[1]．するとこう仮定できよう．**多電子系の波動関数は電子座標について反対称，つまり電子座標の交換で符号を変える**．それが，波動力学ふうに表現した**パウリの排他律**(**禁制原理**)にほかならない．

　排他律はたいへん重い意味をもつ．K 殻に電子が 2 個しか入れないのも，排他律による．3 個目の電子が束縛の弱い L 殻に入るから，リチウムはアルカリ金属になる．

　次のように表現してもよい．ある電子のスピン—軌道関数を A として $A(1) = 1s(1)\alpha(1)$ のように表す．別の電子を同様な $B, C, \cdots, E$ で書き，次の行列式を考えよう．

$$\begin{vmatrix} A(1) & B(1) & \cdots & E(1) \\ A(2) & B(2) & \cdots & E(2) \\ \cdots & \cdots & \cdots & \cdots \\ A(N) & B(N) & \cdots & E(N) \end{vmatrix}$$

---

[1] スピン—軌道相互作用による準位の分裂が根拠になる．

どれか二つの列を入れ替えると，行列式は符号を変える．つまり上の行列式は電子 N 個について反対称だから，N 個の波動関数はパウリの排他律を満たす．また，$A, B, \cdots, E$ のうちどれか二つが等しくても行列式は 0 になるから，等しくてはいけない．ある電子 1 個のスピン—軌道関数は，スピン関数 α か β をかけた 2 個しかないため，**原子内の同じ軌道に電子は 2 個しか入れず，その 2 個はスピンが逆向きでなければいけない**．つまり，原子 1 個の中に，量子数 (n, l, m, m_s) が四つとも同じ電子はただ 1 個しかない．パウリも 1925 年の原論文[1]でおおむねそう表現している．

量子統計のうち，1 個 1 個を区別できる粒子の集団には，波動方程式の解がどれも当てはまるため，古典的なボルツマン統計を使う．かたや，互いに区別できず，反対称波動関数に従う粒子の集団は**フェルミ・ディラック統計**で扱い，金属内電子を扱うパウリ・ゾンマーフェルト法や，多電子原子を扱うトーマス・フェルミ法につながる．完全対称な波動関数に従う粒子は**ボース・アインシュタイン統計**で扱う（14 章・49 節参照）．

陽子も電子と同様，粒子座標について反対称な波動関数をもつ．ただしジュウテロン（重陽子＝重水素の核）は，対称な波動関数に従う（43f 項）．

図 29-2 の右側に描いたヘリウム原子の定常状態のうち，白丸の波動関数は，対称な軌道関数に反対称なスピン関数 $\frac{1}{\sqrt{2}}\{\alpha(1)\beta(2) - \beta(1)\alpha(2)\}$ をかけた姿をもち，**一重項状態**という．かたや黒丸は**三重項状態**とよび，反対称な軌道波動関数に対称なスピン関数（3 種のどれか）をかけたものだ[2]．説明を省いたスピン—軌道相互作用は，三重項の準位を三つに分裂させる．「三重項 ⇄ 一重項」の遷移には，電子スピンを含む摂動を要する．軽い原子だと電子スピン相互作用は小さいから，そうした遷移は起きにくい（ヘリウムでも未観測）．

ふつう原子のスペクトル状態は，左肩に 1（一重項）や 3（三重項）を添えて ^{1}S，^{3}S，^{3}P のように書く（**項記号**）．S や P は，原子がもつ電子すべての軌道角運動量のベクトル和を表す．合成方位量子数 L を使うと，S, P, D, F, $\cdots$ は $L = 0, 1, 2, 3, \cdots$ にあたる．電子が奇数個のとき，ある電子を除く電子がみな s 軌道を占めれば，L は l に等しい．ヘリウムだと，電子配置 $1s^2$ は ^{1}S，$1s2s$ は ^{1}S か ^{3}S，$1s2p$

---

1) W. Pauli, *Z. f. Phys.* **31**, 765 (1925).
2) 一重項を「逆平行スピン」，三重項を「平行スピン」といってもよい．次のスピン関数で表せる三重項は，合成スピンの z 成分が 0 となる．
$$\frac{1}{\sqrt{2}}\{\alpha(1)\beta(2) + \beta(1)\alpha(2)\}$$

は ^{1}P か ^{3}P になる．合成スピン量子数 S を使うと一重項が $S=0$，三重項が $S=1$ だから，多重度は $2S+1$ に等しい[1]．

二電子原子の話をまとめよう．項値はおもに二電子の主量子数 n_1, n_2 と方位量子数 l_1, l_2 が決める（値が小さいほど安定）．電子配置 1s^2 は基底状態，1s2s がその上で，次に 1s2p が続く．電子配置によっては，共鳴積分を介して準位が分裂し，一重項と三重項ができる．$l_1, l_2 > 0$ なら，合成方位量子数 L のちがう準位に分かれる．

三重項は，説明を省いたスピン―軌道相互作用で分裂する．スピン―軌道相互作用は，1s2s(^{1}S) のような状態の縮退を解くけれど，1s2s(^{3}S) のような状態の縮退は解かない．ただし原子に磁場をかけると，準位はさらに分裂する（ゼーマン効果）．

問題 29-1． ヘリウムの 1s2s と 1s2p で積分 J と K を計算し，一次摂動論で準位間の項値（エネルギー差）を求めよ．なお He$^+$ 基準の実測値は，1s2s(^{1}S) が 32 033 cm^{-1}, 1s2s(^{3}S) が 38 455 cm^{-1}, 1s2p(^{1}P) が 27 076 cm^{-1}, 1s2p(^{3}P) が 29 233 cm^{-1} となる．

29c．ヘリウム原子の変分計算 古い量子論では，ヘリウム原子のエネルギーをうまく計算できなかった．かたや波動力学だと，一次摂動論（6 章・23b 項）の結果も良好で，実測値との差は約 4 eV にとどまる．さらに進んだ変分法の扱いが実測との差を縮め，実験値 24.463 eV[2] にどれほど近づくかは興味深い．うまくいくなら波動力学の信頼度が上がり，多電子原子や分子の考察にも進めるだろう．

波動方程式は厳密に解けないため，誰もが変分法を使った[3]．いちばん単純な方法では，$s = \dfrac{r_1+r_2}{a_0}$ とした零次波動関数 e^{-2s} の核電荷 2 を，有効電荷 Z' に変え

---

[1] 分光学の命名法と原子のベクトル模型は Pauling and Goudsmit, "The Structure of Line Spectra" 参照．完全分離しにくいヘリウムの三重項は，長らく二重項とよばれた．三重性は J.C. Slater, *Proc. Nat. Acad. Sci.* **11**, 732 (1925) が指摘し，やがて W. V. Houston, *Phys. Rev.* **29**, 749 (1927) が実測で確認．解明の途中では，一重項を p（パラ）-ヘリウム，三重項を o（オルト）-ヘリウムとよんでいた．

[2] ライマン系列の項値 198 298 cm^{-1} をパッシェンが修正した値 198 307.9 cm^{-1} から算出．T. Lyman, *Astrophys. J.* **60**, 1 (1924); F. Paschen, *Sitzber. preuss. Akad. Wiss.*, 1929, p.662.

[3] ヘリウム原子の主要論文：A. Unsöld, *Ann. d. Phys.* **82**, 355 (1927); G. W. Kellner, *Z. f. Phys.* **44**, 91, 110 (1927); J. C. Slater, *Proc. Nat. Acad. Sci.* **13**, 423 (1927); *Phys. Rev.* **32**, 349 (1928); C. Eckart, *Phys. Rev.* **36**, 878 (1930); E. A. Hylleraas, *Z. f. Phys.* **48**, 469 (1928); **54**, 347 (1929); **65**, 209 (1930); ヒルラースの成果は *Skrifter det Norske Vid.-Akad. Oslo*, I. Mat.-Naturv. Klasse, 1932, pp. 5-141 所収．

る．関数 $\mathrm{e}^{-Z's}$ は，Z' が $\frac{27}{16}$（遮蔽分 $\frac{5}{16}$）のときエネルギーを極小化する（7章・26b項）．実測値[1]（表29-1）との誤差は1eV（一次摂動を使ってウンゼルトが得た結果の3分の1）にまで減る．そのとき，電荷 $-\frac{5}{16}e$ が核電荷を遮蔽するイメージになる．

問題 29-2. (a) 波動関数が電子について完全対称とし，リチウム原子のエネルギーを近似計算せよ（波動関数 $1s$ に有効核電荷 $Z'=3-S$ を入れ，Z' や S で偏微分し，関数の積 $1s(1)1s(2)1s(3)$ を使ってエネルギーを極小化する）．Li^+ も同様に扱い，第一イオン化エネルギーを求めよ（実測値 5.368 eV）．(b) 原子番号 Z の原子がボース・アインシュタイン統計に従う場合，遮蔽型の波動関数を使って第 N イオン化エネルギーの一般式を求めよ．Z が変わったときに周期性がないのを確かめよ．

別の変数も含む $F(r_1)F(r_2)$ 型の関数を考えよう．自己無憧着場理論（9章）をもとにするハートリーの扱いだと，数値計算や図解法で決める関数 $F(r_1)$ を使った結果は，実測値との差がまだ 0.81 eV もある（表29-1）．

表29-1中の4番目（双曲線余弦関数 cosh と表示），つまり次の単純な関数を使っても，ほぼ同じ誤差の結果になる．

$$\mathrm{e}^{-\frac{Z_1 r_1}{a_0}} \mathrm{e}^{-\frac{Z_2 r_2}{a_0}} + \mathrm{e}^{-\frac{Z_2 r_1}{a_0}} \mathrm{e}^{-\frac{Z_1 r_2}{a_0}}$$

計算には，内側の電子を1，外側の電子を2として，$Z_1=2.15$（外側の電子は核電荷を遮蔽しない．むしろ「負の遮蔽」），$Z_2=1.19$（内側の電子は核電荷をほぼ完全に遮蔽）を仮定した．上記の和をつくり，電子1と2につき軌道波動関数を対称形にしている．もっと簡単な関数5を使っても，近似度は少しよくなる．

ケルナーやヒルラースが s と t をもっと複雑にし，計算の近似度を上げた．またヒルラースは，電子間相互作用の座標 $u=\frac{r_{12}}{a_0}$ を使って近似をぐっと高めた．変数2個の単純な関数6と7も，エネルギーの誤差を 0.5% に抑える．u の指数関数に比べ，簡単な多項式のほうが結果はよいため，u, t, s の次数を上げた多項式にすればさらに近似度は上がると予想できた．事実，関数8～10を使うと，実測値にたいへん近い値が出る（関数10の場合，最後の3項はほとんど効かない）．

変分法の最終結果は実測値より 0.0016 eV だけ低い．本来は「上限値」が出

---

[1] ヘリウム原子の実測値 -78.605 eV $= -5.8074 R_{He}hc$ は，第一イオン化エネルギーの 24.463 eV に負号をつけ，ヘリウムイオンのエネルギー $-4R_{He}hc=-54.1416$ eV に加えた値．ヒルラースは電子—ヘリウム核の換算質量を考えて補正した．

表 29-1 ヘリウム原子の変分計算に使った関数[1]と結果

記号：$s=\dfrac{r_1+r_2}{a_0}, t=\dfrac{r_1-r_2}{a_0}, u=\dfrac{r_{12}}{a_0}$

実測値：$W=-5.80736R_{He}hc$

定数を最適化した変分関数[2]	$-R_{He}hc$ 単位のエネルギー	実測との差	
		$-R_{He}hc$ 単位	(eV)
1. e^{-2s}	5.50	0.31	4.19
2. $e^{-Z's}$, $Z'=\dfrac{27}{16}=1.6875$	5.6953	0.1120	1.53
3. $F(r_1)F(r_2)$	5.75	0.06	0.81
4. $e^{-Z's}\cosh ct$, $Z'=1.67$, $c=0.48$	5.7508	0.0565	0.764
5. $e^{-Z's}(1+c_2t^2)$, $Z'=1.69$, $c_2=0.142$	5.7536	0.0537	0.726
6. $e^{-Z's}e^{cu}$, $Z'=1.86$, $c=0.26$	5.7792	0.0281	0.380
7. $e^{-Z's}(1+c_1u)$, $Z'=1.849$, $c_1=0.364$	5.7824	0.0249	0.337
8. $e^{-Z's}(1+c_1u+c_2t^2)$ $Z'=1.816$, $c_1=0.30$, $c_2=0.13$.	5.80488	0.00245	0.0332
9. $e^{-Z's}(1+c_1u+c_2t^2+c_3s+c_4s^2+c_5u^2)$ $Z'=1.818$, $c_1=0.353$, $c_2=0.128$, $c_3=-0.101$, $c_4=0.033$, $c_5=-0.032$	5.80648	0.00085	0.0115
10. $e^{-Z's}$(14項の多項式)	5.80748	−0.00012	−0.0016

[1] 試行関数のうち，見るべき結果がないものは省いた．たとえば関数 $e^{-Z's}(1-c_1e^{-c_2u})$ は，関数6よりいいわけでもない．(D. R. Hartree and A. L. Ingman, *Mem. Manchester Phil. Soc.* **77**, 69, 1932).

[2] 規格化因子は省いた．1はウンゼルト，2はケルナー，3はハートリーとゴーント，4はエッカルトとヒルラース，ほかはヒルラースの結果．

るはずだから，低くなった理由は，計算誤差か，イオン化エネルギーの測定誤差か，電子—スピン相互作用，核の運動などが効いたのだろう．ともかく誤差が 0.0016 eV 以内に納まったのは，波動力学の大戦果だといってよい．

この分野ではヒルラースが大きな足跡を残す．たとえばヘリウムと同類イオンの第一イオン化エネルギー I も理論的に考察し，原子の質量 M と原子番号 Z を使う次の一般式を得ている[1]．

$$I=\frac{R_\infty hc}{1+\dfrac{m_0}{M}}\left(Z^2-\frac{5}{4}Z+0.31488-\frac{0.01752}{Z}+\frac{0.00548}{Z^2}\right) \quad (29\text{-}6)$$

計算値[2]は実測値[3]（表29-2）と実験誤差内で一致し，分光学の分野でも高く評価されている[4]．

---

1) E. A. Hylleraas, *Z. f. Phys.* **65**, 209 (1930).

水素陰イオン(ヒドリド)H^- の I 値(0.7149 eV)は，水素原子 H の電子親和力($+16.48$ kcal mol^{-1})に相当し，水素化アルカリ金属の格子エネルギーともほぼ見合う．

29d. 励起ヘリウム原子　変分法は，ヘリウムの最低一重項状態と同様，最低三重項状態にも使える．スピン―軌道相互作用を考えない三重項の波動関数も，二電子の位置座標につき反対称で，一重項に影響されないからだ(7 章・26c 項)．

有効核電荷を変数にした水素型波動関数が $1s_{Z'}$, $2s_{Z''}$ なら，次の変分関数を使うのがいい．

$$1s_{Z'}(1)2s_{Z''}(2) - 2s_{Z''}(1)1s_{Z'}(2)$$

エネルギーは $Z'=2$ と $Z''=1$ で極小になるだろう．上式を使う計算の例はないが，ヒルラース[1]は次の関数を使い，実測値($-4.3504R_{He}hc$)にかなり近い $-4.3420R_{He}hc$ を得た．

$$se^{-Zs}\sinh ct \tag{29-7}$$

式(29-7)は，付加項を除けば水素型関数の姿をもち，出てくる変数値 $Z'=1.374$ と $c=0.825$ は，妥当な $Z'=2.198$, $Z''=1.099$ に相当する[2]．式(29-7)中の s を $s+s_1u$ に変えるとエネルギーは $-4.3448R_{He}hc$ になり，$s+c_2t^2$ に変えると $-4.3484R_{He}hc$ になった．級数 $s+c_1u+c_2t^2$ を使えば，実測との一致はさら

表 29-2　二電子原子のイオン化エネルギー

原子	$I_{計算}$(eV)	$I_{実測}$(eV)
H^-	0.7149	
He	24.465	24.463
Li^+	75.257	75.279±0.012
Be^{2+}	153.109	153.09 ±0.10
B^{3+}	258.029	258.1 ±0.2
C^{4+}	390.020	389.9 ±0.4
N^{5+}	549.085	
O^{6+}	735.222	

(前頁)　2)　1 eV=8 106.31 cm^{-1} と R_∞=109 737.42 cm^{-1} を使用．
(前頁)　3)　A. Ericson and B. Edlén, *Nature* **124**, 688 (1924); *Z. f. Phys.* **59**, 656 (1930); B. Edlén, *Nature* **127**, 405 (1930).
(前頁)　4)　B. Edlén *Z. f. Phys.* **84**, 746 (1933).
1)　E. A. Hyllerass, *Z. f. Phys.* **54**, 347 (1929).
2)　訳者注　同じ Z' 値が二つあるのは原著のミスか?　判断不能

に上がるだろう．

ヘリウム原子の計算例はほかにも多いけれど[1]，本書では紹介を省く．

29e. ヘリウム原子の分極率 物理・化学の分野では，屈折率や双極子モーメント，軌道の項値(エネルギー差)，ファンデルワールス力などと並び，原子や分子の**分極率**(7章・問題26-1，27a項，27e項)も見積りたい．電場 F のもとにある系のエネルギーは，永久双極子モーメントが0のとき，F の一次項を無視してよければ次式に書ける．

$$W = W^0 - \frac{1}{2}\alpha F^2 + \cdots \tag{29-8}$$

電場は αF (α：分極率)という電気双極子を誘起する．気体分子の分極率は，屈折率 n，誘電率 D，アボガドロ定数 N，モル体積 V と次の関係にある．

$$\frac{N}{V}\alpha = \frac{3}{4\pi}\frac{n^2-1}{n^2+2} = \frac{3}{4\pi}\frac{D-1}{D+2} \tag{29-9}$$

また，**モル屈折** R はこう書ける．

$$R = \frac{4\pi N}{3}\alpha = 2.54 \times 10^{24}\alpha \tag{29-10}$$

R と α は体積の次元をもち，それぞれモル体積と分子の体積にほぼ等しい(水素原子なら $R=1.69\,\mathrm{cm}^3$，$\alpha=0.667\times10^{-24}\,\mathrm{cm}^3$．27a項)．$R$ 値と α 値は屈折率と誘電率[2]の実測値から決まるほか，およその値は分光データからも見積もれる[3]．

原子や分子の分極率は，摂動論などの近似法を使い，二次シュタルク効果のエネルギー $-\frac{1}{2}\alpha F^2$ を計算すればわかる(水素原子の例は27a項，27e項，問題26-1参照)．ヘリウム原子は変分法で扱われ，ほかの多電子原子やイオンも，遮蔽定数(9章・33a項)を使う近似で扱われた[4]．以下，ヘリウム原子の変分計算を眺めよう．

z 軸方向の電場は，核から測った電子2個の z 座標を z_1, z_2 として，ハミルト

---

1) W. Heisenberg, *Z. f. Phys.* **39**, 499 (1926); A. Unsöld, *Ann. d. Phys.* **82**, 355 (1927); E. A. Hylleraas and B. Undheim, *Z. f. Phys.* **65**, 759 (1930); E. A. Hylleraas, *ibid.* **66**, 453 (1930), **83**, 739 (1933); J. P. Smith, *Phys. Rev.* **42**, 176 (1932).

2) 気体分子の分極は，電子分極(核は固定)，核の分極(核の相対位置変化)，永久双極子モーメントの向き変化の合計を表す(いまは電子分極だけを考察)．ふつう核の分極は無視できる．双極子の向き変化は14章・49f項でざっと扱う．

3) Pauling and Goudsmit, "The Structure of Line Spectra," Chap. 11.

4) L. Pauling, *Proc. Roy. Soc.* **A114**, 181 (1927).

表 29-3　ヘリウム原子の分極率計算に使った変分関数と結果
実測値：$\alpha = 0.205 \times 10^{-24}$ cm^3

$$s = \frac{r_1 + r_2}{a_0}$$

変分関数	$\alpha(\times 10^{-24}$ cm$^3)$	文献[1]
1. $e^{-Z's}\{1+A(z_1+z_2)\}$	0.150	H
2. $e^{-Z's}\{1+A(z_1e^{-Z''r_1}+z_2e^{-Z''r_2})\}$	0.164	SK
3. $(r_1r_2)^{0.255}e^{-Z's}\{1+A(z_1e^{-Z''r_1}+z_2e^{-Z''r_2})\}$	0.222	SK
4. $e^{-Z's}\{1+A(z_1+z_2)+B(z_1r_1+z_2r_2)\}$	0.182	H
5. $e^{-Z's}\{1+A(z_1+z_2)+$ 四次項まで$)\}$	0.183	H
6. $e^{-Z's}(1+c_1u)\{1+A(z_1+z_2)+B(z_1r_1+z_2r_2)\}$	0.201	H
7. $e^{-Z's}\{1+c_1u+c_2t^2+A(z_1+z_2)\}$	0.127	A
8. $e^{-Z's}\{1+c_1u+c_2t^2+(A+Bs)(z_1+z_2)+Ct(z_1-z_2)\}$	0.182	A
9. $e^{-Z's}\{1+c_1u+c_2t^2+c_3s+c_4s^2+c_5u^2+(A+Bs)(z_1+z_2)$ $+Ct(z_1-z_2)+Du(z_1+z_2)\}$	0.194	A
10. $e^{-Z's}(1+c_1u+c_2t^2)\{1+A(z_1+z_2)+B(z_1r_1+z_2r_2)\}$	0.231	H
11. 非代数的関数	0.210	SK

[1] H=ハッセ，A=アタナソフ，SK=スレーターとカークウッド

ニアンに$eF(z_1+z_2)$項を足す．27e項の考察より変分関数は，電場ゼロでの波動関数ϕ^0を使い，次の形に書けるだろう．

$$\phi = \phi^0\{1+(z_1+z_2)f(x_1,y_1,z_1,x_2,y_2,z_2)\} \tag{29-11}$$

その発想をもとにハッセ，アタナソフ，スレーターとカークウッド[1] が分極率を計算し，表 29-3 の結果を得た．

関数のうち，単純な遮蔽定数2(表 29-1)を使う1と2，4，5では，αの計算値が実測値(0.205×10^{-24} cm^3)より小さい．大きなr_1値とr_2値(分極の大半が生じる領域)で波動関数の近似度が高そうな関数3は，実測値からやや外れる結果を生む(7章・26a項に述べた変分法の原理によると，摂動があってもなくても波動関数とエネルギー値は近似だから，αの計算値は下限とはかぎらない)．

関数6は表 29-1 の7を，関数7・8・10は8を，関数9は9をもとにした．式(29-11)の形をもつ関数6と10は，同じくらい複雑な関数7〜9より結果が少しよい．また関数11は，スレーター[2] 提案の関数(代数式に書けないもの)をもとにしている．

---

1) H. R. Hassé, *Proc. Cambridge Phil. Soc.* **26**, 542 (1930), **27**, 66 (1931); J. V. Atanasoff, *Phys. Rev.* **36**, 1232 (1930); J. C. Slater and J. G. Kirkwood, *Phys. Rev.* **37**, 682 (1931).
2) J. C. Slater, *Phys. Rev.* **32**, 349 (1928).

α 値の計算結果は，実測値 0.205×10^{-24} cm^3 とほぼ 10% 以内で合う[3]．ハッセは関数 6 を使って Li$^+$ の α を 0.0313×10^{-24} cm^3 と見積もった(分光測定のデータ[3] は 0.025，遮蔽定数から得た値[前頁2] は 0.0291×10^{-24} cm^3)．

問題 29-3. 遮蔽定数型の波動関数 2(表 29-1)を使い，7 章・27e 項の手順でヘリウム原子の分極率を計算してみよ(エネルギーの零点には第一イオン化状態を選ぶ)．

(前頁) 3) 遮蔽定数をもとに扱うと，He が 0.199×10^{-24} cm^3, Li$^+$ が 0.0291×10^{-24} cm^3 となる．
3) J. E. Mayer and M. G. Mayer, *Phys. Rev.* **43**, 605 (1933).

9章

多電子原子

さしあたり，ヘリウム原子(8章・29c項)ほどの精度で多電子原子の波動関数とエネルギーを計算する手段はない．原子番号が大きくなると，計算はどんどん複雑になる．とはいえ近似法もかなり進歩したから，一部を本章で紹介しよう[1]．

30. スレーターの近似法

30a. 交換縮退 以下では，電子間相互作用を無視するか，ある電子が複数の他電子から受ける作用を「中心対称の力場」とみるかして，状況を単純化する．まずは摂動問題と考えよう．不動の核と電子 N 個からなる原子の波動方程式は，核—電子 i の距離を r_i，電子 i—j 間の距離を r_{ij}，原子番号を Z として次式に書ける．

$$\sum_{i=1}^{N} \nabla_i^2 \phi + \frac{8\pi^2 m_0}{h^2}\left(W + \sum_{i=1}^{N}\frac{Ze^2}{r_i} - \sum_{i,j>i}\frac{e^2}{r_{ij}}\right)\phi = 0 \qquad (30\text{-}1)$$

$\sum \frac{e^2}{r_{ij}}$ 項がなければ，ヘリウム原子(6章・23b項)と同様，電子それぞれを表す N 個の方程式に分離できる．3個の量子数を $\alpha, \beta, \cdots, \nu$ で[2]，3個の座標を 1, 2, $\cdots$, N で代表させた関数 $u_\alpha(1)$ などを使い，波動関数をこう書こう．

$$\phi_1^0 = u_\alpha(1) u_\beta(2) \cdots u_\nu(N) \qquad (30\text{-}2)$$

上式の ϕ^0 で表した電子は，個性も量子数も保持している．ただし，電子1と2を交換した次式も，無摂動波動関数の資格をもつ．

$$\phi_2^0 = u_\alpha(2) u_\beta(1) \cdots u_\nu(N) \qquad (30\text{-}3)$$

---

1) 分子の扱い(13章)に深くからむが，原子スペクトル関連の話に興味のない人は読み飛ばしてよい．
2) 記号 $\alpha, \beta, \cdots, \nu$ とスピン関数 (α, β) を混同しないように．

つまり，電子座標の置換操作をPとして，無摂動の解は一般にこう書ける．
$$\phi_P^0 = Pu_\alpha(1)u_\beta(2)\cdots u_\nu(N) \tag{30-4}$$

Pの意味を説明しよう．要素3個の置換操作$Px_1x_2x_3$は，$(x_1, x_2, x_3)(x_2, x_3, x_1)$ $(x_3, x_1, x_2)(x_2, x_1, x_3)(x_1, x_3, x_2)(x_3, x_2, x_1)$の6種を生む．$Px_1x_2x_3 = (x_1, x_2, x_3)$を**恒等置換**という．要素の入れ替えが偶数回なら偶置換，奇数回なら奇置換とよぶ．偶置換に$+1$，奇置換に-1を宛て，記号$(-1)^P$を使うとわかりやすい．

続けて行う置換PとP'を積$P'P$で表す．置換PP'の結果が必ず別の置換でも生じるほか，恒等演算(恒等置換)PP^{-1}と**逆演算** P^{-1}も含む置換操作は，**群**をなすという．要素がN個なら，置換は合計で$N!$個ある．

一電子の軌道関数にスピン関数$\alpha(\omega)$か$\beta(\omega)$をかけると，ヘリウムと同様，スピンを含む波動関数になる．関数$u_\alpha(1)$などにスピンも含めるなら，$\alpha, \beta, \gamma, \cdots$は各電子の量子数4種$(n, l, m, m_s)$を，$1, 2, \cdots$は座標4個$(r_i, \theta_i, \varphi_i, \omega_i)$を表す．

8章・29a項の二電子系にならい，電子間相互作用を摂動とみて，縮退を表す零次の規格化波動関数をこう書こう．
$$\phi^0 = \frac{1}{\sqrt{N!}} \sum_P c_P Pu_\alpha(1)u_\beta(2)\cdots u_\nu(N) \tag{30-5}$$

係数c_Pがどれも$+1$なら，電子2個の入れ替えで関数は変わらないため，電子について対称な関数になる．かたや，Pが偶置換のとき$c_P = +1$，奇置換のとき$c_P = -1$なら反対称な関数ができ，電子2個の入れ替えで関数は符号だけを変える．つまりパウリの排他律(29b項)に合う．すると，意味のある関数は次の姿をもつ．
$$\phi^0 = \frac{1}{\sqrt{N!}} \sum_P (-1)^P Pu_\alpha(1)u_\beta(2)\cdots u_\nu(N) \tag{30-6}$$

上式を行列式で書けばこうなる．
$$\phi^0 = \frac{1}{\sqrt{N!}} \begin{vmatrix} u_\alpha(1) & u_\beta(1) & \cdots & u_\nu(1) \\ u_\alpha(2) & u_\beta(2) & \cdots & u_\nu(2) \\ \cdots & \cdots & \cdots & \cdots \\ u_\alpha(N) & u_\beta(N) & \cdots & u_\nu(N) \end{vmatrix} \tag{30-7}$$

30b. 空間的な縮退 前項は，N個の関数uの組にN個の電子が$N!$とおりの入りかたをする縮退状態の話だった．しかし同じ無摂動エネルギーにスピン—軌道関数の組が複数ある形の縮退は残る．たとえば，量子数m_lやm_sだけが異なる関数uどうしは，同じ無摂動エネルギーをもつ．そのため，第一近似で正しい関数の組とエネルギー準位を求めるには，ありうる関数の全部で永年方程式を

つくらなければいけない[1]．

それに先立ち，注目する準位に属す別の無摂動波動関数があるかどうかを確かめる．$\sum \frac{e^2}{r_{ij}}$ が摂動なら，一電子関数は量子数 n, l, m_l, m_s の水素型関数とみてよく，先述のとおりエネルギーは n だけで決まる．

けれど，平均的な電子間相互作用を表す近似項 $\sum_i v(x_i)$ を H^0 に加え，H' から差し引くのが，もっとよい出発点になる．ハミルトニアン $H=H^0+H'$ 自体は変わらず，無摂動方程式はまだ分離できる．ただし一電子関数はもはや水素型ではなくなって，エネルギーも量子数 l で変わる（クーロン場がからむ場合だけの縮退だから，29a項）．そのため，注目する関数の組は，n 値と l 値が決まった関数，つまり決まった電子配置を表すものだけとしよう．

電子配置 $1s^2 2p$ のリチウムを例に，無摂動関数の組を考えよう．適切な量子数の組を表30-1にまとめた（記号 $100\frac{1}{2}$ は，$n=1$, $l=0$, $m_l=0$, $m_s=+\frac{1}{2}$ の意味）．表の各行は関数の組 $u_\alpha, \cdots, u_\nu$ を表し，そんな関数を行列式(30-7)に入れると，同じ無摂動エネルギーに属す適切な反対称波動関数 ϕ_n^0 が得られる．電子配置が $1s^2 2p$ なら，パウリの排他律に合う組はほかにない（ある行に並ぶ n, l, m_l, m_s の順序は問わない）．

表 30-1　電子配置 $1s^2 2p$ を表す量子数の組

1. $(100\frac{1}{2})$ $(100-\frac{1}{2})$ $(211\frac{1}{2})$	$\sum m_l=+1$	$\sum m_s=+\frac{1}{2}$
2. $(100\frac{1}{2})$ $(100-\frac{1}{2})$ $(211-\frac{1}{2})$	$\sum m_l=+1$	$\sum m_s=-\frac{1}{2}$
3. $(100\frac{1}{2})$ $(100-\frac{1}{2})$ $(210\frac{1}{2})$	$\sum m_l=0$	$\sum m_s=+\frac{1}{2}$
4. $(100\frac{1}{2})$ $(100-\frac{1}{2})$ $(210-\frac{1}{2})$	$\sum m_l=0$	$\sum m_s=-\frac{1}{2}$
5. $(100\frac{1}{2})$ $(100-\frac{1}{2})$ $(21-1\frac{1}{2})$	$\sum m_l=-1$	$\sum m_s=+\frac{1}{2}$
6. $(100\frac{1}{2})$ $(100-\frac{1}{2})$ $(21-1-\frac{1}{2})$	$\sum m_l=-1$	$\sum m_s=-\frac{1}{2}$

いまの例が，**閉殻**の意味を教えてくれる．$1s^2$ は閉殻だから，表の左側2列は，どの行も等しい．つまり閉殻は，ns が2個，np が6個，nd が10個…と，量子数の組と同数の電子を含む．組み合わせる波動関数の数は，閉殻より外側の電子が決める（閉殻をつくる関数の組 $u_\alpha, \cdots, u_\nu$ はひとつしかない）．

n が共通で $l=1$ の電子2個（np^2）がとれる量子数は，表30-2のようになる．

---

1) J. C. Slater, *Phys. Rev.* **34**, 1293(1929)．群論を使う従来法より単純かつ強力な方法．

表 30-2 電子配置 $n\mathrm{p}^2$ を表す量子数の組

			$\sum m_l$	$\sum m_s$
1.	$(n11\frac{1}{2})$	$(n11-\frac{1}{2})$	2	0
2.	$(n11\frac{1}{2})$	$(n10\frac{1}{2})$	1	+1
3.	$(n11\frac{1}{2})$	$(n10-\frac{1}{2})$	1	0
4.	$(n11-\frac{1}{2})$	$(n10\frac{1}{2})$	1	0
5.	$(n11-\frac{1}{2})$	$(n10-\frac{1}{2})$	1	-1
6.	$(n11\frac{1}{2})$	$(n1-1\frac{1}{2})$	0	+1
7.	$(n11\frac{1}{2})$	$(n1-1-\frac{1}{2})$	0	0
8.	$(n11-\frac{1}{2})$	$(n1-1\frac{1}{2})$	0	0
9.	$(n10\frac{1}{2})$	$(n10-\frac{1}{2})$	0	0
10.	$(n11-\frac{1}{2})$	$(n1-1-\frac{1}{2})$	0	-1
11.	$(n1-1\frac{1}{2})$	$(n10\frac{1}{2})$	-1	+1
12.	$(n1-1-\frac{1}{2})$	$(n10\frac{1}{2})$	-1	0
13.	$(n1-1\frac{1}{2})$	$(n10-\frac{1}{2})$	-1	0
14.	$(n1-1-\frac{1}{2})$	$(n10-\frac{1}{2})$	-1	-1
15.	$(n1-1\frac{1}{2})$	$(n1-1-\frac{1}{2})$	-2	0

問題 30-1. 表 30-2 を参考に，電子配置 $n\mathrm{p}^3$ と $n\mathrm{d}^2$ を表にまとめてみよ．

30c. 永年方程式の解 こうして，適切な零次波動関数をつくる無摂動関数の組が決まった．摂動論で扱うため，6 章・24 節の末尾にならい，関数群から永年方程式をつくろう．式(30-9)の H_{nm} を使い，永年方程式をこう書く．

$$\begin{vmatrix} H_{11}-W & H_{12} & \cdots & H_{1k} \\ H_{21} & H_{22}-W & \cdots & H_{2k} \\ \cdots & \cdots & \cdots & \cdots \\ H_{k1} & H_{k2} & \cdots & H_{kk}-W \end{vmatrix}=0 \qquad (30\text{-}8)$$

$$H_{nm}=\int \phi_n^* H \phi_m \mathrm{d}\tau \qquad (30\text{-}9)$$

ϕ_n は式(30-6)や(30-7)の形をした反対称規格化関数で，その成分 u は，表 30-1 や 30-2 の n 行目にある．H は，電子間相互作用を含む完全なハミルトニアンを表す．

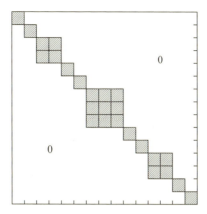

図 30-1 電子配置 np^2 を表す永年行列式の図的表現

　方程式の次数 k は，適切な関数 $u_\alpha, \cdots, u_\nu$ のセット数に等しい（電子配置 $1s^2 2p$ なら $k=6$）．ただし，方程式を解きやすくする定理がある．**ϕ_m と ϕ_n をつくる関数 u の量子数 m_s の和 $\sum m_s$ と量子数 m_l の和 $\sum m_l$ が，ϕ_m と ϕ_n で等しくないかぎり，積分 H_{mn} は 0 になる**．証明は次項に回し，その定理を永年方程式の因数分解に使おう．

　表 30-1 の $1s^2 2p$ なら，ϕ_n と ϕ_m のどの二つも $\sum m_s$ と $\sum m_l$ が同じ値にならないため，永年方程式は 6 個の一次方程式に因数分解できる．かたや np^2（表 30-2）だと，永年方程式は図 30-1 の姿になる（影つき部分だけが 0 でない）．つまり上記の定理から，最初の一五次方程式が，1 個の三次方程式，2 個の二次方程式，8 個の一次方程式に因数分解できた．

　積分 H_{mn} を計算して永年方程式を解けば，電子配置ごとのエネルギー近似値 W がわかる．けれど，低次方程式の根 W が高次方程式の根の一部と同じになる事実を使えば，計算がずっと簡単になる．その背景は以下のとおり．

　セットにする波動関数 $\phi_1, \phi_2, \cdots, \phi_k$ どうしの差は，電子のスピン量子数 m_s（z 成分）と方位量子数 m_l（z 成分）しかない．磁気的効果を無視すると，中心力場で電子がもつエネルギーは，空間内の向きだけを表す m_l や m_s に関係しない．

　原子 1 個のエネルギーは，各電子の角運動ベクトルの相対的な向きで電子間相互作用が変わるため，上記の量子数に影響される．ただし一電子原子と同じく，原子自身の向きはエネルギーに効かない．そのため，同じエネルギー値に，z 軸に沿う全軌道角運動量 $\sum m_l$ と全スピン角運動量 $\sum m_s$ のちがう状態がいくつか

見つかるだろう．

その発想を原子の**ベクトル模型**[1]という．各電子の軌道角運動量とスピン角運動量をベクトルと考え(1章・1e項)，その和を原子全体のベクトルと見なす．量子力学のルールに従ってつくるベクトル図は，原子エネルギー準位の分類や命名に役立つ．合成ベクトルの大きさがエネルギー準位を決める．

定常状態の原子なら，エネルギーのほか，全角運動量も，特定方向(たとえば z 方向)の角運動量成分も一定値だと考えてよい(15章)．電子のエネルギーと位置の両方は正確に決まらないが，以上三つの量は同時に決まる．磁気効果を無視したとき，電子それぞれの角運動量は電子間相互作用を介して変わるものの，全スピン角運動量と全軌道角運動量は(z成分も)個別に決まる．

量子数 L (整数)と S (整数か半整数)より，原子の全軌道角運動量は $\sqrt{L(L+1)}\frac{h}{2\pi}$，全スピン角運動量は $\sqrt{S(S+1)}\frac{h}{2\pi}$ と書ける(8章・29b項)．その近似(LS 結合[2])だと，ある電子配置の原子がとる状態は，量子数 L, S, $M_L(\sum m_l)$, $M_S(\sum m_s)$ をもとに分類できる．M_L と M_S はエネルギーに効かず，1電子の場合と同じく M_L は $L, L-1, \cdots, -L+1, -L$，M_S は $S, S-1, \cdots, -S+1, -S$ しかとれない(M_L と M_S のとる値は，エネルギーが同じ縮退状態のもと，角運動量ベクトル $\boldsymbol{L}$ とスピン運動量ベクトル $\boldsymbol{S}$ がもつ向きを表す)．

以上をもとに，電子配置 np^2 の永年方程式を解こう．表30-2より，$\sum m_l=2$, $\sum m_s=0$ になるのは ϕ_1 だけだから，$H_{11}-W$ が方程式の一次因子だとわかる．上記の考察より $M_L=2$ の状態は $L\geq 2$ となる．M_L の最高値は 2 だから $L=2$ となって，自動的に $S=0$ と決まる．同じ根 W は，縮退($L=2$, $S=0$, $M_S=0$, $M_L=2, 1, 0, -1, -2$)に応じて5回，永年方程式に現れる．すると根 W は，一次因子2個($M_L=2, -2$；$M_S=0$)，二次因子2個($M_L=1, -1$；$M_S=0$)，三次因子1個($M_L=0$, $M_S=0$)に顔を出す．

$M_L=1$, $M_S=1$ の一次因子 $H_{22}-W$ は，$L=1$, $S=1$ の準位に属す(上記を除き，それより大きい M_L 値と M_S 値の項が表中にないので)．その準位は，$M_L=1, 0, -1$ と $M_S=1, 0, -1$ が生む9個の状態を表す．うち6個が一次因子($M_L=\pm 1$, $M_S=\pm 1$, $M_L=0$；$M_S=\pm 1$)の根，2個が二次因子($M_L=\pm 1$, $M_S=0$)の根，1個が三次因子($M_L=0$, $M_S=0$)の根になる．

---

1) Pauling and Goudsmit, "The Structure of Line Spectra".
2) 提案者名からラッセル・ソーンダーズ結合ともいう．LS 結合は軽い原子に当てはまり，磁気効果が効く重い原子には別の近似を要する．

二次式の根はみな一次因子の中にもあるため、二次方程式を解いたり積分を計算したりしなくても根がわかった。三次式の根も、3個のうち2個がわかる。残る1個も、面倒な計算をせず、「永年方程式の根の和は対角成分の和に等しい」という定理[1]からわかる。第3の根は、残る唯一の状態が $M_L=0$ かつ $M_S=0$ なので、$L=0$, $S=0$ にあたる。

つまり np^2 のエネルギー準位3個は、項記号 ^{1}D, ^{3}P, ^{1}S(29b項)を使ってこう書ける。

$$\left.\begin{aligned} W &= H_{11}, \quad ^1\text{D}(L=2,\ S=0,\ M_S=0,\ M_L=2,\ 1,\ 0,\ -1,\ -2) \\ W &= H_{22}, \quad ^3\text{P}(L=1,\ S=1,\ M_S=\pm 1,\ 0\,;\ M_L=\pm 1,\ 0) \\ W &= H_{77}+H_{88}+H_{99}-H_{11}-H_{22},\quad ^1\text{S}(L=0,\ S=0,\ M_S=0,\ M_L=0) \end{aligned}\right\} \quad (30\text{-}10)$$

問題 30-2. 前問の結果を使って電子配置 np^3 の永年方程式を因数分解し、生じる準位を表にまとめよ。

30d. 積分の計算
エネルギー値は、次のような積分で表せる。

$$H_{mn} = \int \phi_m^* H \phi_n \mathrm{d}\tau = \frac{1}{N!}\sum_P \sum_{P'} (-1)^{P+P'} \int P' u_\alpha^*(1)\cdots$$
$$u_\nu^*(N) HP u_\alpha(1)\cdots u_\nu(N) \mathrm{d}\tau \quad (30\text{-}11)$$

下記のくふうをすれば、和のひとつを消去できる。

$$\int P' u_\alpha^*(1)\cdots u_\nu^*(N) HP u_\alpha(1)\cdots u_\nu(N) \mathrm{d}\tau$$
$$= P'' \int P' u_\alpha^*(1)\cdots u_\nu^*(N) HP u_\alpha(1)\cdots u_\nu(N) \mathrm{d}\tau$$
$$= \int P'' P' u_\alpha^*(1)\cdots u_\nu^*(N) HP'' P u_\alpha(1)\cdots u_\nu(N) \mathrm{d}\tau$$

第1段は、P'' が定積分の変数を入れ替えるだけだから問題ない。P' の逆演算 P'^{-1} を P'' に選べば $P''P'$ は恒等置換となり、置換セットの一員にとどまる。すると積分はもはや P' を含まず、P' についての和は置換の数 $N!$ をかけることに等しいから、次式が書ける。

---

[1] 定理の証明：永年方程式(30-8)を W の冪(べき)に展開してできる W の代数方程式は、k 個の根 W_1, W_2, $\cdots$, W_k をもつため、こう因数分解できる。
$$(W-W_1)(W-W_2)\cdots(W-W_k)=0$$
$-W^{k-1}$ の係数は次式に等しい。
$$W_1+W_2+\cdots+W_k$$
式(30-8)中で $-W^{k-1}$ の係数は次のようになるから、両式は等しいとわかる。
$$H_{11}+H_{22}+\cdots+H_{kk}$$

$$H_{mn} = \sum_P (-1)^P \int u_\alpha^*(1) \cdots u_\nu^*(N) H P u_\alpha(1) \cdots u_\nu(N) \mathrm{d}\tau \tag{30-12}$$

ψ_m と ψ_n で $\sum m_s$ が共通でなければ $H_{mn}=0$, という定理がある. それを確かめよう. H はスピン座標を含まないため, スピン座標についての積分は, 各電子のスピン関数を表す直交積分の積に書ける. 関数 $u_\alpha^*(1)\cdots u_\nu^*(N)$ と $Pu_\alpha(1)\cdots u_\nu(N)$ で, 対応する電子のスピンが異なると積分は 0 に等しい. もし ψ_m と ψ_n で $\sum m_s$ が異なれば, 関数二つの中で正負のスピン数が異なるから, スピンを合わせるような置換 P はありえない.

$\sum m_l$ についての同様な定理を確かめるため, H の中身を考えよう. まずはこう書く.

$$H = \sum_i f_i + \sum_{i,j>i} g_{ij}$$

$$f_i = -\frac{h^2}{8\pi^2 m_0} \nabla_i^2 - \frac{Ze^2}{r_i} \qquad g_{ij} = \frac{e^2}{r_{ij}}$$

関数 $u_\alpha(1)$ などは, 次の波動方程式を解いて得られる.

$$\left\{ -\frac{h^2}{8\pi^2 m_0} \nabla_i^2 - \frac{Ze^2}{r_i} - v(r_i) \right\} u_\zeta(i) = \varepsilon_i u_\zeta(i)$$

すると, $f(r_i)$ を r_i だけの関数としてこう書ける.

$$f_i u_\zeta(i) = f(r_i) u_\zeta(i)$$

つまり, H が含む初項の積分は, P で電子を $j \to i$ と置換した結果の $u_\zeta(j)$ を $P u_\zeta(i)$ と書けば, 次の形になる.

$$\sum_P (-1)^P \sum_i \int u_\alpha^*(1) P u_\alpha(1) \mathrm{d}\tau_1 \cdots \int u_\zeta^*(i) f(r_i) P u_\zeta(i) \mathrm{d}\tau_i \cdots$$
$$\int u_\nu^*(N) P u_\nu(N) \mathrm{d}\tau_N \tag{30-13}$$

u は直交性をもつため, j がたまたま i に等しい場合を除き, $P u_\zeta(i) = u_\zeta(j)$ でないと積分は 0 に等しい. また次式が成り立つので, $u_\zeta(i)$ と $P u_\zeta(i)$ の量子数 m_l が共通でなければ, 積分 $\int u_\zeta^*(i) f(r_i) P u_\zeta(i) \mathrm{d}\tau_i$ は 0 になる.

$$u_\zeta(i) = R_{nl}(r_i) \Theta_{lm}(\theta_i) e^{im\varphi_i} \tag{30-14}$$

つまり積分(30-13)は, 1 対を除く関数 u がすべて一致し, しかもその 1 対が同じ m_l 値をもつときにだけ 0 でない.

$\sum g_{ij}$ 項も同様に扱うと, 2 対を除く関数 u がみな一致しなければいけないとわかる. 一致しない関数を含む因子はこう書ける.

$$\int u_\zeta^*(i) u_\xi^*(j) \frac{e^2}{r_{ij}} P u_\zeta(i) P u_\xi(j) \mathrm{d}\tau_i \mathrm{d}\tau_j \tag{30-15}$$

また，r_i と r_j のうち小さいほうを r_a，大きいほうを r_b とすれば，5章・19b項のルジャンドル陪関数 $P_k^{|m|}(\cos\theta)$ を使って次式が成り立つ[1]．

$$\frac{1}{r_{ij}}=\sum_{k,m}\frac{(k-|m|)!}{(k+|m|)!}\frac{r_a^k}{r_b^{k+1}}P_k^{|m|}(\cos\theta_i)P_k^{|m|}(\cos\theta_j)e^{im(\varphi_i-\varphi_j)} \quad (30\text{-}16)$$

上式を使うと，φ 部分の積分はこう書ける．

$$\int_0^{2\pi}\int_0^{2\pi}e^{i(Pm_l-m_l+m)\varphi_i}e^{i(Pm_l'-m_l'+m)\varphi_j}d\varphi_i d\varphi_j$$

上式の量子数 m_l，m_l'，Pm_l は，それぞれ $u_\zeta(i)$，$Pu_\xi(j)$，$Pu_\xi(j)$ に属す．この積分は，$Pm_l-m_l+m=0$ かつ $Pm_l'-m_l'-m=0$（つまり $Pm_l+Pm_l'=m_l+m_l'$）のときを除いて 0 だから，「ψ_m と ψ_n で $\sum m_s$ が共通でなければ $H_{mn}=0$」を証明できた．

エネルギーを求めるには，0 でない H_{mn} のうち対角要素だけ計算すればよい．対角要素 H_{mn} に注目する際，u の直交性から，$P=1$（恒等置換）でないかぎり式(30-13)は 0 になる．u は規格化もされているため，次のように関数 I_i を定義できる．

$$\sum\int u_\zeta^*(i)f(r_i)u_\zeta(i)d\tau_i=\sum_i I_i \quad (30\text{-}17)$$

また u の直交性から，式(30-15)中の P は，$P=1$（恒等置換）と $P=(ij)$（i と j の置換）しかない．前者から式(30-18)が，後者から式(30-19)が出る．

$$\sum_{i,j>i}\int u_\zeta^*(i)u_\xi^*(j)\frac{e^2}{r_{ij}}u_\zeta(i)u_\xi(j)d\tau_i d\tau_j=\sum_{i,j>i}J_{ij} \quad (30\text{-}18)$$

$$-\sum_{i,j>i}\int u_\zeta^*(i)u_\xi^*(j)\frac{e^2}{r_{ij}}u_\xi(i)u_\zeta(j)d\tau_i d\tau_j=-\sum_{i,j>i}K_{ij} \quad (30\text{-}19)$$

K_{ij} が 0 でないのは，$u_\zeta(i)$ と $u_\xi(j)$ が平行スピン（$m_{si}=m_{sj}$）のときにかぎる．

関数 I_i は $u(i)$ の動径部分の積分に等しい（これ以上の変形はしない）．

$$I_i=\int R_{nl}^*(r_i)f(r_i)R_{nl}(r_i)d\tau_i \quad (30\text{-}20)$$

関数 J_{ij} と K_{ij} は，$\frac{1}{r_{ij}}$ の展開式(30-16)を使って計算する．J_{ij} だと，φ_i 部分の積分 $\int_0^{2\pi}e^{im\varphi_i}d\varphi_i$ は，$m\neq 0$ なら 0 に等しい．すると，式(30-16)の二重和は k だけの和になり，量子数 n_i と n_j を nlm_l と $n'l'm_l'$ に具体化してこうなる．

$$J_{ij}=\sum_k a^k(lm_l;l'm_l')F^k(nl;n'l') \quad (30\text{-}21)$$

---

[1] 証明は J. H. Jeans, "Electricity and Magnetism," 5th ed., Cambridge University Press, 1927 の式 152 と 196 参照．

また a^k と F^k は次の内容をもつ.

$$a^k(lm_l\,;\,l'm_l') = \frac{(2l+1)(l-|m_l|)!}{2(l+|m_l|)!}\frac{(2l'+1)(l'-|m_l'|)!}{2(l'+|m_l'|)!}$$
$$\times \int_0^\pi \{P_l^{|m_l|}(\cos\theta_i)\}^2 P_k^0(\cos\theta_i)\sin\theta_i \mathrm{d}\theta_i \int_0^\pi \{P_{l'}^{|m_l'|}(\cos\theta_j)\}^2 P_k^0(\cos\theta_j)\sin\theta_j \mathrm{d}\theta_j$$
(30-22)

$$F^k(nl\,;\,n'l') = (4\pi)^2 e^2 \int_0^\infty \int_0^\infty R_{nl}^2(r_i) R_{n'l'}^2(r_j) \frac{r_a^k}{r_b^{k+1}} r_i^2 r_j^2 \mathrm{d}r_i \mathrm{d}r_j \quad (30\text{-}23)$$

a は，水素原子を表す波動関数(5章の表21-1と21-2)の角度部分から出るものに等しい．一部をスレーターの論文から採って表30-3にあげた．かたや F は波動関数の動径部分にからみ，最良の近似だと水素型ではなくなる．

同様に K_{ij} は，式(30-25)の b^k(表30-4)と式(30-26)の G^k(原子に固有)を使って次式に書ける.

$$K_{ij} = \sum_k b^k(lm_l\,;\,l'm_l') G^k(nl\,;\,n'l') \quad (30\text{-}24)$$

$$b^k(lm_l\,;\,l'm_l') = \frac{(k-|m_l-m_l'|)!(2l+1)(l-|m_l|)!(2l'+1)(l'-|m_l'|)!}{4(k+|m_l-m_l'|)!(l+|m_l|)!(l'+|m_l'|)!}$$
$$\times \left\{\int_0^\pi P_l^{|m_l|}(\cos\theta) P_{l'}^{|m_l'|}(\cos\theta) P_k^{|m_l-m_l'|}(\cos\theta)\sin\theta \mathrm{d}\theta\right\}^2 \quad (30\text{-}25)$$

$$G^k(nl\,;\,n'l') = e^2(4\pi)^2 \int_0^\infty \int_0^\infty R_{nl}(r_i) R_{n'l'}(r_i) R_{nl}(r_j) R_{n'l'}(r_j) \frac{r_a^k}{r_b^{k+1}} r_i^2 r_j^2 \mathrm{d}r_i \mathrm{d}r_j$$
(30-26)

30e. 実測値を使う積分の計算 こうしてエネルギー準位は，波動関数の動径因子を含む積分 I_i, F^k, G^k で表せるとわかった．先へ進むには，中心力場 $v(r_i)$ の形を仮定して $R_{nl}(r_i)$ を決める手がある．ただし，近似の正しさを確かめるには，実測のエネルギー準位を使って積分を計算するほうがやさしい．計算する積分の数より実測エネルギー準位のほうが多いという事実をもとに，理論を検証すると思えばよい．

たとえば電子配置 np^2 なら，前項の結果と式(30-10)を使って出る I_i, F^k, G^k を H_{11} などに代入し，項 ^{1}D, ^{3}P, ^{1}S のエネルギーがこう書ける.

30. スレーターの近似法

表 30-3 $a^K(lm_l; l'm_l')$ の値
(符号±が2個あるときは,ペア4種のどれも可)

電子	l	m_l	l'	m_l'	a^0	a^2	a^4
ss	0	0	0	0	0	0	0
sp	0	0	1	±1	1	0	0
	0	0	1	0	1	0	0
pp	1	±1	1	±1	1	$\frac{1}{25}$	0
	1	±1	1	0	1	$-\frac{2}{25}$	0
	1	0	1	0	1	$\frac{4}{25}$	0
sd	0	0	2	±2	1	0	0
	0	0	2	±1	1	0	0
	0	0	2	0	1	0	0
pd	1	±1	2	±2	1	$\frac{2}{35}$	0
	1	±1	2	±1	1	$-\frac{1}{35}$	0
	1	±1	2	0	1	$-\frac{2}{35}$	0
	1	0	2	±2	1	$-\frac{4}{35}$	0
	1	0	2	±1	1	$\frac{2}{35}$	0
	1	0	2	0	1	$\frac{4}{35}$	0
dd	2	±2	2	±2	1	$\frac{4}{49}$	$\frac{1}{441}$
	2	±2	2	±1	1	$-\frac{2}{49}$	$-\frac{4}{441}$
	2	±2	2	0	1	$-\frac{4}{49}$	$\frac{6}{441}$
	2	±1	2	±1	1	$\frac{1}{49}$	$\frac{16}{441}$
	2	±1	2	0	1	$\frac{2}{49}$	$-\frac{24}{441}$
	2	0	2	0	1	$\frac{4}{49}$	$\frac{36}{441}$

表 30-4 $b^k(lm_l; l'm_l')$の値
（符号±が2個あるときは，上どうしか下どうしを採用）

電子	l	m_l	l'	m_l'	b^0	b^1	b^2	b^3	b^4
ss	0	0	0	0	1	0	0	0	0
sp	0	0	1	±1	0	$\frac{1}{3}$	0	0	0
	0	0	1	0	0	$\frac{1}{3}$	0	0	0
pp	1	±1	1	±1	1	0	$\frac{1}{25}$	0	0
	1	±1	1	0	0	0	$\frac{3}{25}$	0	0
	1	±1	1	∓1	0	0	$\frac{6}{25}$	0	0
	1	0	1	0	1	0	$\frac{4}{25}$	0	0
sd	0	0	2	±2	0	0	$\frac{1}{5}$	0	0
	0	0	2	±1	0	0	$\frac{1}{5}$	0	0
	0	0	2	0	0	0	$\frac{1}{5}$	0	0
pd	1	±1	2	±2	0	$\frac{2}{5}$	0	$\frac{3}{245}$	0
	1	±1	2	±1	0	$\frac{1}{5}$	0	$\frac{9}{245}$	0
	1	±1	2	0	0	$\frac{1}{15}$	0	$\frac{18}{245}$	0
	1	±1	2	∓1	0	0	0	$\frac{30}{245}$	0
	1	±1	2	∓2	0	0	0	$\frac{45}{245}$	0
	1	0	2	±2	0	0	0	$\frac{15}{245}$	0
	1	0	2	±1	0	$\frac{1}{5}$	0	$\frac{24}{245}$	0
	1	0	2	0	0	$\frac{4}{15}$	0	$\frac{27}{245}$	0
dd	2	±2	2	±2	1	0	$\frac{4}{49}$	0	$\frac{1}{441}$
	2	±2	2	±1	0	0	$\frac{6}{49}$	0	$\frac{5}{441}$
	2	±2	2	0	0	0	$\frac{4}{49}$	0	$\frac{15}{441}$
	2	±2	2	∓1	0	0	0	0	$\frac{35}{441}$
	2	±2	2	∓2	0	0	0	0	$\frac{70}{441}$
	2	±1	2	∓1	1	0	$\frac{1}{49}$	0	$\frac{16}{441}$

（つづく）

表 30-4 つづき

電子	l	m_l	l'	m_l'	b^0	b^1	b^2	b^3	b^4
dd	2	± 1	2	0	0	0	$\frac{1}{49}$	0	$\frac{30}{441}$
	2	± 1	2	∓ 1	0	0	$\frac{6}{49}$	0	$\frac{40}{441}$
	2	0	2	0	1	0	$\frac{4}{49}$	0	$\frac{36}{441}$

$$^1\mathrm{D} : W = 2I(n,1) + F^0 + \frac{1}{25}F^2$$

$$^3\mathrm{P} : W = 2I(n,1) + F^0 + \frac{2}{25}F^2 - \frac{3}{25}G^2$$

$$^1\mathrm{S} : W = 2I(n,1) + F^0 + \frac{7}{25}F^2 + \frac{3}{25}G^2$$

式(30-18)と(30-19)より,指標の同じ等価な電子では $F=G$ だとわかる.つまり $n\mathrm{p}^2$ の場合,準位の間隔は次のように書けて,間隔の比が 2:3 になる.

$$^1\mathrm{D}-{}^3\mathrm{P} = \frac{6}{25}F^2(n1;n1)$$

$$^1\mathrm{S}-{}^1\mathrm{D} = \frac{9}{25}F^2(n1;n1)$$

以上は動径積分を考えない近似だった.F^2 は正なので,理論が正しいなら,エネルギー準位は下から $^3\mathrm{P}$, $^1\mathrm{D}$, $^1\mathrm{S}$ だといえる.その結果は,「最高多重度の項がいちばん低く,同じ多重度なら L 値が大きいほど低い」という**フントの規則**に合う[1]。

スレーターはケイ素($1\mathrm{s}^2 2\mathrm{s}^2 2\mathrm{p}^6 3\mathrm{s}^2 3\mathrm{p}^2$)[2]も調べた.実測値[3]はこう判明している.

$$^3\mathrm{P} = 65\,615 \text{ cm}^{-1}$$

$$^1\mathrm{D} = 59\,466 \text{ cm}^{-1}$$

$$^1\mathrm{S} = 50\,370 \text{ cm}^{-1}$$

$^1\mathrm{D}-{}^3\mathrm{P}$ と $^1\mathrm{S}-{}^1\mathrm{D}$ の比(2:2.96)は理論とよく合う.実測と理論が大きくちがう場合は,高次の近似[4]を考える.

---

[1] Pauling and Goudsmit, "The Structure of Line Spectra," p. 166.
[2] 間隔比は $n\mathrm{p}^2$ と同じだが,閉殻の影響でエネルギーの絶対値が変わる.
[3] 第一イオン化状態から下向きに測るため,エネルギーの最大値が最低準位を表す.

31. 単純な原子の変分計算

前節の摂動計算に使った水素型軌道関数は，中心力場をクーロン場にかぎったものだから，高い精度は期待できない．そこで，リチウムやベリリウムなど単純な原子の低エネルギー状態を変分法(7章・26節)で扱おう．どんな系にも使えるわけではないけれど，系によっては，前節の扱いよりも正確な答えが出る．

26節と8章・29c項に述べた原理の説明は省き，使う変分関数と解析結果を眺めよう．

31a. リチウム原子と三電子イオン

基底状態のリチウム原子($1s^2 2s$)に使う変分関数を表31-1にあげた．みな式(30-7)の行列式型で，$u_{1s}(i)$ の軌道部分は $e^{-Z'\frac{r_i}{a_0}}$ の姿をもち(Z' は変分法で決めるK殻の有効電荷)，b は関数 $u_{2s}(i)$ の軌道部分を表す．

結果の欄には，全エネルギー(の上限)，Li^+－Li差から出る第一イオン化エネルギー，計算値と実測値の差を示す．Li^+ の計算には，Li原子のK殻と同じ 1s 関数を使った．

変分関数が含む変数の最適値を表31-2にまとめ，最適な関数を使って計算し

表 31-1 リチウム原子に使った変分関数と計算結果(エネルギーは $R_\infty hc$ 単位)
実測値：全エネルギーは -14.9674，イオン化エネルギーは 0.3966

	2sの関数[1]	全エネルギー	差	イオン化エネルギー	差
1.	$b = e^{-\eta \frac{r}{a_0}} \left(\eta \frac{r}{a_0} - 1 \right)$	-14.7844	0.1830	0.3392	0.0574
2.	$b = r e^{-\eta \frac{r}{a_0}}$	-14.8358	0.1316	0.3906	0.0060
3.	$b = e^{-\eta \frac{r}{a_0}} \left(\alpha \frac{r}{a_0} - 1 \right)$	-14.8366	0.1308	0.3912	0.0054
4.	$b = \alpha \frac{r}{a_0} e^{-\eta \frac{r}{a_0}} - e^{-\zeta \frac{r}{a_0}}$	-14.8384	0.1290	0.3930	0.0036

[1] 関数1は C. Eckart, *Phys. Rev.* **36**, 878 (1930)．関数2と3は V. Guillemin and C. Zener, *Z. f. Phys.* **61**, 199 (1930)，関数4は E. B. Wilson, Jr., *J. Chem. Phys.* **1**, 211 (1933) が提案．最後の論文に Be^+, B^{2+}, C^{3+} の同様な表あり．

(前頁) 4) C. W. Ufford. *Phys. Rev.* **44**, 732 (1933); G. H. Shortley, *Phys. Rev.* **43**, 451 (1933); M. H. Johnson, Jr., *Phys. Rev.* **43**, 632 (1933); D. R. Inglis and N. Ginsburg, *Phys. Rev.* **43**, 194 (1933)．完全な扱い：E. U. Condon and G. H. Shortley, "The Theory of Atomic Spectra," Cambridge, 1935.

表 31-2 リチウム原子の変分解析から出る変数の値

関数	Z'	η	α	ζ
1. $b=\mathrm{e}^{-\eta\frac{r}{a_0}}\left(\eta\frac{r}{a_0}-1\right)$	2.686	0.888		
2. $b=r\,\mathrm{e}^{-\eta\frac{r}{a_0}}$	2.688	0.630		
3. $b=\mathrm{e}^{-\eta\frac{r}{a_0}}\left(\alpha\frac{r}{a_0}-1\right)$	2.688	0.630	5.56	
4. $b=\alpha\frac{r}{a_0}\mathrm{e}^{-\eta\frac{r}{a_0}}-\mathrm{e}^{-\zeta\frac{r}{a_0}}$	2.69	0.665	1.34	1.5

たリチウムの全電子分布 $4\pi r^2\rho$ を図 31-1 に描いた.電子密度 ρ は次式で計算する.

$$\rho=3\int\psi^*\psi\,\mathrm{d}\tau_1\,\mathrm{d}\tau_2 \tag{31-1}$$

$\psi^*\psi\,\mathrm{d}\tau_1\,\mathrm{d}\tau_2\,\mathrm{d}\tau_3$ は,電子 1 が体積素片 $\mathrm{d}\tau_1$,電子 2 が $\mathrm{d}\tau_2$,電子 3 が $\mathrm{d}\tau_3$ 内に見つかる確率を表す.式(31-1)の積分は電子 1 と 2 の座標について行ったものだから,電子 1 と 2 がどこにあろうと,電子 3 を $\mathrm{d}\tau_3$ 内に見つける確率だとわかる.$\psi^*\psi$ はどの電子にも共通なので,電子のどれかが体積素片 $\mathrm{d}x\,\mathrm{d}y\,\mathrm{d}z$ 内に見つかる確率は,特定の電子(たとえば電子 3)が見つかる確率の 3 倍になる.だから積分値に 3 をかけた.

図 31-1 より電子殻には,明瞭な K 殻とぼやけた L 殻の二つがあるとわかる.

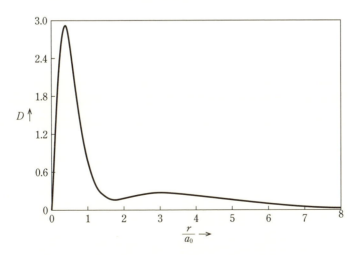

図 31-1 基底状態のリチウム原子がもつ電子分布 $D=4\pi r^2\rho$

電子3個は等価なので,ある2個がK殻を占め残りがL殻を占めるわけではないけれど,平均してK殻には2個,L殻には1個あるとみてよい.

以上に続いて変分関数を使い,電子どうしの平均的な作用ではなく瞬間的な作用を調べる.ヘリウム(8章・29c項)は変分法で正確な結果が出たけれど,リチウムへの応用はたやすくない.いまハーバード大学のジェームズとクーリッジ[1]が挑戦している.

31b. ほかの原子 さらに複雑な原子は,まだ手つかずに近い.ベリリウムの研究例もあるが,リチウムにうまく使える関数も,重い原子にはむずかしい.核電荷を変数とする水素型関数(表31-1も$n=2$, $l=0$とした同類)で炭素原子[2]を扱った結果は,実測とほぼ一致した.表31-1の関数2と3も,BeやB, C, N, O, F, Neに使われた[3].それをモースとヤング[4]が改良し,K殻とL殻を扱う変数4個(1sに1個,2sに2個,2pに1個)の波動関数につき,積分結果の数値表をつくっている.

当面,複雑な分子を解析的に扱っても,労力の割に精度はよくない.ただし,斬新な変分関数が見つかれば進歩も期待できよう.

32. 自己無撞着場の方法

以上でわかるとおり,多電子原子の変分解析はむずかしい.本節で紹介する方法は,変分関数をどう改良しても扱いにくい原子を,かなりうまく扱える.提案者ハートリー[5]は,いくつもの原子につき数値計算を展開した.先述した方法との比較は32b項にまとめる.

32a. 原理 多電子原子の波動関数は,電子間相互作用ゼロのときばかりか,各電子が受ける中心力場$v(x_i)$を無摂動方程式に加え,摂動項から差し引いたときでも一電子波動関数に分離できた(30b項).こうして分離された無摂動関数それぞれは,ほかの電子に関係ない中心力場で各電子が行う運動を表す.摂動の扱い(30節)は,中心力場を適切に選べば,ある電子が他電子から受ける影響を正

---

1) 私信.H. M. James and A. S. Coolidge, *Phys. Rev.* **47**, 700(1935)中に予告あり.
2) N. F. Beardsley, *Phys. Rev.* **39**, 913(1932).
3) C. Zener, *Phys. Rev.* **36**, 51(1930).
4) P. M. Morse and L. A. Young, 未発表(MITより入手可能).
5) D. R. Hartree, *Proc. Cambridge Phil. Soc.* **24**, 89, 111, 426(1928).

しく表せるだろうという期待にもとづく．

その際，中心力場を表すポテンシャル関数の選びかたが問題になる．ハートリーは，電子2が電子1の場所に生むポテンシャルは，電子2の波動関数 $u_β(2)$ がつくる確率分布 $u_β^*(2)u_β(2)$ で決まると考えた．つまり，電子2の波動関数は電子1の座標に関係しないと仮定する．

電子1が感じる中心力場(ポテンシャル関数)は，核が生むポテンシャルと，他電子が生むポテンシャルの合計になる．そのとき電子1の波動関数は，以上のポテンシャル関数を含めた波動方程式を解けば出てくる．

以上の説明では，ある原子の関数 $u_ζ(k)$ を既知として計算を進めるように思える．しかし現実には，以下の手順で逐次近似を進める．

① まず，核と全電子の生むポテンシャル関数を仮定する．
② そこから電子 k の推定寄与を引き，電子 k が感じる有効ポテンシャルとする．
③ 電子 k の波動方程式を解いて波動関数 $u_ζ(k)$ を得る．全電子で段階②と③を踏む．
④ 段階③で得た関数 $u_ξ^*(k)$ からポテンシャル関数を計算し，段階①と②の仮定と比べる．

通常，段階④のポテンシャル関数は，最初に仮定したものと等しくない．段階④の結果を①に戻して計算をくり返せば，やがて「最初と最後」が一致するようになる．そうやって出るポテンシャルつまり力場が，**自己無撞着場**(つじつまの合う場．SCF＝self-consistent field)にほかならない．

s電子が生むポテンシャルは，確率分布関数 u_{ns}，u_{ns} が $φ$ や $θ$ に関係しないので球対称性をもつ．また5章・式(21-16)により，閉殻の電子群も球対称なポテンシャルを生む．ポテンシャルが球対称なら，波動方程式はぐっと解きやすくなる．

ハートリーは，数値積分法(7章・27c項)で一電子の波動方程式を解いた．また，場への寄与はみな球対称と近似している．電荷分布が球対称でない電子(たとえばp電子)1個も，全方向につき平均する．原子全体の波動関数は，式(30-2)の単純な積に書く．式(30-2)がパウリの排他律に合わないせいでの誤差は，電子の交換エネルギーからくる(32c項)．

32b. 自己無撞着場法と変分法の関係

次の変分関数を選ぶとしよう．

9章 多電子原子

$$\phi = u_\alpha(1) u_\beta(2) \cdots u_\nu(N) \tag{32-1}$$

変分積分(26-1)が極小になるまで関数$u_\zeta(i)$をいじると,基底状態を表すϕに最適な関数群$u_\zeta(i)$が得られるのだった(7章・26a項).ハートリーが使った「場の平均化」は無視し,上記のϕを使えば,変分法と自己無撞着場法の結果は同じになる.それを確かめよう[1]).各$u_\zeta(i)$が規格化されていれば$\int \phi^* \phi d\tau = 1$だから,次式が成り立つ.

$$E = \int \phi^* H \phi d\tau \tag{32-2}$$

演算子Hはこう書ける.

$$H = \sum_i H_i + \sum_{i,j>i} \frac{e^2}{r_{ij}} \tag{32-3}$$

$$H_i = -\frac{h^2}{8\pi^2 m_0} \nabla_i^2 - \frac{Ze^2}{r_i} \tag{32-4}$$

式(32-1)のϕを代入するとこうなる.

$$E = \sum_i \int u_\zeta^*(i) H_i u_\zeta(i) d\tau_i + \sum_{i,j>i} \iint u_\zeta^*(i) u_\xi^*(j) \frac{e^2}{r_{ij}} u_\zeta(i) u_\xi(j) d\tau_i d\tau_j \tag{32-5}$$

ここで変分原理を使う.最良の関数$u_\zeta(i)$はEを極小にし,極小点で$u_\zeta(i)$の微小変化$\delta u_\zeta(i)$はEを変えない($\delta E = 0$).

$j \neq i$を記号′で表せば,$\delta u_\zeta(i)$とδEは次式で結びつく.

$$\delta E = \delta \int u_\zeta^*(i) H_i u_\zeta(i) d\tau_i + \sum_j{}' \delta \iint u_\zeta^*(i) u_\xi^*(j) \frac{e^2}{r_{ij}} u_\zeta(i) u_\xi(j) d\tau_i d\tau_j \tag{32-6}$$

量V_iを式(32-8)で定義し,次の量F_iを考えよう.

$$F_i = H_i + \sum_j{}' \int u_\xi^*(j) \frac{e^2}{r_{ij}} u_\xi(j) d\tau_j \tag{32-7}$$

$F_i = = H_i + V_i$と書いたとき,V_iは次の内容をもつ.

$$V_i = \sum_j{}' \int u_\xi^*(j) \frac{e^2}{r_{ij}} u_\xi(j) d\tau_j \tag{32-8}$$

F_iは電子iの有効ハミルトニアンを表す.またV_iは,電子iと他電子の相互作用から生じ,電子iが感じる有効ポテンシャル関数を意味する.記号F_iを使えば,極小条件(32-6)は次式に書ける[N個の一電子関数$u_\alpha(1), \cdots, u_\nu(N)$それぞれについても同様].

---

[1] J. C. Slater, *Phys. Rev.* **35**, 210 (1930); V. Fock, *Z. f. Phys.* **61**, 126 (1930).

$$\delta E = \delta \int u_\zeta^*(i) F_i u_\zeta(i) \, d\tau_i = 0 \tag{32-9}$$

自己無撞着場法ではどうか．関数 $u_\zeta(i)$ は波動方程式 (32-10) の解だから，記号 F_i を使えば，方程式 (32-11) の解だといえる．

$$\nabla_i^2 u_\zeta(i) + \frac{8\pi^2 m_0}{h^2}\left(\varepsilon_i + \frac{Ze^2}{r_i} - V_i\right) u_\zeta(i) = 0 \tag{32-10}$$

$$F_i u_\zeta(i) = \varepsilon_i u_\zeta(i) \tag{32-11}$$

上式を満たす規格化関数 $u_\zeta(i)$ は，次の変分式に従うのだった．

$$\delta \int u_\zeta^*(i) F_i u_\zeta(i) \, d\tau_i = 0 \tag{32-12}$$

式 (32-9) と (32-12) は同じだから，積の形にした変分関数を使うと，変分法でも自己無撞着場法でも同じ一電子関数が得られることになる．

32c．応用例 ハートリーらは自己無撞着場法を多様な原子とイオンに使い，Cl^- や Cu^+, K^+, Rb^+ を表す一電子波動関数の数値化もした[1]．規格化も直交化もしていないが，関数の規格化因子は計算できる．個別の ε_i 値は求めてあるものの，全エネルギーは計算していない（交換エネルギーを無視しても，ε_i 値の和は全エネルギーではない）．ハートリーとブラック[2]は O, O^+, O^{2+}, O^{3+} も扱い，波動関数のほか，波動関数を行列式 (30-7) に入れ，積分 $E = \int \phi^* H \phi \, d\tau$ から出る全エネルギーも計算している．

自己無撞着場法の応用例[3]は多い．スレーター[4]は，原子いくつかに関するハートリーの結果にかなりよく合う一電子波動関数の解析式を決めた．むろん解析式は数値データより使いやすい．

ハートリー法の欠点は，交換効果を考えず，反対称波動関数ではなく単純な積形式の波動関数を使うところだった．ハートリーとブラックの手順（上記）なら，誤差の一部は除ける．ただし，関数の組 $u_\zeta(k)$ に相当するエネルギーは計算できても，$u_\zeta(k)$ が ϕ を反対称にしないので，最善とはいえない．そこでフォック[5]は，電子交換を含めて数値的に解ける方程式を提案した．応用例は当面ないが，

---

1) D. R. Hartree, *Proc. Roy. Soc.* **A141**, 282 (1933); **A143**, 506 (1933).
2) D. R. Hartree and M. M. Black, *Proc. Roy. Soc.* **A139**, 311 (1933).
3) F. W. Brown, *Phys. Rev.* **44**, 214 (1933); F. W. Brown, J. H. Bartlett, Jr., and C. G. Dunn, *Phys. Rev.* **44**, 296 (1933); J. McDougall, *Proc. Roy. Soc.* **A138**, 550 (1932); C. C. Torrance, *Phys. Rev.* **46**, 388 (1934).
4) J. C. Slater, *Phys. Rev.* **42**, 33 (1932).
5) V. Fock, *Z. f. Phys.* **61**, 126 (1930).

188　9章　多電子原子

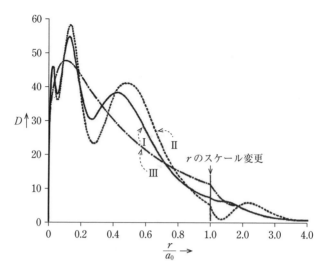

図 32-1　ルビジウムイオン Rb^+ の電子分布関数 D. I は自己無撞着場法（ハートリー），II は遮蔽定数法，III はトーマス・フェルミ統計法.

いくつか試みが進行している[1]．

ハートリーが計算した Rb^+ の電子分布関数を，他法の結果と比べて図 32-1 に描いた．

問題 32-1. (a) 実効原子番号 $Z' = \frac{27}{16}$ をもつ水素型 1s 電子が生むポテンシャル関数を求めよ．(b) その結果を使い，ヘリウム原子の核と電子 1 個がつくる場の中で別の電子 1 個が従う波動方程式を書け．波動方程式を差分法（7 章・27d 項）で解き，結果を最初の波動関数と比較せよ．

33. ほかの近似法

役に立つ近似法を，あと二つ紹介しよう．本書で扱わないディラック[2]とヴァンヴレック[3]のベクトルモデルも，スレーター法（30節）と同等な結果を生む．

33a. 遮蔽定数法　31b 項の変分法では，有効核電荷の水素型関数を使って近似的な波動関数を得た．有効原子番号 Z' を使う代わりに，真の原子番号と Z'

---

1) D. R. Hartree and W. Hartree, *Proc. Roy. Soc.* **A150**, 9 (1935).
2) P. A. M. Dirac, "The Principles of Quanium Mechanics," Chap. 9.
3) J. H. Van Vleck, *Phys. Rev.* **45**, 405 (1934).

の差つまり**遮断定数**を使う手もある．ポーリング[1]は面倒な変分法を使わず，実測のX線データや分子屈折の値を使う半経験的な推論をもとに，いろいろな元素の遮蔽定数を決めた．十分に正確とはいえない波動関数も，たいていの目的にはかなう（Rb^+ の計算結果は図 32-1 参照）．

スレーター[2]はツェナーの変分計算を参考に，冒頭 10 元素の同様な表を得た（31b 項）．実効量子数を n' とした $r_1^{n'}e^{-Zr}$ 型の関数に遮蔽定数を使っている．

またワサスチェルナ[3]は，原子やイオンの外殻電子を表す波動関数の近似式を提案し，物理的性質（分極率やイオン化エネルギー，イオン半径）の計算を試みた．

33b．トーマス・フェルミ統計法 多粒子系によく使う統計法で核まわりの電子集団を扱う近似法を，トーマス[4]とフェルミ[5]が提案した．古典的な統計法は役に立たず，パウリの排他律に合うフェルミ・ディラック量子統計を使わなければいけない．両者の差は 8 章・29b 項でざっと見たけれど，くわしい考察は 14 章・49 節にゆずる．

原子内の電子は少ないのに，統計法の結果は目覚ましい．そうした結果は，原子の X 線散乱能や自己無撞着場（前節）の計算をするとき，出発点の場に使える．ただし図 32-1 でわかるとおりトーマス・フェルミの結果は，こまかい電子分布を表現できていない．

線スペクトルの文献

入門書：L. Pauling and S. Goudsmit: "The Structure of Line Spectra," McGraw-Hill Book Company, Inc., New York, 1930.

H. E. White: "Introduction to Atomic Spectra," McGraw-Hill Book Company, Inc., New York, 1934.

A. E. Ruark and H. C. Urey: "Atoms, Molecules and Quanta," McGraw-Hill Book Company, Inc., New York, 1930.

くわしい扱い：E. U. Condon and G. H. Shortley: "The Theory of Atomic Spectra," Cambridge University Press, 1935.

項値（エネルギー準位差）の表：R. F. Bacher and S. Goudsmit: "Atomic Energy States," McGraw-Hill Book Company, Inc., New York, 1932.

---

1) L. Pauling, *Proc Roy. Soc.* **A114**, 181 (1927); L. Pauling and J. Sherman, *Z. f. Krist.* **81**, 1 (1932).
2) J. C. Slater, *Phys. Rev.* **36**, 57 (1930).
3) J. A. Wasastjerna, *Soc. Scient. Fennica Comm. Phys-Math.*, Vol. **6**, No. 18-22 (1932).
4) L. H. Thomas, *Proc. Cambridge Phil. Soc.* **23**, 542 (1927).
5) E. Fermi, *Z. f. Phys.* **48**, 73; **49**, 550 (1928).

10 章
分子の回転と振動

～～～～～～～～～～～～～～～～～～～～～～～～

　いままでは原子を扱った．分子になると，ごく単純なもの(12章)を除き，波動方程式を解くのはむずかしい．ただし分光測定の結果によれば，分子のエネルギーは**電子**，**振動**，**回転**の三つに分かれる(並進は無視)．ボーアの規則(2章・5a項)に従う一酸化炭素分子COのスペクトル計算結果を図34-1に描いた．電子・振動・回転のエネルギーは，絶対値にも準位間隔にも大差がある．ある電子状態に伴うほぼ等間隔な準位は，振動状態を表す．振動準位は，高いほど間隔が広い回転の微細構造を伴う．

　こうした事実から波動方程式は，電子部分と振動部分，回転部分に分離できそうだと見当がつく．本章の数節でそこを調べ，分子の振動と回転をくわしく眺めよう．

34. 電子と核の動きの分離

　核が電子の数千倍も重いことに注目したボルンとオッペンハイマー[1]は，分子の扱いをこう考えた．まず核は不動とみて電子だけの波動方程式を解く．次に，核間距離で変わる電子系のエネルギーをポテンシャル関数に含め，核の波動方程式を解く．手順は複雑でも結論は明解だから，ボルン・オッペンハイマー近似の結果だけを以下に紹介しよう．

　r個の核とs個の電子を含む分子の波動方程式は，核jの質量M_j，電子の質量m_0，核jの座標で書いたラプラシアン∇_j^2，電子iのラプラシアン∇_i^2を使ってこう書ける．

---

1) M. Born and J. R. Oppenheimer, *Ann. d. Phys.* **84**, 457 (1927).

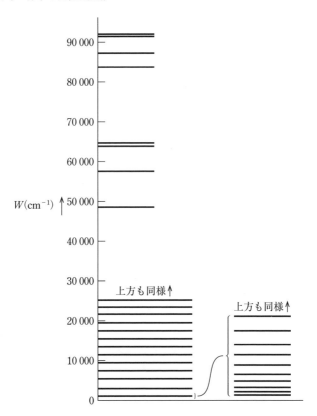

図 34-1 CO 分子のエネルギー準位．左側が振動準位を伴う電子準位，右下が回転準位を伴う最低振動準位（縦軸を 100 倍に拡大）．

$$\sum_{j=1}^{r} \frac{1}{M_j} \nabla_j^2 \phi + \frac{1}{m_0} \sum_{i=1}^{s} \nabla_i^2 \phi + \frac{8\pi^2}{h^2}(W-V)\phi = 0 \tag{34-1}$$

ポテンシャル（位置エネルギー）V は，核 j の原子番号を Z_j として次の姿をもつ．

$$V = \sum_{i,i'} \frac{e^2}{r_{ii'}} + \sum_{j,j'} \frac{Z_j Z_{j'} e^2}{r_{jj'}} - \sum_{i,j} \frac{Z_j e^2}{r_{ij}}$$

上式の和は，粒子の組み合わせごとに 1 回ずつとる．

空間内の固定軸に対する核 r 個の座標（$3r$ 個）を ξ，核座標ごとに決まる電子 s 個の座標（計 $3s$ 個）を x と書こう（14 章・48 節参照）．核の運動を表す量子数は ν，電子の運動を表す量子数を n とする．ボルン・オッペンハイマー近似の結果，式 (34-1) の近似解 $\phi_{n,\nu}(x,\xi)$ は次式に書ける．

$$\phi_{n,\nu}(x,\xi) = \phi_n(x,\xi)\phi_{n,\nu}(\xi) \tag{34-2}$$

関数 $\phi_n(x,\xi)$ は，電子の量子数 n だけで決まり，核の量子数 ν に関係しないため，電子波動関数とよぶ．電子座標 x と核座標 ξ を含む関数 $\phi_n(x,\xi)$ は，**核を固定したまま電子だけの波動方程式を解いて得る**．その波動方程式は次の形をもつ．

$$\sum_{i=1}^{s} \nabla_i^2 \phi_n(x,\xi) + \frac{8\pi^2 m_0}{h^2}\{U_n(\xi) - V(x,\xi)\}\phi_n(x,\xi) = 0 \tag{34-3}$$

上式は，式(34-1)から ∇_j^2 項を落とし，ψ を $\phi_n(x,\xi)$ に変え，W を $U_n(\xi)$ としたものにあたる [$V(x,\xi)$ は式 34-1 と同じ]．核座標 ξ が決まっているとき式(34-3)は，電子 s 個を表す**電子波動方程式**とよべる．ポテンシャル V は核座標 ξ を含み，電子のエネルギー U_n も波動関数 ϕ_n も核座標で変わるため，それぞれ $U_n(\xi)$，$\phi_n(x,\xi)$ と書こう．

あらゆる核配置について電子波動方程式を解くのが，分子を扱う第一歩となる．電子のエネルギー $U_n(\xi)$ は核座標 ξ の連続関数だとわかり，二原子分子の最安定な電子状態($n=0$)なら，核間距離 r について図 34-2 のように描ける．

いろいろな核配置について波動方程式(34-3)を解き，量子数 n に応じた電子エネルギー $U_n(\xi)$ が核座標 ξ の関数としてわかれば，**核波動関数** $\phi_{n,\nu}(\xi)$ の決定に向かう．$\phi_{n,\nu}(\xi)$ は，電子エネルギー関数 $U(\xi)$ をポテンシャルとした**核波動方程式**(次式)の解になる．

$$\sum_{j=1}^{r} \frac{1}{M_j}\nabla_j^2 \phi_{n,\nu}(\xi) + \frac{8\pi^2}{h^2}\{W_{n,\nu} - U_n(\xi)\}\phi_{n,\nu}(\xi) = 0 \tag{34-4}$$

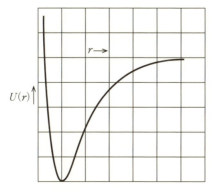

図 34-2　二原子分子の典型的なポテンシャル曲線(モース関数) $U(r)$

電子の量子数 n ごとに1個できる核波動方程式は，核の量子数 ν に応じた解をもつ．$W_{n,\nu}$ は分子全体のエネルギーを表し，量子数 n と ν で変わる．

こうした扱いの妥当性は，式(34-1)中の波動関数などを $(\frac{m_0}{M})^{\frac{1}{4}}$ (M：核の平均質量)の冪(べき)に展開する方法で確かめられる．物理的な背景は次のとおり．電子は核よりずっと軽いため，核が目に見える動きをする時間内に電子は何周期も動く．だから核を固定して電子波動方程式を解いたあと，電子エネルギー関数を，核の動きを決めるポテンシャルに使ってよい．

くわしい扱いでは，電子と核のからみ合いや，電子の角運動量(スピン角運動量や軌道角運動量)と分子回転のからみ合いを考える[1]．続く数節では，分子のつくりとスペクトルの単純な側面だけを眺めよう(進んだ扱いは12章と14章・48節参照)．

35. 二原子分子の回転と振動

分子の波動関数は，核に対する電子座標の関数と，核座標の関数をかけた形に近似できるのだった．以下，電子エネルギー関数 $U_n(r)$ は既知として，単純な二原子分子の核関数と，対応するエネルギー準位を調べる．

35a. 変数分離と角部分の解　二原子分子の回転と振動を表す波動方程式(式34-4)は，核の運動を表す波動関数 $\phi_{n,\nu}=\phi_{n,\nu}(x_1,y_1,z_1,x_2,y_2,z_2)$，核の質量 M_1・M_2，核 i のデカルト座標 (x_i,y_i,z_i) と，式(35-2)のラプラシアンを使ってこう書ける．

$$\frac{1}{M_1}\nabla_1^2\phi_{n,\nu}+\frac{1}{M_2}\nabla_2^2\phi_{n,\nu}+\frac{8\pi^2}{h^2}\{W_{n,\nu}-U_n(r)\}\phi_{n,\nu}=0 \qquad (35\text{-}1)$$

$$\nabla_i^2=\frac{\partial^2}{\partial x_i^2}+\frac{\partial^2}{\partial y_i^2}+\frac{\partial^2}{\partial z_i^2} \qquad i=1,2 \qquad (35\text{-}2)$$

粒子対を「核2個」から「電子・陽子」に変えれば，式(35-1)は水素原子の波動方程式と同形だから，$U_n(r)$ を動径方程式に入れるまでは水素原子と同じように扱える．

式(35-1)は，分子の並進運動と内部運動を表す式に分離できるのだった(5章・18a項)．後者は，式(35-4)の換算質量と，核1に対する核2の座標 (r,θ,φ) を

---

[1] 章末の文献参照．

35. 二原子分子の回転と振動

使って次式に書ける.

$$\frac{1}{r^2}\frac{\partial}{\partial r}\left(r^2\frac{\partial\psi}{\partial r}\right)+\frac{1}{r^2\sin\theta}\frac{\partial}{\partial\theta}\left(\sin\theta\frac{\partial\psi}{\partial\theta}\right)+\frac{1}{r^2\sin^2\theta}\frac{\partial^2\psi}{\partial\varphi^2}+\frac{8\pi^2\mu}{h^2}\{W-U(r)\}\psi=0 \tag{35-3}$$

$$\mu=\frac{M_1M_2}{M_1+M_2} \tag{35-4}$$

式(35-3)は, φ, θ, r を表す三つの式に変数分離できる(18a項). 18b, 18c項と5章・19節で得た φ 部分と θ 部分の解は次の形をもつ[$P_K^{|M|}(\cos\theta)$はルジャンドル陪関数].

$$\Phi_M(\varphi)=\frac{1}{\sqrt{2\pi}}e^{iM\varphi} \tag{35-5}$$

$$\Theta_{KM}(\theta)=\left\{\frac{(2K+1)(K-|M|)!}{2(K+|M|)!}\right\}^{\frac{1}{2}}P_K^{|M|}(\cos\theta) \tag{35-6}$$

つまり波動関数 ψ はこう書いてよい.

$$\psi(r,\theta,\varphi)=R(r)\Theta(\theta)\Phi(\varphi) \tag{35-7}$$

水素原子だと文字 l を使った方位量子数は K と書き, 磁気量子数も m から M に変えてある. M も K も整数で(18b, 18c項), 次の値だけをとれる.

$$K=0,1,2,\cdots;M=-K,-K+1,\cdots,K-1,K \tag{35-8}$$

量子数 M と K は角運動量を表し(15章・52節も参照), 分子の回転[1] に伴う全角運動量の2乗は次式に, z 方向の成分は式(35-10)に書ける.

$$K(K+1)\frac{h^2}{4\pi^2} \tag{35-9}$$

$$M\frac{h}{2\pi} \tag{35-10}$$

双極子放射の放出と吸収は, 量子数 K の変化 ±1 にかぎる(11章・40d項). つまり K と M の選択則はこう表せる.

$$\Delta K=\pm1$$

$$\Delta M=0, \pm1$$

磁場がないかぎり分子のエネルギーは M に関係しないため, ふつう M の選択則は無視してよい.

$R(r)$ 部分の方程式(式18-26参照)は, 添え字 n と ν を省いて次式に書こう.

---

[1] ときには電子の角運動量も加わる.

$$\frac{1}{r^2}\frac{\mathrm{d}}{\mathrm{d}r}\left(r^2\frac{\mathrm{d}R}{\mathrm{d}r}\right)+\left[-\frac{K(K+1)}{r^2}+\frac{8\pi^2\mu}{h^2}\{W-U(r)\}\right]R=0 \qquad (35\text{-}11)$$

式(35-12)の変数変換をすると，式(35-13)のように単純化できる．

$$R(r)=\frac{1}{r}S(r) \qquad (35\text{-}12)$$

$$\frac{\mathrm{d}^2S}{\mathrm{d}r^2}+\left[-\frac{K(K+1)}{r^2}+\frac{8\pi^2\mu}{h^2}\{W-U(r)\}\right]S=0 \qquad (35\text{-}13)$$

35b. 電子エネルギー関数 動径方程式(35-13)を解くには，電子エネルギー関数 $U(r)$ を知る必要がある(34節)．$U(r)$ は電子波動方程式の解だから，水素分子(12章・43節)など単純な分子の場合しかわからない．だから通常，何か変数を使って $U(r)$ の形を書いたうえ，エネルギーの実測データに合うよう変数の値を決める．

水素分子などの計算と実測の結果から，二原子分子の $U(r)$ は図34-2の姿に近いとわかっている．r が十分に大きいとき，エネルギーは各原子の値を足したものに等しい．原子が近づくと弱い引力が働き，U の曲率からわかるとおり，r が減るほど引力は増す．安定な分子なら U は平衡距離 $r=r_\mathrm{e}$ で極小値をとる．r がさらに減ると，電子雲が反発し合うので U は急上昇する．

低振動状態にある分子の波動関数は，平衡位置に近い範囲だけで有意な値をもつ．つまり分子振動の振幅は，平衡原子間距離よりも小さい．そのため低振動状態には，極小点付近でポテンシャル関数のもつ形が大きく影響する．

かたや，高い振動準位つまり振幅の大きい振動には，ポテンシャル関数の全体が効く．r が大きくなると U が一定値に近づく事実は，高い準位を考えるときに大きな意味をもつ．分子が十分なエネルギーを受けとれば，2個の原子に解離するからだ．

続く項二つで，$U(r)$ の近似2種を眺める．最初の近似は単純だが，第二の(正確な)近似はやや複雑な話になる．

35c. 単純なポテンシャル関数 原子間の力は，平衡核間距離 r_e からの変位(ずれ)に比例すると考えよう．そのときポテンシャル関数はこう書ける(図35-1)．

$$U(r)=\frac{1}{2}k(r-r_\mathrm{e})^2 \qquad (35\text{-}14)$$

力の定数 k は，実測のエネルギー準位から決める．図35-1の姿を，**フックの法則に従う(フック型の)ポテンシャル関数**という．

35. 二原子分子の回転と振動

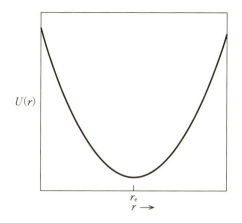

図 35-1 フック型のポテンシャル関数

図34-2と比べ図35-1は，核間距離が大きい範囲で正しくない（$r=r_e$の近くは正しく近似できる）．真の$U(r)$を$(r-r_e)$の巾（べき）でテイラー展開し，$r-r_e$が十分に小さいとみて三次以上の項を落としたものだ．波動方程式の場合，級数展開に使う$(r-r_e)^0$の係数（つまり定数項）は0とみてよい．$U(r)$は$r=r_e$に極小をもち，展開の一次項は消えるため，級数は$\frac{1}{2}\left(\frac{d^2U}{dr^2}\right)_{r=r_e} \times (r-r_e)^2$項から始まる．式(35-14)より，力の定数$k$は$\left(\frac{d^2U}{dr^2}\right)_{r=r_e}$に等しいとわかる．

式(35-14)の$U(r)$を動径方程式(35-13)に入れ，波動方程式をこう書く．

$$\frac{d^2S}{dr^2} + \left[-\frac{K(K+1)}{r^2} + \frac{8\pi^2\mu}{h^2}\left\{W - \frac{1}{2}k(r-r_e)^2\right\}\right]S = 0 \qquad (35\text{-}15)$$

新しい変数$\rho = r - r_e$（平衡距離からの変位）を使って変形しよう．

$$\frac{d^2S}{d\rho^2} + \frac{8\pi^2\mu}{h^2}\left\{W - \frac{1}{2}k\rho^2 - \frac{h^2}{8\pi^2\mu}\frac{K(K+1)}{(r_e+\rho)^2}\right\}S = 0$$

$U(r)$の近似は$r_e > \rho$で成り立つため，次式の展開をして式(35-16)を得る．

$$\frac{1}{(r_e+\rho)^2} = \frac{1}{r_e^2}\left(1 - 2\frac{\rho}{r_e} + 3\frac{\rho^2}{r_e^2} - \cdots\right)$$

$$\frac{d^2S}{d\rho^2} + \frac{8\pi^2\mu}{h^2}\Big\{W - K(K+1)\sigma + 2K(K+1)\frac{\sigma}{r_e}\rho$$
$$- 3K(K+1)\frac{\sigma}{r_e^2}\rho^2 - \frac{1}{2}k\rho^2\Big\}S = 0 \qquad (35\text{-}16)$$

$\frac{\rho}{r_e}$の三次以上は省き，**平衡慣性モーメント** $I_e = \mu r_e^2$と次式の記号を使った．

$$\sigma = \frac{h^2}{8\pi^2 \mu r_e^2} = \frac{h^2}{8\pi^2 I_e} \tag{35-17}$$

変数を $\rho = \zeta + a$ と変換すれば $\frac{\rho}{r_e}$ の一次項を消去でき,すでに解いた調和振動子の波動方程式(11-1)と同形の式ができる.適切な a は次式の姿をもち,それを式(35-16)に入れて式(35-18)を得る.

$$a = \frac{K(K+1)\sigma r_e}{3K(K+1)\sigma + \frac{1}{2}kr_e^2}$$

$$\frac{d^2 S}{d\zeta^2} + \frac{8\pi^2 \mu}{h^2} \left\{ \left[W - K(K+1)\sigma + \frac{\{K(K+1)\sigma\}^2}{3K(K+1)\sigma + \frac{1}{2}kr^2} \right] - \left[\frac{1}{2}k + 3K(K+1)\frac{\sigma}{r_e^2} \right] \zeta^2 \right\} S = 0 \tag{35-18}$$

解のうち,式(35-7)の $\phi(r,\theta,\varphi)$ が適切な波動関数になるものを求めたい.それには,$r \to 0$ と $r \to \infty$ で $S \to 0$ を要する.最初の条件は $R = \frac{1}{r}S$ からくる.$\zeta = -\infty$ と $\zeta = +\infty$ で 0 になる解は,一次元調和振動子の解(3章・11節)に等しい.古典論だとありえない領域で関数は急減するため(図 11-3),2組の境界条件が同じとみても,要点は外していない.だから手始めの近似として,調和振動子の波動関数を S と見なそう.

11a 項の結果からエネルギー準位は,振動量子数 $v = 0, 1, \cdots$(調和振動子の n に相当)と式(35-20)の量 ν_e' を使い,次式に書ける.

$$W_{v,K} = K(K+1)\sigma - \frac{\{K(K+1)\sigma\}^2}{3K(K+1)\sigma + 1/2 kr_e^2} + \left(v + \frac{1}{2}\right) h\nu_e' \tag{35-19}$$

$$\nu_e' = \frac{1}{2\pi} \left\{ \frac{kr_e^2 + 6K(K+1)\sigma}{\mu r_e^2} \right\}^{\frac{1}{2}} \tag{35-20}$$

11節にならえば関数 $S(\zeta)$ は,$\alpha = \frac{4\pi^2 \mu \nu_e'}{h}$ と $\zeta = \rho - a = r - r_e - a$, H_v(エルミート多項式)を使ってこう書ける.

$$S_v(\zeta) = \left\{ \left(\frac{\alpha}{\pi} \right)^{\frac{1}{2}} \frac{1}{2^n v!} \right\}^{\frac{1}{2}} e^{-\frac{\alpha}{\pi}\zeta^2} H_v(\sqrt{\alpha}\zeta) \tag{35-21}$$

現実の分子がもつ k, r_e, σ の値を考えると,次の展開で W をぐっと単純な姿にしても,精度はほとんど落ちない.

$$\frac{1}{3K(K+1)\sigma + \frac{1}{2}kr^2} = \frac{1}{\frac{1}{2}kr_e^2} \left\{ 1 - \frac{6K(K+1)\sigma}{kr_e^2} + \cdots \right\}$$

$$\nu'_e = \frac{1}{2\pi}\left\{\frac{kr_e^2 + 6K(K+1)\sigma}{\mu r_e^2}\right\}^{\frac{1}{2}} = \frac{1}{2\pi}\left(\frac{k}{\mu}\right)^{\frac{1}{2}}\left\{1 + \frac{3K(K+1)\sigma}{kr_e^2} + \cdots\right\}$$

展開の第1項だけとって以上を式(35-19)に入れ，式(35-22)の記号 ν_e を使い，W を次式に書こう．

$$W_{v,K} = \left(v + \frac{1}{2}\right)h\nu_e + K(K+1)\sigma - \frac{\{K(K+1)\sigma\}^2}{1/2\,kr_e^2}$$

$$\nu_e = \frac{1}{2\pi}\sqrt{\frac{k}{\mu}} \tag{35-22}$$

k を ν_e で表し，式(35-17)の値を σ に入れると，W はこう表せる．

$$W_{v,K} = \left(v + \frac{1}{2}\right)h\nu_e + K(K+1)\frac{h^2}{8\pi^2 I_e} - \frac{K^2(K+1)^2 h^4}{128\pi^6 \nu_e^2 I_e^3} \tag{35-23}$$

第1項が，調和振動子とみた分子の振動エネルギーを表す．第2項は分子を剛体とみた回転エネルギー[1]で，第3項は「非剛体」分子の回転に伴う伸びの補正を意味する．仮定したポテンシャル関数が不正確だから，もっと高次の項は信頼できない．

多くの分子で実測データは式(35-23)にかなりよく合う．さらに進んだ扱いを次項で眺める．

35d. 正確な扱い(モース関数)　上記の単純な扱いで出る「等間隔の振動準位」は実測に合わない(実測結果は，大きな v 値で間隔が0に近づく)．実測結果と合わせるには，r が大きいとき真の $U(r)$（35b 項）に近づくようなポテンシャル関数 $U(r)$ を要する．

モース[2] は次式の関数(図 34-2)を提案した．

$$U(r) = D\{1 - e^{-a(r-r_e)}\}^2 \tag{35-26}$$

---

[1]　$k \to \infty$ で第3項が0になる($\nu_e \to \infty$)ことに対応．振動しない剛体分子なら第1項は付加定数にあたる．**剛体回転子**は通常，下記の波動方程式に従う別物として扱う．

$$\frac{1}{\sin\theta}\frac{\partial}{\partial\theta}\left(\sin\theta\frac{\partial\psi}{\partial\theta}\right) + \frac{1}{\sin^2\theta}\frac{\partial^2\psi}{\partial\varphi^2} + \frac{8\pi^2 I}{h^2}W\psi = 0 \tag{35-24}$$

上式の解は，式(35-5)の Φ と式(35-6)の Θ を使って $\psi = \Phi_M(\varphi)\Theta_{KM}(\theta)$ と書け，エネルギー準位は $W_K = K(K+1)\dfrac{h^2}{8\pi^2 I}$ となる．剛体回転子は自然界にない仮想物だと心得よう．別の仮想系になる**平面内の剛体回転子**は，次の波動方程式に従う．

$$\frac{d^2\psi}{d\varphi^2} + \frac{8\pi^2 I}{h^2}W\psi = 0 \tag{35-25}$$

解は $\psi = \sin M\varphi$ と $\psi = \cos M\varphi (M=0,1,2,\cdots)$，エネルギーは $W_M = M^2 h^2/(8\pi^2 I)$ となる(6章・25a 項)．

[2]　P. M. Morse, *Phys. Rev.* **34**, 57 (1929).

モース関数は $r=r_e$ で極小値 0 をとり，r が増せば有限値 D に近づく．つまり，$r\to 0$ での性質を除き，35b 項の定性的な話に合う．$r\to 0$ で真の $U(r)$ は無限大になるところ，モース関数は有限値をもつ．ただし値は十分に大きいため，さほど重大な欠陥でもない．

モース関数を使えば動径方程式(35-13)は次式に書ける．

$$\frac{d^2S}{dr^2}+\left\{-\frac{K(K+1)}{r^2}+\frac{8\pi^2\mu}{h^2}(W-D-De^{-2a(r-r_e)}+2De^{-a(r-r)})\right\}S=0 \tag{35-27}$$

次の変数変換で，動径方程式は式(35-29)に変わる．

$$y=e^{-a(r-r_e)} \qquad A=K(K+1)\frac{h^2}{8\pi^2\mu r_e^2} \tag{35-28}$$

$$\frac{d^2S}{dy^2}+\frac{1}{y}\frac{dS}{dy}+\frac{8\pi^2\mu}{a^2h^2}\left(\frac{W-D}{y^2}+\frac{2D}{y}-D-\frac{Ar_e^2}{y^2r^2}\right)S=0 \tag{35-29}$$

$\dfrac{r_e^2}{r^2}$ は，$(1-y)$ の冪(べき)を使ってこう級数展開できる[1]．

$$\frac{r_e^2}{r^2}=\frac{1}{\left(1-\dfrac{\ln y}{ar_e}\right)^2}=1+\frac{2}{ar_e}(y-1)+\left(-\frac{1}{ar_e}+\frac{3}{a^2r_e^2}\right)(y-1)^2+\cdots \tag{35-30}$$

最初の 3 項を式(35-29)に入れ，式(35-32)の記号を使うと次の結果が得られる．

$$\frac{d^2S}{dy^2}+\frac{1}{y}\frac{dS}{dy}+\frac{8\pi^2\mu}{a^2h^2}\left(\frac{W-D-c_0}{y^2}+\frac{2D-c_1}{y}-D-c_2\right)S=0 \tag{35-31}$$

$$\left.\begin{array}{l}c_0=A\left(1-\dfrac{3}{ar_e}+\dfrac{3}{a^2r_e^2}\right)\\[4pt] c_1=A\left(\dfrac{4}{ar_e}-\dfrac{6}{a^2r_e^2}\right)\\[4pt] c_2=A\left(-\dfrac{1}{ar_e}+\dfrac{3}{a^2r_e^2}\right)\end{array}\right\} \tag{35-32}$$

以下の置換を行い，式(35-35)の記号を使えば，式(35-31)はぐっと簡潔な式(35-34)になる．

---

[1] C. L. Pekeris, *Phys. Rev.* **45**, 98 (1934). モースが解いたのは $K=0$ の方程式．

$$\left.\begin{aligned}&S(y)=\mathrm{e}^{-\frac{z}{2}}z^{\frac{b}{2}}F(z)\\&z=2dy\\&d^2=\frac{8\pi^2\mu}{a^2h^2}(D+c_2)\\&b^2=-\frac{32\pi^2\mu}{a^2h^2}(W-D-c_0)\end{aligned}\right\} \quad (35\text{-}33)$$

$$\frac{\mathrm{d}^2F}{\mathrm{d}z^2}+\left(\frac{b+1}{z}-1\right)\frac{\mathrm{d}F}{\mathrm{d}z}+\frac{v}{z}F=0 \quad (35\text{-}34)$$

$$v=\frac{4\pi^2\mu}{a^2h^2d}(2D-c_1)-\frac{1}{2}(b+1) \quad (35\text{-}35)$$

式(35-34)は水素原子の動径方程式(18-37)と同形だから，同様に解ける．結果を多項式[1]で書くと，v 値は $0,1,2,\cdots$ にかぎられるとわかる．式(35-35)，(35-33)，(35-32)，(35-28)の定義を使ってエネルギー W を表せばこうなる．

$$W_{K,v}=D+c_0-\frac{\left(D-\frac{1}{2}c_1\right)^2}{(D+c_2)}+\frac{ah\left(D-\frac{1}{2}c_1\right)}{\pi\sqrt{2\mu}\sqrt{D+c_2}}\left(v+\frac{1}{2}\right)-\frac{a^2h^2}{8\pi^2\mu}\left(v+\frac{1}{2}\right)^2$$

$\frac{c_1}{D}$ と $\frac{c_2}{D}$ の巾に展開し，光速 c と式(35-37)の記号[2] を使えば，実測スペクトルと対応づけやすい次式になる．

$$\frac{W_{K,v}}{hc}=\tilde{\nu}_\mathrm{e}\left(v+\frac{1}{2}\right)-x_\mathrm{e}\tilde{\nu}_\mathrm{e}\left(v+\frac{1}{2}\right)^2+K(K+1)B_\mathrm{e}+D_\mathrm{e}K^2(K+1)^2$$
$$-\alpha_\mathrm{e}\left(v+\frac{1}{2}\right)K(K+1) \quad (35\text{-}36)$$

$$\left.\begin{aligned}&\tilde{\nu}_\mathrm{e}=\frac{a}{2\pi c}\sqrt{\frac{2D}{\mu}}\\&x_\mathrm{e}=\frac{h\tilde{\nu}_\mathrm{e}c}{4D}\\&B_\mathrm{e}=\frac{h}{8\pi^2I_\mathrm{e}c}\\&D_\mathrm{e}=-\frac{h^3}{128\pi^6\mu^3\tilde{\nu}_\mathrm{e}^2c^3r_\mathrm{e}^6}\\&\alpha_\mathrm{e}=\frac{3h^2\tilde{\nu}_\mathrm{e}}{16\pi^2\mu r_\mathrm{e}^2D}\left(\frac{1}{ar_\mathrm{e}}-\frac{1}{a^2r_\mathrm{e}^2}\right)\end{aligned}\right\} \quad (35\text{-}37)$$

たいていの分子で式(35-36)はかなり正確なエネルギー値を表し，追加の補正

---

[1] v が整数なら，$r\to 0$ ではなく $r\to -\infty$ のとき境界条件 $F\to 0$ に合う(35c 項)．
[2] 記号には $\tilde{\nu}_\mathrm{e}$ でなく ω_e を使うことも多い．

を要する分子はごく少ない．なお波動関数は2篇の引用文献に載っている．

問題 35-1. 次の近似的ポテンシャル関数を使う二原子分子の扱いもある[1]．
$$U(r) = \frac{B}{r^2} - \frac{Ze^2}{r}$$
上式に従う二原子分子のエネルギー準位を多項式法で求めよ（ヒント：5章・18節と同じ方法を使う）．得たエネルギーの式を $(K+1)^2 \frac{8\pi^2\mu}{h^2 B}$ の巾に展開し，式(35-23)と比較せよ．また，$U(r)$ が極小になる r と，極小点で $U(r)$ がもつ曲率を計算せよ．

問題 35-2. 式(35-35)から，エネルギー準位の表式を求めよ．

36. 多原子分子の回転

多原子分子の回転と振動を扱うには，電子波動方程式(34-3)の解または経験式を $U_n(\xi)$ に入れて $\psi_{n,\nu}(\xi)$ の核波動方程式（式34-4）をつくり，適当な近似法で解けばよい．だがその直接法はむずかしいため，ふつうは回転－振動間の相互作用を無視した近似から出発する[2]．そのとき，核波動方程式は二つの式に分離できる．

そのひとつ**回転波動方程式**は，剛体の回転運動を表す．以下，二つの主慣性モーメントが等しい**対称コマ分子**(36a項)と，主慣性モーメントが三つとも異なる**非対称コマ分子**(36b項)を眺めよう．二つ目の**振動波動方程式**は分子の振動を表し，力がフックの法則に従う（ポテンシャルが核座標の二次関数に書ける）系を37節で扱おう．

36a. 対称コマ分子の回転　主慣性モーメント[3]三つのうち二つが等しい剛体を**対称コマ**といい，空間配置は図36-1のオイラー角 θ, φ, χ で表せる．θ と φ はコマの軸がとる向きを，χ（ときに ψ）は軸まわりの回転を意味する．

---

1) E. Fues, *Ann. d. Phys.* **80**, 367 (1926).
2) ただし C. Eckart, *Phys. Rev.* **47**, 552 (1935); J. H. van Vleck, *ibid.* **47**, 487 (1935); D. M. Dennison and M. Johnson, *ibid.* **47**, 93 (1935) 参照．
3) どんな物体も，運動エネルギーを簡潔に表せる三つの軸（**慣性主軸**）をもつ．主軸まわりの**慣性モーメント**は，密度 ρ，体積素片 $d\tau$，軸からの距離 r を使って $\int \rho r^2 d\tau$ と書ける．J. C. Slater and N. H. Frank, "Introduction to Theoretical Physics," p. 94, McGraw-Hill Book Company, Inc., New York, 1933 参照．

分子が n 回対称軸をもつとする．$n>2$（アンモニアなど）なら，対称軸に垂直な軸まわりの主慣性モーメント二つは等しい（対称コマ）．$n=2$ の分子（水など）は対称コマにならない．$n>2$ の対称軸を2本以上もつ球形コマ分子(p.211)だと，三つの慣性モーメントはみな等しい．

36. 多原子分子の回転

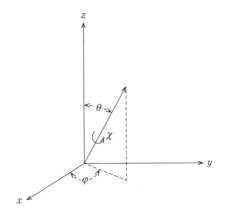

図 36-1　オイラー角

いままでは質点の集合だけを考え，剛体の波動方程式をつくるルールは述べていない．ただしルールの紹介は省き[1]，論文[2]にある対称コマの波動方程式を使おう．対称軸まわりの慣性モーメントを C，ほか二つの等価な慣性モーメントを A として，波動方程式はこう書ける．

$$\frac{1}{\sin\theta}\frac{\partial}{\partial\theta}\left(\sin\theta\frac{\partial\psi}{\partial\theta}\right)+\frac{1}{\sin^2\theta}\frac{\partial^2\psi}{\partial\varphi^2}+\left(\frac{\cos^2\theta}{\sin^2\theta}+\frac{A}{C}\right)\frac{\partial^2\psi}{\partial\chi^2}-\frac{2\cos\theta}{\sin^2\theta}\frac{\partial^2\psi}{\partial\chi\partial\varphi}$$
$$+\frac{8\pi^2 AW}{h^2}\psi=0 \qquad (36\text{-}1)$$

角 χ と φ は，微分変数としてだけ式中に顔を出す．つまり循環座標（4章・17節）だから，波動関数には，M, $K(0, \pm 1, \pm 2, \cdots)$ と一緒に次の形で入る．

$$\psi=\Theta(\theta)\mathrm{e}^{\mathrm{i}M\varphi}\mathrm{e}^{\mathrm{i}K\chi} \qquad (36\text{-}2)$$

上式を波動方程式に入れると，θ の方程式ができる．

$$\frac{1}{\sin\theta}\frac{\mathrm{d}}{\mathrm{d}\theta}\left(\sin\theta\frac{\mathrm{d}\Theta}{\mathrm{d}\theta}\right)-\left\{\frac{M^2}{\sin^2\theta}+\left(\frac{\cos^2\theta}{\sin^2\theta}+\frac{A}{C}\right)K^2\right.$$
$$\left.-2\frac{\cos\theta}{\sin^2\theta}KM-\frac{8\pi^2 A}{h^2}W\right\}\Theta=0 \qquad (36\text{-}3)$$

---

1) 剛体の力学は質点の力学をもとにするから，手順は4章に述べた規則にからむ．ハミルトニアンをデカルト座標ではない座標系で書く系の波動関数については B. Podolsky, *Phys. Rev.* **32**, 812 (1928) を，対称コマへの応用については続く文献を参照．

2) F. Reiche and H. Rademacher, *Z. f. Phys.* **39**, 444 (1926); **41**, 453 (1927); R. L. Kronig and I. I. Rabi, *Phys. Rev.* **29**, 262 (1927). 行列力学でエネルギー準位を計算した論文：D. M. Dennison, *Phys. Rev.* **28**, 318 (1926).

$\theta=0$ と $\theta=\pi$ が上式の特異点となる(17節). 次の変数変換で三角関数をなくす.

$$x = \frac{1}{2}(1-\cos\theta), \quad \Theta(\theta) = T(x) \tag{36-4}$$

同時に式(36-5)の表記を使えば，結果は式(36-6)になる．

$$\lambda = \frac{8\pi^2 A W}{h^2} - \frac{A}{C}K^2 \tag{36-5}$$

$$\frac{d}{dx}\left\{x(1-x)\frac{dT}{dx}\right\} + \left[\lambda - \frac{\{M+K(2x-1)\}^2}{4x(1-x)}\right]T = 0 \tag{36-6}$$

特異点(正則点)が $x=0,1$ に移ったため，指標方程式も $x=0,1$ で求める．$T(x) = x^s G(x)$ とおけば，17節の手順より $s = \frac{1}{2}|K-M|$ となる．また，次式の置換で $s' = \frac{1}{2}|K+M|$ だとわかる．

$$T(x) = (1-x)^{s'} H(1-x)$$

18c項の方法に従って次の置き換えもしよう．

$$\Theta(\theta) = T(x) = x^{1/2|K-M|}(1-x)^{1/2|K+M|}F(x) \tag{36-7}$$

そのとき F の微分方程式[1]は次の形になる．

$$x(1-x)\frac{d^2 F}{dx^2} + (\alpha - \beta x)\frac{dF}{dx} + \gamma F = 0 \tag{36-8}$$

$\alpha = |K-M|+1$
$\beta = |K+M|+|K-M|+2$
$\gamma = \lambda + K^2 - \left(\frac{1}{2}|K+M| + \frac{1}{2}|K-M|\right)\left(\frac{1}{2}|K+M| + \frac{1}{2}|K-M|+1\right)$

この段階で，多項式の方法が使える．次の級数を式(36-8)に入れ，漸化式(36-9)を得る．

$$F(x) = \sum_{\nu=0}^{\infty} a_\nu x^\nu$$

$$a_{j+1} = \frac{j(j-1) + \beta j - \gamma}{(j+1)(j+\alpha)} a_j \tag{36-9}$$

j 番目の項から先が切れるには(切れないと適切な波動関数でない)，式(36-9)の分子が0にならなければいけない．そのときエネルギー準位は次式に書ける．

$$W_{J,K} = \frac{h^2}{8\pi^2}\left\{\frac{J(J+1)}{A} + K^2\left(\frac{1}{C} - \frac{1}{A}\right)\right\} \tag{36-10}$$

$$J = j + \frac{1}{2}|K+M| + \frac{1}{2}|K-M| \tag{36-11}$$

---

1) 数学では**超幾何方程式**という．

つまり J は，$|K|$ と $|M|$ のうち大きいほうに等しいか，または大きい．すると量子数 J は 0 または正の整数だから，適切な量子数 3 種はこうなる．

$$\left.\begin{array}{l} J=0, 1, 2, \cdots \\ K=0, \pm 1, \pm 2, \cdots, \pm J \\ M=0, \pm 1, \pm 2, \cdots, \pm J \end{array}\right\} \tag{36-12}$$

全角運動量は $\sqrt{J(J+1)}\dfrac{h}{2\pi}$，コマの対称軸に沿う角運動量成分は $\dfrac{Kh}{2\pi}$，固定軸のどれかに沿う角運動量成分は $\dfrac{Mh}{2\pi}$ となる．

$K=0$ のとき W の式は，単純な回転子(35c 項の脚注)を表す．エネルギーは M にも K の符号にも関係しないから，ある J 値をもつ準位の縮退度は，$K=0$ か $K\neq 0$ に応じて $2J+1$ か $4J+2$ になる．エネルギー準位の姿[1] は A と C の比で変わる(図 36-2)．

波動関数は漸化式(36-9)をもとにつくれる．超幾何関数[2] $F(a, b; c; x)$ を使い，$x=\dfrac{1}{2}(1-\cos\theta)$ と式(36-14)の記号も使うと，波動関数は次式に書ける．

$$\psi_{JKM}(\theta, \varphi, \chi) = N_{JKM}\, x^{\frac{1}{2}|K-M|}(1-x)^{\frac{1}{2}|K+M|} e^{i(M\varphi+K\chi)}$$
$$F\left(-J+\tfrac{1}{2}\beta-1,\ J+\tfrac{1}{2}\beta;\ 1+|K-M|;\ x\right) \tag{36-13}$$

$$N_{JKM} = \left\{\frac{(2J+1)(J+\tfrac{1}{2}|K+M|+\tfrac{1}{2}|K-M|)!}{8\pi^2(J-\tfrac{1}{2}|K+M|-\tfrac{1}{2}|K-M|)!(|K-M|!)^2}\right.$$
$$\left.\times \frac{(J-\tfrac{1}{2}|K+M|+\tfrac{1}{2}|K-M|)!}{(J+\tfrac{1}{2}|K+M|-\tfrac{1}{2}|K-M|)!}\right\}^{\frac{1}{2}} \tag{36-14}$$

主慣性モーメントが三つとも同じ**球形コマ分子**(メタン，四塩化炭素，六フッ化硫黄など)なら，エネルギー準位はとくに簡単な姿をもつ(問題 36-2)．

部分的に自由回転できる分子の回転運動も検討できる．ニールセン[3] はメチル基 2 個が C—C 軸まわりに自由回転するとしてエタン分子を扱い，ラコステ[4] はメチル基 4 個が結合軸まわりに自由回転するとしてテトラメチルメタン分子を扱った．

---

[1] エネルギーとスペクトル線の姿は D. M. Dennison, *Rev. Mod. Phys.* **3**, 280(1931)参照．
[2] Whittaker and Watson, "Modern Analysis," Chap. 14.
[3] H. H. Nielsen, *Phys. Rev.* **40**, 445(1932).
[4] I. J. B. La Coste, *Phys. Rev.* **46**, 718(1934).

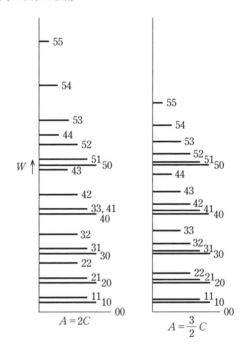

図 36-2 $A=2C$ と $A=\frac{3}{2}C$ の対称コマ分子の
エネルギー準位(量子数 JK の値を付記)

問題 36-1. 式(36-9)を使い，量子数の冒頭数個に関する多項式 $F(x)$ をつくれ．

問題 36-2. 球形コマ分子の回転エネルギー準位を表す式をつくり，準位の縮退を考察せよ．
C—H 間の距離を 1.06 Å とし，メタン分子がもつ低準位 6 個の項値を計算してみよ．

36b. 非対称コマ分子の回転

主慣性モーメントが三つとも異なる**非対称コマ分子**の回転は，前項の対称コマ分子よりずっと扱いにくい．とはいえ分子スペクトルを解釈できた例もあるから，ざっと紹介しておこう．

まず形式的な波動方程式を書く．

$$H\phi = W\phi \tag{36-15}$$

対称コマ分子が従う波動方程式の解は完全直交系をつくるため，それを使って波動関数 ϕ を次のように展開しよう．

$$\psi = \sum_{JKM} a_{JKM} \psi^0_{JKM} \qquad (36\text{-}16)$$

ψ^0_{JKM} は，慣性モーメントが A_0, $B_0(=A_0)$, C_0 の仮想的な対称コマ分子の波動関数を表す．非対称コマ分子が従う波動方程式の解に級数(36-16)を使い，対応する永年方程式をつくれば(7章・27a項)，0 でない積分は，$J=M$ の関数どうしだけだとわかる．すると永年方程式は，次の姿をもつ変分関数に応じた代数式に因数分解できる[1]．

$$\psi_{J\sigma M} = \sum_{K=-J}^{+J} a_{JKM} \psi^0_{JKM} \qquad (36\text{-}17)$$

上式を式(36-15)に入れるとこうなる．

$$\sum_K a_K H \psi^0_K = W \sum_K a_K \psi^0_K \qquad (36\text{-}18)$$

簡単のため，添え字 J と M は省いた．以下の話では J と M が決まっているものとする．上式に ψ^{0*}_L をかけて積分し，記号 δ_{LK} ($L=K$ なら 1，それ以外は 0) と $H_{LK} = \int \psi^{0*}_L H \psi^0_K d\tau$ を使えば，係数 a_K に関する次の連立一次方程式ができる．

$$\sum_K a_K (H_{LK} - \delta_{LK} W) = 0 \qquad L = -J, -J+1, \cdots, +J \qquad (36\text{-}19)$$

連立方程式は，W が次の永年方程式を満たすときにだけ解をもつ．

$$\begin{vmatrix} H_{-J,-J} - W & H_{-J,-J+1} & \cdots & H_{-J,J} \\ H_{-J+1,-J} & H_{-J+1,-J+1} - W & \cdots & H_{-J+1,J} \\ \cdots & \cdots & \cdots & \cdots \\ H_{J,-J} & H_{J,-J+1} & \cdots & H_{J,J} - W \end{vmatrix} = 0 \qquad (36\text{-}20)$$

出てくる W 値が，非対称コマ分子の回転エネルギーにほかならない．ワン[2]は積分 H_{LK} を計算し，永年方程式をさらに簡単化した．スペクトルの回転微細構造も，水[3]や硫化水素[4]，ホルムアルデヒド[5]などで研究されている．

37. 多原子分子の振動

ふつう多原子分子の振動は，二原子分子(35c項)と同様，原子間の力が単純な

---

1) J を全角運動量，M を固定軸に沿う成分とみても同じ結果になる(15章・52節)．
2) S. C. Wang, *Phys. Rev.* **34**, 243(1929). H. A. Kramers and G. P. Ittmann, *Z. f. Phys.* **53**, 553(1929); **58**, 217(1929); **60**, 663(1930); O. Klein, *Z. f. Phys.* **58**, 730(1929); E. E. Witmer, *Proc. Nat. Acad. Sci.* **13**, 60(1927); H. H. Nielsen, *Phys. Rev.* **38**, 1432(1931) も参照．
3) R. Mecke, *Z. f. Phys.* **81**, 313(1933).
4) P. C. Cross, *Phys. Rev.* **47**, 7(1935).
5) G. H. Dieke and G. B. Kistiakowsky, *Phys. Rev.* **45**, 4(1934).

フックの法則に従うとして扱う．もっと正確な扱いには摂動法を使う．

フックの力を仮定したうえ，**基準座標**の発想を使うと解きやすくなる．基準座標は古典力学にも量子力学にも当てはまる．まずはガイドとして古典力学の方法を眺めよう．

37a. 古典力学の基準座標
分子内にある核 n 個を，各平衡位置を原点とした直交座標で表す（図37-1）．座標 $q'_1, q'_2, \cdots, q'_{3n}$ を使い，核 i の質量を M_i として運動エネルギーはこう書ける．

$$T = \frac{1}{2} \sum_{i=1}^{3n} M_i \dot{q}'^2_i \tag{37-1}$$

式(37-2)の変数変換をすれば，質量をあらわに含まない式(37-3)ができる．

$$q_i = \sqrt{M_i}\, q'_i \qquad i = 1, 2, \cdots, 3n \tag{37-2}$$

$$T = \frac{1}{2} \sum \dot{q}_i^2 \tag{37-3}$$

位置エネルギー（ポテンシャルエネルギー）V は座標 q_i の関数になる．振幅は小さいとして，V を次のテイラー級数に展開しよう．

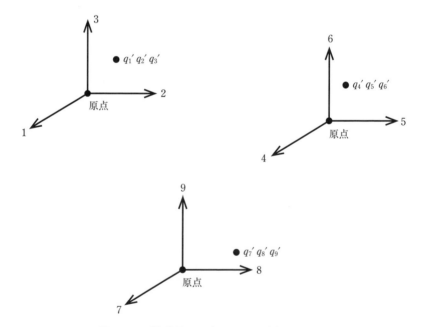

図 37-1 平衡位置から測った原子の座標 $q'_1, \cdots, q'_{3n}$

$$V(q_1, q_2, \cdots, q_{3n}) = V_0 + \sum_i \left(\frac{\partial V}{\partial q_i}\right)_0 q_i + \frac{1}{2}\sum_{ij} b_{ij} q_i q_j + \cdots \quad (37\text{-}4)$$

$$b_{ij} = \left(\frac{\partial^2 V}{\partial q_i \partial q_j}\right)_0$$

添え字 0 は，点 $q_1=0, q_2=0, \cdots$ での導関数を表す．$q_1, q_2 \cdots$ が 0 のとき $V=0$ になる尺度を使えば，$V_0=0$ としてよい．また，座標軸を上記のように選ぶと，$q_1=0, q_2=0 \cdots$ が平衡位置となり，次式が平衡条件だから，第 2 項も 0 に等しい．

$$\left(\frac{\partial V}{\partial q_i}\right)_0 = 0 \qquad i=1, 2, \cdots, 3n \quad (37\text{-}5)$$

以上より，高次の項を省いて次式が成り立つ．

$$V(q_1, q_2, \cdots, q_{3n}) = \frac{1}{2}\sum_{ij} b_{ij} q_i q_j \quad (37\text{-}6)$$

古典力学の運動方程式をラグランジュ形式(1章・1c項)に書こう．運動エネルギー T は速度 $\dot{q}_i$ だけ，位置エネルギー V は座標 q_i だけの関数だからこうなる．

$$\frac{d}{dt}\left(\frac{\partial T}{\partial \dot{q}_k}\right) + \frac{\partial V}{\partial q_k} = 0 \qquad k=1, 2, \cdots, 3n \quad (37\text{-}7)$$

上に書いた T と V の表式を入れ，運動方程式は次のように書ける．

$$\ddot{q}_k + \sum_i b_{ik} q_i = 0 \qquad k=1, 2, \cdots, 3n \quad (37\text{-}8)$$

V が q_i^2 だけを含み，交差積 $q_i q_j$ を含まない($i \neq j$ のとき $b_{ij}=0$)なら，運動方程式は次式になり，すぐ解けて式(37-10)の結果が出る(1a項)．q_k^0 は振幅定数，δ_k は位相定数を表す．

$$\ddot{q}_k + b_{kk} q_k = 0 \qquad k=1, 2, \cdots, 3n \quad (37\text{-}9)$$

$$q_k = q_k^0 \sin(\sqrt{b_{kk}}\, t + \delta_k) \qquad k=1, 2, \cdots, 3n \quad (37\text{-}10)$$

つまりこの特殊ケースだと，座標 q_k それぞれが調和振動し，振動数は定数 b_{kk} で決まる．

通常，簡単な変数変換だけで，運動方程式は式(37-8)から式(37-9)の形に変わる．つまり，位置エネルギーから交差積を消し，運動エネルギーの式を(37-3)の形に保てる．変換後の座標を $Q_l(l=1,2,\cdots,3n)$ とすれば，運動エネルギーは式(37-11)，位置エネルギーは式(37-12)の形に書けて，運動方程式の解は式(37-13)になる．

$$T = \frac{1}{2}\sum_l \dot{Q}_l^2 \quad (37\text{-}11)$$

$$V = \frac{1}{2}\sum_l \lambda_l Q_l^2 \quad (37\text{-}12)$$

$$Q_l = Q_l^0 \sin(\sqrt{\lambda_l} t + \delta_l) \qquad l = 1, 2, \cdots, 3n \qquad (37\text{-}13)$$

$q \to Q$ の変換式は,関数 T と V の考察をせず,運動方程式を使っても見つかる.振幅定数 Q_l^0 のうち1個(たとえば Q_1^0)以外が0なら,Q_1 は式(37-13)に従う時間変化をする.また,q と Q は次の線形関係にあるため,各 q も式(37-15)の時間変化をする.

$$q_k = \sum_{l=1}^{3n} B_{kl} Q_l \qquad (37\text{-}14)$$

$$q_k = A_k \sin(\sqrt{\lambda} t + \delta_1) \qquad k = 1, 2, \cdots, 3n \qquad (37\text{-}15)$$

上式の A_k は $B_{k1} Q_1^0$ を,λ は λ_1 を表す(Q_1 は励起座標).以上を式(37-8)に入れると,$3n$ 個の未知数 A_k を含む次の連立一次方程式($3n$ 個)ができる.

$$-\lambda A_k + \sum_{i=1}^{3n} b_{ik} A_i = 0 \qquad k = 1, 2, \cdots, 3n \qquad (37\text{-}16)$$

もはやおなじみのとおり(6章・24節,7章・26d項),次の行列式が成り立つ場合にかぎって,方程式は無意味な $A_1 = A_2 = \cdots = 0$ 以外の解をもつ.

$$\begin{vmatrix} b_{11} - \lambda & b_{12} & \cdots & b_{13n} \\ b_{21} & b_{22} - \lambda & \cdots & b_{23n} \\ \cdots & \cdots & \cdots & \cdots \\ b_{3n1} & b_{3n2} & \cdots & b_{3n3n} - \lambda \end{vmatrix} = 0 \qquad (37\text{-}17)$$

つまり式(37-15)は,λ が方程式(37-17)の根($3n$ 個)のどれかに等しいときにだけ,運動方程式の解になる(ときに根の一部が重複).根のひとつが見つかれば,式(37-16)に入れて A の比[1]が求まる.

次式の変数と式(37-19)の付加条件を使えば,Q_l^0 を勝手な値にしたまま B_{kl} の値が決まる(l は永年方程式の根 λ_l に対応).

$$A_{kl} = B_{kl} Q_l^0 \qquad (37\text{-}18)$$

$$\sum_k B_{kl}^2 = 1 \qquad (37\text{-}19)$$

こうして,永年方程式の根ごとに運動方程式の特解 $3n$ 個を得た.足し合わせると,次の一般解になる.

$$q_k = \sum_{l=1}^{3n} Q_l^0 B_{kl} \sin(\sqrt{\lambda_l} t + \delta_l) \qquad (37\text{-}20)$$

上式の解が含む未定の量,**振幅 Q_l^0** と**位相 δ_l**(計 $6n$ 個)は,核 n 個の初期位置

---

[1] 同次方程式だから,A の比だけが決まる.値そのものは B_{kl} に関する付加条件(37-19)が決める.

と初期速度がわかれば決まる．

以上で古典力学の問題は解け，初期条件を与えれば核の位置の時間変化が決まる．以下，解の性質を調べよう．上述のとおり，Q_l^0 以外の Q_l^0 がみな 0 となる状況で分子を振動させると，解はこうなる．

$$q_k = Q_l^0 B_{kl} \sin(\sqrt{\lambda_l}\, t + \delta_l) \qquad k = 1, 2, \cdots, 3n \tag{37-21}$$

つまり核それぞれは，次式の振動数で平衡位置まわりの調和振動をする．

$$\nu_l = \frac{\sqrt{\lambda_l}}{2\pi} \tag{37-22}$$

どの核も同じ振動数と位相で動く（平衡位置を通るのも，最大振幅になるのも同時）．ただし振幅は，B_{kl} 値と Q_l^0 で決まる初期振幅に応じ，核ごとにちがう．式(37-21)に従い，そんな性質の振動を，系の**基準振動**という（図 37-2）．

ただし，核の初期振動と初期速度を特殊な形にかぎる必要はない．Q_l^0 の多くが 0 でないような出発点も選べる．そんなとき，引き続く核の運動は，振動数 $\frac{\sqrt{\lambda_l}}{2\pi}$ と振幅 Q_l^0 をもつ基準振動の重ね合わせとみればよい．基準振動そのものは単純でも，現実の運動はたいへん複雑な姿になりうる．

式(37-14)に使った Q_l を系の**基準座標**とよぶ．基準座標は，最初の座標 q_i と同様，系の配置状態をひとつに決める．

V の展開式(37-4)は，核が平衡位置から遠ざかると成り立たない．つまり，分子全体の並進も回転もないと仮定している．永年方程式の根 λ_l のうちに 0 が 6 個[1] ある事実（証明は略）が，そのことにからむ．根が意味する基準運動 6 個は，振動数が 0 だから振動ではなく，x, y, z 方向の並進運動三つと，x, y, z 軸に

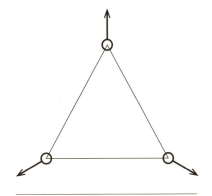

図 37-2 対称三原子分子がもつ基準振動のひとつ．各原子は内外に向け放射状に動く．どの原子も振動数と位相が同じ（図の例なら振幅も同じ）．

---

[1] 回転の自由度が 2 の直線分子なら 5 個になる．

沿う回転運動三つにあたる．

37b. 量子力学の基準座標　前項のように式(37-14)の係数 B_{kl} が決まるとき，q_k の変換式(37-14)を位置エネルギー V の式に入れるとこうなる．

$$V = \frac{1}{2}\sum_{ij} b_{ij} q_i q_j = \frac{1}{2}\sum_l \lambda_l Q_l^2 \tag{37-23}$$

つまり基準座標に変換すれば，V の式から交差積が消える[1]．またその変換は，運動エネルギー T の形を変えない[2]．

$$T = \frac{1}{2}\sum_i \dot{q}_i^2 = \frac{1}{2}\sum_l \dot{Q}_l^2 \tag{37-24}$$

以上に注目すれば，多原子分子の振動を量子力学でも扱える．

核の運動は，式(34-4)の核波動関数 $\phi_{n,\nu}(\xi)$ を ϕ として，次の波動方程式に書ける．

$$\sum_{j=1}^{n} \frac{1}{M_j} \nabla_j^2 \phi + \frac{8\pi^2}{h^2}(W-V)\phi = 0 \tag{37-25}$$

先述のデカルト座標 q_i'（図37-1）を使ってこう書こう．

$$\sum_{j=1}^{n} \frac{1}{M_j} \nabla_j^2 \phi = \sum_{i=1}^{3n} \frac{1}{M_i} \frac{\partial^2 \phi}{\partial q_i'^2} \tag{37-26}$$

式(37-2)の変換で M を消すと，波動方程式は次の姿になる．

$$\sum_{i=1}^{3n} \frac{\partial^2 \phi}{\partial q_i^2} + \frac{8\pi^2}{h^2}(W-V)\phi = 0 \tag{37-27}$$

ここで基準座標 Q_l を使う．直交変換は最初の和がもつ姿を変えないため，式(37-23)も使って波動方程式はこう書ける．

$$\sum_{l=1}^{3n} \frac{\partial^2 \phi}{\partial Q_l^2} + \frac{8\pi^2}{h^2}\left(W - \frac{1}{2}\sum_{l=1}^{3n} \lambda_l Q_l^2\right)\phi = 0 \tag{37-28}$$

上式は，$3n$ 個の一次元方程式に分離できる．次式を仮定し，一次元調和振動子を表す方程式（3章・11a項）と同形の式(37-30)を得る．

$$\phi = \phi_1(Q_1)\phi_2(Q_2)\cdots\phi_{3n}(Q_{3n}) \tag{37-29}$$

$$\frac{d^2\phi_k}{dQ_k^2} + \frac{8\pi^2}{h^2}\left(W_k - \frac{1}{2}\lambda_k Q_k^2\right)\phi_k = 0 \tag{37-30}$$

全エネルギー W は，各基準座標に伴うエネルギー W_k の和に書ける．

$$W = \sum_{k=1}^{3n} W_k \tag{37-31}$$

---

1) E. T. Whittaker, "Analytical Dynamics," Sec. 77, Cambridge University Press, 1927 参照．
2) 単純な2乗和を変えない変換は**直交変換**という．

調和振動子のエネルギー準位は，量子数 v と，古典論の振動数 ν_0 を使って $(v+\frac{1}{2})h\nu_0$ と書けた（11a 項）．多原子分子に適用すれば，量子数を $v_k(0,1,2,\cdots)$，k 番目の基準振動の古典的な振動数を ν_k としてこう書ける．

$$W = \sum_k W_k = \sum_k \left(v_k + \frac{1}{2}\right)h\nu_k \tag{37-32}$$

式(37-22)より，次の関係も成り立つ．

$$\nu_k = \frac{\sqrt{\lambda_k}}{2\pi} \tag{37-33}$$

こうして多原子分子のエネルギー準位はたいへん複雑になる．とはいえ，分子が吸収・放出する**基本振動数**，つまり 1 個の量子数 ν_k が ±1 だけ変わる遷移の振動数は，古典論の振動数 $\nu_1, \nu_2, \cdots, \nu_{3n}$ に等しい．

以上の扱いが，多原子分子の振動スペクトル解釈を大きく進めた．永年方程式を解くには，数学の群論をもとにした対称性の考察が大いに役立っている[1]．

38. 結晶内の分子回転

前章では自由分子の回転と振動を考察した．結晶内の分子（や分子の一部）も，十分な高温なら回転できる[2]．その問題に量子力学を使うと[2,3]，結晶内の分子運動が明るみに出る．結晶内の分子回転は，炭化水素分子がもつメチル基の回転[4]など，分子内の相対運動に密接な関連をもつ．

結晶内の二原子分子を剛体回転子とみよう．波動方程式は，軸の極座標を θ と φ，分子の慣性モーメントを I として，自由回転子の式（35c 項脚注）にポテンシャル V を入れた姿をもつ．

$$\frac{1}{\sin\theta}\frac{\partial}{\partial\theta}\left(\sin\theta\frac{\partial\psi}{\partial\theta}\right) + \frac{1}{\sin^2\theta}\frac{\partial^2\psi}{\partial\varphi^2} + \frac{8\pi^2 I}{h^2}(W-V)\psi = 0 \tag{38-1}$$

V は，注目する分子に他分子が及ぼす影響を近似したものとする．対象分子が O_2 や H_2 など二原子分子なら，合理的な V はこう書ける（図38-1）．

---

1) C. J. Brester, *Z. f. Phys.* **24**, 324 (1924); E. Wigner, *Göttinger Nachr.* 133 (1930); G. Placzek, *Z. f. Phys.* **70**, 84 (1931); E. B. Wilson, Jr., *Phys. Rev.* **45**, 706 (1934); *J. Chem. Phys.* **2**, 432 (1934).
2) L. Pauling, *Phys. Rev.* **36**, 430 (1930). 平面回転子の解析と実測データを紹介した論文．
3) T. E. Stern, *Proc. Roy. Soc.* **A130**, 551 (1931).
4) E. Teller and K. Weigert, *Göttinger Nachr.* 218 (1933); J. E. Lennard-Jones and H. H. M. Pike, *Trans. Faraday Soc.* **30**, 830 (1394). メチル基の自由回転（36a 項）に言及．

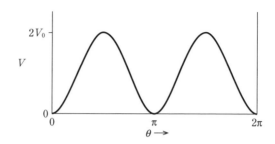

図 38-1 結晶における対称二原子分子の理想化ポテンシャル関数

$$V = V_0(1-\cos 2\theta) \tag{38-2}$$

対称分子を回しても V が変わらないため,周期は π になる.

V を上記の形にした波動方程式(38-1)はシュテルン[1]が調べた(ウィルソン[2]の解析法を利用).二人はまず5章・18c項と同じやりかたで方程式を解き,3項の漸化式を得た.漸化式からエネルギーを出す方法は,12章・42c項で紹介する手順に近い.

計算の手順は,二つの極限を考えるとわかりやすい.分子のエネルギーが V_0 より小さい低温なら,極小付近の V は放物線とみてよい.そのときエネルギー準位は二次元調和振動子の姿に等しく,波動関数の面でも,分子は平衡位置まわりの振動だけを続け,向きの入れ替わりはないだろう.分子のエネルギーが V_0 より大きい高温だと,波動関数もエネルギーは自由回転子の姿(35c項脚注)に近づき,向きの入れ替わりも起こる.

中間的なエネルギーでは,振動—回転間に連続的な遷移がありうる.つまり,向きの入れ替えも有限な確率で起きる.古典力学なら回転と振動のエネルギーはくっきりと二分されるため,量子力学に特有の効果だといえる.

回転—振動間の遷移は,k をボルツマン定数としてほぼ温度 $T = \frac{2V_0}{k}$ で起きる.その温度は,塩化水素やメタン,ハロゲン化アンモニウムの結晶だと融点より低く,実測の熱容量曲線に転移点を生む.固体水素なら,最低エネルギー準位さえ回転のエネルギー範囲にある(熱力学第三法則にからむ事実).

問題 38-1. 上記の系を「摂動のある剛体回転子」とみて,場による回転子準位の分裂を調

---

1) T. E. Stern,前記の論文.
2) A. H. Wilson, *Proc. Roy. Soc.* **A118**, 628 (1928).

べ，摂動の大きさと遷移しやすさの関係をエネルギー準位図で考察せよ．

一般的な参考書

A. E. Ruark and H. C. Urey: "Atoms, Molecules and Quanta," Chap. 12, McGraw-Hill Book Company, Inc., New York, 1930. 実測分子スペクトルの一般論と理論的な扱い．

W. Weizel: "Bandenspektren," Handbuch der Experimentalphysik (Wien-Harms), Ergänzungsband I. 二原子分子の理論と結果に関する考察．多原子分子にも言及．

D. M. Dennison: Rev. Mod. Phys. **3**, 280 (1931). 多原子分子の回転・振動スペクトルの考察．

R. L. Kronig: "Band Spectra and Molecular Structure," Cambridge University Press, 1930. 電子スピンも考えた二原子分子スペクトルの理論．

A. Schaefer and F. Matossi: "Das Ultrarote Spektrum," Springer, Berlin, 1930. 赤外線分光学の原理と実測結果．

K. W. F. Kohlrausch: "Der Smekal-Raman-Effekt," Springer, Berlin, 1931. G. Placzek: "Rayleigh-Streuung und Ramaneffekt," Handbuch der Radiologie, Vol. 6, Akademische Verlagsgesellschaft, Leipzig, 1934.

E. Teller: "Theorie der langwelligen Molekülspektren," Hand-und Jahrbuch der chemischen Physik, Vol. 9, Akademische Verlagsgesellschaft, Leipzig, 1934.

11章

時間を含む摂動論
——放射の放出・吸収と共鳴現象

~~~~~~

39. 時間を含む摂動

　摂動論には2種がある．シュレーディンガー提案の方法では，時間に無関係な摂動を受ける定常状態系のエネルギーと波動関数を求めた(6章)．以下で眺める二つ目はディラック[1]が提案し，摂動が引き起こす系の時間変化を調べ，定常状態間で起こる遷移の確率などをつかむ(放射の放出・吸収を次節で検討)．ディラックのやりかたは**定数変化の理論**ともいう．名前の意味はいずれわかる．

　摂動がないとき，時間を含む波動方程式は式(39-1)，規格化された解は式(39-2)に書ける．

$$H^0 \Psi^0 = -\frac{h}{2\pi i}\frac{\partial \Psi^0}{\partial t} \tag{39-1}$$

$$\Psi^0 = \sum_{n=0}^{\infty} a_n \Psi_n^0 \tag{39-2}$$

係数 a_n は $\sum_n a_n^* a_n = 1$ を満たし，定常状態の波動関数 Ψ_n^0 には，エネルギー $W_0^0, W_1^0, \cdots, W_n^0$ が伴う．現実のハミルトニアンは，時間 t によらない H^0 と，座標と時間の両方を含む摂動項 H' の和としよう[2]（H' は時刻 $t_1 < t < t_2$ だけで働いてもよい）．摂動の結果を無摂動波動関数で展開するために，次の波動方程式を考える．

$$(H^0 + H')\Psi = -\frac{h}{2\pi i}\frac{\partial \Psi}{\partial t} \tag{39-3}$$

上式に合う波動関数は，系の座標と時間を含む．ある時刻 t' の $\Psi(t')$ が座標だ

---

[1] P. A. M. Dirac, *Proc. Roy. Soc.* **A112**, 661 (1926); **A114**, 243 (1927)．一般性の低い考察：シュレーディンガーの第4論文(1926年)と J. C. Slater, *Proc. Nat. Acad. Sci.* **13**, 7 (1927)．

[2] H' が運動量(p_x など)を含むなら，$p_x = \frac{h}{2\pi i}\frac{\partial}{\partial x}$ のように置換する．

けの関数なら，$t=t'$(定数)とした無摂動の直交関数系 $\Psi_n^0(x_1, \cdots, z_N, t')$ と定数 a_n を使い，Ψ は次のように展開できる(6章・22節)．

$$\Psi(x_1, \cdots, z_N, t') = \sum_n a_n \Psi_n^0(x_1, \cdots, z_N, t') \tag{39-4}$$

ほかの時刻 t だと，別の定数 a_n を使って同様に展開すればよい．つまり式(39-3)の一般解は，t だけの関数 $a_n(t)$ を使ってこう書ける．

$$\Psi(x_1, \cdots, z_N, t) = \sum_n a_n(t) \Psi_n^0(x_1, \cdots, z_N, t) \tag{39-5}$$

こうした関数の性質をみるため，式(39-5)を式(39-3)に入れて次式としよう．

$$\sum_n a_n(t) H^0 \Psi_n^0 + \sum_n a_n(t) H' \Psi_n^0 = -\frac{h}{2\pi i}\sum_n \dot{a}_n(t) \Psi_n^0 - \frac{h}{2\pi i}\sum_n a_n(t) \frac{\partial \Psi_n^0}{\partial t}$$

式(39-1)と(39-2)より，最初と最後の項が打ち消し合って次式が残る．

$$-\frac{h}{2\pi i}\sum_n \dot{a}_n(t) \Psi_n^0 = \sum_n a_n(t) H' \Psi_n^0$$

Ψ_m^{0*} をかけ，全空間で積分する．波動関数の直交性より，左辺にある項のうち $n=m$ 以外はみな 0 だから，関数 $a_m(t)$ についての連立微分方程式(次式)ができ，特別な場合には解ける．

$$\dot{a}_m(t) = -\frac{2\pi i}{h}\sum_{n=0}^{\infty} a_n(t) \int \Psi_m^{0*} H' \Psi_n^0 d\tau \qquad m=0,1,2,\cdots \tag{39-6}$$

39a. 簡単な例 エネルギー測定などから，時刻 $t=0$ で定常状態にあるとわかっている系を考えよう．系の波動関数 Ψ_l^0 を表す l は，決まった値をもつ．短い時間 t' だけ，一定の弱い摂動 H' が働くとする．そのとき，右辺にある $n=l$ 以外の項はみな無視し，$a_l(t)$ だけを残してよければ，式(39-6)は解ける．

a_l が従う微分方程式は，記号 $H'_{ll} = \int \Psi_l^{0*} H' \Psi_l^0 d\tau$ を使うと次式に書けて，$t=0$ で $a_l=1$ なら，式(39-7)が解になる($m=l$ の場合)．

$$\frac{da_l(t)}{dt} = -\frac{2\pi i}{h} a_l(t) H'_{ll}$$

$$a_l(t) = e^{-2\pi i H'_{ll} t/h} \qquad 0 \leq t \leq t' \tag{39-7}$$

上式は，摂動が働く時間内に進む係数 a_l の変化を表す．波動関数のほうは，$m \neq l$ の項を無視してこう書ける．

$$a_l(t) \Psi_l^0 = \psi_l^0 e^{-\frac{2\pi i}{h}(W^0 + H'_{ll})t}$$

シュレーディンガーの理論と同様，時間の関数が一次エネルギー $W^0 + H'_{ll}$ を含むため，2種類の摂動論は密接な関連をもつ．

次に，方程式群(39-6)のうち，$m \neq l$ の係数 $a_m(t)$ を表す部分を考えよう．右

辺の a_l を初期値 $a_l(0)=1$ にし[1]，ほか全部の a_n を無視すれば，次の近似的な方程式ができる．

$$\frac{\mathrm{d}a_m(t)}{\mathrm{d}t} = -\frac{2\pi\mathrm{i}}{h}\int \Psi_m^{0*} H' \Psi_l^0 \mathrm{d}\tau$$

式(39-8)の記号を使い，次のように書き直そう．

$$\mathrm{d}a_m(t) = -\frac{2\pi\mathrm{i}}{h} H'_{ml} \mathrm{e}^{-\frac{2\pi\mathrm{i}(W_l-W_m)t}{h}} \mathrm{d}t \qquad 0 \leq t \leq t',\ m \neq l$$

$$H'_{ml} = \int \phi_m^{0*} H' \phi_l^0 \mathrm{d}\tau \tag{39-8}$$

H'_{ml} は，時刻 $0 \leq t \leq t'$ で時間に関係しないとみたうえ，時間を含む波動関数 (Ψ_m^{0*}, Ψ_l^0) を振幅関数 (ϕ_m^{0*}, ϕ_l^0) と対応する時間因子(指数関数)で表したため，時間 t に関係しない．具体的な積分範囲を使い，「$m \neq l$ で $a_m(0)=0$」に注意して積分した結果はこうなる．

$$a_m(t') = H'_{ml} \frac{1-\mathrm{e}^{\frac{2\pi\mathrm{i}(W_m-W_l)t'}{h}}}{W_m-W_l} \qquad m \neq l \tag{39-9}$$

添え字 l は初期状態，m は別の状態を表す．$t' < h/(W_m-W_l)$ なら，上式は次のように展開できる．

$$a_m(t') = -\frac{2\pi\mathrm{i}}{h} H'_{ml} t' \qquad m \neq l \tag{39-10}$$

$t=0$ で Ψ_l^0 だった波動関数の近似形は，時刻 t' で次式になる(和の記号につけた $'$ は，$m=l$ 以外の項を意味)．a_l は1に近く，a_m はたいへん小さい．

$$\Psi(t') = a_l(t') \Psi_l^0 + {\sum_m}' a_m(t') \Psi_m^0 \tag{39-11}$$

孤立系なら上の波動関数は，時刻 t' からあとの系を表す．系の定常状態(エネルギーなど)を観測するとしよう．系が m 番目の定常状態にある確率は $a_m^* a_m$ と書ける．

その際，波動関数の解釈を拡げる必要が生じる．時刻 t で系がもつ力学量の平均値は，波動関数から予測できると3章・10c項，4章・12d項に述べた．$\Psi = \sum_n a_n \Psi_n^0$ に従う系で，エネルギーの平均値は $\overline{W} = \sum_n a_n^* a_n W_n^0$ と書ける．ただし，一定エネルギー値は定常状態の波動関数に対応するため(10c項)，実測値は W_0^0, W_1^0, W_2^0, ... のどれかだろう．するとエネルギーを測った際の波動関数は，$\Psi = \sum_n a_n \Psi_n^0$ ではなく，$\Psi_0^0, \Psi_1^0, \Psi_2^0, \cdots$ のどれかひとつに決まる．

---

[1] $a_l(t)$ の式(39-7)を $a_l(0)=1$ の代わりに使っても，結果はとくに改善されない．

つまり波動関数は現実の系ではなく,「系についての知識」を表す. 時間 $t=0$ で系のエネルギーが W_l^0 だとわかれば,波動関数は Ψ_l^0 だと思ってよい(ただし Ψ_l^0 自体はわからない. わかるのは確率分布 $\Psi_l^{0*}\Psi_l^0$ だけ).

時刻 t' では,$t=0$ の波動関数が Ψ_l^0 だったことと,$t=0\sim t'$ の間に摂動 H' が働いたことを知っているから,系のありさまを式(39-11), (39-10), (39-8)の波動関数で表し,系が m 番目の定常状態にある確率は $a_m^* a_m$ だと予言できる. 孤立系なら, その波動関数が系を表す. 素性のわかった摂動が働けば,先述の手順で新しい波動関数が見つかる. 測定の際に働く摂動の度合いが不明なら先述の手順はもはや使えないため,実測結果と合う新しい波動関数を系に割り振る(くわしくは15章).

式(39-10)より,t' が小さいとき,系が初期状態 l から定常状態 m に遷移する確率は次式に書ける.

$$a_m^* a_m = \frac{4\pi^2}{h^2} H'^*_{ml} H'_{ml} t'^2 \qquad (39\text{-}12)$$

t' そのものではなく,t' の2乗に比例する点に注意しよう. たいていの実験では,系がどれかひとつの状態に移る確率ではなく,近接した状態群に移る確率の積分値が観測される. 基本式(39-6)を解いたあと積分すれば,t' が小さいとき,積分結果(遷移確率)も時間 t' の1乗に比例することになる(40b項).

40. 放射の放出と吸収

物質—放射系の量子力学は未確立なので,原子や分子による放射の放出・吸収を考察するには,古典電磁気学に頼る近似を使う. 最良の扱いはディラック[1] が提案し,放射の自然放出・吸収と誘導放出を表す式を得た. ただし彼の理論は複雑だから,ずっと単純な理論を紹介しよう. 以下では吸収と誘導放出だけを扱う. その二つを自然放出と関連づけるため,まず放射の放出と吸収を表すアインシュタインの一般論を眺める.

40a. アインシュタインの遷移確率 古典電磁気学によると,加速された荷電粒子は放射の形でエネルギーを出すほか,温度 T の環境中で放射エネルギーを吸収もする. 吸収と放出の比は古典論で表現でき,両者は平衡に達する. 量子化

---

[1] P. A. M. Dirac, *Proc. Roy. Soc.* **A112**, 661 (1926); **A114**, 243 (1927); J. C. Slater, *Proc. Nat. Acad. Sci.* **13**, 7 (1927).

40. 放射の放出と吸収

系(原子や分子)でどうなるかは，1916年にアインシュタイン[1]が調べた．

縮退がない系の定常状態 m と n を考え，エネルギー値は W_m, $W_n (W_m > W_n)$ とする．ボーアの振動数条件によれば，状態間の遷移は，次式の振動数をもつ放射の放出ないし吸収を伴う．

$$\nu_{mn} = \frac{W_m - W_n}{h}$$

系は，注目する振動数の範囲で密度 $\rho(\nu_{mn})$ の環境中，低い準位 n にあるとしよう[単位体積あたり，振動数 $\nu \sim \nu + d\nu$ にある放射のエネルギーは $\rho(\nu)d\nu$]．系が単位時間にエネルギー量子を吸収して上方へ遷移する確率は次式に書く．

$$B_{n \to m} \rho(\nu_{mn})$$

$B_{n \to m}$ を(アインシュタインの)**吸収係数**という．つまり放射の吸収確率は，放射の密度に比例する．話を進める都合上，放出確率は，放射密度に関係ない部分と放射密度に比例する部分の和だと仮定する[2]．そのとき，上の状態 m にある系が放射を出して下の状態へ遷移する確率をこう書く．

$$A_{m \to n} + B_{m \to n} \rho(\nu_{mn})$$

$A_{m \to n}$ を(アインシュタインの)**自然放出係数**，$B_{m \to n}$ を**誘導放出係数**とよぶ．

温度 T で放射と平衡にある同一系の集団を考えよう．プランクの式を使い，ボルツマン定数を k として，放射エネルギー密度を次式に書く．

$$\rho(\nu) = \frac{8\pi h \nu^3}{c^3} \frac{1}{e^{\frac{h\nu}{kT}} - 1} \tag{40-1}$$

状態 m の系が N_m 個，状態 n の系が N_n 個あるとする．単位時間に $n \to m$ の遷移をする系の数と，逆向きに遷移する系の数は，それぞれ以下の式で表せる．

$$N_n B_{n \to m} \rho(\nu_{mn})$$

$$N_m \{ A_{m \to n} + B_{m \to n} \rho(\nu_{mn}) \}$$

平衡状態では両者が等しいため，次式が成り立つ．

$$\frac{N_n}{N_m} = \frac{A_{m \to n} + B_{m \to n} \rho(\nu_{mn})}{B_{n \to m} \rho(\nu_{mn})} \tag{40-2}$$

量子統計力学(14章・49節)より，個数比 N_n/N_m はこう書ける．

$$\frac{N_n}{N_m} = e^{-\frac{(W_n - W_m)}{kT}} = e^{h\nu_{mn}/kT} \tag{40-3}$$

---

1) A. Einstein, *Verh. d. Deutsch. Phys. Ges.* **18**, 318 (1916); *Phys. Z.* **18**, 121 (1917).
2) 古典理論の仮定でも，電磁波と相互作用する振動子は，波との相対的な位相に応じ，場からエネルギーを吸収するか，場に向けてエネルギーを放出する．

式(40-2)と式(40-3)から，$\rho(\nu_{mn})$ は次式に表せる．

$$\rho(\nu_{mn}) = \frac{A_{m\to n}}{B_{n\to m}\mathrm{e}^{h\nu_{mn}/kT} - B_{m\to n}} \tag{40-4}$$

上式と式(40-1)は同じだから，3種の係数は以下二つの式で結びつく．

$$B_{n\to m} = B_{m\to n} \tag{40-5a}$$

$$A_{m\to n} = \frac{8\pi h\nu_{mn}^3}{c^3} B_{m\to n} \tag{40-5b}$$

つまり「吸収係数＝誘導放出係数」の関係が成り立ち，自然放出[1]の係数は因子 $\frac{8\pi h\nu_{mn}^3}{c^3}$ だけちがう．

40b. 遷移確率の計算 古典電磁気学だと，誘電率と透磁率を1とみたとき，振動数 ν の放射エネルギー密度は，電場強度の2乗平均 $\overline{E^2(\nu)}$ を使ってこう書く．

$$\rho(\nu) = \frac{1}{4\pi} \overline{E^2(\nu)} \tag{40-6}$$

放射の分布が等方的なら，電場の x 成分を $E_x(\nu)$ として次式が成り立つ．

$$\frac{1}{3}\overline{E^2(\nu)} = \overline{E_x^2(\nu)} = \overline{E_y^2(\nu)} = \overline{E_z^2(\nu)} \tag{40-7}$$

放射の時間変化を次のように書けば扱いやすい(とりわけ複素関数は計算に便利)．

$$E_x(\nu) = 2E_x^0(\nu)\cos 2\pi\nu t = E_x^0(\nu)\left(\mathrm{e}^{2\pi\mathrm{i}\nu t} + \mathrm{e}^{-2\pi\mathrm{i}\nu t}\right) \tag{40-8}$$

1周期で平均した $\cos^2 2\pi\nu t$ は $\frac{1}{2}$ なので，最終的にこう書ける．

$$\rho(\nu) = \frac{1}{4\pi}\overline{E^2(\nu)} = \frac{3}{4\pi}\overline{E_x^2(\nu)} = \frac{6}{4\pi}\overline{E_x^0(\nu)} \tag{40-9}$$

無摂動系の定常状態 m と n を考えよう．波動関数は Ψ_m^0, Ψ_n^0 ($W_m > W_n$) とする．時刻 $t=0$ で状態 n にある系が，振動数 $\approx \nu_{mn}$ の放射(摂動)を浴びる．振動数ごとの電場強度は式(40-8)に従う．摂動を受けて系が m へ遷移する確率を，11章・39節の手順で計算しよう．x 軸に平行な電場 E_x を受けた荷電粒子系の摂動エネルギーは，電荷 e_j，粒子 j の x 座標を x_j として次式に書ける．

$$H' = E_x \sum_j e_j x_j \tag{40-10}$$

全粒子に及ぶ和 $\sum_j e_j x_j$ は，**電気双極子モーメント**の x 成分とよび，記号 μ_x で

---

[1] 温度 $T = \frac{h\nu_{mn}}{k\ln 2}$ で自然放出と誘導放出の確率が等しくなる．

表す．系(分子など)のサイズは，放射の波長より小さい(系は一様な電場を感じる)としよう．いまの場合，電場強度 E_x はこう表せる．

$$E_x = \int E_x^0(\nu)\,(e^{2\pi i\nu t} + e^{-2\pi i\nu t})\,d\nu$$

まず，単一振動数 ν の摂動を考える．式(39-6)の右辺に $a_m(0)=0$ と $a_n(0)=1$ を入れると(a_n は特定状態の係数．ほかの係数はみな 0)，上式はこうなる．

$$a_m(t) = -\frac{2\pi i}{h}\int \Psi_m^{0*} H' \Psi_n^0 \,d\tau$$

$$= -\frac{2\pi i}{h}\int \Psi_m^{0*} e^{\frac{2\pi i}{h}W_m t} E_x^0(\nu)\,(e^{2\pi i\nu t} + e^{-2\pi i\nu t})\sum_j e_j x_j \psi_n^0 e^{-\frac{2\pi i}{h}W_n t}\,d\tau$$

次式の記号 $\mu_{x_{mn}}$ を使えば，続く微分方程式が書ける．

$$\mu_{x_{mn}} = \int \psi_m^{0*} \sum_j e_j x_j \psi_n^0 \,d\tau = \int \psi_m^{0*} \mu_x \psi_n^0 \,d\tau \tag{40-11}$$

$$\frac{da_m(t)}{dt} = -\frac{2\pi i}{h}\mu_{x_{mn}} E_x^0(\nu) \left\{ e^{\frac{2\pi i}{h}(W_m - W_n + h\nu)t} + e^{\frac{2\pi i}{h}(W_m - W_n - h\nu)t} \right\}$$

積分を実行し，次の結果を得る．

$$a_m(t) = \mu_{x_{mn}} E_x^0(\nu) \left\{ \frac{1 - e^{\frac{2\pi i}{h}(W_m - W_n + h\nu)t}}{W_m - W_n + h\nu} + \frac{1 - e^{\frac{2\pi i}{h}(W_m - W_n - h\nu)t}}{W_m - W_n - h\nu} \right\} \tag{40-12}$$

右辺 { } 内にある分数の分子は，0～2 の絶対値をもつ．分母の姿より，分数の値は「第1項≪第2項」だから，$a_m(t)$ には第2項だけ，しかも振動数 ν が $\nu_{mn} = \frac{W_m - W_n}{h}$ に近いときにだけ効く．つまり，**共鳴分母** $(W_m - W_n - h\nu)$ があるせいで，光の振動数がボーアの振動数条件にほぼ合うときにだけ吸収($n \to m$ 遷移)が起きる．かたや誘導放出$(W_m - W_n < 0)$ では，第1項が効くことになる．

第1項を省いて少し変形すると，$a_m^*(t)a_m(t)$ は次式に書ける($\mu_{x_{mn}}$ が複素数なら，絶対値の2乗を使う)．

$$a_m^*(t)a_m(t) = 4(\mu_{x_{mn}})^2 E_x^{02}(\nu)\frac{\sin^2\left\{\frac{\pi}{h}(W_m - W_n - h\nu)t\right\}}{(W_m - W_n - h\nu)^2}$$

ここまでは1個の振動数だけを考えたが，現実には一定範囲の振動数を扱う．振動数ごとの効果は足し合わせになるから，関連する振動数の範囲で上式を積分しよう．被積分量が大きいのは $\nu = \nu_{mn}$ のそばなので，$E_x^0(\nu)$ は定数 $E_x^0(\nu_{mn})$ とみてよい．するとこうなる．

$$a_m^*(t)a_m(t) = 4(\mu_{x_{mn}})^2 E_x^{02}(\nu_{mn})\int \frac{\sin^2\left\{\frac{\pi}{h}(W_m - W_n - h\nu)t\right\}}{(W_m - W_n - h\nu)^2}\,d\nu$$

被積分量は $\nu \approx \nu_{mn}$ のとき以外はごく小さいため,積分範囲は $-\infty \sim +\infty$ としてよい.公式 $\int_{-\infty}^{+\infty} \frac{\sin^2 x}{x^2} dx = \pi$ を使い,次の結果を得る.

$$a_m^*(t) a_m(t) = \frac{4\pi^2}{h^2} (\mu_{x_{mn}})^2 E_x^{0\,2}(\nu_{mn}) t \tag{40-13}$$

つまり,時間 t 内に起きる「$n \to m$」遷移の確率は t に比例し,比例係数は通常の遷移確率だとわかる.式(40-9)のエネルギー密度 $\rho(\nu_{mn})$ を使うと,x 軸に沿う放射が単位時間に起こす「$n \to m$」遷移の確率は,次式のように表せる(y, z 方向も同様).

$$\frac{8\pi^3}{3h^2} (\mu_{x_{mn}})^2 \rho(\nu_{mn})$$

こうして吸収係数 $B_{n \to m}$ は次式に書ける.

$$B_{n \to m} = \frac{8\pi^3}{3h^2} \{(\mu_{x_{mn}})^2 + (\mu_{y_{mn}})^2 + (\mu_{z_{mn}})^2\} \tag{40-14a}$$

$a_n(0) = 0$, $a_m(0) = 1$ から出る誘導放出係数は,式(40-5a)に合う次の形となる.

$$B_{m \to n} = \frac{8\pi^3}{3h^2} \{(\mu_{x_{mn}})^2 + (\mu_{y_{mn}})^2 + (\mu_{z_{mn}})^2\} \tag{40-14b}$$

放射の「自然放出」はまだ扱えていない.ディラックの結果はかなり良好だったから,今後の理論研究で放射の素顔もつかめるだろう.当面は,上式と式(40-5b)を組み合わせ,自然放出の係数を次式に書くだけでよしとしたい.

$$A_{m \to n} = \frac{64\pi^4 \nu_{mn}^3}{3hc^3} \{(\mu_{x_{mn}})^2 + (\mu_{y_{mn}})^2 + (\mu_{z_{mn}})^2\} \tag{40-15}$$

波動力学で遷移強度と選択則を求めるには,積分形に書いた双極子モーメント(40-11)を考える.特別なケースの結果を以下の数項で紹介する.

古典論の式(3-4)と式(40-15)を比べよう.遷移のエネルギー変化 $h\nu_{mn}$ に注目すれば,単純な調和振動子の場合,波動力学の $\mu_{x_{mn}}$ は,古典論の双極子モーメントがとる極大値(ex_0)の半分に等しいとわかる.

40c. 調和振動子の選択則と遷移強度 原点の電荷 $-e$ に引かれ,x 方向に調和振動する電荷 e の双極子モーメントは ex と書ける(y, z 方向の成分は 0).3章・11c 項でみたとおり,遷移を表す積分 $\mu_{x_{mn}} = ex_{mn}$ は,$m = n \pm 1$ のときにだけ 0 でない値をもつ.だから放射の放出・吸収は,ある定常状態から隣り合う状態どちらかへの遷移を表す[1](選択則は $\Delta n = \pm 1$,放出・吸収される振動数は ν_0).

---

[1] 双極子だけに当てはまる説明.四極子以上の項(1章・3節)や,磁気的相互作用を介する遷移には当てはまらない.

式(11-25b)の $x_{n,n-1}$ は，波動力学なら，自然放出係数を $\alpha = \dfrac{4\pi^2 m \nu_0}{h}$ とした次の表現にあたる．

$$A_{n \to n-1} = \frac{64\pi^4 \nu_0^3 e^2}{3hc^3} \frac{n}{2\alpha} \tag{40-16}$$

上式の使いかたは 40e 項で紹介しよう．

問題 40-1. n が大きいと式(40-16)は古典論の式に一致する．それを確かめよ．

問題 40-2. 特性振動数 ν_x, ν_y, ν_z の三次元調和振動子で選択則と遷移強度はどうなるか．

問題 40-3. 一次摂動論を使い，$V = 2\pi^2 m \nu_0^2 x^2 + ax^3$ の非調和振動子が従う波動関数を書き，選択則と遷移確率を考察せよ．

40d. 球面調和振動子の選択則と遷移強度　ポテンシャル $V(r)$ で結びつく二粒子系の波動関数は，粒子間距離 r と，$V(r)$ に無関係な球面調和関数 $\Theta_{lm}(\theta)\Phi_m(\varphi)$ を使って次式に書けた(5章・18節)．

$$R_{nl}(r)\Theta_{lm}(\theta)\Phi_m(\varphi)$$

そんな系の選択則と強度が l と m でどう変わるかを調べよう．

双極子モーメントの x, y, z 成分は，r だけの関数 $\mu(r)$ (電荷 e と $-e$ の二粒子系なら er)を使って次式に書ける．

$$\mu_x = \mu(r)\sin\theta\cos\varphi$$
$$\mu_y = \mu(r)\sin\theta\sin\varphi$$
$$\mu_z = \mu(r)\cos\theta$$

双極子モーメント積分のそれぞれは次の形をもつ．

$$\mu_{x_{nlmn'l'm'}} = \iiint R_{nl}^*(r)\Theta_{lm}^*(\theta)\Phi_m^*(\varphi)\mu(r)\sin\theta\cos\varphi$$
$$\times R_{n'l'}(r)\Theta_{l'm'}(\theta)\Phi_{m'}(\varphi)r^2\sin\theta\,d\theta d\varphi d\tau$$

全体の積分は，式(40-18)〜(40-20)の記号を使い，因子三つ(r 部分，θ 部分，φ 部分)の積としてこう書ける．

$$\left.\begin{array}{l}\mu_{x_{nlmn'l'm'}} = \mu_{nln'l'} f_{x_{lml'm'}} g_{x_{mm'}} \\ \mu_{y_{nlmn'l'm'}} = \mu_{nln'l'} f_{y_{lml'm'}} g_{y_{mm'}} \\ \mu_{z_{nlmn'l'm'}} = \mu_{nln'l'} f_{z_{lml'm'}} g_{z_{mm'}}\end{array}\right\} \tag{40-17}$$

$$\mu_{nln'l'} = \int_0^\infty R_{nl}^*(r)\mu(r)R_{n'l'}(r)r^2 dr \tag{40-18}$$

$$\left.\begin{array}{l}f_{x_{lml'm'}}\\f_{y_{lml'm'}}\\f_{z_{lml'm'}}\end{array}\right\}=\int_0^\pi \Theta_{lm}(\theta)\left\{\begin{array}{l}\sin\theta\\\sin\theta\\\cos\theta\end{array}\right\}\Theta_{l'm'}(\theta)\sin\theta\,d\theta \tag{40-19}$$

$$\left.\begin{array}{l}g_{x_{mm'}}\\g_{y_{mm'}}\\g_{z_{mm'}}\end{array}\right\}=\int_0^{2\pi}\Phi_m^*(\varphi)\left\{\begin{array}{l}\cos\varphi\\\sin\varphi\\1\end{array}\right\}\Phi_{m'}(\varphi)\,d\varphi \tag{40-20}$$

まず,双極子モーメント μ_z に相当する z 方向の偏光を考えよう. $\Phi(\varphi)$ の直交規格化性から,次のことがいえる.

$$g_{z_{mm'}}=0 \quad (m'\neq m \text{ のとき})$$
$$g_{z_{mm}}=1$$

すると $f_{z_{lml'm'}}$ の考察には $m'=m$ の積分だけ考えればよい.下記の漸化式(問題 19-2 参照)より,$l'=l\pm 1$ でなければ $f_{z_{lml'm'}}=0$ だとわかる.

$$\cos\theta P_l^{|m|}(\cos\theta)=\frac{(l+|m|)}{(2l+1)}P_{l-1}^{|m|}(\cos\theta)+\frac{(l-|m|+1)}{(2l+1)}P_{l+1}^{|m|}(\cos\theta) \tag{40-21}$$

x と y についての積分を同様に扱えば,x 偏光も y 偏光も,m の変化が $+1$ か -1,l の変化が $+1$ か -1 のときに出ると確認できる.

こうして選択則は $\Delta m=0$,± 1 と $\Delta l=\pm 1$ になる(l の選択則は次項に回す).m の選択則は,磁場で縮退を除けばわかる(ゼーマン効果).つまり,$\Delta m=0$ の光は z 軸(磁場軸)の向きに偏光し,$\Delta m=\pm 1$ の光は xy 面内に偏光していた.

f と g の積は次のように表せる($l\to l+1$ などの遷移を表す式も同形).

$$\left.\begin{array}{l}(fg)_{x_{l,|m|,l-1,|m|-1}}=i(fg)_y=\dfrac{1}{2}\left\{\dfrac{(l+|m|)(l+|m|-1)}{(2l+1)(2l-1)}\right\}^{\frac{1}{2}}\\[2mm](fg)_{x_{l,|m|-1,l-1,|m|}}=i(fg)_y=\dfrac{1}{2}\left\{\dfrac{(l-|m|)(l-|m|+1)}{(2l+1)(2l-1)}\right\}^{\frac{1}{2}}\\[2mm](fg)_{z_{l,|m|,l-1,|m|}}=\left\{\dfrac{(l+|m|)(l-|m|)}{(2l+1)(2l-1)}\right\}^{\frac{1}{2}}\end{array}\right\} \tag{40-22}$$

問題 40-4. 式(40-21)を使い,μ_z についての選択律と遷移強度を表せ.

問題 40-5. 式(40-22)と同形の式を,ほかの遷移について書け.

問題 40-6. ある l 値の準位から別の準位に向けた遷移の全確率を計算せよ(m につき足し合わせる).μ_x, μ_y, μ_z について同様な和をつくり,どの軸に沿う偏光強度も同じになるのを確かめよ.

40e. 二原子分子の選択則と遷移確率（フランク・コンドンの原理）

二原子分子が示す放射の放出・吸収は，10章・35c 項の近似的波動関数を使うと扱いやすい．核2個と複数の電子からなる系の双極子モーメント $\mu(r)$ を，$r-r_0$ の冪級数に展開しよう（ε は定数）．

$$\mu(r) = \mu_0 + \varepsilon(r-r_0) + \cdots \tag{40-23}$$

永久双極子モーメントを表す μ_0 の値は，誘電率の実測データからわかる．

展開式を式(40-18)に入れると，第一近似として $\Delta n=0$ または ± 1 だとわかる．放射の吸収・放出は，$\Delta n=0$ なら定数項 μ_0 が生み，$\Delta n=\pm 1$ なら $\varepsilon(r-r_0)$ 項が生む．つまり調和振動子の積分と同形になる．$\mu_{nn'}$ の値は，$\alpha = \dfrac{4\pi^2 \mu \nu_0}{h}$（$\mu$：換算質量）として次式に書ける（$l$ と m についての選択則と強度因子は前項と同じ）．

$$\mu_{nn} = \mu_0 \tag{40-24a}$$

$$\mu_{n,n-1} = \sqrt{\dfrac{n}{2\alpha}} \tag{40-24b}$$

ハロゲン化水素のような極性分子は，以上の式に従う回転と振動のスペクトルを示す．選択則は $\Delta l = \pm 1$ に合い，ゼーマン効果の測定によると m の選択則も理論に合う．回転スペクトル線の強度は，誘電率 μ_0 を使えば式(40-24a)と定量的に一致する．ただし遠赤外部の実験はむずかしいため，データの信頼性はまだ高くない．$\Delta n=1$ の吸収強度から算出した ε 値は，次表からわかるとおりほぼ $\dfrac{\mu_0}{r_0}$ の程度だから，こうした分子は「電荷 ε と $-\varepsilon$ の二粒子系」とみてよい．

表 40-1

	μ_0（誘電率）($\times 10^{-18}$ esu)	r_0(Å)	$\dfrac{\mu_0}{r_0}$	ε [1]
HCl	1.034	1.28	$0.169e$	$0.086e$
HBr	0.788	1.42	$0.116e$	$0.075e$
HI	0.382	1.62	$0.049e$	$0.033e$

[1] E. Bartholomé, *Z. phys. Chem.* **B 23**, 131 (1933).

また，ポテンシャル関数 $V(r)$ が単純な二次関数ではないため，$\Delta n=2, 3, \cdots$ などの振動－回転帯（微細構造）も観測できる．

いままでは，遷移のとき分子の電子状態は変わらないとした．電子状態が変わるなら，関係する状態2個が従うポテンシャル関数の性格に応じ，n の選択則と遷移確率が，**フランク・コンドンの原理**[1] に従って変わる．

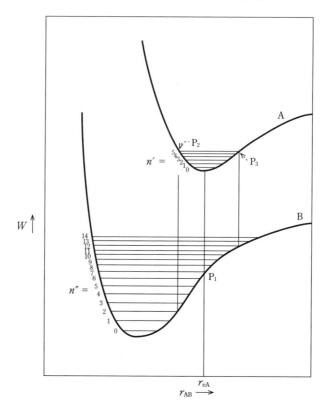

図 40-1 フランク・コンドンの原理(分子の電子状態二つを表すポテンシャル曲線)

分子をつくる電子と核はほぼ独立に動き,電子遷移のとき核は不動とみてよい(10章・34節).図 40-1 のポテンシャル曲線に描ける電子状態(振動準位も付記) A と B を考えよう.分子が状態 A の最低振動準位 $n'=0$ にあるとき,確率分布は r_{eA} のそばで大きい.核はほぼ不動だから,状態 B に電子遷移した直後の分子は,曲線上の点 P_1(振動準位は $n''=7\sim 8$)にある.

波動力学で考えよう.核の振動状態(量子数 n')を表す波動関数 $\psi_{n'}$ と,残り部分(電子状態,核の回転状態)を表す波動関数 $\psi_{\sigma'}$(σ' はほか全部の量子数を代表)を使い,電子状態 A の波動関数を $\psi_{\sigma'}\psi_{n'}$ と書く.状態 B の波動関数が $\psi_{\sigma'}\psi_{n''}$ な

(前頁) 1) J. Franck, *Trans. Faraday Soc.* **21**, 536(1926); E. U. Condon, *Phys. Rev.* **28**, 1182(1926); **32**, 858(1928).

ら，双極子モーメント積分 $\mu_{x_{\sigma'n'\sigma''n''}}$, $\mu_{y_{\sigma'n'\sigma''n''}}$, $\mu_{z_{\sigma'n'\sigma''n''}}$ は次の形をもつ．

$$\mu_{x_{\sigma'n'\sigma''n''}} = \int \phi_{\sigma'}^* \psi_{n'}^* \mu_x \phi_{\sigma''} \psi_{n''} d\tau \tag{40-25}$$

電子状態が変わる上記の場合，双極子モーメント関数 μ は，核間距離 r にほとんどよらず，ほぼ電子の座標で決まるとしよう．つまり r を定数と考えれば，ほかの全座標について積分でき，結果はこうなる．

$$\mu_{x_{\sigma'n'\sigma''n''}} = \mu_{x_{\sigma'\sigma''}} \int \psi_{n'}^* \psi_{n''} r^2 dr \tag{40-26}$$

上式の積分は $n'-n''$ 間の遷移確率を決め，被積分関数は互いに直交している．そのため，ポテンシャル関数 V_A と V_B がただ上下にずれただけなら，積分は $n'=n''$ を除いて 0 になる（選択則 $\Delta n=0$）．しかし図 40-1 だと，$n'=0$ の波動関数 $\psi_{n'}$ は $r \approx r_{eA}$ で大きく，そのとき $\psi_{n''}$ は $n''=7 \sim 8$ で大きいため，$n'=0 \to n''=7$, 8 の遷移確率が高いだろう．$n''<7$ の波動関数 $\psi_{n''}$ は $r \approx r_{eA}$ で小さい（核の古典的運動が及ばない）．また $n''>8$ の波動関数 $\psi_{n''}$ は，正と負の間を激しく振動し（古典論では，核の動きが速い），$n'=0$ の $\psi_{n'}$（正値）を含む積分を小さくする．

同様に，点 P_2 と P_3 のそばで波動関数が極大となる $n'=5$ 準位からの遷移は，$n''=2\sim 3$ と $n''=11\sim 12$ に向けて起こりやすい[1]．

40f. 水素原子の選択則と遷移強度　水素原子の選択則は $\Delta l=\pm 1$ だったから（40d 項），行き先が「$n=1$, $l=0$」のライマン系列は，$l=1$ 状態からの遷移を表す．次式の動径双極子モーメント積分は，多様なケースについてパウリ[2]が計算した．

$$\mu_{n'n''} = \int R_{n'l'}^*(r) r R_{n''l''}(r) r^2 dr$$

たとえば $n''=1$, $l''=0$ の値は，定係数を除き，次式の遷移強度を表す（$n'>1$）．

$$I_{n'1} = \frac{(n'-1)^{2n'-1}}{n'(n'+1)^{2n+1}}$$

つまりライマン系列だと，n の選択則はない（どんな遷移も可能）．一般に，水素原子のスペクトルなら，どの系列でも n の選択則はないとわかる．

行き先が「$n=2$, $l=0$ または 1」のバルマー系列では，l の選択則より，$0 \to 1$, $1 \to 0$, $2 \to 1$ の遷移ができる．「$n=n' \to n'=2$」遷移の全確率は，定係数を除

---

1) 進んだ考察は，Condon の論文と Condon and Morse, "Quantum Mechanics," Chap. 5； Ruark and Urey, "Atoms, Molecules and Quanta," Chap. 12 を参照．
2) シュレーディンガーが第 3 論文（1926 年）の中で紹介．

いてこう書ける．

$$I_{n'2} = \frac{(n'-2)^{2n'-3}}{n'(n'+2)^{2n'+3}}(3n'^2-4)(5n'^2-4)$$

水素と水素型イオンなら，l の選択則はスペクトル線の微細構造に反映される．ただし微細構造は電子スピンの作用で複雑化する[1]．かたや，同じ n でも l のちがう準位が大きく離れるアルカリ金属の原子だと，l の選択則はスペクトル線の特定に役立つ．波動関数(9 章)を使う理論計算の結果は，実測のスペクトル線強度をよく表す．

40g．電子状態の偶奇と選択則

原子の波動関数 ψ は，偶関数か奇関数になる．電子が N 個なら，偶関数は $\psi(x_1, y_1, z_1, x_2, \cdots, z_N) = \psi(-x_1, -y_1, -z_1, -x_2, \cdots, -z_N)$，奇関数は $\psi(x_1, y_1, z_1, x_2, \cdots, z_N) = -\psi(-x_1, -y_1, -z_1, -x_2, \cdots, -z_N)$ と書ける．

偶(奇)関数が表す状態を偶(奇)状態とみたとき，双極子放射の放出・吸収を伴う遷移は，「偶状態 ⇄ 奇状態」にかぎられる．それを確かめよう．

電気モーメント関数 $\sum_{i=1}^{N} ex_i$ は，電子の座標を負にすると符号を変える．すると積分 $\int \psi_{n'}^* \sum_i ex_i \psi_{n''} d\tau$ は，$\psi_{n'}$ と $\psi_{n''}$ の両方が偶でも奇でも 0 になるが，偶−奇の組なら有限値をもつ．つまり，**双極子放射の放出・吸収を伴う遷移は，偶状態と奇状態の間だけで起こる**．それをもとに考察しやすくするため，ときに原子の項記号を，偶状態は ^1S, ^3P, ^2D など，奇状態は $^1S°$, $^3P°$, $^2D°$ などと書く．

状態の偶・奇は，電子配置から判定できる．一電子波動関数だと $l=0(s)$, $2(d)$ は偶，$l=1(p)$, $3(f)$ は奇になる．また，l が奇の軌道は，含まれる電子が奇数個なら奇状態，偶数個なら偶状態となる．たとえば，電子配置 $1s^2 2s^2 2p^2$ は偶状態(^1S, ^1D, ^3P)，電子配置 $1s^2 2p3d$ は奇状態($^1P°$, $^1D°$, $^1F°$, $^3P°$, $^3D°$, $^3F°$)にあたる．分子も偶状態と奇状態を区別でき，選択則も成り立つ．さらに進んだ考察は 14 章・48 節にゆずる．

問題 40-7. 選択則によると，矩形の箱に入れた水素原子は，並進運動のエネルギーを放射できない．箱がどんな形でもそうなる．以上のことを確かめよ．

---

[1] Pauling and Goudsmit, "The Structure of Line Spectra," Chap. 16.

41. 共鳴現象

　共鳴の発想は，古典力学でも大きな役割をした．量子力学の確立直後にハイゼンベルクは，古典力学にならう扱いが量子系にも応用でき，出る結果を**量子力学的共鳴**として解釈できるのを確かめた．初学者が量子力学の方程式と適用結果を直観的につかむうえで，共鳴は大きな助けになる．以下，古典力学 → 量子力学の順で共鳴を考察しよう．

　41a. 古典力学の共鳴　弱く相互作用する 2 個の古典力学的系が，同じかほぼ同じ振動数で調和振動するときは，おもしろい現象が起こる．全振動エネルギーが系 2 個の間を行き来し，徐々に一方の振幅が減って，他方の振幅が増す（共鳴現象）．同じ台に置いた音叉 2 個の例が名高い．一方の音叉を叩くと，音が少しずつ弱まると同時に，他方の音叉が振動を始める．

　別の例には，弱いバネでつないだ 2 個の振り子（連成振り子）がある（図 41-1）．振り子 1 を揺らすと，その振幅が弱まるにつれて振り子 2 が振動し始め，最後は振り子 1 の初期振幅になる（摩擦は無視）．振り子から振り子へのこうしたエネルギー移動は，何度もくり返して起こる．

　くわしく眺めよう．調和振動をする質点（質量 m）2 個の座標を x_1, x_2, 振動数を ν_0 とする．系の全位置エネルギーは，振動子 2 個の相互作用（フック型）を $4\pi^2 m \lambda x_1 x_2$ としてこう書ける．

$$V(x_1, x_2) = 2\pi^2 m \nu_0^2 x_1^2 + 2\pi^2 m \nu_0^2 x_2^2 + 4\pi^2 m \lambda x_1 x_2 \tag{41-1}$$

運動方程式を解くため，次の新しい変数[1] を使う．

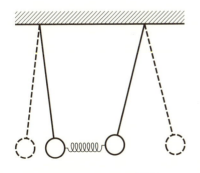

図 41-1　連成振り子の共鳴現象

---

1) 系の基準座標（10 章・37 節）にあたる．

$$\left.\begin{aligned}\xi &= \frac{1}{\sqrt{2}}(x_1+x_2) \\ \eta &= \frac{1}{\sqrt{2}}(x_1-x_2)\end{aligned}\right\} \tag{41-2}$$

変数変換後のポテンシャルエネルギーと運動エネルギーは，それぞれ以下の式に書ける．

$$V(\xi,\eta) = 2\pi^2 m(\nu_0^2+\lambda)\xi^2 + 2\pi^2 m(\nu_0^2-\lambda)\eta^2$$
$$T = \frac{1}{2}m\dot{x}_1^2 + \frac{1}{2}m\dot{x}_2^2 = \frac{1}{2}m\dot{\xi}^2 + \frac{1}{2}m\dot{\eta}^2$$

上式は，振幅が ξ と η の調和振動を表す(1章・1a項)．ξ の振動数は $\sqrt{\nu_0^2+\lambda}$，η の振動数は $\sqrt{\nu_0^2-\lambda}$ だから，振動はこう表せる．

$$\left.\begin{aligned}\xi &= \xi_0 \cos(2\pi\sqrt{\nu_0^2+\lambda}\,t + \delta_\xi) \\ \eta &= \eta_0 \cos(2\pi\sqrt{\nu_0^2-\lambda}\,t + \delta_\eta)\end{aligned}\right\} \tag{41-3}$$

変数を x_1 と x_2 に戻そう(位相定数を $\delta_\xi=\delta_\eta=0$ としても一般性は失わない)．

$$\left.\begin{aligned}x_1 &= \frac{\xi_0}{\sqrt{2}}\cos(2\pi\sqrt{\nu_0^2+\lambda}\,t) + \frac{\eta_0}{\sqrt{2}}\cos(2\pi\sqrt{\nu_0^2-\lambda}\,t) \\ x_2 &= \frac{\xi_0}{\sqrt{2}}\cos(2\pi\sqrt{\nu_0^2+\lambda}\,t) - \frac{\eta_0}{\sqrt{2}}\cos(2\pi\sqrt{\nu_0^2-\lambda}\,t)\end{aligned}\right\} \tag{41-4}$$

$\frac{\lambda}{\nu_0^2}$ が小さいと第1項と第2項の差は小さく，x_1 も x_2 もほぼ ν_0 の振動数で調和振動するが，振幅は時間とともにじわじわ変わる．$t\cong 0$ での cos 項は同相となり，x_1 は振幅 $(\xi_0+\eta_0)/\sqrt{2}$ で，x_2 はそれより小さい振幅 $(\xi_0-\eta_0)/\sqrt{2}$ で振動する．時刻 $t\cong t_1$ で次式を満たせば，cos 項は逆位相となり，x_1 は振幅 $(\xi_0-\eta_0)/\sqrt{2}$，x_2 は振幅 $(\xi_0+\eta_0)/\sqrt{2}$ で振動する．

$$\sqrt{\nu_0^2+\lambda}\,t_1 = \sqrt{\nu_0^2-\lambda}\,t_1 + \frac{1}{2}$$

すると共鳴の周期 τ (x_1 の振幅が極大〜極小〜極大となる時間) はこう書ける．

$$\sqrt{\nu_0^2+\lambda}\,\tau = \sqrt{\nu_0^2-\lambda}\,\tau + 1$$
$$\tau = \frac{1}{\sqrt{\nu_0^2+\lambda} - \sqrt{\nu_0^2-\lambda}} \cong \frac{\nu_0}{\lambda} \tag{41-5}$$

共鳴の強さは積分定数 ξ_0 と η_0 が決める．x_1 と x_2 の振幅は，$\eta_0=\xi_0$ なら $\sqrt{2}\xi_0$〜0 の範囲で変わり，$\eta_0=0$ なら一定値 $\xi_0/\sqrt{2}$ (共鳴なし) を保つ．

変数 x_1 と x_2 のふるまいは，根 $\sqrt{\nu_0^2+\lambda}$ と $\sqrt{\nu_0^2-\lambda}$ を $\frac{\lambda}{\nu_0^2}$ の巾級数に展開して二次以上の項を無視するとわかる．単純な変形で次の式二つを得る．

$$x_1 = \frac{(\xi_0 + \eta_0)}{\sqrt{2}} \cos 2\pi \frac{\lambda}{\nu_0} t \cos 2\pi\nu_0 t - \frac{(\xi_0 - \eta_0)}{\sqrt{2}} \sin 2\pi \frac{\lambda}{\nu_0} t \sin 2\pi\nu_0 t$$

$$x_2 = \frac{(\xi_0 - \eta_0)}{\sqrt{2}} \cos 2\pi \frac{\lambda}{\nu_0} t \cos 2\pi\nu_0 t - \frac{(\xi_0 + \eta_0)}{\sqrt{2}} \sin 2\pi \frac{\lambda}{\nu_0} t \sin 2\pi\nu_0 t$$

以上からわかるとおり共鳴とは，量 x_1 と x_2 をそのまま使い，系全体ではなく各振り子の運動を表現したいときの発想だといえる．物語ふうに「レバーを切り替え」，ξ 値と η 値を表示できたとすれば，「振動数のちがう振幅一定の調和振動子2個(式41-3)」を観測することとなって，「共鳴」をもち出す余地はない．

つまり古典力学で共鳴は必須の発想でもないが，「相互作用する調和振動子」を考えて系の運動を表すと，わかりやすくなる問題も多い．量子力学も似ているけれど，共鳴を考えるとわかりやすくなる系は，古典力学よりずっと多い．また共鳴の発想は，とりわけ化学で役に立つ．

41b. 量子力学の共鳴 量子力学の共鳴でも，まずは，相互作用する調和振動子の系を素材にしよう[1]．式(41-1)のポテンシャル関数を使うと，波動関数は座標 ξ 部分と η 部分に分離でき，解はエルミート関数で表せる．エネルギー準位は次式になる．

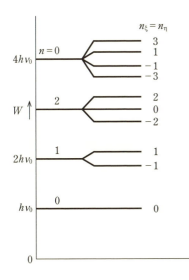

図 41-2 連成調和振動子のエネルギー準位
（左は $\lambda=0$，右は $\lambda=\frac{\nu_0^2}{5}$）

---

1) ハイゼンベルクの初期の論文：*Z. f. Phys.* **38**, 411(1926); **41**, 239(1927).

$$W_{n_\xi n_\eta} = \left(n_\xi + \frac{1}{2}\right)h\sqrt{\nu_0^2+\lambda} + \left(n_\eta + \frac{1}{2}\right)h\sqrt{\nu_0^2-\lambda} \tag{41-6}$$

λ が小さければ，$n = n_\xi + n_\eta$ としてこう近似できる．

$$W_{n_\xi n_\eta} \cong (n+1)h\nu_0 + (n_\xi - n_\eta)\frac{h\lambda}{2\nu_0} - \frac{(n+1)h\lambda^2}{8\nu_0^3} + \cdots \tag{41-7}$$

上式を図 41-2 に描いた．ある n の準位は，ほぼ等間隔な $n+1$ 個がある．

ここまでは，座標 ξ と η を使う古典論と同様，共鳴とはいっさい関係ない．共鳴の発想を入れるため，おなじみの座標 x_1 と x_2 を残して波動方程式の近似法 (6, 7章) を使おう．λ の形が複雑なら，どのみち何かの近似が必要になる．まず λ を摂動とみて一次摂動論を使う．

無摂動の波動方程式の解はエルミート関数の積(次式)に書けて，対応するエネルギー準位は式(41-9)になる．n 番目の準位は $(n+1)$ 重に縮退している．

$$\begin{aligned}\phi^0_{n_1 n_2}(x_1, x_2) &= \phi^0_{n_1}(x_1)\phi^0_{n_2}(x_2) \\ &= N_{n_1}H_{n_1}(\sqrt{\alpha}\,x_1)e^{-\frac{\alpha x_1^2}{2}} N_{n_2}H_{n_2}(\sqrt{\alpha}\,x_2)e^{-\frac{\alpha x_2^2}{2}}\end{aligned} \tag{41-8}$$

$$W^0_{n_1 n_2} = (n_1+n_2+1)h\nu_0 = (n+1)h\nu_0 \qquad (n=n_1+n_2) \tag{41-9}$$

$n=0$ 準位は分裂しない．$n=1$ の永年方程式は次式だから(6章・24節)，エネルギーは $W' = \pm \dfrac{h\lambda}{2\nu_0}$ となる．

$$\begin{vmatrix} -W' & \dfrac{h\lambda}{2\nu_0} \\ \dfrac{h\lambda}{2\nu_0} & -W' \end{vmatrix} = 0$$

続く縮退準位も順々に扱うと，一次摂動エネルギーは，式(41-7)の冒頭2項に応じた値になるとわかる．

$n=1$ 準位の零次波動関数はこう書ける．

$$\phi_S = \frac{1}{\sqrt{2}}\{\phi^0_1(x_1)\phi^0_0(x_2) + \phi^0_0(x_1)\phi^0_1(x_2)\}$$

$$\phi_A = \frac{1}{\sqrt{2}}\{\phi^0_1(x_1)\phi^0_0(x_2) - \phi^0_0(x_1)\phi^0_1(x_2)\}$$

添え字 S と A は，座標 x_1, x_2 についてそれぞれ対称と反対称な関数を表し，低い準位が ϕ_S，高い準位が ϕ_A にあたる．ただし，定常状態の系を，振動子1が $n_1=1$，振動子2が $n_2=0$ にある(またはその逆)とみてはいけない．定常状態には，$(n_1=1, n_2=0)$ と $(n_1=0, n_2=1)$ の両方が寄与していると考えよう．

摂動が小さいと，運動状態二つは古典力学と同様な共鳴にあり，ある振動子は，

振幅の大きい $n_1=1$ 状態から振幅の小さい $n_1=0$ に変わるとみてもよい(41c項)．振動子がエネルギー交換する振動数(共鳴振動数) $\frac{\lambda}{\nu_0}$ は，エネルギー準位間隔を h で割った値にあたり，古典力学の共鳴振動数(式 41-5)に等しい．

このように，相互作用する調和振動子の定常状態は，波動関数 $\psi_{n_1}(x_1)$ などを使えば考察しやすい．ただし $\psi_{n_1}(x_1)$ は系の正しい波動関数ではない．正しい関数は，摂動法や変分法を使い，最初に選んだ関数の線形結合(一次結合)で表す．そうした状況は，古典力学を使う共鳴系の扱いにも通じる(次項も参照)．

複雑な系の考察には，適切な関数の線形結合を波動関数の近似解とみるのがわかりやすい．ときには，線形結合こそが共鳴を意味すると言い表す．定常状態にある系は，最初に選んだ波動関数(複数)に応じた状態間で共鳴しているとみる．

定常状態と，最初に選んだ波動関数とのエネルギー差を**共鳴エネルギー**という[1]．縮退準位を摂動解析した結果は，最初の波動関数が正しい零次波動関数でないなら，共鳴現象を含むと考える．ただしそう考える度合いは，最初の波動関数をどれほど重視するかや，解釈するうえでどれほど好都合かで変わる[2]．

古典力学の共鳴はほぼ調和振動子にかぎられるが，量子力学の共鳴はずっと広い．それが量子力学の特徴だと心得よう．共鳴は，複数の電子や核など，同じ粒子の間でも必ず起きる．多原子分子を近似的に扱う際も，「共鳴」を使うとわかりやすくなる．

多電子原子で共鳴がもつ意味は，ヘリウム原子の考察(8章)からわかる．K 積分を介する準位の分裂は，量子力学的な共鳴を考えないと説明できない(8章・29a項)．量子力学の「共鳴」は，何か新しい仮定ではなく，波動力学から出る結果を解釈する便法にすぎない．それを強調したくて，ヘリウムの場合も，完全な扱いがすんでから「共鳴」を紹介した．

41c. 進んだ考察 共鳴を摂動論で考えよう．エネルギーが二重に縮退した無摂動波動関数 Ψ_A^0 と Ψ_B^0 で書ける系を想定する．Ψ_A^0 と Ψ_B^0 は，前項の連成調和振動子なら，量子数 $(n_1=1,\ n_2=0)$ と $(n_1=0,\ n_2=1)$ の組だと思えばよい．摂動が小さいと，時刻 $t=0$ で系が状態 A にあるか状態 B にあるかは観測でき，たとえば振動子1のエネルギーが正確にわかる．

$t=0$ で系は状態 A にあるとしよう．以後の時刻 t で観測したとき，系が状態

---

[1] 共鳴エネルギーに相当する古典力学の用語(発想)はない．
[2] 古典力学の「共鳴」にも当てはまる．振動子の相互作用が強ければ，連成振動子の運動は，近似的にすら 41a 項冒頭のように説明できなくなる．

Aにある確率と状態Bにある確率はどれほどか？ その考察から共鳴は，量子力学と古典力学でお互いよく似たものだとわかってくる．

摂動が小さく，H'_{AB} と H'_{BA}（両者については $W_A^0 = W_B^0$）を除く積分 $H'_{mn}(m \neq n)$ がどれも $W_n^0 - W_m^0$ より小さいと，$a_m(t)$ は，a_A と a_B を除いて 0 とみてよい．式 (39-6) より，a_A と a_B は次式に書ける（$H'_{BB} = H'_{AA}$, $H'_{BA} = H'_{AB}$ とした）．

$$\left. \begin{aligned} \dot{a}_A &= -\frac{2\pi i}{h}(H'_{AA} a_A + H'_{AB} a_B) \\ \dot{a}_B &= -\frac{2\pi i}{h}(H'_{AB} a_A + H'_{AA} a_B) \end{aligned} \right\} \quad (41\text{-}10)$$

上式は，二つの和と差をつくればすぐ解ける．時刻 $t=0$ で $a_A=1$, $a_B=0$ となる解はこう書ける．

$$\left. \begin{aligned} a_A &= e^{-\frac{2\pi i}{h} H'_{AA} t} \cos\left(\frac{2\pi H'_{AB}}{h} t\right) \\ a_B &= -i e^{-\frac{2\pi i}{h} H'_{AA} t} \sin\left(\frac{2\pi H'_{AB}}{h} t\right) \end{aligned} \right\} \quad (41\text{-}11)$$

すると，系が状態Aと状態Bに見つかる確率 $a_A^* a_A$ と $a_B^* a_B$ はこうなる．

$$\left. \begin{aligned} a_A^* a_A &= \cos^2\left(\frac{2\pi H'_{AB}}{h} t\right) \\ a_B^* a_B &= \sin^2\left(\frac{2\pi H'_{AB}}{h} t\right) \end{aligned} \right\} \quad (41\text{-}12)$$

確率は 0〜1 の間で単振動する．振動の周期は $\frac{h}{2H'_{AB}}$，振動数は $\frac{2H'_{AB}}{h}$ だとわかる．振動数は，摂動が起こす分裂幅を h で割った値に等しい（41b項）．

以上のことを掘り下げる．系は座標 x_1 と x_2 の連成調和振動子からなり，いつでも（スイッチを切るなどで）連成を解き，独立の振動体 2 個にできるとする．$t=0$ 以前の振動子は独立だとしよう．$t=0$ で振動子のエネルギーを個別に測り，それぞれの定常状態を決める．振動子 1 は $n_1=1$ 状態，振動子 2 は $n_2=0$ 状態だとわかったとする．そのとき系全体は前項のA状態にあり，何もしなければ状態Aにあり続ける．

時刻 $t=0$ で連成させ，時刻 $t=t'$ で連成を解く．$t>t'$ で量子数 n_1 と n_2 がどうなったかを調べても，系を乱していないから，振動子 2 個はそれぞれ時間 t' の定常状態にとどまっているだろう．

一連の実験をくり返す．出発点はいつも ($n_1=1$, $n_2=0$)，連成している時間は t' とする．連成を解いたあと測定すれば，系が状態 ($n_1=1$, $n_2=0$) ($n_1=0$, $n_2=1$)

($n_1=0$, $n_2=0$)などにある確率がわかる．

　同じ確率は，定数変化の方法で直接的に求まる．小さい摂動が短時間だけ働くとき，大幅にちがうエネルギー状態へ遷移する確率は無視してよい．計算の結果，系が状態Bに見つかる確率はt'値で変わり，0～1の間で調和振動する（式41-12）．

　連成させたままだと全系は，エネルギーのちがう多様な定常状態になれる．うち二つのエネルギーは，連成しない状態($n_1=1$, $n_2=0$)と($n_1=0$, $n_2=1$)にきわめて近い．すると先述の考察より，定常状態にある連成系は，振動数$\frac{2H_{AB}}{h}$でA－B間を共鳴していると考えるのが自然だろう．

　同じ発想は，連成が解けない系にも当てはまる．たとえばヘリウム原子の定常状態は，波動関数$1s(1)2s(2)$と$2s(1)1s(2)$の線形結合で近似できるのだった．上記の状態A・Bと同様，定常状態での各電子は1s軌道と2s軌道の間で共鳴し，電子2個はエネルギー準位差$1s2s(^1S)-1s2s(^3S)$の$\frac{1}{h}$倍の振動数で入れ替わっていると見なす．ただしヘリウム原子だと，連成は解けず，電子2個を区別できないうえ，相互作用が強くて正確とはいえない（ほかの無摂動状態をみな無視した）計算だから，実測で確かめるすべはない．

　そうした制約はありながらも「共鳴」の発想は，とりわけ分子（次章）を扱うとき大いに役立つ．

12章
単純な分子とイオン

　誕生からわずか10年のうちに量子力学は，さまざまな問題に応用された．化学で最大の成果は，単純な分子の解析だろう．いまや単純な分子とイオンを生む相互作用はよくわかり，化学結合の本質に迫れる．波動力学は，化学結合をめぐる古い仮説に光を当て，仮説のあいまいな部分を払拭した．また，三電子結合，分子の共鳴安定化，軌道の混成を通じた結合形成などという新しい発想も，波動力学は恵んでくれた．そういう面を本章と次章で眺めよう．

　42節と43節で水素分子イオンと水素分子を解剖する．本格的な話はかなり複雑だから，まずはやさしい扱いで，分子をつくる原子間相互作用の本質をつかむ．ヘリウム分子イオン He_2^+ は44節で，一電子結合と電子対結合，三電子結合は45節で紹介しよう．

42. 水素分子イオン

　陽子2個と電子1個の水素分子イオン H_2^+ は，「いちばん単純な分子」とみてもよい．古い量子論だとヘリウム原子と同様に扱えても（パウリ[1]とニーセン[2]），計算の結果が実測に合わない難物だった．しかし波動力学の確立から1年以内にブラウは，基底状態の H_2^+ が従う波動方程式を数値積分し，実測とほぼぴったり合う結果を出している．ブラウのやりかたを，ヒルラースとヤッフェが洗練した（42c項）．その紹介に先立ち，やや不正確ながら単純な扱いを42a項と42b項で眺めよう．

---

[1] W. Pauli, *Ann. d. Phys.* **68**, 177 (1922).
[2] K. F. Niessen, 学位論文, Utrecht, 1922.

12章 単純な分子とイオン

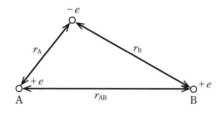

図 42-1 水素分子イオン H_2^+ の座標

42a. 単純な考察[1]　波動方程式の完全な扱い(10章・34節)に先立ち，まずは核2個がつくる定常場にある電子の波動方程式を解く．図 42-1 の記号と，電子座標で表したラプラシアン ∇^2 を使い，電子の質量を m_0 として，波動方程式はこう書ける[2]．

$$\nabla^2\psi+\frac{8\pi^2 m_0}{h^2}\left(W+\frac{e^2}{r_A}+\frac{e^2}{r_B}-\frac{e^2}{r_{AB}}\right)\psi=0 \tag{42-1}$$

r_{AB} が十分に大きいと，基底状態のエネルギーは水素原子の値つまり $W=W_H=-Rhc$ になる．対応する波動関数は，水素原子の波動関数(5章・21節) u_{1s_A} と u_{1s_B}，またはその線形結合二つに書ける．つまり r_{AB} が大きい系の基底状態は，$A=H^+$ と $B=H$ か，$A=H$ と $B=H^+$ からなる．

すると r_{AB} が小さい系は，変分法により，同じ波動関数 u_{1s_A} と u_{1s_B} を使い，永年方程式を解いて線形結合をつくればよい(7章・26d項)．永年方程式は，あとに書いた記号 H_{AA}, H_{AB}, Δ を使って次式に書ける．

$$\begin{vmatrix} H_{AA}-W & H_{AB}-\Delta W \\ H_{BA}-\Delta W & H_{BB}-W \end{vmatrix}=0 \tag{42-2}$$

$$H_{AA}=\int u_{1s_A}Hu_{1s_A}d\tau, \quad H_{AB}=\int u_{1s_A}Hu_{1s_B}d\tau, \quad \Delta=\int u_{1s_A}u_{1s_B}d\tau$$

Δ は u_{1s_A} と u_{1s_B} の非直交性を表し，関数2個は等価だから，$H_{AA}=H_{BB}$ と $H_{AB}=H_{BA}$ が成り立つ．以上より永年方程式の解はこうなる．

$$W_S=\frac{H_{AA}+H_{AB}}{1+\Delta} \tag{42-3}$$

---

[1] L. Pauling, *Chem. Rev.* **5**, 173(1928).
[2] 核どうしの反発項 $\frac{e^2}{r_{AB}}$ も含めたが，$\frac{e^2}{r_{AB}}$ は W の最終式にそのまま残る．式(42-1)から落とし，あとで加えても結果は同じだから，$\frac{e^2}{r_{AB}}$ は重視しなくてよい．

$$W_A = \frac{H_{AA} - H_{AB}}{1 - \Delta} \tag{42-4}$$

また，それぞれの波動関数は次の形をもつ．

$$\psi_S = \frac{1}{\sqrt{2 + 2\Delta}} (u_{1s_A} + u_{1s_B}) \tag{42-5}$$

$$\psi_A = \frac{1}{\sqrt{2 - 2\Delta}} (u_{1s_A} - u_{1s_B}) \tag{42-6}$$

ψ の添え字 S は**対称**(symmetric)，A は**反対称**(antisymmetric)を表す(8章・29a項)．核 A と B の位置座標につき，ψ_S は対称，ψ_A は反対称だとわかるだろう．
u_{1s_A} の波動方程式(次式)に従う W_H と，式(42-8)の J を使えば，積分 H_{AA} は式(42-7)で表せる．

$$-\frac{h^2}{8\pi^2 m_0} \nabla^2 u_{1s_A} - \frac{e^2}{r_A} u_{1s_A} = W_H u_{1s_A}$$

$$H_{AA} = \int u_{1s_A} \left(W_H - \frac{e^2}{r_B} + \frac{e^2}{r_{AB}} \right) u_{1s_A} d\tau = W_H + J + \frac{e^2}{a_0 D} \tag{42-7}$$

$$J = \int u_{1s_A} \left(-\frac{e^2}{r_B} \right) u_{1s_A} d\tau = \frac{e^2}{a_0} \left\{ -\frac{1}{D} + e^{-2D} \left(1 + \frac{1}{D} \right) \right\} \tag{42-8}$$

上式では，r_{AB} の代わりに次の変数を使った．

$$D = \frac{r_{AB}}{a_0} \tag{42-9}$$

同様に H_{BA} と H_{AB} は，式(42-11)の直交積分 Δ と，式(42-12)の積分 K を使ってこう書ける．

$$H_{BA} = \int u_{1s_B} \left(W_H - \frac{e^2}{r_B} + \frac{e^2}{r_{AB}} \right) u_{1s_A} d\tau = \Delta W_H + K + \frac{\Delta e^2}{a_0 D} \tag{42-10}$$

$$\Delta = e^{-D} \left(1 + D + \frac{1}{3} D^2 \right) \tag{42-11}$$

$$K = \int u_{1s_B} \left(-\frac{e^2}{r_B} \right) u_{1s_A} d\tau = -\frac{e^2}{a_0} e^{-D} (1 + D) \tag{42-12}$$

J(クーロン積分)は，核 A の 1s 軌道にある電子と核 B とのクーロン相互作用を表す．K は関数 u_{1s_A} と u_{1s_B} を両方とも含むため，共鳴積分や交換積分という．
以上を式(42-3)と式(42-4)に入れ，次の結果を得る．

$$W_S = W_H + \frac{e^2}{a_0 D} + \frac{J + K}{1 + \Delta} \tag{42-13}$$

$$W_A = W_H + \frac{e^2}{a_0 D} + \frac{J - K}{1 - \Delta} \tag{42-14}$$

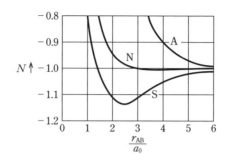

図 42-2　H 原子の波動関数を使って計算した水素分子イオン H_2^+ のエネルギー ($\frac{e^2}{2a_0}$ 単位)

エネルギー W_S, W_A と距離 r_{AB} の関係を図 42-2 に描いた．波動関数 ψ_S は安定な分子イオンを，ψ_A は不安定な分子イオンを表す．H_2^+ の計算値は，解離エネルギーが 1.77 eV, 平衡距離が $r_{AB}=1.32$ Å だから，実測値 (2.78 eV, 1.06 Å) に「遠くはない」レベルだといえる．

安定な分子を「一電子結合」でつくる相互作用の性質をみるため，仮想の状況を考えよう．系は H 原子 (A) とイオン H^+ (B) からでき，r_{AB} が小さいときも電子は A に結合しているとする（波動関数 u_{1sA})．系のエネルギー H_{AA} と W_H の差 $\frac{e^2}{a_0} e^{-2D}\left(1+\frac{1}{D}\right)$ は以前，$H-H^+$ の相互作用エネルギーを表すとされた．けれど $\frac{e^2}{a_0} e^{-2D}\left(1+\frac{1}{D}\right)$ (図中の曲線 N) はいつも正値だから，安定な結合を表さない．

H_2^+ の結合は，核 A—B に及ぶ電子の共鳴を考えてようやく説明できる．つまり一電子結合のエネルギーは，おもに共鳴エネルギーだとみてよい（イオンのつくる場が原子を分極させる現象も，結合をいくぶん安定化させる．安定化の度合いは次項で考察).

図からわかるとおり共鳴相互作用は，クーロン相互作用に比べ，だいぶ遠い距離から始まる．その背後には，指数因子のちがい（クーロン積分 J は e^{-2D}, 共鳴積分 K は e^{-D}) がある．$r_{AB} > 2$ Å なら，エネルギー関数 W_S は $W_H + K$, W_A は $W_H - K$ と近似できる．共鳴エネルギー $\pm K$ は，電子が振動数 $\frac{2K}{h}$ で核 2 個の間を行き来する状況を表す (11 章・41b 項).

問題 42-1.　式 (42-7)〜(42-12) に書いた H_{AA}, H_{AB}, Δ の表現を確かめよ．

42b. 簡単な変分法　フィンケルシュタインとホロヴィッツ[1]は，水素型の 1s 波動関数 u_{1s_A} と u_{1s_B} に有効核電荷 $Z'e$ を使い，扱いを改良した．エネルギー W_S（r_{AB} の関数）を Z' で微分し，最適な W_S の曲線を探した結果，図 42-2 より少し低い（やや左寄りの）極小値が得られた．$Z'=1.228$ に対応する r_{AB} の平衡値 1.06 Å は，実測にぴたりと合う．系のエネルギーは（振動・回転エネルギーを除き）$-15.78\,\mathrm{eV}$ となり，実測値 $-16.31\,\mathrm{eV}$ に近い．以上から出る解離エネルギー $D_e=2.25\,\mathrm{eV}$ と実測値 $2.78\,\mathrm{eV}$ の差は $0.53\,\mathrm{eV}$ だから，有効核電荷を考えた扱いで誤差が半減したことになる．

それも本質は共鳴エネルギーだといえる．ディキンソン[2]は，分極の効果をとり入れるため，2種の新しい変数を加えた次の（未規格化）変分関数を試みた．

$$\phi = u_{1s_A}(Z') + u_{1s_B}(Z') + \sigma\{u_{2p_A}(Z'') + u_{2p_B}(Z'')\}$$

最初の項二つは上記と同じ有効核電荷 $Z'e$ の 1s 水素型波動関数を表し，残る項二つは5章・21節に紹介した次式の $2p_z$ 型波動関数を表す（θ は核 A → B のベクトルと z 軸がなす角度．u_{2p_B} の場合は核 B → A が z 軸）．

$$u_{2p_A} = \frac{1}{4\sqrt{2\pi}}\left(\frac{Z''}{a_0}\right)^{3/2}\frac{Z''}{a_0}r_A e^{-\frac{Z''}{2a_0}r_A}\cos\theta$$

変数 σ の大きさが，p 軌道の寄与を決める．分極との関係はこう考えればよい．関数 $u_{1s_A} + \sigma u_{2p_A}$ は，u_{1s_A} と比べ，B に近い所では正値が増し，遠い所では負値が増す．つまり「B のほうへ伸びている」から，分極のイメージに合う[3]．

ディキンソンは3種の変数と r_{AB} についてエネルギーを極小にした結果，$Z'=1.247$，$Z''=2.868$，$\sigma=0.145$[4] で平衡距離 1.06 Å とエネルギー $-16.26\,\mathrm{eV}$ を得た．後者と実測値の差はわずか $0.05\,\mathrm{eV}$ だから，およそこういえる．一電子結合のエネルギーはほぼ全部が，電子の核間共鳴と，H^+ による H 原子の分極に由来する．うち共鳴の寄与が大きく（フィンケルシュタインとホロヴィッツの結果は $2.25\,\mathrm{eV}$），分極の寄与はずっと小さい（約 $0.5\,\mathrm{eV}$）．

ギユマンとツェナー[5]は，変数2個の変分関数（次式）を使い，実測と $0.01\,\mathrm{eV}$ 以内で合うエネルギーを得ている（平衡距離は 1.06 Å）．最良の変数値は Z'

---

1) B. N. Finkelstein and G. E. Horowitz, *Z. f. Phys.* **48**, 118 (1928).
2) B. N. Dickinson, *J. Chem. Phys.* **1**, 317 (1933).
3) 最初の試み（水素分子が素材）：N. Rosen, *Phys. Rev.* **38**, 2099 (1931).
4) Z'' は Z' の約2倍だとわかる．ディキンソンは $Z''=2Z'$ として，実測と $0.02\,\mathrm{eV}$ しか差のないエネルギーを得た（最良の変数値は $Z'=1.254$，$\sigma=0.1605$）．
5) V. Guillemin, Jr. and C. Zener, *Proc. Nat. Acad. Sci.* **15**, 314 (1929).

$=1.13$, $Z''=0.23$ だった.

$$e^{-Z''\frac{r_A}{a_0}}e^{-Z'\frac{r_B}{a_0}}+e^{-Z'\frac{r_A}{a_0}}e^{-Z''\frac{r_B}{a_0}}$$

上式の各項は,分極した H 原子を表す.たとえば第 1 項は核 A のそばで大きく,水素型関数 $e^{-Z'\frac{r_A}{a_0}}$ に因子 $e^{-Z''\frac{r_B}{a_0}}$ をかけた分だけ核 B の向きに分極している.つまりディキンソンの扱いと比べ,分極の入れかたがちがう.有効原子番号 Z' $=1.13$ はディキンソンの 1.247 よりやや小さい.ジェームズ[1]は,次項の式 (42-15) に従う共焦点楕円座標 ξ, η と変数 δ, c(最適値は $\delta=1.35$, $c=0.448$)を含む次の単純な関数を試み,解離エネルギーを $D_e=2.772$ eV と算出した(実測値は 2.777 eV).

$$e^{-\delta\xi}(1+c\eta^2)$$

42c. 波動方程式の変数分離 ブラウ[2]は水素分子イオンの波動方程式(42-1)を,共焦点楕円座標 ξ, η と方位角 φ について変数分離した.ξ と η は次式に従う.

$$\left.\begin{array}{l}\xi=\dfrac{r_A+r_B}{r_{AB}}\\[6pt]\eta=\dfrac{r_A-r_B}{r_{AB}}\end{array}\right\} \quad (42\text{-}15)$$

座標変換(ラプラシアンは付録 IV 参照)で波動方程式はこう変わる.

$$\frac{\partial}{\partial\xi}\left\{(\xi^2-1)\frac{\partial\psi}{\partial\xi}\right\}+\frac{\partial}{\partial\eta}\left\{(1-\eta^2)\frac{\partial\psi}{\partial\eta}\right\}+\left(\frac{1}{\xi^2-1}+\frac{1}{1-\eta^2}\right)\frac{\partial^2\psi}{\partial\varphi^2}$$
$$+\frac{8\pi^2 m_0 r_{AB}^2}{h^2}\left\{\frac{W'}{4}(\xi^2-\eta^2)+\frac{e^2}{r_{AB}}\xi\right\}\psi=0 \quad (42\text{-}16)$$

次式の関係を使い,全項に $\dfrac{r_{AB}^2(\xi^2-\eta^2)}{4}$ をかけてある.

$$\frac{e^2}{r_A}+\frac{e^2}{r_B}=\frac{4e^2\xi}{r_{AB}(\xi^2-\eta^2)}$$

また次式の W' は,核 2 個がつくる場にある電子のエネルギーを表し,核 2 個の相互作用エネルギーを足したものが全エネルギー W に等しい.

$$W'=W-\frac{e^2}{r_{AB}} \quad (42\text{-}17)$$

$\psi(\xi,\eta,\varphi)$ を次式の積に書けば,式(42-22)の λ と式(42-23)の D を使い,三つ

---

[1] H. M. James, 私信.
[2] Ø. Burrau, *Det. Kgl. Danske Vid. Selskab.* **7**, 1(1927).

の微分方程式(42-19)〜(42-21)に分離できる[1].

$$\phi(\xi, \eta, \varphi) = \Xi(\xi) H(\eta) \Phi(\varphi) \tag{42-18}$$

$$\frac{d^2\Phi}{d\varphi^2} = -m^2\Phi \tag{42-19}$$

$$\frac{d}{d\eta}\left\{(1-\eta^2)\frac{dH}{d\eta}\right\} + \left(\lambda\eta^2 - \frac{m^2}{1-\eta^2} - \mu\right)H = 0 \tag{42-20}$$

$$\frac{d}{d\xi}\left\{(\xi^2-1)\frac{d\Xi}{d\xi}\right\} + \left(-\lambda\xi^2 + 2D\xi - \frac{m^2}{\xi^2-1} + \mu\right)\Xi = 0 \tag{42-21}$$

$$\lambda = -\frac{2\pi^2 m_0 r_{AB}^2 W'}{h^2} \tag{42-22}$$

$$D = \frac{r_{AB}}{a_0} \tag{42-23}$$

変数 ξ は $1 \sim \infty$, η は $-1 \sim +1$ の範囲で変わる. $\xi =$ 一定の面は核を共焦点とする回転楕円体, $\eta =$ 一定の面は共焦点の双曲面体をつくる. 変数 m, λ, μ が決まった値のときだけ, 方程式は適切な解をもつ(φ 部分なら $m = 0, \pm 1, \pm 2, \cdots$). 以後は, η 部分が適切な解をもつ λ と μ の関係を見つけたあと, ξ 部分から決まる λ の特性値をもとに, エネルギー値を求めていく.

1927年にはブラウが波動方程式の ξ 部分と η 部分を数値積分し, 以後ヒルラース[2]とヤッフェ[3]が扱いを洗練している(前項に紹介したギユマンとツェナーの結果は, ブラウの結果に近い). 詳細は省き, ヒルラースの結果を主体にざっと眺めよう.

3名の計算結果を表42-1と図42-3にまとめた. 曲線の姿は, ごく単純な扱いの結果(42a項の図42-2)と似ている.

3名が共通に得た平衡距離[4] $r_{AB} = 1.06$ Å $(= 2.00 a_0)$ は, 分光データに合う. 分光データは, H_2^+ 自体ではなく H_2 分子の励起状態を調べて得られた. H_2 の励起状態は, H_2^+ をコアとし, 励起の度合いが高い電子はコアから遠い軌道にあり, 核のポテンシャル関数にはまず影響しないとみてよい. H_2^+ の核間距離 r_e と振動数 ν_e が一定なのは, そのイメージに合う. バージ[5]とリチャードソン[6]の外

---

1) 核2個の電荷が異なるときも分解できる.
2) E. A. Hylleraas, *Z. f. Phys.* **71**, 739(1931).
3) G. Jaffé, *Z. f. Phys.* **87**, 535(1934).
4) 分光データから決まる r_{AB} の平均値は, 振動量子数 v が増すほど大きくなる傾向をもつ. $v=0$ の値を r_0, エネルギー極小にあたる外挿値を r_e と書く. 同様に振動数は ν_0, ν_e(ときに ω_0, ω_e), 解離エネルギーは D_0, D_e と書く.

表 42-1 H_2^+ の電子エネルギー

r_{AB}/a_0	$W_{H_2^+}$ (Rhc 単位)			
	ブラウ	ギユマンとツェナー	ヒルラース	ヤッフェ
0	∞	∞	∞	∞
0.5			0.5302	0.5300
1.0	-0.896	-0.903	-0.9046	-0.9035
1.25			-1.0826	
1.5			-1.1644	
1.75	-1.195^*	$-1.198^\dagger$	-1.1980	
2.00	-1.204	-1.205	-1.20527	-1.20528
2.25	-1.198^*	$-1.197^\dagger$	-1.1998	
2.5			-1.1878	
2.75			-1.1716	
3.0		-1.154	-1.1551	-1.1544
∞	-1.000	-1.000	-1.0000	-1.0000

* ブラウが計算した内挿値(誤差は $\pm 0.002 Rhc$), † 内挿値

挿値も $r_e = 1.06\,\text{Å}$ だった.

H_2^+ のエネルギー $-1.20528 Rhc$ も実測によく合う(くわしい考察は 43d 項). 極小のありさまは, 実測の振動準位と比較できる. ヒルラースは, 算出値をモース曲線に合わせ, 振動準位(量子数 v)とエネルギー(Rhc 単位)の関係を次式に表した.

$$W_v = -1.20527 + 0.0206\left(v + \frac{1}{2}\right) - 0.00051\left(v + \frac{1}{2}\right)^2 \qquad (42\text{-}24)$$

上式は, バージ[1]とリチャードソン[2]が励起 H_2 分子の振動準位(実測値)から外挿して得た式(係数は $0.0208, -0.00056; 0.0210, -0.00055$)と合う.

$W_e = -1.20527 R_H hc$ は, H_2^+ のエネルギー $-16.3073\,\text{eV}$ ($R_H hc = 13.5300\,\text{eV}$)と, $H + H^+$ への解離エネルギー $D_e = 2.7773\,\text{eV}$ を表し, 後者の精度は(ヒルラースとヤッフェの計算が一致するため) $0.0001\,\text{eV}$ だとわかる. 最低振動状態にある H_2^+ の解離エネルギー D_0 と D_e の差は, 式(42-24)の補正項にあたる. 補正項の正確な実測値はないが, 計算値はヒルラースが $0.138\,\text{eV}$, バージが $0.139\,\text{eV}$, リチャードソンが $0.140\,\text{eV}$ だから, 平均値 $0.138 \pm 0.002\,\text{eV}$ を使い, 基底状態にある H_2^+ の解離エネルギーはこう書ける.

(前頁) 5), 1) R. T. Birge, *Proc. Nat. Acad. Sci.* **14**, 12(1928).
(前頁) 6), 2) O. W. Richardson, *Trans. Faraday Soc.* **25**, 686(1929).

42. 水素分子イオン

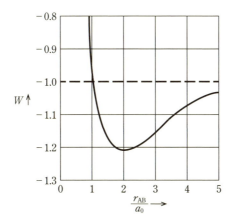

図 42-3 水素分子イオン H_2^+ のエネルギー($\frac{e^2}{2a_0}$ 単位)と r_{AB} の関係

$$D_0 = 2.639 \pm 0.002 \text{ eV}$$

ブラウの計算結果を図 42-4 に描いた．電子の分布は核間で濃いのがよくわかる．

ここで，波動方程式の近似解(7 章・27a 項)を使うヒルラースの扱いに戻ろう．次式の変数 η は -1〜$+1$ の範囲(ルジャンドル陪関数 $P_l^{|m|}$ の変数 $z=\cos\theta$ がたどる範囲．5 章・19 節)で変わる．関数 $H(\eta)$ を，次のように $P_l^{|m|}$ で級数展開しよう(c_l は定係数)．

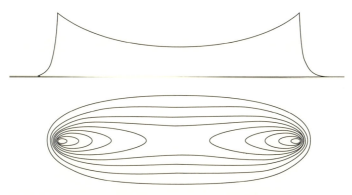

図 42-4 H_2^+ イオンの電子分布(ブラウ)．上の曲線は核間に沿った波動関数の値，下の曲線は等高線(極大値の $0.9, 0.8, \cdots, 0.1$ 倍)を表す．

$$H(\eta) = \sum_{l=|m|}^{\infty} c_l P_l^{|m|}(\eta) \tag{42-25}$$

上式を式(42-20)に入れ，ルジャンドル陪関数が従う微分方程式(19-9)を使って簡単化すると次式を得る．

$$\sum_{l=|m|}^{\infty} c_l \{\lambda \eta^2 - \mu - l(l+1)\} P_l^{|m|}(\eta) = 0 \tag{42-26}$$

通常の漸化式(19-16)を次々に使えば，次の漸化式によりη^2を消去できる．

$$\eta^2 P_l^{|m|}(\eta) = \frac{(l-|m|+1)(l-|m|+2)}{(2l+1)(2l+3)} P_{l+2}^{|m|}$$
$$+ \left\{ \frac{(l-|m|+1)(l+|m|+1)}{(2l+1)(2l+3)} + \frac{(l-|m|)(l+|m|)}{(2l-1)(2l+1)} \right\} P_l^{|m|}$$
$$+ \frac{(l+|m|)(l+|m|-1)}{(2l-1)(2l+1)} P_{l-2}^{|m|} \tag{42-27}$$

式(42-26)に代入すると，ηに無関係な係数をもつ関数$P_l^{|m|}(\eta)$の簡単な級数になる．$P_l^{|m|}(\eta)$は直交関数だから，総和が0なら，個々の係数も0でなければいけない(6章・22節)．以上より，係数c_lが従う3項漸化式として次式を得る．

$$\frac{(l-|m|-1)(l-|m|)}{(2l-3)(2l-1)} \lambda c_{l-2}$$
$$+ \left[\left\{ \frac{(l-|m|+1)(l+|m|+1)}{(2l+1)(2l+3)} + \frac{(l-|m|)(l+|m|)}{(2l-1)(2l+1)} \right\} \lambda - \mu - l(l+1) \right] c_l$$
$$+ \frac{(l+|m|+2)(l+|m|+1)}{(2l+3)(2l+5)} \lambda c_{l+2} = 0 \tag{42-28}$$

上式を「未定係数c_lの連立一次方程式」とみよう．意味のある解をもつには，c_lの係数がつくる行列式が0でなければいけない．そうやってできるλとμの行列方程式から，両者の関係が決まる．

系の基底状態($m=0$, $l=$偶数)を眺めよう．行列方程式はこう書ける．

$$\begin{vmatrix} \frac{1}{3}\lambda - \eta & \frac{2}{15}\lambda & 0 & 0 & \cdots \\ \frac{2}{3}\lambda & \frac{11}{21}\lambda - 6 - \eta & \frac{4}{21}\lambda & 0 & \cdots \\ 0 & \frac{12}{35}\lambda & \frac{39}{77}\lambda - 20 - \mu & \cdots & \cdots \\ 0 & 0 & 0 & \cdots & \cdots \\ \cdots & \cdots & \cdots & \cdots & \cdots \end{vmatrix} = 0 \tag{42-29}$$

0でない項は，主対角線と隣接対角線の上だけにある．まずλの一次近似とし

て, 隣接対角線上の項を無視する. そのとき根は $\mu = \frac{1}{3}\lambda, \mu = \frac{11}{21}\lambda - 6, \mu = \frac{39}{77}\lambda - 20$, …となる. 第1の根に注目しよう. 根の精度を上げるため, 冒頭2個の非対角項を含み, 対角線上の第2項 μ を $\frac{1}{3}\lambda$ に変えた方程式を再び解く. 行列式と解はそれぞれ次のようになる(四次以上の λ 項は無視).

$$\begin{vmatrix} \frac{1}{3}\lambda - \mu & \frac{2}{15}\lambda \\ \frac{2}{3}\lambda & \frac{11}{21}\lambda - 6 - \frac{1}{3}\lambda \end{vmatrix} = 0$$

$$\mu = \frac{1}{3}\lambda + \frac{2}{135}\lambda^2 + \frac{4}{8505}\lambda^3$$

ヒルラースは手順をさらに進めて次式を得た.

$$\mu = \frac{1}{3}\lambda + \frac{2}{135}\lambda^2 + \frac{4}{8505}\lambda^3 - 0.000013\lambda^4 - 0.0000028\lambda^5$$

上式は, η 部分が決める基底状態で, μ と λ の関係がどうなるかを表す. 上式を ξ の方程式に入れ, μ を消した方程式を解いて λ 値を求め, 最後にエネルギーと r_{AB} の関係を決める(手順は複雑だから詳細は省く).

42d. H_2^+ の励起状態 42a 項では, 水素原子波動関数から得た核の反対称波動関数を使い, 励起状態のひとつを考察した. 核のポテンシャル関数が極小をもたないため, H_2^+ の安定な状態ではなかった. 安定な励起状態を含む系のポテンシャル関数計算は, テラー, ヒルラース, ヤッフェら[1] が発表している.

43. 水 素 分 子

43a. ハイトラーとロンドンの扱い 1927年のハイトラー・ロンドン論文[2] をなぞる形で, 水素分子を扱おう(42a 項で述べた H_2^+ の扱いに近い). H_2^+ に関する初期のブラウ論文を別にすると, 二人は分子構造と原子価の問題に初めて波動力学を使った. 化学結合は原子2個が電子対を共有してできるというルイスの提案(1916年)以来, 原子価の秘密に迫る最大の貢献だったといえる.

とりあえず電子スピンには目をつぶり(スピンは本項末尾で考察), 系は核 A,

---

[1] P. M. Morse and E. C. G. Stueckelberg, *Phys. Rev.* **33**, 932(1929); E. A. Hylleraas, *Z. f. Phys.* **51**, 150(1928); **71**, 739(1931); J. E. Lennard-Jones, *Trans. Faraday Soc.* **24**, 668(1929); E. Teller, *Z. f. Phys.* **61**, 458(1930); G. Jaffé, *Z. f. Phys.* **87**, 535(1934).

[2] W. Heitler and F. London, *Z. f. Phys.* **44**, 455(1927).

Bと電子1,2からなるとする.図43-1の記号を使い,固定した核のまわりにある電子2個の波動方程式をこう書く.

$$\nabla_1^2\phi+\nabla_2^2\phi+\frac{8\pi^2 m_0}{h^2}\left\{W+\frac{e^2}{r_{A1}}+\frac{e^2}{r_{B1}}+\frac{e^2}{r_{A2}}+\frac{e^2}{r_{B2}}-\frac{e^2}{r_{12}}-\frac{e^2}{r_{AB}}\right\}\phi=0$$
(43-1)

$r_{AB}\to\infty$なら,上式は「バラバラの水素原子2個」を表し,二重に縮退した波動関数は,$u_{1s_A}(1)u_{1s_B}(2)$と$u_{1s_B}(1)u_{1s_A}(2)$か,二つの線形結合に書ける($u_{1s_A}(1)$は,核Aがもつ電子1の水素型1s波動関数.5章・21節).するとr_{AB}が小さい場合は,積関数2個の線形結合を変分関数に使えばよい.そのとき永年方程式(7章・26d項)は,付記した4行の記号と定義を利用すれば,式(43-2)に書ける.

$$\begin{vmatrix} H_{\mathrm{I\,I}}-W & H_{\mathrm{I\,II}}-\Delta^2 W \\ H_{\mathrm{II\,I}}-\Delta^2 W & H_{\mathrm{II\,II}}-W \end{vmatrix}=0 \qquad(43\text{-}2)$$

$$H_{\mathrm{I\,I}}=\iint\phi_{\mathrm{I}}H\phi_{\mathrm{I}}\mathrm{d}\tau_1\mathrm{d}\tau_2$$

$$H_{\mathrm{I\,II}}=\iint\phi_{\mathrm{I}}H\phi_{\mathrm{II}}\mathrm{d}\tau_1\mathrm{d}\tau_2$$

$$\Delta^2=\iint\phi_{\mathrm{I}}\phi_{\mathrm{II}}\mathrm{d}\tau_1\mathrm{d}\tau_2$$

$$\phi_{\mathrm{I}}=u_{1s_A}(1)u_{1s_B}(2) \qquad \phi_{\mathrm{II}}=u_{1s_B}(1)u_{1s_A}(2)$$

Δは式(42-11)の直交積分を表す.$H_{\mathrm{I\,I}}=H_{\mathrm{II\,II}}$,$H_{\mathrm{I\,II}}=H_{\mathrm{II\,I}}$なら式(43-2)はすぐ解けて,エネルギーは式(43-3)・(43-4),波動関数は式(43-5)・(43-6)になる.

$$W_S=\frac{H_{\mathrm{I\,I}}+H_{\mathrm{I\,II}}}{1+\Delta^2} \qquad(43\text{-}3)$$

$$W_A=\frac{H_{\mathrm{I\,I}}-H_{\mathrm{I\,II}}}{1-\Delta^2} \qquad(43\text{-}4)$$

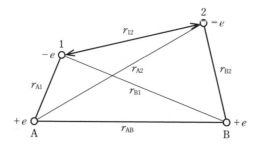

図 43-1 水素分子の計算に使う座標

$$\psi_S = \frac{1}{\sqrt{2+2\Delta^2}}\{u_{1s_A}(1)u_{1s_B}(2)+u_{1s_B}(1)u_{1s_A}(2)\} \tag{43-5}$$

$$\psi_A = \frac{1}{\sqrt{2-2\Delta^2}}\{u_{1s_A}(1)u_{1s_B}(2)-u_{1s_B}(1)u_{1s_A}(2)\} \tag{43-6}$$

添え字 S は電子座標(や核座標)について対称な関数を，A は反対称な関数を意味する(p.241 参照).

式(42-8)の積分を J，式(43-8)の積分を $J'(D=\frac{r_{AB}}{a_0})$ として，H_{II} はこう書ける.

$$H_{II} = \iint u_{1s_A}(1)u_{1s_B}(2)\left(2W_H - \frac{e^2}{r_{B1}} - \frac{e^2}{r_{A2}} + \frac{e^2}{r_{12}} + \frac{e^2}{r_{AB}}\right)u_{1s_A}(1)u_{1s_B}(2)\,d\tau_1 d\tau_2$$

$$= 2W_H + 2J + J' + \frac{e^2}{r_{AB}} \tag{43-7}$$

$$J' = e^2 \iint \frac{\{u_{1s_A}(1)u_{1s_B}(2)\}^2}{r_{12}}\,d\tau_1 d\tau_2 = \frac{e^2}{a_0}\left\{\frac{1}{D} - e^{-2D}\left(\frac{1}{D}+\frac{11}{8}+\frac{3}{4}D+\frac{1}{6}D^2\right)\right\} \tag{43-8}$$

同様に $H_{I\,II}$ は，式(42-12)の積分 K，式(43-10)に示す積分 K' を使ってこう書ける.

$$H_{I\,II} = \iint u_{1s_A}(1)u_{1s_B}(2)\left(2W_H - \frac{e^2}{r_{A1}} - \frac{e^2}{r_{B2}} + \frac{e^2}{r_{12}} + \frac{e^2}{r_{AB}}\right)u_{1s_B}(1)u_{1s_A}(2)\,d\tau_1 d\tau_2$$

$$= 2\Delta^2 W_H + 2\Delta K + K' + \Delta^2\frac{e^2}{r_{AB}} \tag{43-9}$$

$$K' = e^2 \iint \frac{u_{1s_A}(1)u_{1s_B}(2)u_{1s_B}(1)u_{1s_A}(2)}{r_{12}}\,d\tau_1 d\tau_2$$

$$= \frac{e^2}{5a_0}\left[-e^{-2D}\left(-\frac{25}{8}+\frac{23}{4}D+3D^2+\frac{1}{3}D^3\right)\right.$$

$$\left.+\frac{6}{D}\{\Delta^2(\gamma+\log D)+\Delta'^2 Ei(-4D)-2\Delta\Delta' Ei(-2D)\}\right] \tag{43-10}$$

$\gamma = 0.5772\cdots$ はオイラーの定数という．また Δ' は次の内容をもつ．

$$\Delta' = e^D\left(1 - D + \frac{1}{3}D^2\right)$$

関数 Ei は積分対数[1]や超越関数とよぶ．積分 K' は，ハイトラーとロンドンが近似式をつくり，杉浦[2]が計算した．J' は核 A の 1s 電子と核 B の 1s 電子のクーロン相互作用を表し，K' は対応する共鳴積分(交換積分)を意味する．

---

[1] Jahnke and Emde, "Funktionentafeln" 参照．
[2] Y. Sugiura, *Z. f. Phys.* **45**, 484(1927).

以上を式(43-3)と式(43-4)に代入すれば，エネルギーの表式はこうなる．

$$W_S = 2W_H + \frac{e^2}{r_{AB}} + \frac{2J + J' + 2\Delta K + K'}{1 + \Delta^2} \tag{43-11}$$

$$W_A = 2W_H + \frac{e^2}{r_{AB}} + \frac{2J + J' - 2\Delta K - K'}{1 - \Delta^2} \tag{43-12}$$

W_S，W_A と r_{AB} の関係を図43-2に描いた．W_A はどんな距離でも反発型だから，平衡距離はない．H原子の引き合う安定な分子は曲線 W_S がつくり，平衡距離 r_{AB} の計算値 $0.80\,\text{Å}$ は実測値 $0.740\,\text{Å}$ に近い．核の振動を無視した解離エネルギーは，実測値が $4.72\,\text{eV}$ のところ，計算値は $3.14\,\text{eV}$ となる．ポテンシャル極小点に近い場所の曲率は，核間の振動数 $4800\,\text{cm}^{-1}$ にあたる(実測値は $4317.9\,\text{cm}^{-1}$)．つまり，こうした単純な扱いでも，実測に近い計算値が出る．

$r_{AB} = 1.5a_0$ で計算した電子のエネルギー(W_S との差は $\frac{e^2}{r_{AB}}$) は $2W_H - 18.1\,\text{eV}$ となる．また解離エネルギー D_e の誤差 $1.5\,\text{eV}$ は，全相互作用エネルギーの数%にすぎない．つまりエネルギーの計算値は，想定外に正確だといえる．

H_2^+ と同じく H_2 分子でも，仮想系のエネルギー関数を考察すると見晴らしがよくなる．波動関数が $\phi_1 = u_{1s_A}(1) u_{1s_B}(2)$ だけなら，エネルギーは H_{11} (図43-2の曲線N)だろう．原子間の引力は弱く，平衡距離での結合エネルギーは実測値の数%にすぎない．ϕ_1 と ϕ_S のちがいは「電子座標の交換」だから，H_2 分子の結合エネルギーはおもに共鳴(交換)エネルギーだといえる．

いままで電子のスピンは考えなかった．スピンを考える際は，ヘリウム原子と同様，パウリの排他律に従う反対称波動関数とするため，軌道波動関数に適切な

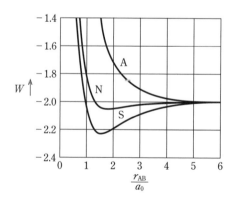

図 43-2　水素分子のエネルギー曲線(縦軸は $\frac{e^2}{2a_0}$ 単位)

スピン関数をかける．そのとき以下4個の波動関数ができる．

$$\phi_S \cdot \frac{1}{\sqrt{2}}\{\alpha(1)\beta(2) - \beta(1)\alpha(2)\}$$

$$\phi_A \cdot \alpha(1)\alpha(2)$$

$$\phi_A \cdot \frac{1}{\sqrt{2}}\{\alpha(1)\beta(2) + \beta(1)\alpha(2)\}$$

$$\phi_A \cdot \beta(1)\beta(2)$$

引き合い状態Sが1個，反発状態Aが3個だから，H原子2個が安定な分子をつくる確率は$\frac{1}{4}$だといえる．電子2個は，安定なS状態(一重項)では逆スピン，不安定なA状態(三重項)では平行スピンをもつ．

43b. ほかの単純な変分法 式(43-5)の1s水素型波動関数に有効核電荷$Z'e$を使う変分法でワン[1]が計算したところ，エネルギーはやや改良されたD_e = 3.76 eV，平衡核間距離は実測値0.740 Åに近い0.76 Åとなった(有効核電荷は$Z'e = 1.166e$)．

分子の基底状態には，イオン構造H^-H^+とH^+H^-も寄与するだろう．イオン状態は$u_{1s_A}(1)u_{1s_A}(2)$と$u_{1s_B}(1)u_{1s_B}(2)$に書けて，パウリの排他律に合うスピン関数は，前記と同じく$\frac{1}{\sqrt{2}}\{\alpha(1)\beta(2)-\beta(1)\alpha(2)\}$となる．

r_{AB}が十分に大きいと，イオン関数のエネルギーは原子関数のエネルギーより12.82 eVも高い．12.82 eVは，水素のイオン化エネルギーと電子親和力(8章・29c項)の差にあたる．しかしr_{AB}が減るにつれ，イオン2個の引き合いがイオンのエネルギーを下げ(図43-3)，1.12 Åで12.82 eV分を打ち消す．つまり水素分子の結合は，構造H^-H^+とH^+H^-が同等に効く形のイオン性が高いといえる．

ワインバウム[2]は，水素の1s型関数に有効核電荷$Z'e$を使う次の波動関数を調べた．

$$u_{1s_A}(1)u_{1s_B}(2) + u_{1s_B}(1)u_{1s_A}(2) + c\{u_{1s_A}(1)u_{1s_A}(2) + u_{1s_B}(1)u_{1s_B}(2)\}$$

(43-13)

変数をいじると(図43-4)，エネルギーの極小点は$r_{AB} = 0.77$ Å，解離エネルギーは$D_e = 4.00$ eV(ワンの結果を0.24 eVだけ改善)となり，最適解をもたらす変数の値は$Z' = 1.193$，$c = 0.256$だった[3]．

---

1) S. C. Wang, *Phys. Rev.* **31**, 579 (1928).
2) S. Weinbaum, *J. Chem. Phys.* **1**, 593 (1933).
3) ワインバウムは原子項とイオン項の有効核電荷が異なる関数も考え，それを変分すると式(43-13)になるのを確かめている．

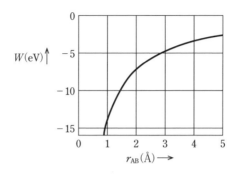

図 43-3 電荷 e と $-e$ のクーロン相互作用エネルギーと距離 r_{AB} の関係

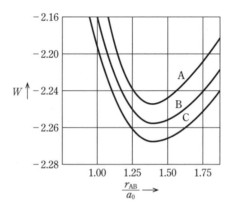

図 43-4 水素分子のエネルギー曲線（縦軸は $\dfrac{e^2}{2a_0}$ 単位）
A：分子軌道の極限，B：原子価結合の極限，
C：部分的にイオン性の原子価結合

　いままで分子の波動関数は，原子軌道関数からつくった（r_{AB} が大きいときは第一近似として正しい）．そのやりかたは複雑な分子にも拡張でき，**原子価結合法**という（イオン項を無視するときにだけそうよぶこともある）．

　もうひとつの**分子軌道法**[1]は，水素分子にはこう使う．r_{AB} が小さいとき二電子間の相互作用は，核（2個）－電子間の相互作用より弱いとする．ポテンシャル

---

1) F. Hund, *Z. f. Phys.* **51**, 759 (1928); **73**, 1 (1931); R. S. Mulliken, *Phys. Rev.* **32**, 186, 761 (1928); **41**, 49 (1932); M. Dunkel, *Z. f. phys. Chem.* **B7**, 81; **10**, 434 (1930); E. Hückel, *Z. f. Phys.* **60**, 423 (1930).

中の $\frac{e^2}{r_{12}}$ 項を省いた波動方程式は，H_2^+ の場合と同様，核2個の場を感じる電子それぞれの方程式に分離できて，無摂動関数は，H_2^+ を表す波動関数の積に書ける．$u_{1s_A}(1) + u_{1s_B}(1)$ は H_2^+ のよい近似関数だから，分子軌道法だと，水素分子の波動関数はこう書いてよい．

$$\{u_{1s_A}(1) + u_{1s_B}(1)\}\{u_{1s_A}(2) + u_{1s_B}(2)\} \tag{43-14}$$

上式は，ワインバウムの式(43-13)で $c=1$，つまりイオン項と原子項を同等に組み入れたケースにあたる．

核電荷が十分に大きいなら，電子間相互作用を弱い摂動とみてよく，分子軌道関数(43-14)が基底状態のよい近似になる．ただし，核と電子の電荷が同じ水素分子では，電子どうしの反発が強いため，ハイトラー・ロンドン・ワンの扱いと同様，電子は別々の核のそばにいたがるだろう．

どちらがいいのかは判断しにくい．有効核電荷 $Z'e$ を使って分子軌道関数(43-14)を計算した結果[1] は $r_e=0.73$ Å, $D_e=3.47$ eV, $Z'=1.193$ となる（図43-4 の曲線 A）．水素分子だと，極端な原子軌道を考えたワンの結果のほうが，分子軌道法よりずっとよい[2]．係数 c のイオン項を含む一般的な関数(43-13)で得た結果もそうなって，エネルギーを極小にする $c=0.256$ は，分子軌道の極限($c=1$)よりも原子軌道の極限($c=0$)に近い．

電荷2の He_2^{2+} を式(43-13)で扱ったところ[3]，図43-5のエネルギー曲線が得られた．r_{AB} が大きいと，クーロン力 $\frac{e^2}{r^2}$ で反発し合う2個の He^+ に等しい．

ほぼ1.3 Å から効き始める共鳴効果でイオンどうしが引き合い，水素分子に近い核間距離 $r_e=0.75$ Å でエネルギー曲線は極小をもつ（そのとき $Z'=2.124$, $c=0.435$）．水素分子のときより c が大きいのは，核電荷が大きい分だけ，イオン項が強く効くことを表す．

以上では，純粋な原子軌道にイオン項を含めて考察した．さらに拡張したいなら，水素原子の励起状態にあたる項を足す．分子軌道から出発するときも同様で，どちらの扱いも同じ結果になる[4]．

複雑な分子を解析するには通常，単純な原子軌道や分子軌道を使うとよい．上記のとおり原子軌道の扱いはやりやすいけれど，原子番号が大きい原子を含む分

---

1) S. Weinbaum, 私信．
2) $Z'=1$（ハイトラーとロンドンの扱い）でも同様な結論になる．
3) L. Pauling, *J. Chem. Phys.* **1**, 56 (1933).
4) J. C. Slater, *Phys. Rev.* **41**, 255 (1932).

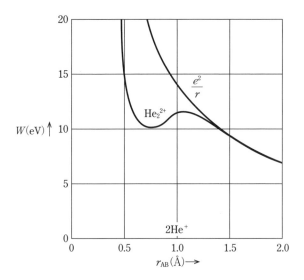

図 43-5 基底状態の He_2^{2+} を表すエネルギー曲線

子にもそのまま使えるかどうかは，当面まだよくわかっていない．

いまでは変分関数をつくる際，ある原子が別の原子に及ぼす分極作用は考えなかった．ローゼン[1] は分極を考え，ハイトラー・ロンドン・ワンの関数 $u_{1s_A}(1)$ を $u_{1s_A}(1)+\sigma u_{2p_A}(1)$ に変えて試した（ほかの関数も同様．なおディキンソンはローゼンに触発され，H_2^+ を同様に扱っている）．u_{1s} の有効核電荷 $Z'e$ と u_{2p} の有効核電荷 $Z''e$ に $Z''=2Z'$ の関係を仮定した結果，D_e 値はワンに比べて 0.26 eV だけ改良され，エネルギー極小の最適解は $r_e=0.77$ Å，$D_e=4.02$ eV，$Z'=1.19$，$\sigma=0.10$ にあたるとわかった．

ワインバウムは，ローゼンの関数に式(43-13)のイオン項を足し，$D_e=4.10$ eV，$Z'=1.190$，$\sigma=0.07$，$c=0.176$ を得ている．次項の内容も加え，計算結果を表 43-1 にまとめた．

43c. ジェームズとクーリッジの扱い

前項の変分関数は，電子間相互作用を適切に表していない．ジェームズとクーリッジ[2] は，変分関数に電子間距離 r_{12} を入れ，水素分子の扱いを大きく前に進めた（同様な手順でヘリウム原子を解い

---

1) N. Rosen, *Phys. Rev.* **38**, 2099 (1931).
2) H. M. James and A. S. Coolidge, *J. Chem. Phys.* **1**, 825 (1933).

43. 水素分子

表 43-1　水素分子の近似計算結果

	D_e(eV)	r_s(Å)	ν_e(cm^{-1})	Z'
ハイトラー・ロンドン・杉浦	3.14	0.80	4800	
分子軌道の扱い	3.47	0.73		1.193
ワン	3.76	0.76	4900	1.166
ワインバウム(イオン性)	4.00	0.77	4750	1.193
ローゼン(分極)	4.02	0.77	4260	1.19
ワインバウム(イオン性+分極)	4.10			1.190
ジェームズ・クーリッジ	4.722	0.74		
実測値	4.72	0.7395	4317.9	

たのがヒルラース)．二人は，次の楕円座標(42c 項)ξ，η と新しい座標 u を使い，変分関数を式(43-15)とした．

$$\xi_1 = \frac{r_{A1}+r_{B1}}{r_{AB}} \qquad \xi_2 = \frac{r_{A2}+r_{B2}}{r_{AB}}$$

$$\eta_1 = \frac{r_{A1}-r_{B1}}{r_{AB}} \qquad \eta_2 = \frac{r_{A2}-r_{B2}}{r_{AB}}$$

$$u = \frac{2r_{12}}{r_{AB}}$$

$$\phi = \frac{1}{2\pi} e^{-\delta(\xi_1+\xi_2)} \sum_{mnjkp} c_{mnjkp}(\xi_1^m \xi_2^n \eta_1^j \eta_2^k u^p + \xi_1^n \xi_2^m \eta_1^k \eta_2^j u^p) \tag{43-15}$$

和をとる指標は 0 と正値にかぎり，$j+k$ は偶数でなければいけない(核座標について対称な関数とするため)．

計算では，まず $r_{AB}=1.40 a_0$(実測値)，$\delta=0.75$ とした．両者を固定し，行列方程式(7章・26d 項)を解いて変数をいじる．冒頭の 5 項だけで，以前のどれよりも適切なエネルギー値が得られた[1]．精度の向上には，おもに u を含む項が効いている(表 43-2, 43-3)．表 43-2 より，項数が 11 と 13 の関数でもエネルギー値はほとんど変わらない．だから二人はそこで打ち切り，$D_e=4.722\pm0.013$ eV と結論した．

項数が 11 の関数を使い，δ と r_{AB} をいじった結果，以前の仮定値はエネルギーを極小にする(r_e の理論値が実測値に合う)とわかった．またエネルギー値と r_{AB} の関係は，実測の ν_e 値によく合う．つまり二人の扱いは，現時点で水素原子をほぼ完全に表す．項数を増やせば，さらに改善できるだろう．

---

[1] $p=0$ 項だけを含めて得た最良値 $D_e=4.27$ eV は，前項の最良値より少しだけよい．

表 43-2 ジェームズとクーリッジの近似計算結果

項の数	全エネルギー($R_H hc$ 単位)	D_e(eV)
1	-2.189	2.56
5	-2.33290	4.504
11	-2.34609	4.685
13	-2.34705	4.698

表 43-3 水素分子を表す規格化波動関数の係数* c_{mnjkp}

$mnjkp$ 項	c_{mnjkp} の値			
	1 項	5 項	11 項	13 項
00000	1.69609	2.23779	2.29326	2.22350
00020		0.80483	1.19526	1.19279
10000		-0.60985	-0.86693	-0.82767
00110		-0.27997	-0.49921	-0.45805
00001		0.19917	0.33977	0.35076
10200			-0.13656	-0.17134
10110			0.14330	0.12394
10020			-0.07214	-0.12101
20000			0.06621	0.08323
00021				0.07090
10001				-0.03987
00002			-0.02456	-0.01197
00111			-0.03143	-0.01143

* 絶対値が 0.05% ほど過大評価されているという：James and Coolidge, *J. Chem. Phys.* **3**, 129 (1935).

43d. 実測との比較 水素分子 H_2 と水素分子イオン H_2^+ の解離エネルギーは，実測値と直接間接に比較できる．H_2^+ の計算値（下記）は，励起 H_2 の実測振動数から外挿した近似値 2.6 ± 0.1 eV にかなりよく合う．

$$D_0 = 2.639 \pm 0.002 \text{ eV}$$

H_2 分子の場合はジェームズとクーリッジが，高次項の効果を見積もった．モース関数で零点振動を補正したうえ，電子と陽子の換算質量を使って核の速い動きも考える計算により，解離エネルギー $D_0 = 4.454 \pm 0.013$ eV を得ている[1]．その値は，ボイトラー[2] が振動準位から外挿した最良の実測値 4.454 ± 0.005 eV

---

1) H. M. James and A. S. Coolidge, *J. Chem. Phys.* **3**, 129(1935); 両氏からの私信.
2) H. Beutler, *Z. Phys. Chem.* **B27**, 287(1934). F. R. Bichowsky and L. C. Copeland, *J. Am. Chem. Soc.* **50**, 1315(1928) が報告した直接的な熱化学データは 4.55 ± 0.15 eV.

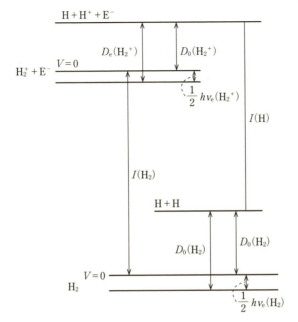

図 43-6 電子2個と陽子2個からなる系のエネルギー準位図

にぴたりと合う.

別の比較もできる.電子2個と陽子2個の系を表すエネルギー図(図43-6)から,イオン化エネルギー I と解離エネルギー D の間には次の関係が成り立つ.

$$I(H_2) + D_0(H_2^+) = I(H) + D_0(H_2) \tag{43-16}$$

$I(H)$ と $D_0(H_2^+)$ の値(後者は理論値)と,分光データから外挿した $I(H_2)$ より得られる $D_0(H) = 4.448 \pm 0.005 \, \text{eV}$[1] も,ジェームズとクーリッジが得た計算値によく合う.

43e. 水素分子の励起状態　水素分子の励起状態を摂動法と変分法で扱った結果[2]は,実測値とよく合っていた.

結果を考察する代わりに,1s 水素型関数 u_A と u_B だけから水素分子のどんな波動関数がつくれるかを考えよう.積関数には,$u_A(1)u_B(2)$ と,$u_B(1)u_A(2)$,$u_A(1)u_A(2)$,$u_B(1)u_B(2)$ の四つがある.電子2個と核2個は等価だから,永年

---

1) リチャードソンからジェームズへの私信.

方程式を解いて出る波動関数は，電子と核の座標について対称か反対称でなければいけない．するとこうなる．

$$\left.\begin{array}{l}\text{I}\\ \text{II}\end{array}\right\}\{u_A(1)u_B(2)+u_B(1)u_A(2)\},\ \{u_A(1)u_A(2)+u_B(1)u_B(2)\}\left\{\begin{array}{l}S^N S^E(^1\Sigma_g^+)\\ S^N S^E(^1\Sigma_g^+)\end{array}\right.$$

$$\text{III}\quad u_A(1)u_B(2)-u_B(1)u_A(2),\ A^N A^E(^3\Sigma_u^+)$$

$$\text{IV}\quad u_A(1)u_A(2)-u_B(1)u_B(2),\ A^N S^E(^1\Sigma_u^+)$$

関数 I と II は線形結合の姿をもち，うち 1 個(たとえば I)は分子の基底状態(43b 項，ワインバウム)，他方は励起状態を表す．項記号 $^1\Sigma_g^+$ のうち，Σ は核軸に沿う電子の軌道角運動量がないこと，上ツキの 1 は一重項状態を意味する(電子 2 個が位置座標につき対称だと表す記号 S^E に対応)．パウリの排他律より，そのとき電子スピン関数は反対称な 1 個(次式)になる．

$$\alpha(1)\beta(2)-\beta(1)\alpha(2)$$

上ツキ「＋」は，電子波動関数の表示 S^N に応じ，核 2 個に関する対称性を示す．また下ツキ g(ドイツ語 gerade＝偶)は，電子波動関数が電子座標の偶関数だと伝える．

関数 III と IV は，記号 A^N と上ツキ「－」に応じて核 2 個に関する反対称性を示し，下ツキ u(ドイツ語 ungerade＝奇)は奇関数を表す．III は三重項，IV は一重項となるけれど，対称性について進んだ考察は次項と 14 章・48 節に回そう．

関数 III は，水素原子内に働く反発性の相互作用を表す(43a 項)．関数 II はおもにイオン性，関数 IV は完全なイオン性(H^+ と H^- の相互作用)にあたる．以上のうち IV は，分子の第一電子励起状態を表す．波動関数のイオン性から予想されるとおり，$r_e=1.29$ Å，$\nu_e=1358$ cm^{-1} という性質が，ほかの励起状態(1.06 Å, 2250 cm^{-1} の H_2^+ に近い状態)とはだいぶちがう．ツェナーとギユマン，ヒルラースの計算によると，平衡距離にある第一励起状態の波動関数は，「基底状態の原子 1 個＋励起状態($n=2$, $l=1$)の原子 1 個」の寄与をいくぶん含む．寄与の度合いは r_{AB} が増すほど高くなり，いずれは基底状態の原子と励起原子に解離する．

(前頁) 2) E. C. Kemble and C. Zener, *Phys. Rev.* **33**, 512(1929); C. Zener and V. Guillemin, *Phys. Rev.* **34**, 999(1929); E. A. Hylleraas, *Z. f. Phys.* **71**, 739(1931); E. Majorana, *Atti Accad. Lincei* **13**, 58 (1931); J. K. L. MacDonald, *Proc. Roy. Soc.* **A136**, 528(1932). ジェームズとクーリッジの方法は R. D. Present, *J. Chem. Phys.* **3**, 122(1935)が使ったほか，H. M. James, A. S. Coolidge, and R. D. Present が近いうちに発表の予定．

関数 II が表す状態の素性はまだよくわかってない.

問題 43-1. 1s と 2p の関数から, $A^N S^E$ 対称の波動関数をつくってみよ.

43f. 分子の振動と回転(オルト水素とパラ水素)
先の数項と 10 章の考察より, 水素分子の完全な波動関数 φ は, 関数 5 個の積(次式)に表せる.

$$\varphi = (①電子の軌道運動) \times (②電子スピンの向き)$$
$$\times (③核の運動) \times (④核の回転) \times (⑤核スピンの向き)$$

基底状態なら, ①は電子 2 個について対称, ②は反対称, ③～⑤は電子に無関係(つまり対称)だから, φ は電子 2 個について反対称となる(パウリの排他律に合致).

核についての対称性はどうか. ①は対称だとわかっている. ②も核座標に関係ないので対称. 振動波動関数に使う変数 r は核の入れ替えで変わらないから③も対称だ.

回転関数には対称と反対称がありうる. 核を入れ替えると, 極座標の角 θ は $\pi-\theta$ に, φ は $\pi+\varphi$ に変わる. 回転波動関数(10 章・35a 項, 5 章・21 節)は, 回転量子数 K が奇数なら符号を変え, 偶数なら変わらない. つまり④は, 回転状態が偶だと対称, 奇だと反対称になる. ⑤には対称と反対称の両方がありうる.

ヘリウム原子(8 章・29b 項)と同様, 等価な陽子 2 個の系は, 陽子について対称か反対称な波動関数で表せる. かりに陽子がスピンをもたず, 自然界の関数が対称なら, 基底状態の水素分子は偶の(前項の A^N 電子状態=IV なら奇の)回転状態だけをもつ. また, 自然界の関数が反対称なら, 基底状態の分子は奇の回転状態だけをもつ.

かたや, 陽子が量子数 $I=\frac{1}{2}$ のスピンをもてば, 核スピン波動関数には対称な 3 個と反対称な 1 個がある(その順に四つを下記). すると偶回転も奇回転も起き, 「偶:奇」の比は, 全波動関数 φ が対称なら 3:1, 反対称なら 1:3 となる.

$$\alpha(A)\alpha(B)$$
$$\frac{1}{\sqrt{2}}\{\alpha(A)\beta(B)+\beta(A)\alpha(B)\}$$
$$\beta(A)\beta(B)$$
$$\frac{1}{\sqrt{2}}\{\alpha(A)\beta(B)-\beta(A)\alpha(B)\}$$

そのため水素の回転スペクトルは, 陽子の対称性に従って強度が 3:1 か 1:3

の微細構造を示すだろう．一般に核スピン量子数がIなら，強度比は$(I+1):I$となる[1]．つまり，同じ核2個を含む分子のスペクトルを解析すれば，核の対称性とスピンがわかる．

デニソン[2]は，気体の熱容量(14章・49e項)データをもとに，陽子が電子と同じく$\frac{1}{2}$のスピンをもち，適切な波動関数は陽子の座標(位置，スピン)につき反対称だと確かめた．つまりパウリの排他律は，陽子にも当てはまる[3]．

排他律を考えると，水素分子の偶回転波動関数は反対称スピン関数と組になり，奇回転波動関数それぞれは対称スピン関数と組になって3個の全波動関数をつくる．すると高温の水素で，奇回転状態は偶回転状態の3倍あるだろう(49e項)．また「奇回転→偶回転」遷移は，核スピンを含む摂動により起こるが，摂動はごく小さいから，遷移の確率もたいへん小さい．つまりデニソンが見抜いたように，基底状態の水素は2種の分子からなる．核スピンが逆平行で偶回転状態の**パラ水素**と，核スピンが平行で奇回転状態の**オルト水素**(パラとオルトの存在比1:3)だ．

液体空気の温度(−190℃)に冷やすと，パラ水素は大半が$K=0$状態に，オルト水素は$K=1$状態に移る．熱平衡ではほぼ全部の分子が$K=0$状態にあるはずだという予想に反し，準安定条件は何か月も保たれる．だがボンフェッファーとハートレック[4]は，木炭などの触媒が熱平衡への到達を速め，ほぼ純粋なパラ水素がつくれるのを見つけた．

同じ条件で$H_2+D_2 \rightleftharpoons 2HD$の加速はないため，「オルト⇌パラ」変換は核ス

---

[1] $I=1$の場合は，$m_I=+1, 0, -1$に応じたスピン関数α, β, γから，粒子2個の波動関数は以下の9個がつくれるため，比は2:1となる．

対称	反対称
$\alpha(A)\alpha(B)$	
$\beta(A)\beta(B)$	
$\gamma(A)\gamma(B)$	
$\frac{1}{\sqrt{2}}\{\alpha(A)\beta(B)+\beta(A)\alpha(B)\}$	$\frac{1}{\sqrt{2}}\{\alpha(A)\beta(B)-\beta(A)\alpha(B)\}$
$\frac{1}{\sqrt{2}}\{\alpha(A)\gamma(B)+\gamma(A)\alpha(B)\}$	$\frac{1}{\sqrt{2}}\{\alpha(A)\gamma(B)-\gamma(A)\alpha(B)\}$
$\frac{1}{\sqrt{2}}\{\beta(A)\gamma(B)+\gamma(A)\beta(B)\}$	$\frac{1}{\sqrt{2}}\{\beta(A)\gamma(B)-\gamma(A)\beta(B)\}$

[2] D. M. Dennison, *Proc. Roy. Soc.* **A115**, 483(1927).

[3] ジュウテロン(重陽子=重水素の核)は$I=1$で波動関数は対称…というように，スピンと対称性は核ごとにちがう．

[4] K. F. Bonhoeffer and P. Harteck, *Z. f. phys. Chem.* **B4**, 113(1929).

ピンとの磁気相互作用が起こすと思える[1]．常磁性物質[2]（酸素，NO，常磁性イオン）が触媒となる事実や，その理論的考察もある[3]．高温の固体触媒上では，解離・再結合を介して「オルト⇄パラ」変換が進むのだろう．

44. ヘリウム分子イオン He_2^+ と He—He 原子間相互作用

前節では核2個と電子1～2個の系を眺めた．以下ではヘリウム分子イオン He_2^+ と，核2個+電子3～4個の系（典型が He—He）を扱う．合計4種の系で得られた結果と，その結果が化学結合の性質や分子構造の考察でもつ意義は，次節で考察しよう．

44a. ヘリウム分子イオン He_2^+　ヘリウムの核2個と電子3個の系を変分法で扱うため，まずは，原子2個の水素型 1s 軌道波動関数 (u_A, u_B) だけを使って電子波動関数をつくろう．スピン関数 (α, β) と組み合わせ，完全に反対称な関数4個を得る．うち2個（ψ_I と ψ_{II}）はこう書ける（規格化前）．

$$\psi_I = \begin{vmatrix} u_A(1)\alpha(1) & u_A(1)\beta(1) & u_B(1)\alpha(1) \\ u_A(2)\alpha(2) & u_A(2)\beta(2) & u_B(2)\alpha(2) \\ u_A(3)\alpha(3) & u_A(3)\beta(3) & u_B(3)\alpha(3) \end{vmatrix} \quad (44\text{-}1)$$

$$\psi_{II} = \begin{vmatrix} u_B(1)\alpha(1) & u_B(1)\beta(1) & u_A(1)\alpha(1) \\ u_B(2)\alpha(2) & u_B(2)\beta(2) & u_A(2)\alpha(2) \\ u_B(3)\alpha(3) & u_B(3)\beta(3) & u_A(3)\alpha(3) \end{vmatrix} \quad (44\text{-}2)$$

最終列の α を β に変えれば，残る二つ（ψ_{III} と ψ_{IV}）ができる．ψ_I は，核 A にある逆スピンの電子対（He 原子の姿）と，核 B にある正スピンの電子1個を表すから，He：・He^+ と書ける．同様に ψ_{II} は He・$^+$：He を表す（水素分子イオンと同じ縮退を示す系）．また，ψ_I と ψ_{II} に関する永年方程式を解けば，$\psi_I + \psi_{II}$ と $\psi_I - \psi_{II}$ から関数 ψ_S（核対称）と ψ_A（核反対称）ができる．残る ψ_{III} と ψ_{IV} からも，同じエネルギー準位の波動関数が得られる．

エネルギー計算（前項と同様だから詳細は略）の結果[4]を図 44-1 に描いた．核反対称波動関数 ψ_A は核間の反発を表し，核対称関数 ψ_S は引き合い（安定な分子イオン形成）を表す．ψ_I や ψ_{II} だけの曲線（破線）と比べれば，引き合いは「He：

---

1) K. F. Bonhoeffer, A. Farkas, and K. W. Rummel, *Z. f. phys. Chem.* **B21**, 225 (1933).
2) L. Farkas and H. Sachsse, *Z. f. phys. Chem.* **B23**, 1, 19 (1933).
3) E. Wigner, *Z. f. phys. Chem.* **B23**, 28 (1933).
4) L. Pauling, *J. Chem. Phys.* **1**, 56 (1933).

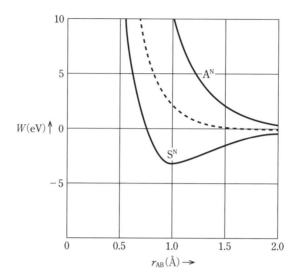

図 44-1 He_2^+ のエネルギー曲線. 破線は「He:・He^+」−「He^+・:He」間に共鳴がないとした仮想状態を表す.

・He^+」−「He・$^+$:He」間の共鳴に由来するとわかる．ヘリウム分子イオンを「He…He^+」と書き，安定性は原子間の**三電子結合**が生む…と表現してもよい．

核電荷 $2e$ の 1s 水素型軌道波動関数からなる ϕ_S を使うと，エネルギー曲線は $r_e = 1.01$ Å で極小をとり，$He + He^+$ への解離エネルギー D_e は 2.9 eV になる．有効核電荷 $Z'e$ を使い，r_{AB} に対するエネルギーを極小化する扱い[1]だと，$r_e = 1.085$ Å，$D_e = 2.47$ eV，振動数 $\nu_e = 1950$ cm^{-1} が得られ，平衡距離のとき $Z' = 1.833$ となる．

ワインバウム[2] は，He 原子の有効核電荷を $Z'e$，He^+ の有効核電荷を $Z''e$ として変分法を使い，$r_e = 1.097$ Å，$D_e = 2.22$ eV，$Z' = 1.734$，$Z'' = 2.029$ を得た．そうした値は，励起 He_2 分子($He_2^+ + e^-$) の実測値 $r_e = 1.09$ Å，$D_e = 2.5$ eV，$\nu_e = 1650$ cm^{-1} によく合う．

He 核 + H 核 + 電子 3 個の系では，関数 ϕ_I と ϕ_{II} が縮退を示さないこと，つまり引き合いがないことは興味深い（近似計算[3]でも確認）．

---

1) L. Pauling, 同上. $Z' = 1.8$ とした計算：E. Majorana, *Nuovo Cim.* **8**, 22 (1931).
2) S. Weinbaum, *J. Chem. Phys.* **3**, 547 (1935).
3) W. Heitler and F. London, *Z. f. Phys.* **44**, 455 (1927).

44b. He—He 原子間相互作用　核 2 個と電子 4 個からなる系の波動関数は，核 A, B の 1s 波動関数を u_A, u_B, 規格化因子を N として次式に書ける．

$$\phi = N \begin{vmatrix} u_A(1)\alpha(1) & u_A(1)\beta(1) & u_B(1)\alpha(1) & u_B(1)\beta(1) \\ u_A(2)\alpha(2) & u_A(2)\beta(2) & u_B(2)\alpha(2) & u_B(2)\beta(2) \\ u_A(3)\alpha(3) & u_A(3)\beta(3) & u_B(3)\alpha(3) & u_B(3)\beta(3) \\ u_A(4)\alpha(4) & u_A(4)\beta(4) & u_B(4)\alpha(4) & u_B(4)\beta(4) \end{vmatrix} \qquad (44\text{-}3)$$

上式は電子 4 個について完全に反対称だから，パウリの排他律に合う（一電子軌道関数 u_A と u_B だけからできる唯一の反対称波動関数）．

ハイトラーとロンドン[1]は，大ざっぱな推論から，どんな距離でも He 原子 2 個は反発し合うと見抜いた．ジェンティーレ[2]は，有効核電荷 $Z' = \frac{27}{16}$ の水素型 1s 関数 u_A と u_B を使う式(44-3)の波動関数 ϕ でエネルギーを計算した．またスレーター[3]は，代数式 1 個には書けないヘリウム原子の波動関数を使うくわしい計算の結果，相互作用エネルギーがこう近似できるのを確かめた．

$$W - W^0 = 7.70 \cdot 10^{-10} e^{-\frac{2.43R}{a_0}} \text{ erg} \qquad (44\text{-}4)$$

上式はヘリウム原子 2 個の接近を妨げる斥力を表す．無摂動の波動関数を使うこうした計算では，ファンデルワールス状態方程式の定数 a にあたる弱い原子間引力を扱えない．ファンデルワールス引力のエネルギーは $-1.41 e^2 \frac{a_0^5}{R^6}$ つまり $-0.607 \times \frac{a_0^6}{R^6}$ erg と書ける（14 章・47b 項）．引力項と式(44-4)の斥力項から出る平衡原子間距離 3.0 Å は，固体ヘリウムの実測値（約 3.5 Å）にほぼ一致し，理論計算の妥当さを物語る．

45. 一電子結合，電子対結合，三電子結合

以上，安定な軌道波動関数(1s 型)をもつ核 2 個と電子 1～4 個の系を考察した．どの場合も，原子軌道関数とスピン関数からできる行列式型の反対称変分関数は，引力ではなく斥力を表し，安定な分子はできないとわかる．電子 4 個の系でそうした関数は 1 個しかつくれないため，K 殻が満杯のヘリウム原子 2 個は反発し合うのだ．

かたや，そんな関数が複数（H_2^+ なら $H \cdot H^+$ と $H^+ \cdot H$）できる系もある．永年方

---

[1] W. Heitler and F. London, *Z. f. Phys.* **44**, 455 (1927).
[2] G. Gentile, *Z. f. Phys.* **63**, 795 (1930).
[3] J. C. Slater, *Phys. Rev.* **32**, 349 (1928).

程式を解けば，両者の和と差が正しい近似波動関数だとわかり，対応するエネルギー曲線のひとつは，原子の引き合いつまり安定な結合の形成を表す．電子1個，2個，3個と軌道関数2個(核に1個ずつ)の結合を，それぞれ**一電子結合**，**電子対結合**，**三電子結合**という．

H_2^+, H_2, He_2^+ の計算結果によると電子対結合は，一電子結合や三電子結合より2倍ほど強い(強度の目安は解離エネルギー)[1]．つまり分子構造はおもに電子対結合が決め，一電子結合と三電子結合は副次的な役割しかしないといえる[2]．

電子対結合の大切さを語る別の要因として，関係する核2個(または軌道関数2個)の異同が結合エネルギーを決めるという事実がある．軌道関数 u_A と u_B だけを使ってできる一電子系の波動関数は，次の二つ(および，同じエネルギー曲線になる $\beta(1)$ を含む独立な関数2個)しかない．

$$\phi_I = u_A(1)\alpha(1)$$
$$\phi_{II} = u_B(1)\alpha(1)$$

以上は構造 $A \cdot B^+$ と $A^+ \cdot B$ を表している．A と B が同じなら(または軌道関数と核電荷の関係で ϕ_I と ϕ_{II} のエネルギーがたまたま同じなら)縮退があり，ϕ_I—ϕ_{II} の相互作用が安定な一電子結合を生む．エネルギーが等しくなければ結合は弱く，ϕ_I と ϕ_{II} のエネルギー差が増すにつれ，結合エネルギーは0に近づく．

三電子結合も似ている．波動関数(44-1)と(44-2)は一電子系の波動関数と密接にからみ，波動関数2個のエネルギー差が増すにつれて結合エネルギーは激減する．つまり通常，異種原子間に強い一電子結合や三電子結合はできないと考えてよい．

電子対結合はまったくちがう．結合はおもに以下二つの波動関数の縮退が生む．

$$\phi_I = \begin{vmatrix} u_A(1)\alpha(1) & u_B(1)\beta(1) \\ u_A(2)\alpha(2) & u_B(2)\beta(2) \end{vmatrix}$$

$$\phi_{II} = \begin{vmatrix} u_A(1)\beta(1) & u_B(1)\alpha(1) \\ u_A(2)\beta(2) & u_B(2)\alpha(2) \end{vmatrix}$$

上の二つは，A と B が別個でも同じエネルギー値に属す．つまり電子対結合を安定化する共鳴は，同じ原子間でも異種原子間でも働く．さらにはイオン項が効き，異種原子間ほど安定性が高い．イオン構造 $A:^-B^+$ と $A^+:B^-$ を表す波

---

1) ただし H. M. James, *J. Chem. Phys.* **3**, 9(1935)を参照(Li_2^+ の考察)．
2) L. Pauling, *J. Am Chem. Soc.* **53**, 3225(1931)．

45. 一電子結合, 電子対結合, 三電子結合

動関数(次式)のひとつは, 電気陰性度の差が大きいほどエネルギーが下がり, 結合形成への寄与が増す.

$$\phi_{\mathrm{III}} = u_{\mathrm{A}}(1)u_{\mathrm{A}}(2) \begin{vmatrix} \alpha(1)\beta(1) \\ \alpha(2)\beta(2) \end{vmatrix}$$

$$\phi_{\mathrm{IV}} = u_{\mathrm{B}}(1)u_{\mathrm{B}}(2) \begin{vmatrix} \alpha(1)\beta(1) \\ \alpha(2)\beta(2) \end{vmatrix}$$

だから異種原子間の電子対結合は, 同種原子間の結合より強い. こうした考察は, いままで経験レベルにとどまっていた[1].

本章で眺めた量子力学の方法は, 多原子分子の電子構造, 原子価や結合形成に広く応用できる. 例はまだ少数だけれど, 多原子分子も定量的に扱えるとわかった.

たとえばクーリッジ[2]は H_2O 分子をくわしく解析した. 原子価の本性についても, 従来の仮説の正しさを語る一般論ができている[3]. 原子は, 安定な軌道関数それぞれを使い, 本節で紹介した型のうちどれかの結合をつくる. 第2周期の元素なら, L殻の軌道関数4個を使い, 理論上は4本までの結合をつくれる. 結合軸の向きに関する考察[4]を合わせれば, 炭素原子がつくる分子の四面体構造も, 量子力学で説明できる.

芳香族炭化水素[5]など複雑な分子の安定性を説明する近似法も進み, 物質の性質解明に役立つとわかった. 波動力学の成果はもう広い範囲に及ぶのだけれど, 紙幅の都合もあり本書では十分に扱えない.

---

1) L. Pauling, *J. Am. Chem. Soc.* **54**, 3570 (1932).
2) A. S. Coolidge, *Phys. Rev.* **42**, 189 (1932).
3) W. Heitler, *Z. f. Phys.* **47**, 835 (1928); F. London, *Z. f. Phys.* **50**, 24 (1928); M. Born, *Z. f. Phys.* **64**, 729 (1930); J. C. Slater, *Phys. Rev.* **38**, 1109 (1931).
4) J. C. Slater, *Phys. Rev.* **34**, 1293 (1929); L. Pauling, *J. Am. Chem. Soc.* **53**, 1367 (1931); J. H. Van Vleck, *J. Chem. Phys.* **1**, 177 (1933).
5) E. Hückel, *Z. f. Phys.* **70**, 204 (1931); G. Rumer, *Göttinger Nachr.* p. 337, 1932; L. Pauling, *J. Chem. Phys.* **1**, 280 (1933); L. Pauling and G. W. Wheland, *ibid.* **1**, 362 (1933); L. Pauling and J. Sherman, *ibid.* **1**, 679 (1933).

13章

複 雑 な 分 子

　前章で眺めた水素分子イオン H_2^+，水素分子 H_2，ヘリウム分子イオン He_2^+，He—He 系なら，原子の一電子軌道関数から適切な反対称関数をつくるのは，さほどむずかしくなかった．もっと複雑な分子も同じ発想で扱うけれど，単純化や系統化の手段がないとお手上げに近い．スレーター[1]はまず水素三原子系(46a項)を扱い，複雑な分子の扱いに道をつけた．それを基礎に過去3年間，複雑な分子の理論研究が進んでいる．

46. スレーターの方法

　お互い遠く離れた原子の系は，$u_a(1)$ など各原子の一電子軌道関数と，電子スピン関数 α か β を組み合わせ，式(44-3)のような行列式に表せた．波動関数は電子につき反対称で(パウリの排他律)，電子間の相互作用も，電子1—核2の相互作用も無視できるなら，波動方程式の正しい解だといえる．また波動関数は，原子の電子構造を表すもの(9章・30a項)[2]と同形になる．

　複雑な分子では，エネルギーの近い波動関数がいくつかできる．近似をうまく進めるには，その全部(原子の電子配置が $1s^2 2s^2 2p$ なら，3個の 2p 関数も含む行列式関数)を考えなければいけない．エネルギーの近い軌道関数がたくさんできる系は，**軌道縮退**をもつという．たとえ軌道縮退がなくても，スピン関数 α と β も結びつくため，行列式関数の数は増えていく．

　スピン縮退もある(前章)．水素分子の場合，原子 A の軌道関数 u_A と正スピ

---

[1]　J. C. Slater, *Phys. Rev.* **38**, 1109(1931).
[2]　30a 項では $u_a(i)$ などにスピン関数 $\alpha(i) \cdot \beta(i)$ も含めたが，本節では α や β をあらわに書く．

表 46-1　ヘリウム分子イオン He_2^+ の波動関数

関数	u_A	u_B	$\sum m_s$
I	$+\ -$	$+$	$+\frac{1}{2}$
II	$+$	$+\ -$	$+\frac{1}{2}$
III	$+\ -$	$-$	$-\frac{1}{2}$
IV	$-$	$+\ -$	$-\frac{1}{2}$

ン，u_B と負スピンを組み合わせるか，逆に組み合わせるかで，2種類の関数ができた(45節)．

　ヘリウム分子イオンの波動関数4個(44a項)は，表46-1のように整理できる．正負の符号は，スピン α，β のどちらを軌道関数 u_A，u_B(いまの場合は1s関数)と組み合わせるかを表し，たとえば1行目なら式(44-1)の関数 ϕ_I を意味する．

　$\sum m_s$ の列は，原子のときと同様，電子スピン角運動量の z 成分($\frac{h}{2\pi}$ 単位)の和を表す．原子と同様，$\sum m_s$ 値のちがう波動関数は互いに結びつかないから，44a項でも ϕ_I と ϕ_{II} だけを考えた．

問題 46-1. 水素分子の軌道関数を以下の4個とし，表46-1と同様な表をつくれ．(a) 電子が1個ずつ入った原子2個の1s軌道関数．(b) 片方の軌道に電子2個が入ったイオン関数．(c) (a)と同じ関数に各原子の $2p_z$ 軌道も加えた関数．(d) 基底状態の H_2^+ を正しく表す分子軌道関数 u．

46a. 水素三原子系　三原子系だと，原子 a, b, c の1s関数 u_a, u_b, u_c だけを使い，イオン構造を無視すれば，同様な表がつくれる(表46-2)．
たとえば2行目の波動関数はこう書ける．

$$\phi_{II} = \frac{1}{\sqrt{3!}} \begin{vmatrix} u_a(1)\alpha(1) & u_b(1)\alpha(1) & u_c(1)\beta(1) \\ u_a(2)\alpha(2) & u_b(2)\alpha(2) & u_c(2)\beta(2) \\ u_a(3)\alpha(3) & u_b(3)\alpha(3) & u_c(3)\beta(3) \end{vmatrix} \tag{46-1}$$

　表46-2中の関数は，水素三原子系が従う波動方程式の近似解だから，未定係数をかけた線形結合を一次変分関数とみてよい．係数とエネルギー値を決めるには，8行8列の永年方程式(7章・26d項)を解く．永年方程式の典型的な要素は，式(46-3)と(46-4)の記号を使って次式に書ける(H は系の完全なハミルトニアン)．

$$H_{I\,II} - \Delta_{I\,II} W \tag{46-2}$$

表 46-2　水素三原子系の波動関数

関数	u_a	u_b	u_c	$\sum m_s$
I	+	+	+	$+\frac{3}{2}$
II	+	+	−	$+\frac{1}{2}$
III	+	−	+	$+\frac{1}{2}$
IV	−	+	+	$+\frac{1}{2}$
V	+	−	−	$-\frac{1}{2}$
VI	−	+	−	$-\frac{1}{2}$
VII	−	−	+	$-\frac{1}{2}$
VIII	−	−	−	$-\frac{3}{2}$

$$H_{\mathrm{I\,II}} = \int \phi_{\mathrm{I}}^* H \phi_{\mathrm{II}} \mathrm{d}\tau \tag{46-3}$$

$$\Delta_{\mathrm{I\,II}} = \int \phi_{\mathrm{I}}^* \phi_{\mathrm{II}} \mathrm{d}\tau \tag{46-4}$$

問題 46-2. u_a, u_b, u_c からできるイオン関数も含め，表 46-2 と同様な表をつくってみよ．

46b. 永年方程式の因数分解　原子の場合，スピン角運動量の和 $\sum m_s$ や軌道角運動量の和 $\sum m_l$ が異なる波動関数を含む積分は 0 だから，かなりの程度まで永年方程式は因数分解できた (9 章・30c 項)．分子だと，軌道角運動量の成分が運動の定数ではなくなるため (15 章・52 節)，永年方程式の因数分解に役立つのはスピン量子数しかない．

表 46-2 の系なら永年方程式は，一次因子 2 個 ($\sum m_s = \frac{3}{2}$ と $-\frac{3}{2}$) と三次因子 2 個 ($\sum m_s = \frac{1}{2}$ と $-\frac{1}{2}$) に因数分解できる．原子の場合 (30c 項) と同様に，一次因子の根 2 個は等しく，三次因子それぞれの根 1 個にも等しいとみてよい[1]．こうして四重の波動関数 (エネルギー準位) ができる．ベクトル図上では，平行なスピンベクトル 3 個があり，状態 4 種は合成ベクトルの向きだけがちがう．

残る 2 個のエネルギー準位は，三次因子のそれぞれから 1 個ずつ出る (二重準位)．値は三次方程式を解けばわかるが，その必要はない．II～IV の適切な線形結合をつくると，三次方程式を一次因子と二次因子に因数分解でき，一次因子から四重準位が生じるからだ．適切な線形結合はこう書ける．

---

[1]　46c 項の積分式を使い，出た根を比べればすぐ確かめられる．

$$A = \frac{1}{\sqrt{2}}(\text{II} - \text{III}) \tag{46-5}$$

$$B = \frac{1}{\sqrt{2}}(\text{III} - \text{IV}) \tag{46-6}$$

$$C = \frac{1}{\sqrt{2}}(\text{IV} - \text{II}) \tag{46-7}$$

$$D = \frac{1}{\sqrt{3}}(\text{II} + \text{III} + \text{IV}) \tag{46-8}$$

4個の関数は，3個の独立な関数II〜IVから生まれるため，一次独立ではない（$A+B+C=0$）．永年方程式は，関数Dと，A〜Cのどれか2個からつくれば因数分解できる．

四重準位のエネルギーは，片方の一次因子からわかり，次式に書ける．

$$W = \frac{H_{\text{II}}}{\Delta_{\text{II}}} \tag{46-9}$$

二重準位2種のエネルギーは，式(46-11)の記号を使った次の二次方程式から得られる．

$$\begin{vmatrix} H_{AA} - \Delta_{AA}W & H_{AB} - \Delta_{AB}W \\ H_{BA} - \Delta_{BA}W & H_{BB} - \Delta_{BB}W \end{vmatrix} = 0 \tag{46-10}$$

$$\left. \begin{array}{l} H_{AB} = \int A^* H B \, d\tau \\ \Delta_{AB} = \int A^* B \, d\tau \\ \cdots\cdots\cdots\cdots \end{array} \right\} \tag{46-11}$$

問題 46-3. 問題46-1の(a)〜(d)それぞれにつき，永年方程式を因数分解してみよ（永年方程式に使う波動関数を表す行と列で正方形をつくり，0になる要素を明示する）．

46c. 積分の変形　以上の方程式から何が出るかを調べる前に，$H_{\text{II III}}$ などの積分を少し変形しよう．波動関数IIなら，$u_a\alpha$ などの電子置換操作Pを使ってこう書ける（9章・30a項）．

$$\psi_{\text{II}} = \frac{1}{\sqrt{3!}} \sum_P (-1)^P P u_a(1)\alpha(1) u_b(2)\alpha(2) u_c(3)\beta(3) \tag{46-12}$$

つまり典型的な積分は次式に表せる．

$$H_{\text{II III}} = \frac{1}{3!} \sum_{P'} \sum_P (-1)^{P'+P} \int P' u_a^*(1)\alpha(1) u_b^*(2)\alpha(2) u_c^*(3)\beta(3) H \\ \times P u_a(1)\alpha(1) u_b(2)\beta(2) u_c(3)\alpha(3) \, d\tau \tag{46-13}$$

原子の扱い(30d項)にならい，次のように変形しよう．

$$H_{\mathrm{II\,III}} = \sum_P (-1)^P \int u_a^*(1)\alpha(1) u_b^*(2)\alpha(2) u_c^*(3)\beta(3) H P u_a(1)\alpha(1)$$
$$\times u_b(2)\beta(2) u_c(3)\alpha(3) \mathrm{d}\tau \quad (46\text{-}14)$$

原子と同様，スピンが一致しないと積分は0になる．スピンを一致させる置換 P は，IIとIIIで $\sum m_s$ が同じときにだけありえる．上の場合，123を132か231に変える置換 P だけがスピンを一致させるため，和には132項と231項が効く．スピンが一致する積分は1になるから，略号 $(abc|H|acb)$ を使って次式ができる(関数を表す $a\sim c$ は斜体で書く)．

$$\int u_a^*(1)\alpha(1) u_b^*(2)\alpha(2) u_c^*(3)\beta(3) H u_a(1)\alpha(1) u_b(3)\beta(3) u_c(2)\alpha(2) \mathrm{d}\tau$$
$$= \int u_a^*(1) u_b^*(2) u_c^*(3) H u_a(1) u_c(2) u_b(3) \mathrm{d}\tau = (abc|H|acb) \quad (46\text{-}15)$$

こうして次の表現を得る．

$$\left.\begin{aligned}
H_{\mathrm{I\,I}} &= (abc|H|abc) - (abc|H|bac) - (abc|H|acb) \\
&\quad - (abc|H|cba) + (abc|H|bca) + (abc|H|cab) \\
H_{\mathrm{II\,II}} &= (abc|H|abc) - (abc|H|bac) \\
H_{\mathrm{III\,III}} &= (abc|H|abc) - (abc|H|cba) \\
H_{\mathrm{IV\,IV}} &= (abc|H|abc) - (abc|H|acb) \\
H_{\mathrm{II\,III}} &= (abc|H|cab) - (abc|H|acb) \\
H_{\mathrm{III\,IV}} &= (abc|H|cab) - (abc|H|bac) \\
H_{\mathrm{II\,IV}} &= (abc|H|bca) - (abc|H|cba)
\end{aligned}\right\} \quad (46\text{-}16)$$

$H=1$ とすれば Δ の表式になる．u_a, u_b, u_c が決める電荷分布の相互作用を表す積分 $(abc|H|abc)$ が**クーロン積分**，$(abc|H|bac)$ 型の積分が**交換積分**にあたる(8章29節を参照)．軌道関数を1組だけ置換した積分は**単一交換積分**，複数組を置換した積分は**多重交換積分**とよぶ．軌道関数 u_a, u_b, u_c が互いに直交するなら積分の多くは0になるが，分子の計算だと，直交軌道関数を使うのが便利とはいえない．ただし「ほぼ直交」とみてよいこともあり，そのときは積分の大半を省ける．

46d. 水素三原子系の極限状況　積分 $H_{\mathrm{II\,III}}$ などの値が原子 a，b，c 間の距離で変わるため，エネルギー値も波動関数も変わる．b—c 間が近く，a—b 間と a—c 間が遠いとしよう．波動関数 u_a は u_b や u_c とほとんど重ならないので，積 $u_a u_b$ も $u_a u_c$ も事実上0とみてよい．つまり $(abc|H|bac)$ のような積分を0とし

てこう書こう.

$$H_{\text{II II}} = H_{\text{III III}} = (abc|H|abc)$$
$$H_{\text{III IV}} = H_{\text{II IV}} = 0$$
$$H_{\text{IV IV}} = (abc|H|abc) - (abc|H|acb)$$
$$H_{\text{II III}} = -(abc|H|acb)$$

次の関係も成り立つ.

$$H_{AA} = (abc|H|abc) + (abc|H|acb)$$
$$H_{BB} = (abc|H|abc) - \frac{1}{2}(abc|H|acb)$$
$$H_{AB} = -\frac{1}{2}(abc|H|abc) - \frac{1}{2}(abc|H|acb)$$

以上を永年方程式(46-10)に入れると,根(エネルギー値)のひとつが次の形になり,対応する波動関数は A そのものだとわかる.

$$W = \frac{H_{AA}}{\Delta_{AA}} \tag{46-17}$$

異なる原子の軌道関数を含む交換積分は,いつも負値になる.正の係数を使ってエネルギーを書き表せば,そんな積分は,原子2個が引き合う(安定な分子をつくる)状況を表す.たとえば H_{AA} の表式では,クーロン積分 $(abc|H|abc)$ と交換積分 $(abc|H|acb)$ が正の係数をもつため,原子 b と c は電子対結合をつくって引き合う(H_2 分子の生成に類似).同様に関数 B は原子 a—c 間の結合を,C は a—b 間の結合を表す.

原子3個が近づき合うと全部の相互作用が働き,どの波動関数も1個では現実を表さないため,適切に組み合わせて系を表す.だから H 原子3個が近づくとき,うち2個は結合し,残る1個は結合していない…というのは必ずしも正しくない.

ただし前述の発想をもとに,H_2 分子—H 原子の相互作用は考察できる.H_2 分子を生む原子 b・c が原子 a から十分に遠いとき,系の波動関数は A だった.a が b・c に近づいても,a—b と a—c が b—c よりずっと長いうちなら,波動関数はまだ A に近い.すると相互作用エネルギーは,次式の H_{AA}(と同様な Δ_{AA})を使い,ほぼ $\frac{H_{AA}}{\Delta_{AA}}$ と書ける.

$$\begin{aligned}H_{AA} &= \frac{1}{2}(H_{\text{II II}} + H_{\text{III III}} - 2H_{\text{II III}}) \\ &= (abc|H|abc) + (abc|H|acb) \\ &\quad -\frac{1}{2}(abc|H|bac) - \frac{1}{2}(abc|H|cba) - (abc|H|cab)\end{aligned}$$

計算してみると，クーロン積分と直交積分があまり変わらず，いまの例なら $(abc|H|cab)$ と書ける多重交換積分が無視できる距離では，ふつう単一交換積分がいちばん効くとわかる．つまり，十分に遠い H 原子と H_2 分子の相互作用エネルギーはこう書ける．

$$-\frac{1}{2}(abc|H|bac) - \frac{1}{2}(abc|H|cba)$$

両項とも斥力にあたるため，H_2 分子が H 原子を反発する状況を表す．

H 原子と H_2 分子の相互作用はアイリングとポラニー[1]が考察した．またクーリッジとジェームズ[2]は，いくつかの空間配置をくわしく解析している．

46e. 原子価結合法の一般化　水素三原子系の扱いは，ほかの多原子系にも拡張できる．多くの研究者が近似的な扱いかたをくふうしてきた．本項では，スレーターの方法を土台に，**原子価結合法**のあらましを紹介しよう（関連定理の証明は略）．

縮退がスピンだけの一重項分子に話をかぎる．電子 $2n$ 個と軌道関数 $2n$ 個（H 原子だと 1s 軌道が $2n$ 個）の系で，軌道関数どうしを対にするやりかたは $\frac{(2n)!}{(2^n n!)}$ 個ある．たとえば原子 a〜d の軌道なら，3 とおりの結合が描ける（下図）．

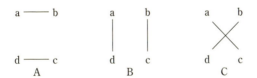

ただし，1 個ずつ電子を入れた（イオン構造を無視した）軌道関数 $2n$ 個から，独立な波動関数は $\frac{(2n)!}{n!(n+1)!}$ 個しかできない．上図なら構造 A，B，C を表す波動関数ができ，うち 2 個が独立だとスレーターは確かめた（46b 項の状況に類似）．

またルメル[3]は，原子 a, b, … の軌道関数を環状や閉曲線上に並べ（分子の核配置と直接の関係はない），結合し合う軌道を（閉曲線内の）線で結ぶとき，「どの線も交差しない図形に描ける構造」が独立だとつかんだ．そうした構造は，**正準セット**をなすという．そのため上図の例だと，構造 A と B が正準セットになる．軌道関数が 6 個なら，独立な構造は 5 個できる（図 46-1）．

---

1) H. Eyring and M. Polanyi, *Naturwiss.* **18**, 914 (1930); *Z. f. phys. Chem.* **B12**, 279 (1931).
2) A. S. Coolidge and H. M. James, *J. Chem. Phys.* **2**, 811 (1934).
3) G. Rumer, *Göttinger Nachr.*, p. 377, 1932.

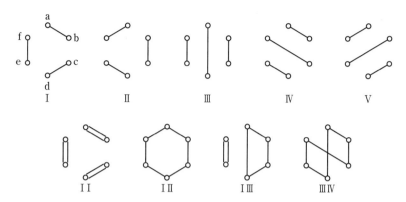

図 46-1 軌道関数6個からできる正準な原子価結合5個の構造と，その重ね合わせ

原子 a—b, c—d などの結合構造が従う波動関数は，置換演算子 P(46c 項)と，結合原子(a—b など)のスピン関数 $\alpha \cdot \beta$ を入れ替える演算子 R を使ってこう書ける．

$$\phi = \frac{1}{2^{n/2}} \sum_R (-1)^R R \left[\frac{1}{\{(2n)!\}^{1/2}} \sum_P (-1)^P \right.$$
$$\left. \times P a(1)\beta(1) b(2)\alpha(2) c(3)\beta(3) d(4)\alpha(4) \cdots \right] \quad (46\text{-}18)$$

$(-1)^R$ は，入れ替えが偶数回なら $+1$, 奇数回なら -1 とする．初期状態では通常，a の軌道関数にスピン関数 β を，b の軌道関数に α を…と割りつける．

永年方程式を立てる際，クーロン積分と交換積分の係数を計算する簡便法がある[1]．構造2個に応じたクーロン積分の係数を見つけるには，図 46-1 のように結合図2個を重ね合わせる．重ね合わせた図形は，偶数個の結合が生む多角形（島）をつくる．島が i 個なら，クーロン積分の係数は $\frac{1}{2^{n-i}}$ になるため，クーロン積分 $(abcd \cdots | H | bacd \cdots)$ を Q として $II_{II} = Q + \cdots$, $H_{III} - \frac{1}{4}Q + \cdots$ のように書ける．

次式のような単一交換積分だと，係数は $\frac{f}{2^{n-i}}$ に等しい．

$$(ab) = (abcd \cdots | H | bacd \cdots)$$

上式の f は，重ね合わせ図形の中で原子 a と b が別々の島にあれば $-\frac{1}{2}$ とな

---

[1] L. Pauling, *J. Chem. Phys.* **1**, 280(1933). 別法：H. Eyring and G. E. Kimball, *J. Chem. Phys.* **1**, 239(1933).

る．同じ島にあり，多角形を右回りか左回りする中間に奇数個の結合があると f は1，偶数個の結合があると -2 に等しい．つまりこう書ける．

$$H_{\mathrm{II}} = Q - \frac{1}{2}(ac) + (ab) + \cdots, \quad H_{\mathrm{III}} = Q - 2(ac) + (ab) + \cdots \text{ など}$$

原子価結合の分布と波動関数(式46-18)の関連を確かめるため，特定の原子価結合波動関数についてのエネルギー積分を調べよう．同じ構造の重ね合わせパターン(図46-1のIIなど)は，島を n 個もち，それぞれに2個の結合軌道関数が伴うから，次式が成り立つ．

$$W_{\mathrm{I}} = \frac{H_{\mathrm{II}}}{\Delta_{\mathrm{II}}} = \frac{1}{\Delta_{\mathrm{II}}}\Big\{Q + \sum(\text{結合軌道対の単一交換積分})$$
$$-\frac{1}{2}\sum(\text{非結合軌道対の単一交換積分}) + \text{高次の交換積分}\Big\} \qquad (46\text{-}19)$$

ふつう単一交換積分は，ほかの積分よりも値がいくぶん大きい．また，別原子の軌道関数を相手にした単一交換積分は，分子を生む原子間距離ならいつも負になり，原子間距離に対してモース曲線(10章・35d項)ふうに変わる．そのため式(46-19)中で，係数1の単一交換積分は関係原子間の引力を生み，ほかの単一交換積分(係数 $-\frac{1}{2}$)は斥力を生む．つまり，結合する原子間の引力と，結合しない原子間の斥力を表すから，いま考えている原子価結合構造に合う適切な波動関数だといえる．

原子価結合法の応用は，一部を14章・47節で紹介する．近似的な波動力学法も，化学結合の多彩な側面を考察できるとわかった．とりわけ，結合の空間的な向きに応用された結果[1]，炭素化合物の四面体構造も，結合の等価性も説明できている．

46f. 原子価結合構造間の共鳴　多くの分子で式(46-18)の波動関数は，基底状態の分子をうまく表し，永年方程式の最小根にあたるとわかった．そんな場合は，ルイスの提案(電子2個を共有する結合形成)に従う電子構造が分子をつくる．

ただし，対称性などの要因で，複数の原子価結合関数が効く場合もある．たとえば正六角形をなす同じ原子6個の場合，図46-1の構造IとIIは等価だから，両方が基底状態の波動関数に等しく寄与する．ベンゼン分子は六電子系に近似できる．炭素原子と水素原子がもつ価電子(計30個)のうち24個が，隣り合う原子

---

[1] J. C. Slater, *Phys. Rev.* **37**, 481 (1931); L. Pauling, *J. Am. Chem. Soc.* **53**, 1367 (1931); J. H. Van Vleck, *J. Chem. Phys.* **1**, 177 (1933); R. Hultgren, *Phys. Rev.* **40**, 891 (1932).

間の単結合をつくるため, 下図の分子構造になる.

$$\begin{array}{c} H \\ | \\ H-CC-H \\ \|\| \\ H-CC-H \\ | \\ H \end{array}$$

単結合は, 水素原子の 1s 軌道 1 個と, 炭素原子の L 軌道 3 個からできる. 炭素原子 6 個に残る L 軌道 6 個と電子 6 個は, 図 46-1 の構造 5 種にあたる独立な波動関数 5 個で表せる. 構造 I と II は, 隣り合う原子間に二重結合が計 3 個できるケクレ構造だが, ほかの構造なら, 隣り合う原子間に二重結合は 2 個しかできない. ケクレ構造だけで近似すれば, 永年方程式はこう書ける (前と同様, $H_{\text{II II}} = H_{\text{I I}}$, $\Delta_{\text{II II}} = \Delta_{\text{I I}}$).

$$\begin{vmatrix} H_{\text{I I}} - \Delta_{\text{I I}} W & H_{\text{I II}} - \Delta_{\text{I II}} W \\ H_{\text{I II}} - \Delta_{\text{I II}} W & H_{\text{I I}} - \Delta_{\text{I I}} W \end{vmatrix} = 0$$

解は次のようになり, 対応する波動関数は $\phi_\text{I} + \phi_\text{II}$, $\phi_\text{I} - \phi_\text{II}$ と書ける.

$$W = \frac{H_{\text{I I}} + H_{\text{I II}}}{\Delta_{\text{I I}} + \Delta_{\text{I II}}}$$

$$W = \frac{H_{\text{I I}} - H_{\text{I II}}}{\Delta_{\text{I I}} - \Delta_{\text{I II}}}$$

つまり系の基底状態は, 構造 I や構造 II の片方だけよりも安定化する. 11 章・41 節にならってそのエネルギー差を, 構造 I—II 間の**共鳴エネルギー**という.

やさしい例として, 同じ 1 価原子 4 個が正方形分子をつくる系を考えよう. 正準セットをなす構造二つはこう書ける.

$$\begin{array}{cc} a\text{———}b & a b \\ & | | \\ d\text{———}c & d c \\ \text{I} & \text{II} \end{array}$$

隣り合う原子間の単一交換積分を α と書く [$\alpha = (ab) = (bc) = (cd) = (da)$]. α 以外の交換積分と, Δ 内の交換積分をみな無視すれば, 46e 項に従い, 永年方程式はこう書ける.

$$\begin{vmatrix} Q + \alpha - W & \frac{1}{2}Q + 2\alpha - \frac{1}{2}W \\ \frac{1}{2}Q + 2\alpha - \frac{1}{2}W & Q + \alpha - W \end{vmatrix} = 0$$

解 W は $Q+2\alpha$ と $Q-2\alpha$ になり，前者が基底状態を表す($\alpha<0$)．単一構造（ⅠやⅡ）のエネルギーは $W_1=Q+\alpha$ だから，構造間の**共鳴**は系を α だけ安定化する．

芳香炭素化合物などがもつ共鳴エネルギーの近似計算を通じ，かつては謎だった多様な現象が説明できている[1]．また，いろいろな分子につき，原子価結合構造どうしの共鳴を浮き彫りにする実測結果も多い[2]．

共鳴という用語は，何か近似をするときに使う（41節）．いまの場合なら，原子価結合波動関数を使う近似にあたる．化学では長らく，分子がなぜできるかをつかむために近似を使ってきたが，共鳴の発想をとり入れると，かつては異常に見えた現象も理解できる．その点を次項で眺めよう．

問題 46-4. $H_{\text{Ⅰ Ⅰ}}=H_{\text{Ⅱ Ⅱ}}=H_{\text{Ⅲ Ⅲ}}$ を仮定し，等価な構造（関数 $\psi_{\text{Ⅰ}}$, $\psi_{\text{Ⅱ}}$, $\psi_{\text{Ⅲ}}$）間の共鳴を考察せよ．また $\Delta_{\text{Ⅰ Ⅰ}}=1$, $\Delta_{\text{Ⅰ Ⅱ}}=0$ として，エネルギー準位と適切な組み合わせを求めよ．

問題 46-5. 下記(a)～(c)の場合につき，六電子問題とみてベンゼン分子のエネルギーを求めよ．(a)ケクレ構造1種だけ．(b)ケクレ構造2個．(c)構造5種の全部．$(ab)=(bc)=(cd)=(de)=(df)=(fa)=\alpha$ 以外の交換積分も，Δ 内の交換積分もみな無視してよい．

46g. 化学原子価の意味

有機化学では以前から，化合物の性質や，異性体の数を考えるのに構造式を使ってきた．構造式が原子の空間配置を正しく表すことは，ようやく最近，物理学を基礎に確認できたといえる．原子価の電子論は，構造式を「価電子の分布図」ともみた．けれど量子力学の応用を通じ，分子内の電子は特定の場所にいるわけでもなく，電子の運動経路も決まらないとわかった．とはいえ電子密度が最大になる位置は計算できるから（図42-4），原子間で高い電子密度が結合をつくり，「価電子は原子間にある」という従来の発想に，新しい光を当てたといえる．

原子価結合のイメージは，ときに波動力学の近似解に合う（46e項）．ただし多原子分子だと，そうした相関は強くない．ふつうは弱いながら，原子価結合をまったく別のやりかたで描く必要がある関数も入ってくる．

---

[1] E. Hückel, *Z. f. Phys.* **70**, 204(1931); L. Pauling and G. W. Wheland, *J. Chem. Phys.* **1**, 362(1933); L. Pauling and J. Sherman, *ibid.* **1**, 679(1933); J. Sherman, *ibid.* **2**, 488(1934); W. G. Penney, *Proc. Roy. Soc.* **A146**, 223(1934); G. W. Wheland, *J. Chem. Phys.* **3**, 230(1935).

[2] L. Pauling, *J. Am. Chem. Soc.* **54**, 3570(1932); *Proc. Nat Acad. Sci.* **18**, 293(1932); L. Pauling and J. Sherman, *J. Chem. Phys.* **1**, 606(1933); G. W. Wheland, *ibid.* **1**, 731(1933); L. O. Brockway and L. Pauling, *Proc. Nat. Acad. Sci.* **19**, 860(1933).

つまり原子価のイメージは，ある1個の原子価結合関数が他よりずっと目立つなら，波動力学的にも明確な意味をもつ．そうでないなら，構造式の意味ははっきりしない．共鳴の発想は，そんな場合に使う．たとえばベンゼンの反応性も異性も，ひとつの構造式で説明できないことは，有機化学者がよく知っていた．ある意味で**共鳴**という用語は，原子価のイメージを拡張して役立てるのに使う．くっきりした原子価のイメージだけでは，多様な分子の状態を説明しきれないからだ．

46h. 分子軌道法 フントとマリケン，ヒュッケル[1] が開拓した**分子軌道法**の用途は広い．分子軌道法では，「分子のポテンシャル場」を感じる電子が従う波動関数(分子軌道関数)と，エネルギーの近似値を決める．分子軌道1個には電子2個しか入らない(パウリの排他律)．そんな電子がもつエネルギーを足し合わせ，分子全体のエネルギーとみる．12章・43b 項では水素分子を素材に，分子軌道法の改良を眺めた．

原子価結合で考察した系(前項)のうち，正方形をなす等価な1価原子4個の系を例にしよう．一電子波動関数(分子軌道関数)は原子軌道4個 (u_a, u_b, u_c, u_d) の線形結合に書き，対応する永年方程式は，クーロン積分 $\int u_a(1) H' u_a(1) d\tau$ を q，隣り合う原子についての交換積分 $\int u_a(1) H' u_b(1) d\tau$ を β，仮定した分子ポテンシャル関数のハミルトニアンを H' としてこう書く(ほかの積分はすべて無視)．

$$\begin{vmatrix} q-W & \beta & 0 & \beta \\ \beta & q-W & \beta & 0 \\ 0 & \beta & q-W & \beta \\ \beta & 0 & \beta & q-W \end{vmatrix} = 0$$

方程式はたやすく解けて，以下の4個が解になる．

$$W_1 = q + 2\beta$$
$$W_2 = q$$
$$W_3 = q$$
$$W_4 = q - 2\beta$$

$\beta < 0$ だから，最小の根二つは W_1 と W_2 (または W_3) だとわかり，基底状態で電子4個がもつ全エネルギーはこう書ける．

---

[1] F. Hund, *Z. f. Phys.* **73**, 1, 565 (1931-1932); R. S. Mulliken, *J. Chem. Phys.* **1**, 492 (1933); J. E. Lennard-Jones, *Trans. Faraday Soc.* **25**, 668 (1929); E. Hückel, *Z. f. Phys.* **72**, 310 (1931); **76**, 628 (1932); **83**, 632 (1933); *Trans. Faraday Soc.* **30**, 40 (1934).

$$W = 2W_1 + 2W_2 = 4q + 4\beta$$

原子「a・b」と「c・d」が相互作用しなければ(原子価結合は a—b 間と c—d 間),電子 4 個のエネルギーは $4q+4\beta$ にとどまる.つまり分子軌道法だと,共鳴エネルギーは 0 に等しい.すると,共鳴エネルギー α を考える原子価結合法に合わない.ただし芳香族化合物なら,$\beta \approx 0.6\alpha$ とすれば,分子軌道法と原子価結合法の結果はかなりよく合う(ウィーランド[1]).原子価結合法は(適用できるかぎり),ときに分子軌道法より信頼性がやや高い.とはいえ,単純さにすぐれる分子軌道法は,原子価結合法で扱いにくい問題にもうまく使える.

問題 46-6. 問題 46-5 の系を分子軌道法で扱え.$\beta = 0.553\alpha$ なら(問題 46-5c を使用)分子軌道法と原子価結合法で共鳴エネルギーが等しくなるのに注意.

---

[1] G. W. Wheland, *J. Chem. Phys.* **2**, 474(1934).

14章

ほかの応用

　量子力学を応用した研究のうちから四つ，ファンデルワールス力，波動関数の対称性，量子統計力学(二原子双極子気体の誘電率に関係)，反応の活性化エネルギーを，続く四つの節で眺めよう．紙幅の都合もあって，核の放射壊変，金属の電子構造，気体や結晶の電子線散乱と回折，電極反応，不均一系触媒反応などの話は省かせていただく．

47. ファンデルワールス力

　ファンデルワールス力(ファンデルワールス状態方程式の定数 a にからむ原子間や分子間の弱い引力)は従来，他分子の永久双極子(または四極子)による分極[1]や，永久双極子(ないし四極子)間の相互作用[2]で説明された．けれど量子力学による考察が，別の要因を浮き彫りにする．分子内の電子と核は，瞬間瞬間で変わり続ける双極子をつくるとみてよい．その双極子が隣接分子を分極させる結果，一過性の双極子どうしが引き合う…というしくみだ(ロンドン[3])．

　以下，変分法と摂動論を使い，いま述べた相互作用のエネルギーを水素原子(47a項)とヘリウム原子(47b項)で近似計算したあと，分子一般について考察しよう(47c項)．

　47a. 水素原子　核間距離 $r_{AB}=R$ が大きいとき，電子交換は無視できるから，水素二原子系の無摂動波動関数は，水素型 1s 関数の積とみてよい．

$$\phi^0 = u_{1sA}(1)u_{1sB}(2) \tag{47-1}$$

---

[1] P. Debye. *Phys. Z.* **21**, 178(1920); **22**, 302(1921).
[2] W. H. Keesom, *Proc. Acad. Sci. Amsterdam* **18**, 636(1915); *Phys. Z.* **22**, 129, 643(1921).
[3] F. London, *Z. f. Phys.* **63**, 245(1930).

摂動 H' は，次式のポテンシャル関数としよう．

$$H' = -\frac{e^2}{r_{B1}} - \frac{e^2}{r_{A2}} + \frac{e^2}{r_{AB}} + \frac{e^2}{r_{12}} \tag{47-2}$$

核 1 を原点とする電子 1 の座標を (x_1, y_1, z_1)，核 2 を原点とする電子 2 の座標を (x_2, y_2, z_2) とし，上式を $\frac{1}{R}$ の冪(べき)でテイラー展開する（原子 2 個は z 軸上）．

$$\begin{aligned}
H' &= \frac{e^2}{R^3}(x_1 x_2 + y_1 y_2 - 2 z_1 z_2) \\
&+ \frac{3}{2}\frac{e^2}{R^4}\{r_1^2 z_2 - r_2^2 z_1 + (2 x_1 x_2 + 2 y_1 y_2 - 3 z_1 z_2)(z_1 - z_2)\} \\
&+ \frac{3}{4}\frac{e^2}{R^5}\{r_1^2 r_2^2 - 5 r_2^2 z_1^2 - 5 r_1^2 z_2^2 - 15 z_1^2 z_2^2 + 2(x_1 x_2 + y_1 y_2 + 4 z_1 z_2)^2\} + \cdots
\end{aligned}$$
$$\tag{47-3}$$

第 1 項が双極子―双極子相互作用，第 2 項が双極子―四極子相互作用，第 3 項が四極子―四極子相互作用を表す（以下同様）．

まず双極子―双極子相互作用を二次摂動[1]（8 章・28e 項）で扱うため，摂動項を式(47-4)として，次の積分を計算する．

$$\int \phi^{0*} (H')^2 \phi^0 \mathrm{d}\tau$$

$$H' = \frac{e^2}{R^3}(x_1 x_2 + y_1 y_2 - 2 z_1 z_2) \tag{47-4}$$

積分すると $(H')^2$ の交差積は 0 になるため，結果は次のようになる．

$$(H'^2)_{00} = \frac{e^4}{R^6}\int \phi^{0*}(x_1^2 x_2^2 + y_1^2 y_2^2 + 4 z_1^2 z_2^2)\phi^0 \mathrm{d}\tau$$

$$(H'^2)_{00} = \frac{2e^4}{3R^6}\int \phi^{0*} r_1^2 r_2^2 \phi^0 \mathrm{d}\tau = \frac{2e^4}{3R^6}\overline{r_1^2}\,\overline{r_2^2} \tag{47-5}$$

$\overline{r_1^2} = \overline{r_2^2} = 3a_0^2$（5 章・21c 項）と $W_0^0 = -\dfrac{e^2}{a_0}$ を式(27-47)に入れるとこうなる．

$$W_0'' = -\frac{6 e^2 a_0^5}{R^6} \tag{47-6}$$

関数 $\phi_0(1 + AH')$ を使う変分法の結果だから，W_0'' は W_2'' の上限（$-\dfrac{e^2 a_0^5}{R^6}$ の係数にすれば下限）を表す．また，7 章・27e 項の末尾近くに述べた考察で $-8\dfrac{e^2 a_0^5}{R^6}$ が W_0'' の下限となるため，双極子―双極子相互作用の値が約 15% 以内に決まった．

---

[1] 摂動関数を見てわかるとおり，一次摂動エネルギーは 0 になる．

47. ファンデルワールス力

表 47-1 水素原子 2 個のファンデルワールス相互作用を変分法で扱った結果
変分関数：$u_{1sA}(1)u_{1sB}(2)\left\{1+\dfrac{e^2}{R^3}(x_1x_2+y_1y_2-2z_1z_2)f(r_1,r_2)\right\}$

$f(r_1,r_2)$	$E-W^0(e^2a_0^5/R^6\,単位)$	文献*
1. A	-6.00	H
2. $-\frac{1}{2}r_1r_2/(r_1+r_2)$	-6.14	SK
3. $A+B(r_1+r_2)$	-6.462	PB
4. $A+Br_1r_2$	-6.469	H
5. $A+B(r_1+r_2)+Cr_1r_2$	-6.482	PB
6. $Ar_1^{\nu}r_2^{\nu}(\nu=0.325)$	-6.49	SK
7. $A+Br_1r_2+Cr_1^2r_2^2$	-6.490	H
8. $A+Br_1r_2+Cr_1^2r_2^2+Dr_1^3r_2^3$	-6.498	H
9. $r_1^2r_2^2$ までの多項式†	-6.4984	PB
10. $r_1^3r_2^3$ までの多項式	-6.49899	PB
11. $r_1^4r_2^4$ までの多項式	-6.49903	PB

* H＝ハッセ，SK＝スレーターとカークウッド，PB＝ポーリングとビーチ
† 多項式は，r_1 と r_2 について二次以下の項をすべて含む．

以上の結果はスレーターとカークウッド[1]，ハッセ[2]，ポーリングとビーチ[3] が報告した．二次摂動エネルギーは，式(47-4)の H' と次式の変分関数を使って計算できる[4]．

$$\phi=\phi^0\{1+H'f(r_1,r_2)\}$$

多様な関数 $f(r_1,r_2)$ を使う変分法の結果を表 47-1 にまとめた．$-\dfrac{e^2a_0^5}{R^6}$ の係数が漸近する 6.499 は，正しい値に近いのだろう[5]．

いまは双極子―双極子相互作用を考えた．マージナウ[6] は 27e 項の近似的二次摂動法を式(47-3)の項三つに使い，次の結果を得ている（短距離では高次項が効く）．

$$W_0''\cong-\frac{6e^2a_0^5}{R^6}-\frac{135e^2a_0^7}{R^8}-\frac{1416e^2a_0^9}{R^{10}}+\cdots \tag{47-7}$$

---

1) J. C. Slater and J. G. Kirkwood, *Phys. Rev.* **37**, 682(1931).
2) H. R. Hassé, *Proc. Cambridge Phil. Soc.* **27**, 66(1931)．粗い扱い：J. Podolanski, *Ann. d. Phys.* **10**, 695(1931).
3) L. Pauling and J. Y. Beach, *Phys. Rev.* **47**, 686(1935).
4) スレーターとカークウッドが初めて指摘．
5) アイゼンシッツとロンドンが指摘．二次摂動の近似では 6.47 となった：*Z. f. Phys.* **60**, 491 (1930)．皮切りの研究：S. C. Wang, *Phys. Z.* **28**, 663(1927)が得た係数 243/28＝8.68 は，上限値 8 より大きいので誤り（前記のポーリングとビーチが指摘）．
6) H. Margenau, *Phys. Rev.* **38**, 747(1931)．正確な値はポーリングとビーチが計算．

47b. ヘリウム原子　ヘリウム原子2個の双極子—双極子相互作用を扱うとき，電子は対（各原子1個ずつ）で考えるため，摂動項 H' は，式(47-4)のような項4個からなる．また変分関数はこう書ける．

$$\phi = \phi^0 \left\{ 1 + \sum_{i,j} H'_{ij} f(r_i, r_j) \right\}$$

ハッセ[1]は5種類の変分関数を考えた（表47-2）．同様な扱いでヘリウム原子の分極を説明できたため（表29-3の関数6），$W'' = -1.413 \frac{e^2 a_0^5}{R^6}$ の誤差は数%以下だろう．スレーターとカークウッド[1]は，ヘリウム原子の変分関数（8章・29e項）を使い，$-\frac{e^2 a_0^5}{R^6}$ の係数として 1.13, 1.78, 1.59 を得た．またマージナウ[1]は，双極子—双極子相互作用と四極子—四極子相互作用を近似法で扱った．

47c. 分子の分極率とファンデルワールス力　ロンドン[2]は二次摂動（7章・27e項）を使い，原子2個や分子2個のファンデルワールス力を見積もっている．原子や分子の分極率はこう書けるのだった（27e, 29e項）．

$$\alpha \simeq \frac{2ne^2 \overline{z^2}}{I} \tag{47-8}$$

n は有効電子数，$\overline{z^2}$ は電子に関する z^2 の平均値（z は核から測った電子の座標），I は基底状態のエネルギーと実効零点エネルギーの差（≈ 第一イオン化エネルギー）を表す．同様に，ファンデルワールス相互作用エネルギーはこう書ける．

$$W'' = -\frac{6n_A n_B e^4 \overline{z_A^2}\, \overline{z_B^2}}{R^6 (I_A + I_B)} \tag{47-9}$$

分極率 α_A と α_B を入れて書き直そう．

$$W'' = -\frac{3}{2} \frac{\alpha_A \alpha_B}{R^6} \frac{I_A I_B}{I_A + I_B} \tag{47-10}$$

表 47-2　ヘリウム原子2個のファンデルワールス相互作用を変分法で扱った結果

ϕ^0	$f(r_1 r_2)$	$E - W^0\,(e^2 a_0^5/R^6$ 単位$)$
1. $e^{-Z's}$	A	-1.079
2. $e^{-Z's}$	$A + Br_1 r_2$	-1.225
3. $e^{-Z's}$	$A + Br_1 r_2 + Cr_1^2 r_2^2$	-1.226
4. $e^{-Z's}(1 + c_1 u)$	A	-1.280
5. $e^{-Z's}(1 + c_1 u)$	$A + Br_1 r_2$	-1.413

---

1) 3論文とも前頁の引用と同じ．
2) F. London, *Z. f. Phys.* **63**, 245 (1930).

同じ分子どうしなら次式が成り立つ．

$$W'' = -\frac{3}{4}\frac{\alpha^2 I}{R^6} \tag{47-11}$$

α を 10^{-24} cm^3 単位，I を eV 単位にすれば，$D=1.27\alpha^2 I$ を使ってこう書ける．

$$W'' = -\frac{De^2 a_0^5}{R^6}$$

D は水素原子で 7.65（実測値 6.50），ヘリウムで 1.31（実測値 ≈ 1.4）だから，以上は大ざっぱな近似にすぎない．

ファンデルワールス力と分極率を結ぶロンドンの式の妥当性と，分子結晶の昇華熱，気体の吸着などへの応用については，原論文[1] を参照されたい．

48. 波動関数の対称性

分光学で二原子分子の状態を表すいろいろな記号は，波動関数の対称性からくる．本節ではその側面を眺めよう．

核配置で決まる軸に対して電子の座標を決めると，分子の近似的な波動関数は，核部分と電子部分に分離できる（10 章・34 節）．二原子分子を例に，座標の選びかたを調べよう．

空間内にデカルト座標 (X, Y, Z) を考える．核 A—B の中点を原点とし，核 A の位置を極座標 (r, θ, φ) で表す（図 48-1）[2]．電子のデカルト座標は (ξ_i, η_i, ζ_i)，極座標は $(r_i, \theta_i, \varphi_i)$ とする．どちらも，空間の固定軸ではなく，分子軸を決める角座標 θ と φ に対して測る．ζ 軸は OA の向きに選ぶ（図 48-1）．ξ は XY 平面内にあり，η 軸と ζ 軸の間に Z 軸がくる（つまり ξ, η, ζ は左手系をなす）．また，ある 1 個を除く電子の方位角を，除いた 1 個の方位角に対して測り，$\varphi_1, \varphi_2, \varphi_3, \cdots$ の代わりに座標 $\varphi_1, \varphi_2-\varphi_1, \varphi_3-\varphi_1, \cdots$ を使えば便利なことが多い．

こうした座標で波動方程式を書くと，波動関数が簡単になる[3]．核が従う波動関数は 10 章で調べた．電子波動関数のうち，φ_1 部分はすぐ書ける．系の位置エネルギーは φ_1 に関係なく（他電子の φ を φ_1 基準で測るため），φ_1 は循環座標と

---

1) F. London, 前記の論文；F. London and M. Polanyi, *Z. f. phys. Chem.* **B11**, 222 (1930); M. Polanyi, *Trans. Faraday Soc.* **28**, 316 (1932); J. E. Lennard-Jones, *ibid.* **28**, 333 (1932).
2) 10 章で使った座標とは少し異なるが，本節の話にはこちらがわかりやすい．
3) F. Hund, *Z. f. Phys.* **42**, 93 (1927); R. L. Kronig, *ibid.* **46**, 814; **50**, 347 (1928); E. Wigner and E. E. Witmer, *ibid.* **51**, 859 (1928).

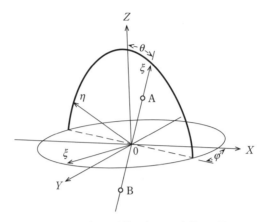

図 48-1 (ξ, η, ζ)軸と(X, Y, Z)軸の関係

なるから，波動関数中では因子 $e^{+i\Lambda\varphi_1}$ だけに現れる．量子数 $\Lambda(=0, 1, 2, \cdots)$ は，分子軸に沿う電子軌道角運動量の大きさを決める(Λ は，原子に使う合成軌道角運動量＝方位量子数 L の成分 M_L に似ている)．

Λ 値に応じて分子の項記号を決め，$\Lambda=0$ を Σ，$\Lambda=\pm 1$ を Π，$\Lambda=\pm 2$ を Δ … と書こう(原子の項記号 S, P, D…に相当)．また電子スピンの多重度は，一重項を $^1\Sigma$，二重項を $^2\Sigma$ …と，左肩の添え字で表す．

電子の運動と核の運動が相互作用しないなら，Λ と $-\Lambda$ にあたる波動関数は同じエネルギー値に属す．相互作用があると，$\Lambda=0$ 以外のエネルギー準位は分裂する(Λ 型の重複[1])．分裂後の波動関数は，Λ と $-\Lambda$ に対応する波動関数の和と差に書ける．

同じ原子2個が結合した分子(**等核二原子分子**)を，次項で調べよう．

48a. 電子波動関数の偶奇と選択則 二原子分子の遷移確率は，核の位置で決まる座標軸(ξ, η, ζ)に沿う電子波動関数の双極子モーメント積分がおもに決める(11章・40e項)．等核二原子分子の電子波動関数を偶と奇に分類し，偶を g(ドイツ語 gerade)，奇を u(ungerade)とする．その分類は，原点を中心に反転(ξ_i, η_i, ζ_i)→$(-\xi_i, -\eta_i, -\zeta_i)$ したとき，電子波動関数の符号がどうなるかを表す(偶関数は不変，奇関数は反転)．双極子モーメントは座標の奇関数だから(40g項)，「**遷移は偶一奇の準位間**(g→u，u→g)**で起こる**」というのが選択則になる．

---

[1] J. H. Van Vleck, *Phys. Rev.* **33**, 467(1929).

なお異核二原子分子だと，電子波動関数を厳密な意味では偶奇に分類できないものの，近似的には分類でき，同じ選択則に従うと考えてよい．

48b. 電子波動関数の核対称性　等核二原子分子の電子波動関数について，「核対称性」を考えよう．核 A と B を入れ替えると θ は $\pi-\theta$ に，φ は $\pi+\varphi$ に変わるけれど，電子波動関数は θ も φ も含まない．核の入れ替えは電子の座標 (ξ_i, η_i, ζ_i) を $(-\xi_i, \eta_i, -\zeta_i)$ に変える結果，$(r_i, \theta_i, \varphi_i)$ が $(r_i, \pi-\theta_i, \pi-\varphi_i)$ に変わる〔$\varphi_i-\varphi_1$ が $-(\varphi_i-\varphi_1)$ に変わる，ともいえる〕．そのとき電子波動関数が不変なら**核について対称**(**核対称**)な波動関数，-1 倍になるなら**核について反対称**(**核反対称**)な波動関数という．

電子波動関数の核対称性は，48a 項の記号 g と u を使い，項記号に＋か－をつけて表す．g^+ と u^- の組み合わせは核対称な電子波動関数，g^- と u^+ は核反対称な電子波動関数を意味する．つまりこう表せる．

$$\Sigma_g^+ \text{ と } \Sigma_u^- \text{ は } S^N$$
$$\Sigma_g^- \text{ と } \Sigma_u^+ \text{ は } A^N$$

$\Lambda \neq 0$ の場合，S^N と A^N がほぼ等エネルギーの対で現れ(Λ 型の重複)，記号＋や－は省いてよいため，項記号に対称性を付記する必要はない．上ツキ記号が＋なら**プラス状態**，－なら**マイナス状態**とよぶ．

核対称性は，分子の回転量子数 K の許容値を決めるのに使う．分子の完全な(核スピンを含む)波動関数は，核対称か核反対称でなければいけない．かりに核スピンがなければ，関数は以下のどれかになる．

Ⅰ．S^N 型の波動関数

Ⅱ．A^N 型の波動関数

290 14章 ほかの応用

どちらの場合も，選択則 g↔u が許す遷移は，「＋→−」か「−→＋」なら ΔK が偶数のもの，「＋→＋」か「−→−」なら ΔK が奇数のものだとわかる．

11章の発想により，選択則は $\Delta K=0$（「正↔負」の遷移）または ± 1（「正→正」と「負→負」の遷移）と書ける．

核が量子数 I のスピンをもてば，関数も遷移も両型が（ただし個別に）ありえて，相対的な重みは $\frac{I+1}{I}$ か $\frac{I}{I+1}$ になる（12章・43f項）．

ごく単純な例を考えよう．分子は電子を1個だけもち，核AのL殻を表す軌道関数4個（$u_A = s, p_z, p_x, p_y$）と，核Bの関数 u_B（4個）からつくれる波動関数で近似できるとする（s, p_z, p_x, p_y は，5章・表21-4にあげた実数の一電子関数）．以上を $s_A + s_B, s_A - s_B, \cdots$ のように組み合わせ，計8個の関数をつくる．

各原子の中心を原点とみて，互いに平行なデカルト座標を考える．p_{z_B} の符号を（便宜上）−1とする以外，符号は表21-4にならう．そのとき関数 u_A と u_B は図48-2の姿をもつ．符号の正負は，関数の形状に関係しない．そのまま上下が重なると関数 $u_A + u_B$ になり，u_B の符号を変えれば関数 $u_A - u_B$ になる．以上の関数8個は，核について下記の対称性を示すとわかる．

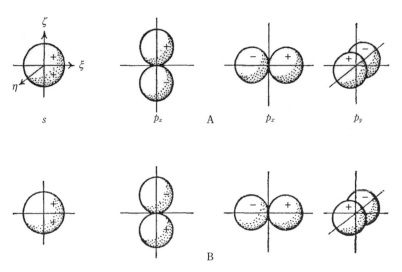

図 48-2　原子AとBで波動関数 s, p_z, p_x, p_y がもつ符号

関数	s	p_z	p_x	p_y
$u_A + u_B$	S^N	S^N	A^N	S^N
$u_A - u_B$	A^N	A^N	S^N	A^N

　上の考察から，関数のうち四つは$\Lambda=0$のΣ状態，残る四つはΠ状態だとわかる．Π状態はp_xとp_y（複素関数p_{+1}とp_{-1}の線形結合）を表す．それぞれ二つのΠ状態（u_A+u_Bとu_A-u_B）は，交換積分だけがちがう．またΛ型の重複は，核について対称な準位と反対称な準位をさらに少し分離する．同様に交換項は，関数u_A+u_Bのsとp_zをu_A-u_Bから遠ざける．すると最良の近似関数は，核対称関数2個と反対称関数2個の線形結合だろう．

　以上をまとめ，電子波動関数8個の完全な項記号はこう書ける．

$$\begin{array}{ccccc} & s & p_z & p_x & p_y \\ u_A+u_B & {}^2\Sigma_g^+ & {}^2\Sigma_g^+ & \{{}^2\Pi_u^+ & {}^2\Pi_u^-\} \\ u_A-u_B & {}^2\Sigma_u^- & {}^2\Sigma_u^- & \{{}^2\Pi_g^+ & {}^2\Pi_g^-\} \end{array}$$

偶関数か奇関数かは，図48-2からすぐ判定できる．2個の${}^2\Pi_u$項（S^NとA^N）は，2個の${}^2\Pi_g$項2個と同様，Λ型の二重項をつくるので｛　｝に入れた．

48c. 等核二原子分子：まとめ　波動関数の対称性は，こうまとめられる．

1. 添え字g・uで表す電子波動関数の偶・奇（48a項）．選択則：遷移はg↔u間．
2. 完全な波動関数の核対称性（分子回転を含み，核スピンは含まない）．選択則：対称↔反対称遷移は禁制．
3. 上ツキ＋と－で表す電子波動関数の核対称性．g^+とu^-はS^N，g^-とu^+はA^N．選択則：正－負遷移は$\Delta K=0$，正－正と負－負遷移は$\Delta K=\pm1$（上記1・2と独立ではない．ふつうは1と3を使う）．

　以上をもとに，対称な二原子分子のスペクトル線を考察しよう．いままで扱わなかった角運動量ベクトルΛ，Kと電子スピンベクトルの結合は，10章の末尾にあげた分子分光学の本を参照いただきたい．簡単のため核スピンはなく，関連の波動関数は核対称として（ヘリウムと同様），${}^1\Sigma$状態間の遷移を考える．そのとき可能な回転状態は，${}^1\Sigma_g^+$と${}^1\Sigma_u^-$についてはKが偶数の状態，${}^1\Sigma_g^-$と${}^1\Sigma_u^+$についてはKが奇数の状態だから，上記1と3により，可能な遷移は次のように図示できる．

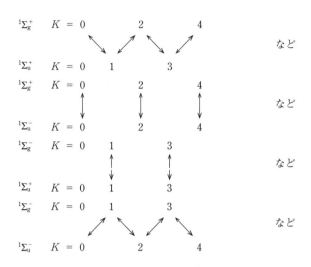

49. 量子統計力学

　統計力学は，気体など粒子集団がもつ性質を教えてくれる．以下，量子統計の基礎定理，やさしい応用，ボルツマン分布則，フェルミ・ディラック統計とボース・アインシュタイン統計，分子の回転・振動エネルギー，二原子双極子気体の誘電率を，この順でざっと眺めよう．数式は最少限にとどめ，やさしい部分だけを説明する．数式の導出も高度な話題もほとんどなく，大枠をつかんでいただけばよい．

　49a. 基礎定理　全エネルギーが $W \sim W + \Delta W$ にある系(粒子集団)の性質を知りたい．系の従う波動関数がわかれば，性質につながる力学量は4章・12d項の手順で計算できる．しかし，エネルギーの範囲が $W \sim W + \Delta W$ にかぎっても，容器内の気体分子数を考えればわかるとおり，定常状態の数はおびただしい．だから，1個の波動関数で系の状態は表せない．また，系内や系—外界間の弱い相互作用を無視すれば，近似的な波動関数の組は見つかるかもしれないが，注目した関数1個は，時間とともに変わっていく．要するに，1個の波動関数で系の力学量を計算するわけにはいかない．

　そこで，エネルギー $W \sim W + \Delta W$ にある波動関数それぞれで系の性質を計算したあと，結果の平均を系の性質とみる．すると，波動関数の重みづけが問題に

なる．それに答える量子統計力学の基礎定理は，こう表現できる：$W \sim W + \Delta W$ のエネルギーをもつ系の性質は，ほかの情報がない場合，その範囲にエネルギーをもち，使える（直交規格化）**波動関数すべてに同じ重みをつけた平均値とみなす**．この定理は，古典統計力学でいうエルゴード仮説の量子力学版といってよい補助仮定[1]を使い，波動方程式から（11章の定数変化法などで）導出できる（導出の手順は略）．

使える波動関数（＝とれる状態）とは，次のことを表す．一定の状態にある系が，摂動により別の状態 A へ遷移しないとわかっていれば，平均値の計算に状態 A は関係しない．そんな区別をする「状態」の例に，波動関数の対称性がある（8章・29b項，9章・30a項）．同じ粒子からなる系が，全粒子について対称な波動関数で表せるなら，どんな摂動も波動関数を反対称に変えはしない．波動関数の性格は，系の性質が決める．電子や陽子の集団なら反対称な波動関数で，水素原子の集団なら対称な波動関数で表す．

ある波動関数を使えるか（ある状態をとれるか）どうかには，時間もからむ．たとえば $t=0$ で励起一重項のヘリウム原子なら，波動関数は電子について対称，スピンについて反対称だ．三重項への遷移は，電子スピンを変える摂動だけが起こす．そんな摂動はたいへん弱いため，短時間でまるごと三重項に移る確率はごく小さい．つまり，$t=0$ 直後の系がもつ性質を統計で予測したいなら，一重項だけ考えればよい．

49b. やさしい応用　基礎定理の使いかたを，単純な例で調べよう．

同じ振動数 ν をもち，相互作用の弱い連成調和振動子 5 個を考えよう．定数変化法で系の近似的波動関数を得るには，座標 $a \sim e$ の振動子が従う波動関数からつくった積関数 $\Psi(a)\Psi(b)\Psi(c)\Psi(e)\Psi(e)$ を使う（11章）．各振動子には，量子数 $n_a(0, 1, 2, \cdots)$ に応じた関数のセット $\Psi_{n_a}(a)$ が伴う．無摂動系の全エネルギーは，量子数 $n = n_a + n_b + n_c + n_d + n_e$ を使ってこう書ける．

$$W_n^0 = \left(n_a + \frac{1}{2}\right)h\nu + \cdots + \left(n_e + \frac{1}{2}\right)h\nu = \left(n + \frac{5}{2}\right)h\nu$$

定数変化法を使おう．ある瞬間，系の全エネルギーが $W_{n'}^0$（n'：特定の n 値）に近いとわかっていれば，以後の波動関数は，$n = n'$ の積関数でほぼ表せる（振動子の相互作用は弱いと考え，$n \neq n'$ の寄与を無視）．たとえば $n' = 10$（系の全エネ

---

[1] **相の無秩序性**仮定．W. Pauli, "Probleme der modernen Physik," S. Hirzel Leipzig, 1928.

表 49-1　全量子数 10 の連成調和振動子 5 個を表す量子数の組

n_a	n_b	n_c	n_d	n_e		n_a	n_b	n_c	n_d	n_e	
10	0	0	0	0 など*	(5)	6	2	1	1	0 など	(60)
9	1	0	0	0	(20)	5	3	1	1	0	(60)
8	2	0	0	0	(20)	5	2	2	1	0	(60)
7	3	0	0	0	(20)	4	4	1	1	0	(30)
6	4	0	0	0	(20)	A 4	3	2	1	0	(120)
5	5	0	0	0	(10)	4	2	2	2	0	(20)
8	1	1	0	0	(30)	3	3	3	1	0	(20)
7	2	1	0	0	(60)	3	3	2	2	0	(30)
6	3	1	0	0	(60)	6	1	1	1	1	(5)
6	2	2	0	0	(30)	5	2	1	1	1	(20)
5	4	1	0	0	(60)	4	3	1	1	1	(20)
5	3	2	0	0	(60)	4	2	2	1	1	(30)
4	4	2	0	0	(30)	3	3	2	1	1	(30)
4	3	3	0	0	(30)	3	2	2	2	1	(20)
7	1	1	1	0	(20)	2	2	2	2	2	(1)

* ほかの四つは (0 10 0 0 0), (0 0 10 0 0), (0 0 0 10 0), (0 0 0 0 10)

ルギー $12.5h\nu$) としよう．$n'=10$ に応じた積関数の組は，つごう 1001 個ある（表 49-1）．

振動子間の相互作用にかたよりがない（a—b 間，a—c 間，b—c 間…がみな異なる）なら，どの積関数も使える．また基礎定理より，長い時間のうちには積関数 1001 個が均等に寄与する．たとえば振動子 a の寄与は，状態 $n_a=0$〔波動関数 $\Psi_0(a)$〕，$n_a=1,\cdots,n_a=10$ にある振動子 a の性質を，$n_a=0,1,2,\cdots,10$ の出現回数（表 49-1）で重みづけした平均値になる（表 49-2 も参照）．重みを総数 1001 で割った値は，振動子 a（や $b,c,\cdots$）が状態 $n_a=0,1,2,\cdots,10$ にある確率を表す．以上の結果を図 49-1 に描いた．

49C. ボルツマン分布則　いまの例だと部分系はごく少数（5 個）だった．ずっと多い系も同様に扱えて（扱いの詳細は略），部分系が定常状態[1]でもつ確率分布を表現できる．その結果を（量子力学に従う）**ボルツマン分布**という．

相互作用の弱い部分系 $a,b\cdots$ からなる系で，積関数 $\Psi(a)\Psi(b)\cdots$ の全部が使えるなら，部分系（たとえば量子数 n_a の a）が示す分布確率は，a のエネルギー

---

[1] 注目する部分系がとれる定常状態（ほかの部分系から孤立した状況）．

表 49-2 連成系で個々の振動子がとる状態の重み

n_a	重み	確率 P_{n_a}
0	286	0.286
1	220	0.220
2	165	0.165
3	120	0.120
4	84	0.084
5	56	0.056
6	35	0.035
7	20	0.020
8	10	0.010
9	4	0.004
10	1	0.001
計	1001	1.001

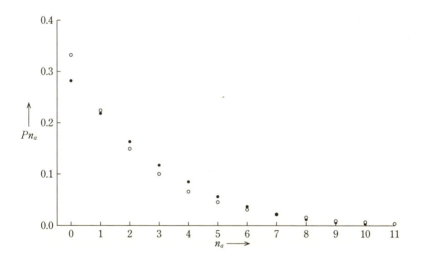

図 49-1 全量子数 $n=10$ の連成調和振動子 5 個からなる系で、部分系 a が量子数 n_a にある確率(●). ○は、部分系の数が膨大なときのボルツマン分布.

W_{n_a} と、式(49-2)に従う定数 A を使い、次式に書ける.

$$P_{n_a} = A e^{-\frac{W_{n_a}}{kT}} \tag{49-1}$$

$$\sum_{n_a=0}^{\infty} P_{n_a} = 1 \tag{49-2}$$

独立な波動関数 $\Psi(a)$ それぞれを、ひとつの状態とみる. 式(49-1)は、部分系

の状態をどうみるかを除き，古典的なボルツマン分布則に等しい．指数因子の呼び名(**ボルツマン因子**)も，k(**ボルツマン定数** $= 1.3709 \times 10^{-16}$ erg deg^{-1})も古典論と同じ．式(49-1)中の絶対温度 T も，古典統計力学とほぼ同じ発想で式に入ってくる．

式(49-1)を，連成調和振動子5個の結果と比べよう．$kT = \frac{5}{2}h\nu$(W_{na}の平均 $\approx \frac{5}{2}h\nu$に相当)で計算した P_{na} 値を，図49-1の白丸で示す．5個の系(黒丸)とのちがいは，部分系の数が生む(ボルツマン分布則だと部分系の数は膨大)．

式(49-1)は波動関数ごとに書いた．等エネルギーの波動関数をまとめ，縮退度(別名：**アプリオリ確率**，**量子重率**)p_i を使って次式に書くと便利なことが多い．

$$P_i = A p_i e^{-\frac{W_i}{kT}} \tag{49-3}$$

注目する部分系の波動関数が多く，エネルギーも近いなら，部分系のエネルギーが $W \sim W + \Delta W$ にある確率が $P(W)dW$ となる $P(W)$ を使い，分布則はこう書ける($P(W)dW$ は，エネルギー $W \sim W + \Delta W$ にある「波動関数の数」とみてもよい)．

$$P(W) = A p(W) e^{-\frac{W}{kT}} \tag{49-4}$$

式(49-4)の応用として，あらゆる積関数を使える気体分子[1](気体=系，分子=部分系)の並進運動エネルギー分布を考えよう．$p(W)$ は，気体の体積 V と分子の質量 m を使って次式に書ける(4章・14節参照)．

$$p(W) = \frac{4\sqrt{2}\pi m^{3/2} V}{h^3} \sqrt{W} \tag{49-5}$$

$p(W)$ を式(49-4)に入れ，$W = \frac{1}{2}mv^2$(v：分子の速さ)とすれば，**マクスウェルの速度分布則**になる．

問題 49-1. 14節の結果を使って式(49-5)を導け．$W = \frac{1}{2}mv^2$ としてマクスウェルの速度分布則を導き，気体分子の平均速さと根平均2乗速さの式を求めよ．

ボルツマン分布則は並進運動に(厳密な形では)使えない．それを次項で確かめる．

49d. フェルミ・ディラック統計とボース・アインシュタイン統計

ボルツマン分布則は，あらゆる積関数が使える(ボルツマン統計に従う)部分系で成り立つ．実のところ，一部の積関数しか使えない系も多い．同一粒子系の波動関数に

---

[1] ただし現実の気体はちがう(次項参照)．

は，粒子について反対称，対称，中間的という3種があった(8章・29節など)．3種の間で相互変換は起きないため，同一粒子集団の統計には，どれか1種しか使えない．

たとえば連成調和振動子5個の系も，振動子が等価($a-b, a-c, b-c, \cdots$間の相互作用が同じ)なら，関数の対称性は1種しかない[1] (相互作用が不均質なら対称性の範囲は広がる．49b項)．すると，同じ振動子5個の系が使える波動関数も，対称，反対称，中間的のどれかになる．ただし，自然界の波動関数には両極端(対称か反対称)しかない．

振動子5個の系で$n=10$のとき，表49-1の内容からできる完全に対称な波動関数が，1番目の次式から最終の(2 2 2 2 2)まで，つごう30個(表49-1と同数)ある．

$$\frac{1}{\sqrt{5}}\{(10\ 0\ 0\ 0\ 0)+(0\ 10\ 0\ 0\ 0)+(0\ 0\ 10\ 0\ 0)+(0\ 0\ 0\ 10\ 0)+(0\ 0\ 0\ 0\ 10)\}$$

表49-2と同様な重みも計算できるけれど，波動関数を変換したあとの結果だから，むろん重みの値そのものは変わる．

もっと明確なのは，完全に反対称な関数しか使えない場合だ．$n=10$のとき反対称な関数は，表49-1中に文字Aをつけた120個の積関数(4 3 2 1 0 など)から，線形結合で生じる関数しかない(ほかの関数は量子数のどれかが共通だから，パウリの排他律を破る)．そのとき，超低温($T \to 0$)でも1個の振動子しか最低振動準位をとれない(かたやボルツマン分布則なら，超低温で振動子は5個とも最低準位をとれる)．

相互作用の弱い部分系からなる系で，反対称な波動関数しか使えない部分系は，フェルミ・ディラック統計に従う[2]．**かたや，対称な波動関数しか使えない部分系は，ボース・アインシュタイン統計に従う**[3]．

式(49-1), (49-3), (49-4)に同形の**フェルミ・ディラック分布則**はこう書ける．

---

1) 摂動への応答も同類との相互作用も同じ振動子は，空間内で同じ位置を占め，同じ点のまわりで振動する．そんな性質の結晶内原子は，連成調和振動子とみてよい．また，空間内の位置が異なる振動子は「それぞれ別物」だから，連成調和振動子系はボルツマン統計で扱う．

2) E. Fermi, *Z. f. Phys.* **36**, 902 (1926); P. A. M. Dirac, *Proc. Roy. Soc.* **A112**, 661 (1926). フェルミはパウリの排他律を使い，ディラックは反対称波動関数を使って提案した．

3) S. N. Bose, *Z. f. Phys.* **26**, 178 (1924); A. Einstein, *Sitzber. Preuss. Akad. Wiss.* p. 261, 1924; p. 3, 1925. ボースは光子気体を扱い，アインシュタインが物質気体へ拡張した．

$$P_n = \frac{1}{A\mathrm{e}^{\frac{W_n}{kT}} + N} \tag{49-6}$$

$$P_i = \frac{p_i}{A\mathrm{e}^{\frac{W_i}{kT}} + N} \tag{49-7}$$

$$P(W) = \frac{p(W)}{A\mathrm{e}^{\frac{W}{kT}} + N} \tag{49-8}$$

定数 A は，P の和(や積分)が1となるように決める．また N は，反対称波動関数を使える(その状態をとれる)等価な部分系の数を表す．

問題 49-2. フェルミ・ディラック分布則だと，超低温でも N 個の最低準位それぞれを部分系が1個ずつ占める．それを確かめてみよ．

気体分子の場合，無縮退粒子を表す式(49-5)か，同式に縮退度(スピン量子数 $\frac{1}{2}$ の電子や陽子は2．スピン量子数 I の粒子なら $2I+1$)をかけたものを $p(W)$ とすれば，フェルミ・ディラック分布則になる．フェルミ・ディラック分布は電子ガスに当てはまるため，金属の理論的考察[1] に役立った．

問題 49-3. (a) 0 K のリチウム結晶がもつ価電子の平均運動エネルギーとエネルギー分布を求めよ(K 電子と核は無視)．(b) 298 K で，0 K での極大値より 0.10 eV だけ大きい運動エネルギーをもつ電子数の割合を計算せよ(Li の密度は $0.53\,\mathrm{g\,cm^{-3}}$)．

式(49-6)〜(49-8)に同形の**ボース・アインシュタイン分布則**は，先ほどと同じ意味の記号を使い，以下三つの式に書ける．

$$P_n = \frac{1}{A\mathrm{e}^{\frac{W_n}{kT}} - N} \tag{49-9}$$

$$P_i = \frac{p_i}{A\mathrm{e}^{\frac{W_i}{kT}} - N} \tag{49-10}$$

$$P(W) = \frac{p(W)}{A\mathrm{e}^{\frac{W}{kT}} - N} \tag{49-11}$$

ボース・アインシュタイン統計は，光子[2] やジュウテリウム(重水素原子)，ヘリウム原子，水素分子などに当てはまる．

---

1) W. Pauli, *Z. f. Phys.* **41**, 81 (1927); A. Sommerfeld, *Z. f. Phys.* **47**, 1, 43 (1928). 総説：K. K. Darrow, *Rev. Mod. Phys.* **1**, 90 (1929); J. C. Slater, *Rev. Mod. Phys.* **6**, 209 (1934).
2) 光子の「静止質量0」を考慮に入れた適切な補正を要する．

フェルミ・ディラック統計もボース・アインシュタイン統計も，分数式の分母にある $\pm N$ が $Ae^{\frac{W}{kT}}$ よりずっと小さいなら，ボルツマン統計に近い．そのため常温常圧のヘリウム分子もボルツマン分布に従う．超低温・超高圧では，ボース・アインシュタイン統計による**縮退**[1] が起こるだろう．ただし，気体は極端条件で液化や固化をしやすいため，いまのところ実測結果はない[2].

49e. 分子の回転・振動エネルギー 同じ分子の気体を調べたいなら，まずは使う統計の型を確かめる．分子の並進は問題にせず，回転・振動・電子状態の分布を知りたい場面が多い．ふつう対称性の効果は無視できるため，計算にはボルツマン分布則を使う（分子対称性が波動関数の選択に効くような場合は除く）．

分子のエネルギーが回転項・振動項・電子項・並進項の和に書ければ，ボルツマン因子は，項それぞれの積に書け，熱平衡で全エネルギーに各項が寄与する度合いや，熱容量・エントロピーに効く度合いを個別に計算できる．

例として，塩化水素ガス HCl のエネルギーと熱容量，エントロピーに対する回転と振動の寄与を考察しよう．基底状態にある HCl のエネルギーは，振動数 ν，分子の慣性モーメント I，振動量子数 $v(0,1,2,\cdots)$，回転量子数 $K(0,1,2,\cdots)$ を使って次式に書ける．

$$W_{v,K} = \left(v + \frac{1}{2}\right)h\nu + K(K+1)\frac{h^2}{8\pi^2 I} \tag{49-12}$$

超高温でないかぎり，電子励起状態のボルツマン因子はごく小さいから，基底状態だけ考えればよい．式(49-3)により，ある分子が状態 $v \cdot K$ にある確率は，式(49-14)の P_v，式(49-15)の P_K を使ってこう書く．

$$P_{vK} = P_v P_K \tag{49-13}$$

$$P_v = B e^{-\frac{(v+1/2)h\nu}{kT}} \tag{49-14}$$

$$P_K = C(2K+1)e^{-\frac{K(K+1)h^2}{8\pi^2 I kT}} \tag{49-15}$$

$2K+1$ は K 番目の回転状態の量子重率を表し，B と C は規格化因子を表す．

$$\sum_{v=0}^{\infty} P_v = 1 \qquad \sum_{K=0}^{\infty} P_K = 1$$

以上から，1分子の平均回転・振動エネルギーは次式に書ける．

$$\overline{W} = \sum_{v=0}^{\infty} \sum_{K=0}^{\infty} P_v P_K \left\{ \left(v + \frac{1}{2}\right)h\nu + K(K+1)\frac{h^2}{8\pi^2 I} \right\}$$

---

[1] 4章・14節の「縮退」とは意味が異なる．金属内の電子を「縮退した電子ガス」とみる立場．
[2] G. E. Uhlenbeck and L. Gropper, *Phys. Rev.* **41**, 79(1932)と引用文献．

第1項をKについて足せば1となる．第2項をvについて足すのもやさしく，結果はこう表せる．

$$\overline{W} = \overline{W}_{振動} + \overline{W}_{回転}$$

$$\overline{W}_{振動} = \sum_{v=0}^{\infty}\left(v+\frac{1}{2}\right)h\nu P_v$$

$$\overline{W}_{回転} = \sum_{K=0}^{\infty} K(K+1)\frac{h^2}{8\pi^2 I} P_K$$

つまり平均エネルギーも，式(49-16)の表式$W_{v,K}$と同じく二分できる．次の変数を使おう[1]．

$$\left.\begin{array}{l} x = \dfrac{h\nu}{kT} \\[2mm] \sigma = \dfrac{h^2}{8\pi^2 IkT} \end{array}\right\} \quad (49\text{-}16)$$

そのとき振動エネルギーと回転エネルギーは次のようになる．

$$\overline{W}_{振動} = kT \frac{\sum_{v=0}^{\infty}\left(v+\dfrac{1}{2}\right)x\mathrm{e}^{-(v+1/2)x}}{\sum_{v=0}^{\infty}\mathrm{e}^{-(v+1/2)x}} \quad (49\text{-}17)$$

$$\overline{W}_{回転} = kT \frac{\sum_{K=0}^{\infty} K(K+1)(2K+1)\sigma\mathrm{e}^{-K(K+1)\sigma}}{\sum_{K=0}^{\infty}(2K+1)\mathrm{e}^{-K(K+1)\sigma}} \quad (49\text{-}18)$$

式(49-17)の分母が式(49-14)のB，式(49-18)の分母が式(49-15)のCにあたる．Tで微分すれば熱容量($C_{振動}$と$C_{回転}$)が得られ，エントロピーへの寄与はこう書ける．

$$S_{振動} = \int_0^T \frac{C_{振動}}{T}\mathrm{d}T \qquad S_{回転} = \int_0^T \frac{C_{回転}}{T}\mathrm{d}T$$

問題 49-4. 振動励起状態のうち低いほうの2〜3個を考え，25℃の塩化水素の分子振動エネルギー，熱容量，エントロピーを計算せよ．振動の波数は2990 cm^{-1}とする．

問題 49-5. 式(49-17)と(49-18)の和を積分に変え，$T \to \infty$で値が古典論のkTに近づくのを確かめよ．

問題 49-6. HCl分子(核間距離1.27 Å)の回転エネルギーとTの関係式を，回転エネルギーが目立ち始める温度領域で求めよ．

---

[1] 10章・35節では文字σを$\dfrac{h^2}{8\pi^2 I}$の意味に使った．

塩化水素とオルト・パラ水素(12章・43f項)の扱いは，回転波動関数の選びかただけが異なる．パラ水素は $K=0,2,4,\cdots$ (量子重率 $2K+1$)，オルト水素は $K=1,3,5,\cdots$ (量子重率 $3(2K+1)$．因子3は三重項状態より)と書けるため，天然の水素は，パラ水素 $\frac{1}{4}$，オルト水素 $\frac{3}{4}$ の混合物とみる．触媒の共存下なら，どの波動関数(状態)も等しく使えるから，1種類の分子からなる気体として扱える．

問題 49-7. 上述した水素 H_2 の熱力学的性質(回転状態との関係)を考察せよ．

問題 49-8. D_2(重水素分子)と HD も同様に扱え(43f項の脚注参照)．

49f. 二原子双極子気体の誘電率
永久双極子をもつのに加え，誘起双極子にもなれる分子は，電場のもとで分極する．単位体積あたりの分極は，気体の誘電率 ε，電場強度 F(z軸に平行)，分子の分極率 α を使ってこう書ける．

$$P=\frac{3}{4\pi}\frac{\varepsilon-1}{\varepsilon+2}F=N\overline{\mu_z}+N\alpha F \tag{49-19}$$

永久双極子モーメント μ の z 成分の平均値を $\overline{\mu_z}$，全分子に及ぶ $\overline{\mu_z}$ の平均値を $\overline{\overline{\mu_z}}$ とした．デバイ[1]は古典論を使って $\overline{\overline{\mu_z}}$ を計算し，次の結果を得ている．

$$\overline{\overline{\mu_z}}=\frac{\mu^2 F}{3kT} \tag{49-20}$$

塩化水素など特別な気体なら，量子力学でも同じ式になるのを以下で確かめよう．

μ が振動量子数 v に無関係なら $\overline{\overline{\mu_z}}$ は，式(49-16)の $\sigma=\frac{h^2}{8\pi^2 IkT}$ と式(49-22)を使い[2]，次式に書ける．

$$\overline{\overline{\mu_z}}=\sum_{K,M}P_{KM}\overline{\mu_z}(KM) \tag{49-21}$$

$$P_{KM}=Ae^{-K(K+1)\sigma} \tag{49-22}$$

量子数 $K \cdot M$ の回転状態にある分子につき，次式の平均値にあたる $\overline{\mu_z}(KM)$ を計算しよう(θ は μ つまり分子軸と z 軸がなす角度)．

$$\mu_z=\mu\cos\theta$$

$\overline{\mu_z}(KM)$ は，電場内で分子が受ける一次摂動の波動関数 ψ_{KM} を使ってこう書ける．

$$\overline{\mu_z}(KM)=\int\psi_{KM}^*\mu\cos\theta\,\psi_{KM}d\tau \tag{49-23}$$

---

[1] P. Debye, *Phys. Z.* **13**, 97 (1912).
[2] ボルツマン因子の指数部で，分子－場の相互作用エネルギーは無視できると仮定(妥当性は確認ずみ)．

6章と7章で眺めた常法を使えば，摂動関数が次式のとき，$\overline{\mu_z}(KM)$ は式(49-25)となる（問題49-9参照）．

$$H' = -\mu F \cos\theta \tag{49-24}$$

$$\overline{\mu_z}(KM) = \frac{8\pi^2 I \mu^2 F}{h^2} \frac{\{3M^2 - K(K+1)\}}{(2K-1)K(K+1)(2K+3)} \tag{49-25}$$

いまの近似度だと P_{KM} は M に関係しないから，K 値の同じ全状態に及ぶ $\overline{\mu_z}(KM)$ の平均値は，$M=-K, -K+1, \cdots, +K$ について $\overline{\mu_z}(KM)$ を足し合わせ，$2K+1$ で割れば求まる．式(49-25)中で面倒な M^2 部分の $\sum_{M=-K}^{+K} M^2$ は，$\frac{1}{3}K(K+1)(2K+1)$ となる．それを使うと次式が成り立つ．

$$\overline{\mu_z}(K) = \frac{1}{2K+1} \sum_{M=-K}^{+K} \overline{\mu_z}(KM) = 0 \qquad K>0 \tag{49-26}$$

つまり，**分極には $K=0$ の回転だけが効く**．そのとき $\overline{\mu_z}$ 値は，式(49-25)よりこうなる．

$$\overline{\mu_z}(0) = \frac{8\pi^2 I \mu^2 F}{3h^2} \tag{49-27}$$

また $\overline{\mu_z}$ は次式に書ける．

$$\overline{\mu_z} = \frac{\mu^2 F}{3kT} \frac{1}{\sigma \sum_{K=0}^{\infty} (2K+1) e^{-K(K+1)\sigma}} \tag{49-28}$$

分母の和は，式(49-22)の定数 A に等しい．σ が小さいと（実測で確認）次のようになり，古典論の式(49-20)と一致する．

$$\overline{\mu_z} = \frac{\mu^2 F}{3kT} \tag{49-29}$$

式(49-19)に入れ，単位体積あたりの分極 P はこう書ける．

$$P = \frac{3}{4\pi} \frac{\varepsilon-1}{\varepsilon+2} F = \frac{N\mu^2 F}{3kT} + N\alpha F \tag{49-30}$$

問題 49-9. 表面調和波動関数（10章・35c項末尾の脚注）を用い，二次摂動論や7章・27a項の手順で式(49-25)を導出してみよ．

問題 49-10. 電場 1000 V cm^{-1} に置いた HCl 分子（$\mu=1.03\times10^{-18}$ esu）につき，式(49-29)をもとにした式(49-28)の近似を考察せよ．

式(49-30)は，二原子分子のほか，特殊ケース（振動状態や単結合まわりの回転状態が双極子モーメントを強く左右する分子）を除いて分子一般に成り立つ[1]．同式を使えば，気体や希薄溶液が示す誘電率の温度変化などから，分子の双極子

モーメントがわかる．数多くの測定例が，分子構造についての貴重な知見をもたらした．一例に，ジクロロエチレンの**シス形**と**トランス形**の区別がある．

$$\begin{array}{cc} \text{H} \quad\quad\quad \text{H} \\ \diagdown\ \ \diagup \\ \text{C}=\text{C} \\ \diagup\ \ \diagdown \\ \text{Cl} \quad\quad\quad \text{Cl} \end{array} \qquad\qquad \begin{array}{cc} \text{H} \quad\quad\quad \text{Cl} \\ \diagdown\ \ \diagup \\ \text{C}=\text{C} \\ \diagup\ \ \diagdown \\ \text{Cl} \quad\quad\quad \text{H} \end{array}$$

シス形　　　　　　　　　　トランス形

対称なトランス形は双極子モーメントをもたない（実測で確認）．かたやシス形の双極子モーメントは 1.74×10^{-18} esu と実測された（10^{-18} esu を**デバイ単位**という）．ベンゼンの平面構造も双極子モーメントのデータから確認されたし，化学の興味深い多彩な問題が，双極子モーメント測定で調べられている．

物質の帯磁率は，式(49-30)と同形な式に従う．実のところ式(49-30)は，まずランジュバン[1]が磁気現象の研究で得た．式(49-30)中，温度で変わる項は常磁性を表し（μ は分子の磁気モーメント），他の項（負値）は反磁性を反映する．反磁性の起源，電子スピンと軌道モーメントが生む合成磁気モーメント M などの参考書を下にまとめた．

磁気・電気モーメントの参考書

J. H. Van Vleck: "The Theory of Electric and Magnetic Susceptibilities," Oxford University Press, 1932.

C. P. Smyth: "Dielectric Constant and Molecular Structure," Chemical Catalog Company, Inc., New York, 1931.

P. Debye: "Polar Molecules," Chemical Catalog Company, Inc., New York, 1929.

E. C. Stoner: "Magnetism and Atomic Structure," E. P. Dutton & Co., Inc., New York, 1926.

充実した双極子モーメントの表：*Transactions of the Faraday Society*, 1934 の付録．

統計力学の一般的参考書

R. C. Tolman: "Statistical Mechanics with Applications to Physics and Chemistry," Chemical Catalog Company, Inc., New York, 1927.

R. H. Fowler: "Statistical Mechanics," Cambridge University Press, 1929.

L. Brillouin: "Les Statistiques Quantiques," Les presses universitaires de France, Paris,

---

（前頁）　1)　節末にあげた文献（とりわけヴァンヴレックの論文）を参照．

1)　P. Langevin, *J. de Phys.* **4**, 678 (1905).

1930.

K. K. Darrow: *Rev. Mod. Phys.* **1**, 90 (1929).

R. H. Fowler and T. E. Sterne: *Rev. Mod. Phys.* **4**, 635 (1932).

50. 反応の活性化エネルギー

次の一般的な化学反応を考えよう．

$$A + BC \longrightarrow AB + C \qquad (50\text{-}1)$$

量子力学が確立する前，上式には，「原子 A が（基底状態の分子 BC ではなく）励起分子 BC* と反応する」という解釈もあった．それなら反応の活性化エネルギー E は，ほぼ電子励起エネルギーだということになる．

やがて 1928 年にロンドン[1] が，反応は電子励起がなくても進むと見抜く（むろん核間距離を変えるような励起は反応を促す．10 章・34 節参照）．まず，基底状態のエネルギー $W_0(\xi)$ が核座標 ξ に沿って変わるとしよう．$W_0(\xi)$ の値は，核 B と C が近くて A が遠い極限「BC+A」と，逆の極限「AB+C」では値がちがう（その差を振動・回転エネルギーで補正し，反応のエネルギー変化を見積もる）．

始状態 (A+BC) が終状態 (AB+C) に変わるときは，原子 A が原子 B に近づき，原子 C が原子 B から遠ざかった中間状態を通る．電子エネルギー $W_0(\xi)$ は，核の配置につれて変わる（図 50-1）．点 P (A+BC) から P″(AB+C) への変化は，破線のルートをたどるとき，いちばん進みやすい．

電子エネルギーは，核に作用するポテンシャル関数として扱えた（34 節）．反応が起きるには，核はまず，図 50-1 に描いたポテンシャル関数の鞍点（いわば峠）P′ を越えるのに十分な運動エネルギーをもたなければいけない．エネルギー差 $W_0(P') - W_0(P)$ を零点エネルギーなどで補正したものが，活性化エネルギー E だと考えてよい．

当面，そんな発想で活性化エネルギーを精度よく計算した例はない．水素分子の扱い（12 章・43 節），とりわけジェームズとクーリッジの手法は，陽子 3 個と電子 3 個の系に拡張すれば，反応 $H + H_2 \to H_2 + H$ の解析に使える（計算はたいへん複雑だから実際の解析例はない）．ラフな計算で，水素のオルト－パラ変換

---

1) F. London in the Sommerfeld Festschrift, "Probleme der modernen Physik," p. 104, S. Hirzel, Leipzig, 1928.

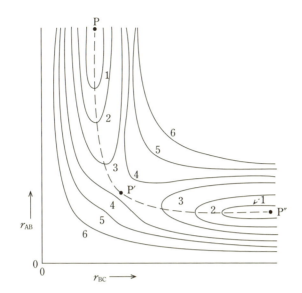

図 50-1 核間距離 r_{AB} と等高線の姿に描いた三原子系の電子エネルギー面(番号 1, 2, 3, … の順にエネルギーが増す).

から推定された実験値(約 6 kcal mol^{-1})[1] に近い E 値を得た報告はいくつかある.

遠く離れた水素原子 A と水素分子 BC の相互作用は,次式で近似できるのだった(13章・46d項).

$$-\frac{1}{2}(abc|H|bac) - \frac{1}{2}(abc|H|cba)$$

第1項は A—B の反発,第2項は A—C の反発を表す.いちばん楽なルートは原子 ABC がまっすぐ並んだときにでき,適切な r_{AB} 値と r_{BC} 値で A—C の反発が極小になると考えればよい.アイリングとポラニー[2] は,高次の交換積分を無視するなどの近似で,直線配列が生むエネルギー面を計算した.クーロン積分と単一交換積分の値は,水素分子のハイトラー・ロンドン・杉浦の扱いから採るか,水素分子の実測ポテンシャル関数から推測した.その結果,活性化エネルギーは

---

1) A Farkas, *Z. f. phys. Chem.* **B10**, 419(1930); P. Harteck and K. H. Geib, *ibid.* **B15**, 116(1931).
2) H. Eyring and M. Polanyi, *Naturwiss.* **18**, 914(1930); *Z. f. phys. Chem.* **B12**, 279(1931); H. Eyring, *Naturwiss.* **18**, 915(1930); *J. Am. Chem. Soc.* **53**, 2537(1931); H. Pelzer and E. Wigner, *Z. f. phys. Chem.* **B15**, 445(1932).

$10 \sim 15\,\text{kcal mol}^{-1}$ と推定されている.

クーリッジとジェームズ[1]は最近,近似計算の結果が実測値とおおむね合っても,近似あれこれに伴う大きな誤差が打ち消し合ってそうなった可能性もあると指摘.アイリングら[2]は1931年以降,さらに複雑な反応の活性化エネルギーを研究している.

---

1) A. S. Coolidge and H. M. James, *J. Chem. Phys.* **2**, 811 (1934).
2) H. Eyring, *J. Am. Chem. Soc.* **53**, 2537 (1931); G. E. Kimball and H. Eyring, *ibid.* **54**, 3876 (1932); A. Sherman and H. Eyring, *ibid.* **54**, 2661 (1932); R. S. Bear and H. Eyring, *ibid.* **56**, 2020 (1934); H. Eyring, A. Sherman, and G. E. Kimball, *J. Chem. Phys.* **1**, 586 (1933); A. Sherman, C. E. Sun, and H. Eyring, *ibid.* **3**, 49 (1935).

15 章
波動力学の周辺

　シュレーディンガーの波動方程式を使う量子力学は，広範な物理と化学の問題に使えるとわかった．ただし，波動方程式以外の数学を使うほうがわかりやすい場面もある．また，いままで扱えなかった事柄も眺めておきたい．そこで以下，行列（マトリックス）力学，角運動量の性質，不確定性原理，変換論をざっと紹介しよう．

51. 行 列 力 学

　実のところ量子力学の論文第1号は，シュレーディンガー（1926年）の前年にハイゼンベルク[1]が発表した．波動方程式とは似ても似つかない数学を使って彼は，系が放出・吸収する電磁波の振動数と強度，つまりエネルギー準位と電気モーメントを計算している．当時の化学者や物理学者が奇異に感じる演算を含む数学だった．たちまちボルンとジョルダン[2]が，ハイゼンベルクの「力学量」は**行列（マトリックス）**，演算は**行列代数**だと見抜く．ハイゼンベルクの**行列力学**は，ほどなく多彩な問題に応用された[3]．

　翌1926年にシュレーディンガーが波動力学を発表し，行列力学との関係が問題になる．波動力学と行列力学の等価性は，すぐさまシュレーディンガー自身[4]とエッカルト[5]が確かめた．

---

1) W. Heisenberg, *Z. f. Phys.* **33**, 879(1925).
2) M. Born and P. Jordan, *ibid.* **34**, 858(1925).
3) M. Born, W. Heisenberg, and P. Jordan, *Z. f. Phys.* **35**, 557(1926); P. A. M. Dirac, *Proc. Roy. Soc.* **A109**, 642(1925).
4) E. Schrödinger, *Ann. d. Phys.* **79**, 734(1926).
5) C. Eckart, *Phys. Rev.* **28**, 711(1926).

ハイゼンベルクが行列力学を着想した経緯は興味深いが,紙幅を考え,背景までは立ち入らない.以下の数項で行列,行列代数,行列と波動関数の関係,量子力学への応用につき,一端をざっと眺めよう.

51a. 行列と波動関数 力学量 $f(q_i, p_i)$ と直交波動関数系[1] $\Psi_0, \Psi_1, \cdots, \Psi_n$ を考えよう.演算子[2]は $f_{演} = f\left(q_i, \dfrac{h}{2\pi i}\dfrac{\partial}{\partial q_i}\right)$ と書ける.いままで次のような積分をよく使い,n 番目の定常状態にある系で量 f の平均値が f_{nn} になるとしてきた.

$$f_{mn} = \int \Psi_m^* f_{演} \Psi_n \mathrm{d}\tau \tag{51-1}$$

積分値 f_{mn} を並べてつくった次のような行列を,$\boldsymbol{f}$ や (f_{mn}) と書こう.

$$\boldsymbol{f} = (f_{mn}) = \begin{pmatrix} f_{00} & f_{01} & f_{02} & f_{03} & \cdots \\ f_{10} & f_{11} & f_{12} & f_{13} & \cdots \\ f_{20} & f_{21} & f_{22} & f_{23} & \cdots \\ f_{30} & f_{31} & f_{32} & f_{33} & \cdots \\ \cdots & \cdots & \cdots & \cdots & \cdots \end{pmatrix}$$

行列式は左右を| |でくくるところ,行列は( )でくくる.ほかの力学量も,行列 $\boldsymbol{g}, \boldsymbol{h} \cdots$ で表せるとしよう.

行列 $\boldsymbol{f}, \boldsymbol{g}, \boldsymbol{h} \cdots$ が従う代数は,かけ算に大きな特徴がある.そこが波動関数の性質にからむため,行列力学が生まれたと思えばよい.

行列式とはちがって行列 $\boldsymbol{f}$ は,1個の数ではなく,$m \times n$ 個ある成分(要素)の全体を表す.$\boldsymbol{f} = \boldsymbol{g}$ なら,$\boldsymbol{f}$ の成分(行列要素)f_{mn} と $\boldsymbol{g}$ の成分 g_{mn} どうしが等しい(つまり全成分が共通)

行列の和は,成分それぞれの和がつくる行列に等しい.

$$\boldsymbol{f} + \boldsymbol{g} = \begin{pmatrix} f_{00}+g_{00} & f_{01}+g_{01} & f_{02}+g_{02} & \cdots \\ f_{10}+g_{10} & f_{11}+g_{11} & f_{12}+g_{12} & \cdots \\ \cdots & \cdots & \cdots & \cdots \end{pmatrix} \tag{51-2}$$

すると $\boldsymbol{f}+\boldsymbol{g}=\boldsymbol{g}+\boldsymbol{f}$ だから,**行列の足し算は可換(交換可能)**だといえる.

しかしかけ算は可換ではなく(非可換),積 $\boldsymbol{fg}$ と積 $\boldsymbol{gf}$ はちがう.たとえば積 $\boldsymbol{fg}$ の mn 成分は,次式の姿をもつ.

$$\{fg\}_{mn} = \int \Psi_m^* f_{演} g_{演} \Psi_n \mathrm{d}\tau$$

---

[1] 時間を含む関数.ただし時間を含まない(定常状態の)$\phi_0, \phi_1, \cdots$ を使っても話は同じ.
[2] 本章では関数 f にあたる演算子を $f_{演}$ と書く(前章までは,混同の恐れがないため「演」を添えなかった.3章・10節と4章・12節を参照).

$g_{演}\Psi_n$ は，定係数の関数 Ψ_k を使ってこう展開できる（6章・22節）．
$$g_{演}\Psi_n = \sum_k g_{kn}\Psi_k$$
係数が g_{kn} となるのは，Ψ_m^* をかけて積分すると確かめられる．上式を $\{fg\}_{mn}$ の積分に入れよう．
$$\{fg\}_{mn} = \sum_k \int \Psi_m^* f_{演} \Psi_k \mathrm{d}\tau g_{kn}$$
$\int \Psi_m^* f_{演} \Psi_k \mathrm{d}\tau = f_{mk}$ だから，次式（積行列の成分を計算する規則）が得られる．
$$\{fg\}_{mn} = \sum_k f_{mk} g_{kn} \tag{51-3}$$

こうした計算が，**行列代数**（線形代数）[1] の一部をなす．以下では数学者の成果を借用し，波動力学と行列力学のリンクを眺める．

問題 51-1. 行列の加減と定数倍は，ふつうの代数と変わりない（下記）．確かめてみよ．
$$\boldsymbol{f} + (\boldsymbol{g} + \boldsymbol{h}) = (\boldsymbol{f} + \boldsymbol{g}) + \boldsymbol{h}$$
$$a\boldsymbol{f} + a\boldsymbol{g} = a(\boldsymbol{f} + \boldsymbol{g})$$
$$a\boldsymbol{f} + b\boldsymbol{f} = (a+b)\boldsymbol{f}$$

行列の計算，ことに行列のかけ算は，物理の問題解決に役立つことが多い．たとえば7章・27e項では，式 (51-3) の形の式を使った．別の用途には問題 51-2 で出合う．

量子力学で量 $f(q_i, p_i)$ を表す行列 $\boldsymbol{f}$ の定義には，時間を含む波動関数 Ψ_n を使う場合（式 51-1）と，定常状態の波動関数 ϕ_n を使う場合がある．後者なら，行列の成分は次の積分を表す．
$$f_{mn} = \int \phi_m^* f_{演} \phi_n \mathrm{d}\tau \tag{51-4}$$
両者には，成分 f_{mn} が因子 $\mathrm{e}^{\frac{2\pi\mathrm{i}(W_m - W_n)t}{h}}$ を含むか含まないかの差しかない．混同の恐れは少ないため，以下では両方に同じ記号 f_{mn} を使おう．

問題 51-2. 調和振動子を表す行列 $\boldsymbol{x}$ の成分 x_{mn} は式 (11-25) に書ける．かけ算の規則を使って行列 $\boldsymbol{x}^2(=\boldsymbol{xx})$, $\boldsymbol{x}^3$, $\boldsymbol{x}^4$ をつくり，対角成分の値を6章・23a項のものと比較せよ．

行列力学の本質は，かけ算の非可換性にある．座標 q_j を表す行列 $\boldsymbol{q}_j$ と，共役運

---

[1] M. Bôcher, "Introduction to Higher Algebra," The Macmillan Company, New York, 1924.

動量 p_j を表す行列 $\boldsymbol{p}_j$ の積 $\boldsymbol{q}_j\boldsymbol{p}_j$ と，逆向き積 $\boldsymbol{p}_j\boldsymbol{q}_j$ の差は 0 ではなく，**単位行列**（次項）を 1 として $\frac{h}{2\pi\mathrm{i}}\mathbf{1}$ になる．つまり $\boldsymbol{q}_j\boldsymbol{p}_j$ と $\boldsymbol{p}_j\boldsymbol{q}_j$ は可換でない．かたや $\boldsymbol{q}_j$ と $\boldsymbol{p}_k(k\neq j)$ は可換だから，座標と運動量についての**交換規則**はこうまとめられる．

$$\left.\begin{aligned}\boldsymbol{p}_j\boldsymbol{q}_j-\boldsymbol{q}_j\boldsymbol{p}_j&=\frac{h}{2\pi\mathrm{i}}\mathbf{1}\\\boldsymbol{p}_j\boldsymbol{q}_k-\boldsymbol{q}_k\boldsymbol{p}_j&=0\qquad k\neq j\\\boldsymbol{q}_j\boldsymbol{q}_k-\boldsymbol{q}_k\boldsymbol{q}_j&=0\\\boldsymbol{p}_j\boldsymbol{p}_k-\boldsymbol{p}_k\boldsymbol{p}_j&=0\end{aligned}\right\} \tag{51-5}$$

上式と，ハミルトンの運動方程式を行列形に変える規則が，行列力学を形づくる．意味は波動力学と等価だけれど，姿かたちはずいぶんちがう．ハミルトン方程式の変形では行列の微分に関する知識を使うが，複雑だから紹介は省く[1]．

問題 51-3. 行列成分 $(p_jq_j)_{mn}$ などを計算して交換規則(51-5)を確かめよ．

51b. 行列と力学量 $m=n$ 以外の成分 f_{mn} がどれも 0 の行列を，**対角行列**という．

$$\begin{pmatrix}f_{00} & 0 & 0 & 0 & \cdots\\ 0 & f_{11} & 0 & 0 & \cdots\\ 0 & 0 & f_{22} & 0 & \cdots\\ 0 & 0 & 0 & f_{33} & \cdots\\ \cdots & \cdots & \cdots & \cdots & \end{pmatrix}$$

対角行列の特例として，対角成分が 1 のものを単位行列 $\mathbf{1}$ とよぶ．

$$\mathbf{1}=\begin{pmatrix}1 & 0 & 0 & 0 & \cdots\\ 0 & 1 & 0 & 0 & \cdots\\ 0 & 0 & 1 & 0 & \cdots\\ 0 & 0 & 0 & 1 & \cdots\\ \cdots & \cdots & \cdots & \cdots & \end{pmatrix}$$

単位行列を a 倍すると，定数行列 $\boldsymbol{a}$ になる

$$\boldsymbol{a}=a\mathbf{1}=\begin{pmatrix}a & 0 & 0 & 0 & \cdots\\ 0 & a & 0 & 0 & \cdots\\ 0 & 0 & a & 0 & \cdots\\ 0 & 0 & 0 & a & \cdots\\ \cdots & \cdots & \cdots & \cdots & \end{pmatrix}$$

---

[1] Ruark and Urey, "Atoms, Molecules and Quanta," Chap. 17.

かけ算の規則から，対角行列のn乗は対角行列になり，各成分もn乗になる．

波動力学の場合，波動関数Ψ_nに従う系で量fが一定となるのは，rがどんな値でも$f_{nn}^r = (f_{nn})^r$が成り立つときだった（3章・10c項）．それを行列力学に翻訳するとこうなる．**量fが対角行列fで表せるなら，fは，波動関数（$\Psi_0, \Psi_1, \cdots$のうち）Ψ_nに従う状態で一定値f_{nn}をもつ．**

前章までに出てきた波動関数を考えよう．波動方程式の解（波動関数：次式）は，1行下のエネルギー対角行列に相当するため，ある波動関数に従う系は，全エネルギーが一定値となる．

$$\Psi_0 \left(= \phi_0 e^{-\frac{2\pi i W_0 t}{h}}\right), \Psi_1, \cdots$$

$$H = \begin{pmatrix} W_0 & 0 & 0 & 0 & \cdots \\ 0 & W_1 & 0 & 0 & \cdots \\ 0 & 0 & W_2 & 0 & \cdots \\ 0 & 0 & 0 & W_3 & \cdots \\ \cdots & \cdots & \cdots & \cdots & \cdots \end{pmatrix}$$

自由度1の系だと対角行列で表せるのは，Hだけの関数（H^2など）しかない．自由度が大きい系なら，H以外にも対角行列がある．たとえば，変数分離形で$\Theta_{lm}(\theta)\Phi_m(\varphi)$と書ける水素原子型二粒子系の球面調和関数（5章・19, 21節）は，全角運動量の2乗とz成分にあたる行列が対角形になる（つまり全角運動量の2乗もz成分も一定値をもつ）．角運動量行列の特徴は次節で眺めよう．

波動関数$\Psi_0, \Psi_1, \cdots$について対角行列になる力学量は，**運動の定数**という．古典力学だと運動の定数は，運動方程式を解いたときの積分定数だった．

時間を含む波動関数$\Psi_0, \Psi_1, \cdots, \Psi_n$の定常状態で力学量を測ったとき，波動関数がひとつに決まるとしよう．そんな測定を**極大測定**とよぶ．自由度1の一次元調和振動子なら，エネルギーの測定が極大測定にあたる．測定結果は特性エネルギーW_nのどれかになって，対応する波動関数Ψ_nが系の状態を表し，続く測定で出る平均値の予測に使える．

三次元等方調和振動子や，スピンを無視した水素原子など自由度3の系では，エネルギー，全角運動量の2乗，角運動量のz成分という三つが，極大測定の対象だ．測定結果を表す波動関数は，極座標で分離した波動方程式の解のひとつになる（5章）．

自由度Nの系で極大測定は，「独立な量N個の測定」を意味する．古典力学の極大測定は，座標N個と運動量N個（一次元系なら座標とエネルギー），つま

り力学量 $2N$ 個の測定だった(意味は53節で考察しよう).

規格化された直交波動関数の組 $(\chi_0, \chi_1, \cdots, \chi_{n'}, \cdots)$ を考え, 注目する系のシュレーディンガー方程式を解いた結果が, 各関数 $\chi_{n'}$ だとする. $\chi_{n'}$ は, 規格化係数 $a_{n'n}$ を使い, 定常状態を表す波動関数 Ψ_n の線形結合に書ける.

$$\chi_{n'} = \sum_n a_{n'n} \Psi_n \tag{51-6}$$

$\chi_{n'}$ の組は, **系の表現**をなすという. 表現それぞれにつき, 量 $f, g\cdots$ に応じた行列 $\boldsymbol{f}', \boldsymbol{g}'\cdots$ をつくる[1]. 行列の成分は次式で計算するか, 式(51-6)の係数 $a_{n'n}$ を使って行列 $\boldsymbol{f}, \boldsymbol{g}\cdots$ (定常状態の表現 Ψ_n に相当)から得る.

$$f_{m'n'} = \int \chi_{m'}^* f_{演} \chi_{n'} d\tau \tag{51-7}$$

いままでは運動の定数, つまり波動関数 $\Psi_0, \Psi_1, \Psi_2, \cdots$ に伴う対角行列で表せる(定常的な)量の測定を考えた. ただし, $\Psi_0, \Psi_1, \cdots$ に応じた $\boldsymbol{f}, \boldsymbol{g}\cdots$ が対角行列だけとはかぎらない量 N 個 $(f, g\cdots)$ の測定が, 極大測定となる場合もある. そんなときは測定時刻 $t=t'$ を指定する. $t=t'$ で $f, g\cdots$ が正確に測れたら, $\boldsymbol{f}', \boldsymbol{g}'\cdots$ は対角行列とみる. $t>t'$ の系を表す波動関数は(系が乱れないとして), $t=t'$ での $\boldsymbol{f}', \boldsymbol{g}'\cdots$ を対角化する表現 $\chi_{n'}$ がわかれば決まる. 測定で得る $f, g\cdots$ の正確な値は, 対角行列 $\boldsymbol{f}', \boldsymbol{g}'\cdots$ の対角成分 $(f_{n'n'}, g_{n'n'}\cdots)$ に等しく, 対応する表現(波動関数) $\chi_{n'}$ が系を表す.

表現 χ のもとになる量 f を対角行列 $\boldsymbol{f}'$ で書ける条件は, 微分方程式に表せる. $\boldsymbol{f}'$ が対角行列なら $f_{m'n'}$ は, $m' \neq n$ で 0, $m' = n'$ で一定値(たとえば $f_{n'n'}$)に等しい. それなら, $f_{演}\chi_{n'}$ を χ の組で展開したとき, 1個の項 $f_{n'n'}\chi_{n'}$ しか残らない ($f_{n'n'}$ は, 行列 $\boldsymbol{f}'$ 中にある n' 番目の対角成分).

$$f_{演}\chi_{n'} = f_{n'n'}\chi_{n'} \tag{51-8}$$

たとえば, 定常状態にある水素原子の波動関数 Ψ_{nlm} は, 次の微分方程式に従う(5章).

$$H_{演}\Psi_{nlm} = W_n \Psi_{nlm}$$

$$M_{演}^2 \Psi_{nlm} = \frac{l(l+1)h^2}{4\pi^2} \Psi_{nlm}$$

$$M_{z演}\Psi_{nlm} = \frac{mh}{2\pi}\Psi_{nlm}$$

解となる関数三つは, それぞれの力学量(全エネルギー, 角運動量の2乗, 角

---

[1] 表現 $\chi_{n'}$ に応じた行列なのでプライム記号(′)をつけた.

運動量のz成分)を意味する対角行列で表せる．その点を次節で少し掘り下げよう．

52. 角運動量の性質

　水素原子のように，波動方程式を球面極座標で分離できる系は，全エネルギーのほか，全角運動量と，角運動量のたとえばz成分も一定値となる波動関数をもつ．一粒子系[1]につき，角運動量の$x \cdot y \cdot z$成分($M_x \cdot M_y \cdot M_z$)にあたる演算子をつくろう．古典論だと次式に書けて，M_yとM_zも同様に表せるため，演算子形は式(52-2)となる(3章・10c項)．

$$M_x = yp_z - zp_y \tag{52-1}$$

$$\left. \begin{array}{l} M_{x演} = \dfrac{h}{2\pi i}\left(y\dfrac{\partial}{\partial z} - z\dfrac{\partial}{\partial y}\right) \\[6pt] M_{y演} = \dfrac{h}{2\pi i}\left(z\dfrac{\partial}{\partial x} - x\dfrac{\partial}{\partial z}\right) \\[6pt] M_{z演} = \dfrac{h}{2\pi i}\left(x\dfrac{\partial}{\partial y} - y\dfrac{\partial}{\partial x}\right) \end{array} \right\} \tag{52-2}$$

　平均値の計算には，極座標表現がわかりやすい．標準法(1章・1e項)で以下の2式を得る．

$$M_{x演} \pm iM_{y演} = \frac{h}{2\pi i}e^{\pm i\varphi}\left(\pm i\frac{\partial}{\partial \theta} - \cot\theta\frac{\partial}{\partial \varphi}\right) \tag{52-3}$$

$$M_{z演} = \frac{h}{2\pi i}\frac{\partial}{\partial \varphi} \tag{52-4}$$

　波動方程式は極座標で分離できると仮定した．さらに，位置エネルギーがrだけで決まるとすれば，球面調和関数(5章・19節)を$\Phi_{lm}(\theta)\Phi_m(\varphi)$として，$\psi_{lmn}$はこう書ける．

$$\psi_{lmn}(\theta,\varphi,r) = \Theta_{lm}(\theta)\Phi_m(\varphi)R_{nl}(r) \tag{52-5}$$

以上のことと式(52-3)・(52-4)を使えば，次のような積分が計算できる．

$$M_x(l'm';lm) = \int \psi_{l'm'n}^* M_{x演}\psi_{lmn}d\tau \tag{52-6}$$

　ψ_{lmn}に従う定常状態で全角運動量の2乗(M^2)が一定値だというには，「M^2の

---

[1] 全角運動量とz成分は，場が0の空間にある粒子n個の系でも一定になる：Born and Jordan, "Elementare Quantenmechanik," Chap. 4, Springer, Berlin, 1930.

r 乗の平均値」が「M^2 の平均値の r 乗」になると証明すればよい（10c 項）．行列の性質を考えれば，$M_{演}^2$ が対角行列だと確かめる．古典論の次式に，行列 M_x，M_y，M_z のかけ算と足し算を応用すれば，M^2 を表す行列が得られる．

$$M^2 = M_x^2 + M_y^2 + M_z^2 \tag{52-7}$$

積分を実行すると，$m' = m+1$ で $\delta_{m', m+1} = 1$，ほかの場合は $\delta_{m', m+1} = 0$ となる「デルタ関数」を使い，まず次の結果を得る．

$$M_x(l'm'; lm) = -\frac{h}{4\pi}[\{l(l+1) - m(m+1)\}^{1/2}\delta_{m', m+1}$$
$$+ \{l(l+1) - m(m-1)\}^{1/2}\delta_{m', m-1}]\delta_{l', l} \tag{52-8}$$

$$M_y(l'm'; lm) = -\frac{\mathrm{i}h}{4\pi}[\{l(l+1) - m(m+1)\}^{1/2}\delta_{m', m+1}$$
$$- \{l(l+1) - m(m-1)\}^{1/2}\delta_{m', m-1}]\delta_{l', l} \tag{52-9}$$

$$M_z(l'm'; lm) = \frac{h}{2\pi}m\delta_{l', l}\delta_{m', m} \tag{52-10}$$

次に，かけ算で行列 M_x^2，M_y^2，M_z^2 の成分を，足し算で M^2 の成分を決める．すると M^2 は対角成分が $\frac{l(l+1)h^2}{4\pi^2}$ の対角行列だとわかる．つまり M^2 は状態 ψ_{lmn} で一定値をもち，運動の定数だといえる．

M_z も運動の定数だということは式(52-10)が語る．量子数 m のとき値が $\frac{mh}{2\pi}$ になるため，M_z は「対角成分が $\frac{mh}{2\pi}$ の対角行列」だといえる．

問題 52-1. 式(52-2)を極座標に変換せよ．
問題 52-2. 式(52-8)，(52-9)，(52-10)を導いてみよ．
問題 52-3. かけ算で M_x^2，M_y^2，M_z^2 の行列を求め，次に M^2 の行列を計算せよ．

波動方程式を変数分離できる座標系と，解（波動関数）につき運動の定数になる量は，密接に結びつく．たとえば球対称場内の粒子1個だと，変数が角だけの因子 $S(\theta, \varphi)$ は次式を満たす（5章・18a 項）．

$$\frac{1}{\sin\theta}\frac{\partial}{\partial\theta}\left(\sin\theta\frac{\partial S}{\partial\theta}\right) + \frac{1}{\sin^2\theta}\frac{\partial^2 S}{\partial\varphi^2} = -l(l+1)S \tag{52-11}$$

極座標で M^2 の演算子は次式に書けるため，$\psi = S(\theta, \varphi)R(r)$ と，$M_{演}^2$ が $R(r)$ に影響しないことより，式(52-11)は式(52-13)の姿に書ける．

$$M_{演}^2 = -\frac{h^2}{4\pi^2}\left\{\frac{1}{\sin\theta}\frac{\partial}{\partial\theta}\left(\sin\theta\frac{\partial}{\partial\theta}\right) + \frac{1}{\sin^2\theta}\frac{\partial^2}{\partial\varphi^2}\right\} \tag{52-12}$$

$$M_{演}^2\psi_{nlm} = l(l+1)\frac{h^2}{4\pi^2}\psi_{nlm} \tag{52-13}$$

また，ψのφ部分つまり$\Phi_m(\varphi)$は次式に従う(18a項).

$$\frac{d^2\Phi}{d\varphi^2} = -m^2\Phi \tag{52-14}$$

かたや式(52-4)から次式が成り立つので，式(52-13)は式(52-16)に書ける．

$$M_{z演}{}^2 = -\frac{h^2}{4\pi^2}\frac{\partial^2}{\partial\varphi^2} \tag{52-15}$$

$$M_{z演}{}^2 \psi_{nlm} = m^2 \frac{h^2}{4\pi^2} \psi_{nlm} \tag{52-16}$$

式(52-13)と(52-16)は，波動方程式(次式)とそっくりな姿をもつ．

$$H_演 \psi_{nlm} = W_n \psi_{nlm}$$

三つとも，(演算子)(波動関数)=(量子化された値)(波動関数)の形だ．また$H_演$，$M_演{}^2$，$M_{z演}{}^2$は可換で，$\theta\cdot\varphi\cdot r$の関数$\chi$を使い，たとえばこう書ける．

$$H_演(M_演{}^2 \chi) = M_演{}^2(H_演 \chi)$$

さらに進んだ考察は本書の範囲を超すけれど，以上の発想は，ほかの系や座標系にも一般化できる．波動方程式が変数分離できるとき，各部分を解いて出た量の演算子は，運動の定数となるほか，互いに可換でもある．

53. 不確定性原理

ハイゼンベルクの**不確定性原理**はこう書ける．
　量fとgの正確な同時測定ができるのは，交換子$(fg-gf)$が0のときにかぎる．そうでない量二つの測定結果には，交換子の値に応じた不確定さ$\Delta f \Delta g$が伴う．共役な座標qと運動量pの不確定さ$\Delta q \Delta p$も，エネルギーと時間の不確定さ$\Delta W \Delta t$も，プランク定数hの程度となる．
　前半につき，量fとgをともに対角行列で表せる条件を調べよう．表現$\chi_{n'}$に従う行列をf'，g'とする．対角行列の積$f'g'$は対角行列で，n'番目の成分は，f'の成分$f_{n'}$とg'の成分$g_{n'}$の積だとわかる．$g'f'$も対角行列となり，対角成分は$f'g'$の対角成分に等しい．つまり交換子は$f'g'-g'f'=0$に従う．波動関数の組にどんな線形変換を施しても右辺は0だから，行列fとgについても，次式が成り立つときにだけ，量fとgは正確な同時測定ができる．

$$fg - gf = 0 \tag{53-1}$$

後半は，Δfなどを具体化しないかぎり確かめにくい．正確に扱える簡単な例

として，自由粒子の一次元並進運動だけを考えよう．

自由粒子の波動関数は $Ne^{\pm\frac{2\pi i\sqrt{2mW}(x-x_0)}{h}}e^{-\frac{2\pi iWt}{h}}$ と書ける(4章・13節)．±の正号は x 方向の運動を，負号は $-x$ 方向の運動を表す．$W=\frac{p_x^2}{2m}$ を使って $Ne^{\frac{2\pi ip_x(x-x_0)}{h}}e^{-\frac{2\pi ip_x^2 t}{2mh}}$ と書こう(運動量 p_x の正負は，x 方向と $-x$ 方向の運動を意味)．こうした波動関数の状態(定常状態)だと，運動量とエネルギーは正確にわかっても，粒子の位置はわからない．確率分布 $\Psi^*\Psi$ は $x=-\infty\sim+\infty$ で一定だから，座標 x の不確定さ Δx は無限大となる(つまり $\Delta p_x=0$ で $\Delta x=\infty$)．

時刻 $t=0$ で運動量 p_x と座標 x を同時に測った結果が，p_0(不確定さ Δp_x)と x_0(同 Δx)だったとしよう．その状況に合う波動関数 χ をつくるには，次のようにする．次式に書いた波動関数は，平均値 p_0，バラつき Δp_x のガウス誤差曲線 $e^{-\frac{(p_x-p_0)^2}{(\Delta p_x)^2}}$ [1])にあたる(次式で指数関数の分母にある 2 は，2 乗すれば確率になることを表す．A は規格化定数)．

$$\chi=A\int_{-\infty}^{\infty}e^{-\frac{(p_x-p_0)^2}{2(\Delta p_x)^2}}e^{\frac{2\pi ip_x(x-x_0)}{h}}e^{-\frac{2\pi ip_x^2 t}{2mh}}dp_x \tag{53-2}$$

積分を計算すると，時刻 $t=0$ での χ はこう書ける．

$$\chi(0)=Be^{-\frac{2\pi^2(\Delta p_x)^2(x-x_0)^2}{h^2}+\frac{2\pi ip_0(x-x_0)}{h}} \tag{53-3}$$

上式は，式(53-5)の Δx を使い，次式(x の確率分布曲線)に表せる．

$$\chi^*(0)\chi(0)=B^2 e^{-\frac{(x-x_0)^2}{(\Delta x)^2}} \tag{53-4}$$

$$\Delta x=\frac{h}{2\pi\Delta p_x} \tag{53-5}$$

上式もガウスの誤差関数になる(極大は $x=x_0$，不確定さ Δx は式 53-5)．つまり $t=0$ の波動関数 χ では，$\Delta x\Delta p_x=\frac{h}{2\pi}(\approx h)$ が成り立つ．

問題 53-1. 積分を $p_x\to x$ の順に実行し，規格化定数 A と B^2 を求めよ．

問題 53-2. 時間因子を残したまま上記の扱いをしてみよ．波束の中心が速さ $\frac{p_0}{m}$ で動き，時間とともに波束がぼやけていくのを確かめよ．

次節の変換論を使う考察から，量 f と g の同時測定に伴う不確定の積 $\Delta f\Delta g$ は，交換子の行列 $fg-gf$ がもつ対角成分の絶対値くらいだとわかる(式 51-5 より x と P_x の交換子は $\frac{h}{2\pi i}\mathbf{1}$，つまり絶対値は $\frac{h}{2\pi}$ なので，上記の結論に合う)．

エネルギー W と時間 t も同様な関係にあり，不確定さの積 $\Delta W\Delta t$ は h(や $\frac{h}{2\pi}$)

---

[1]) Δp_x はガウス誤差曲線の「**精密度合いの逆数**」を意味し，確率誤差より 2.10 だけ大きい．R. T. Birge, *Phys. Rev.* **40**, 207 (1932) 参照．

程度になる．すると，系のエネルギーを精度 ΔW で決める測定は，ほぼ $\frac{h}{\Delta W}$ の時間内に行う必要がある．

問題 53-3. 行列成分を計算して $W_演=\frac{h}{2\pi i}\frac{\partial}{\partial t}$ と $t_演=t$ も使い，$Wt-tW=-\frac{h}{2\pi i}\mathbf{1}$ となるのを確かめよ．

不確定性原理の意味を，x と p_x を測る仮想実験をもとに考えよう．多様な思考実験は，みな似た結論になる．振動数 ν_0 の光を図 53-1 の軸 AO 方向に送り，x 軸上を動く粒子が点 O にあるかどうか観測する．散乱された光子が顕微鏡 B に入れば，粒子は O の近くにあるとわかる．

分光器で散乱光の振動数を決めれば，コンプトン効果の式から粒子の運動量が計算できる．ただし顕微鏡の分解能には限界があるため，x の測定値は不確定さ Δx を伴い，振動数が高いほど Δx は小さい．コンプトン効果にもとづく運動量の測定値は，振動数とともに増す不確定さ Δp_x を伴う．こうして，最善の条件

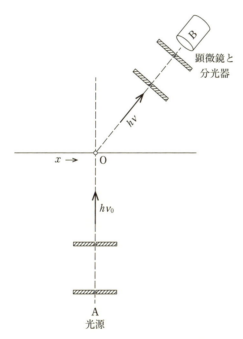

図 53-1 粒子の位置 x と運動量 p_x を測る仮想実験

で測定しても，積 $\Delta x \Delta p_x$ は h 程度の大きさをもつとわかる[1].

54. 変 換 論

系のふるまいを考察する際，次のような問題がありうる．時刻 $t=t'$ で量 f を測った結果が f' のとき，直後に量 g を測って結果が g' になる確率はいくらか？形式的には，値 f' を表す波動関数 χ（f' を対角行列にする表現）を見つけ，χ を使って g の全巾に及ぶ平均値を計算し，g の確率分布関数をつくる．だがそれは簡明な直接法ではない．

確率分布関数の直接計算に使える方法を，**変換論**[2] という．変換論は，波動力学を内包する一般化量子力学とみてよい．シュレーディンガー方程式は変換論が含む多様な方程式のひとつ，シュレーディンガーの波動関数は特別タイプの変換関数にあたる．以下，詳細にわたることなく変換論を概観しよう．

確率振幅関数つまり**変換関数**を $(g'|f')$ と書く．確率は，$(g'|f')$ の複素共役 $(g'|f')^*$ を使って $(g'|f')^*(g'|f')$ と書ける（g' が連続値なら $(g'|f')^*(g'|f')$ は確率分布関数とよび，g 値が $g' \sim g'+dg'$ をとる確率は $(g'|f')^*(g'|f')dg'$ となる）．

定常状態のシュレーディンガー波動関数は，系のエネルギーと座標を結ぶ確率振幅関数とみてよい．調和振動子など自由度1の系なら，波動関数 ϕ_n は座標 x とエネルギー値の変換関数 $(x'|W')$ にあたる．水素原子だと，5章で見た波動関数 $\psi_{nlm}(r,\theta,\varphi)$ が変換関数 $(r'\theta'\varphi'|nlm)$ に相当する．関数に沿えた記号 (n,l,m) のそれぞれが，核を基準とする電子座標 (r,θ,φ) での特性エネルギー W_n と，角運動量の2乗 $\frac{l(l+1)h^2}{4\pi^2}$，角運動量の z 成分 $\frac{mh}{2\pi}$ を表している．

変換関数は，以下二つの大事な性質をもつ．

f―g 間の変換関数は，g―f 間の変換関数に等しい．

$$(f'|g') = (g'|f')^* \tag{54-1}$$

f―h 間の変換関数は，f―g 間の変換関数，g―h 間の変換関数と次式で結びつ

---

[1] 進んだ考察：W. Heisenberg, "The Physical Principles of the Quantum Theory," University of Chicago Press, Chicago, 1930; N. Bohr, *Nature* **121**, 580 (1928); C. G. Darwin, *Proc. Roy. Soc.* **A117**, 258 (1927); A. E. Ruark, *Phys. Rev.* **31**, 311, 709 (1928); E. H. Kennard, *Phys. Rev.* **31**, 344 (1928); H. P. Robertson, *Phys. Rev.* **34**, 163 (1929); **35**, 667 (1930); **46**, 794 (1934); Ruark and Urey, "Atoms, Molecules and Quanta," Chap. 18. 本章末の文献も参照.

[2] P. A. M. Dirac, *Proc. Roy. Soc.* **A113**, 621 (1927); P. Jordan, *Z.f. Phys.* **40**, 809 (1927); **44**, 1 (1927).

く.

$$(f'|h') = \int (f'|g')^*(g'|h')\,dg' \tag{54-2}$$

上式の積分は，g の測定値(g')すべてを含む．g' の不連続部分では和をとる．

本書ではシュレーディンガー方程式をこう書いてきた．

$$H_{演}\psi_n = W_n\psi_n$$

変換論の流儀だと次式になって，W' が特性エネルギー W_n，$(q'_j|W')$ が座標 q_j に応じた変換関数を表す．

$$H_{演}(q'_j|W') = W'(q'_j|W')$$

変換論では，次の同様な方程式を，すべての変換関数$(f'|g')$が満たすと仮定する．

$$g_{演(f)}(f'|g') = g'(f'|g') \tag{54-3}$$

上式の $g_{演(f)}$ は，量 g にあたる f 系の演算子を表す．以下で f 系は問題にせず，q 系つまり $p_k \to \dfrac{h}{2\pi i}\dfrac{\partial}{\partial q_k}$ の置換で生じる演算子だけを考えよう．

変換関数は直交規格化されている(右辺はデルタ関数)．

$$\int (f'|g')(g'|f'')\,dg' = \delta_{f'f''} \tag{54-4}$$

上式は次のことを意味する．量 f を測った値が f' なら，直後の再測定でも確率 1 で同じ値 f' が得られる．式(54-4)の積分が変換関数$(f'|f'')$で(式(54-2)参照)，式(54-4)より $f''=f'$ のときは 1，それ以外は 0 になるからだ．

上式より，演算子の q 系だけを使い，次のように任意の変換関数$(f'|g')$を見つけられる．つまり，微分方程式(54-3)を解いて変換関数$(g'|f')$と$(q'|g')$を見つけ，さらに座標で積分して$(f'|g')$を得る(式(4-4))．

例として一次元系のエネルギー W と運動量 p_x の間の変換関数を求めよう．関数$(x'|W')$はシュレーディンガー波動関数で，いままで述べたとおり，次の波動方程式を解けば得られる．

$$H_{演}(x'|W') = W'(x'|W')$$

デカルト座標と共役運動量を結ぶ変換関数$(x'|p'_x)$は，次の微分方程式(2 行)の解だから，式(54-5)に書ける(C は規格化因子)．

$$p_{x演}(x'|p'_x) = p'_x(x'|p'_x)$$

$$\frac{h}{2\pi i}\frac{\partial}{\partial x'}(x'|p'_x) = p'_x(x'|p'_x)$$

$$(x'|p'_x) = C e^{\frac{2\pi i x' p'_x}{h}} \tag{54-5}$$

すると変換関数 $(p'_x|W')$, つまり系の定常状態を表す運動量の確率振幅関数は, 次の形をもつ.

$$(p'_x|W') = \int C e^{-\frac{2\pi i x' p'_x}{h}} (x'|W') dx' \tag{54-6}$$

$$(p'_x|W_n) = \int C e^{-\frac{2\pi i x' p'_x}{h}} \phi_n(x') dx' \tag{54-7}$$

上式を使うと, 調和振動子で運動量波動関数は座標波動関数(問題54-1)と同形(エルミート直交関数)になるが, 水素原子の場合はまったくちがうとわかる[1].

問題 54-1. 調和振動子の運動量波動関数を計算せよ. n 番目の状態で p_x^r が示す平均値(次式)が, 続く積分の結果と同じになるのを確かめてみよ.

$$\int_{-\infty}^{\infty} (p'_x|W_n)^* (p'_x|W_n) p'^r_x dp'_x$$

$$\int_{-\infty}^{\infty} \psi_n^* \left(\frac{h}{2\pi i}\right)^r \frac{\partial^r}{\partial x^r} \psi_n dx$$

問題 54-2. 基底状態の水素原子につき, 運動量波動関数の積分(次式)を見積もれ.

$$(p'_x p'_y p'_z | nlm) = \iiint C e^{-\frac{2\pi i (x' p'_x + y' p'_y + z' p'_z)}{h}} (x'y'z'|nlm) dx' dy' dz'$$

運動量空間, 座標空間とも, 極座標に変換すると扱いやすい.

測定数のずっと多い極大測定の考察, 群論の利用, 相対論的不変性の組みこみ, 電磁場の量子化など, さらに進んだ量子力学の展開は他書にゆずる.

量子力学の参考書

行列力学: M. Born and P. Jordan: "Elementare Quantenmechanik," Springer, Berlin, 1930.

変換論, 量子力学の一般論: P. A. M. Dirac: "Quantum Mechanics," Oxford University Press, New York, 1935.

J. V. Neumann: "Mathematische Grundlagen der Quantenmechanik," Springer, Berlin, 1932.

物理的解釈: W. Heisenberg: "The Physical Principles of the Quantum Theory," University of Chicago Press, Chicago, 1930.

一般的参考書: A. E. Ruark and H. C. Urey: "Atoms, Molecules and Quanta," McGraw-Hill Book Company, Inc., New York, 1930.

---

[1] 水素原子の運動量波動関数の考察: B. Podolsky and L. Pauling, *Phys. Rev.* **34**, 109(1929); E. A. Hylleraas, *Z. f. Phys.* **74**, 216(1932).

54. 変換論

E. U. Condon and P. M. Morse: "Quantum Mechanics," McGraw-Hill Book Company, Inc., New York, 1929.

A. Sommerfeld: "Wave Mechanics," Methuen & Company, Ltd., London, 1930. H. Weyl: "The Theory of Group and Quantum Mechanics," E. P. Dutton & Co., Inc., New York, 1931.

J. Frenkel: "Wave Mechanics," Oxford University Press, New York, 1933.

付録 I

物　理　定　数[1]

真空中の光速　　　　　　　　$c = 2.99796 \times 10^{10}$ cm s^{-1}
電気素量　　　　　　　　　　$e = 4.770 \times 10^{-10}$ esu
電子の質量　　　　　　　　　$m_0 = 9.035 \times 10^{-28}$ g
プランク定数　　　　　　　　$h = 6.547 \times 10^{-27}$ erg s
アボガドロ定数　　　　　　　$N = 0.6064 \times 10^{24}$ mol^{-1}
ボルツマン定数　　　　　　　$k = 1.3709 \times 10^{-16}$ erg deg^{-1}
微細構造定数　　　　　　　　$\alpha = \dfrac{2\pi e^2}{hc} = 7.284 \times 10^{-3}$
水素のボーア半径　　　　　　$a_0 = 0.5282 \times 10^{-8}$ cm
水素のリュードベリ定数　　　$R_\mathrm{H} = 109\,677.759$ cm^{-1}
ヘリウムのリュードベリ定数　$R_\mathrm{He} = 109\,722.403$ cm^{-1}
巨大原子のリュードベリ定数　$R_\infty = 109\,737.42$ cm^{-1}
角運動量のボーア単位　　　　$\dfrac{h}{2\pi} = 1.0420 \times 10^{-27}$ erg s
ボーア磁子　　　　　　　　　$\mu_0 = 0.9175 \times 10^{-20}$ erg gauss^{-1}

エネルギーの換算

1 erg $= 0.6285 \times 10^{12}$ eV $= 0.5095 \times 10^{16}$ cm^{-1} $= 1.440 \times 10^{16}$ cal mol^{-1}

1.591×10^{-12} erg $= 1$ eV $= 8106$ cm^{-1} $= 23\,055$ cal mol^{-1}

1.963×10^{-16} erg $= 1.234 \times 10^{-4}$ eV $= 1$ cm^{-1} $= 2.844$ cal mol^{-1}

0.6901×10^{-16} erg $= 4.338 \times 10^{-5}$ eV $= 0.3516$ cm^{-1} $= 1$ cal mol^{-1}

---

[1]　R. T. Birge, *Phys. Rev.* **40**, 228 (1932) の推奨に従い R. T. Birge, *Rev. Mod. Phys.* **1**, 1 (1929) から採択．誤差の度合いは文献参照．［訳者補足：内容は最新版に直さず，原著のままとした．］

〔参考〕 現在の基礎物理定数

真空中の光速	$c, c_0 = 2.99792 \times 10^8$ m s^{-1}
電気素量	$e = 1.602 \times 10^{-19}$ C
電子の質量	$m_e = 9.109 \times 10^{-31}$ kg
プランク定数	$h = 6.626 \times 10^{-34}$ J s
アボガドロ定数	$N_A, L = 6.022 \times 10^{23}$ mol^{-1}
ボルツマン定数	$k, k_B = 1.3807 \times 10^{-23}$ J K^{-1}
微細構造定数	$\alpha = \dfrac{\mu_0 e^2 c}{2h} = 7.297 \times 10^{-3}$
ボーア半径	$a_0 = 5.291 \times 10^{-11}$ m
リュードベリ定数	$R_\infty = 1.09737316 \times 10^7$ m^{-1}
ボーア磁子	$\mu_B = 9.274 \times 10^{-24}$ J T^{-1}

付録 II
中心力場にある質点の平面内運動

　力 $\boldsymbol{F}$ で中心 O に引かれた質点 P が，ベクトル $\boldsymbol{v}$ の運動をする（図 II-1）．原点が P，z 軸が v 方向，$\boldsymbol{F}$ と $\boldsymbol{v}$ の張る面に直交する y 軸のデカルト座標系 (x, y, z) を考えよう．

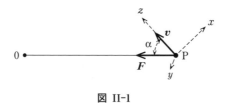

図 II-1

　y 方向に力 $\boldsymbol{F}$ の成分はないため，ニュートンの運動方程式（次式）より，y 方向の加速度は 0 だとわかる．

$$m = \frac{\mathrm{d}^2 y}{\mathrm{d}t^2} = 0$$

初速度は 0 だから速度は 0 にとどまり，質点は $\boldsymbol{F}$ と $\boldsymbol{v}$ が張る平面を飛び出さない．

付録 III

波動関数の直交性

$W_n \neq W_k$ のとき，波動方程式(1)の解 ψ_n と(2)の解 ψ_k^* が式(3)を満たす(ψ_k が ψ_n と直交する)のを確かめよう．

$$\sum_{i=1}^{N} \frac{1}{m_i} \nabla_i^2 \psi_n + \frac{8\pi^2}{h^2}(W_n - V)\psi_n = 0 \tag{1}$$

$$\sum_{i=1}^{N} \frac{1}{m_i} \nabla_i^2 \psi_k^* + \frac{8\pi^2}{h^2}(W_k - V)\psi_k^* = 0 \tag{2}$$

$$\int \psi_k^* \psi_n \, d\tau = 0 \tag{3}$$

式(1)に ψ_k^* をかけたものから，式(2)に ψ_n をかけたものを引く．V は実数なので，結果はこうなる．

$$\sum_{i=1}^{N} \frac{1}{m_i}(\psi_k^* \nabla_i^2 \psi_n - \psi_n \nabla_i^2 \psi_k^*) + \frac{8\pi^2}{h^2}(W_n - W_k)\psi_k^* \psi_n = 0 \tag{4}$$

上式を全空間で積分すれば次式になる．

$$\frac{8\pi^2}{h^2}(W_n - W_k)\int \psi_k^* \psi_n \, d\tau = -\sum_{i=1}^{N} \frac{1}{m_i} \int (\psi_k^* \nabla_i^2 \psi_n - \psi_n \nabla_i^2 \psi_k^*) \, d\tau \tag{5}$$

右辺のラプラシアン ∇_i^2 をデカルト座標で表し，座標 $(x_1, y_1, z_1, x_2, \cdots, z_N)$ を $(q_1, q_2, \cdots, q_{3N})$ に変えよう．

$$\sum_{j=1}^{3N} \frac{1}{m_j} \int_{-\infty}^{\infty} \cdots \int_{-\infty}^{\infty} \left(\psi_k^* \frac{\partial^2 \psi_n}{\partial q_j^2} - \psi_n \frac{\partial^2 \psi_k^*}{\partial q_j^2} \right) dq_1 dq_2 \cdots dq_{3N} \tag{6}$$

次の恒等式を使う．

$$\frac{\partial}{\partial q_j}\left(\psi_k^* \frac{\partial \psi_n}{\partial q_j} - \psi_n \frac{\partial \psi_k^*}{\partial q_j} \right) = \psi_k^* \frac{\partial^2 \psi_n}{\partial q_j^2} - \psi_n \frac{\partial^2 \psi_k^*}{\partial q_j^2} \tag{7}$$

すると，ψ の境界条件から次式が成り立つ．

$$\int_{-\infty}^{\infty} \left(\psi_k^* \frac{\partial^2 \psi_n}{\partial q_j^2} - \psi_n \frac{\partial^2 \psi_k^*}{\partial q_j^2} \right) dq_j = \left[\psi_k^* \frac{\partial \psi_n}{\partial q_j} - \psi_n \frac{\partial \psi_k^*}{\partial q_j} \right]_{-\infty}^{\infty} = 0$$

総和の各項は同様に扱えるので,式(6)は0に等しい.つまりこうなる.

$$\frac{8\pi^2}{h^2}(W_n - W_k)\int \phi_k^* \phi_n d\tau = 0$$

$W_n - W_k \neq 0$ より,式(3)が確認できた.

$W_n = W_k$,つまり ϕ_k と ϕ_n が同じエネルギー準位に属する一次独立な波動関数なら,ϕ_k と ϕ_n は直交するとはかぎらない.ただし,同じ準位に属して互いに直交する関数2個はいつもつくれる.式(8)を満たす係数 α, β, α', β' でつくった次式の $\phi'_{k'}$ と $\phi'_{n'}$ は直交する(こうしたセットは無数にできる).

$$\phi'_{k'} = \alpha \phi_k + \beta \phi_n \qquad \phi'_{n'} = \alpha' \phi_k + \beta' \phi_n$$

$$\int \phi'^*_{k'} \phi'_{n'} d\tau = \alpha^* \alpha' \int \phi_k^* \phi_k d\tau + \alpha^* \beta' \int \phi_k^* \phi_n d\tau + \alpha' \beta^* \int \phi_n^* \phi_k d\tau + \beta^* \beta' \int \phi_n^* \phi_n d\tau = 0$$

(8)

付録 IV

直交曲線座標系

4章・16節では，式(16-4)に従う座標(q_u, q_v, q_w)でラプラシアン∇^2と体積素片$d\tau$を表した．以下，三次元のシュレーディンガー波動方程式が分離可能となる11種[1]の直交曲線座標系につき，変換の式とqの表式をまとめる．よく出合う座標系には∇^2と$d\tau$の具体形[2]も添えた．式(16-3)と(16-5)を使えば，ほかの座標系でも∇^2と$d\tau$を表せる．

円筒極座標

$$x = \rho \cos\varphi$$
$$y = \rho \sin\varphi$$
$$z = z$$
$$q_\rho = 1, \quad q_z = 1, \quad q_\varphi = \rho$$
$$d\tau = \rho\, d\rho\, dz\, d\varphi$$
$$\nabla^2 = \frac{1}{\rho}\frac{\partial}{\partial \rho}\left(\rho \frac{\partial}{\partial \rho}\right) + \frac{1}{\rho^2}\frac{\partial^2}{\partial \varphi^2} + \frac{\partial^2}{\partial z^2}$$

球面極座標

$$x = r\sin\theta\cos\varphi$$
$$y = r\sin\theta\sin\varphi \quad (1章・図1\text{-}1)$$
$$z = r\cos\theta$$
$$q_r = 1, \quad q_\theta = r, \quad q_\varphi = r\sin\theta$$
$$d\tau = r^2 \sin\theta\, dr\, d\theta\, d\varphi$$
$$\nabla^2 = \frac{1}{r^2}\frac{\partial}{\partial r}\left(r^2 \frac{\partial}{\partial r}\right) + \frac{1}{r^2 \sin\theta}\frac{\partial}{\partial \theta}\left(\sin\theta \frac{\partial}{\partial \theta}\right) + \frac{1}{r^2 \sin^2\theta}\frac{\partial^2}{\partial \varphi^2}$$

---

[1] L. P. Eisenhart, *Phys. Rev.* **45**, 428 (1934).
[2] E. P. Adams, "Smithsonian Mathematical Formulae," Washington, 1922.

放射線座標

$$x = \sqrt{\xi\eta}\cos\varphi$$
$$y = \sqrt{\xi\eta}\sin\varphi$$
$$z = \frac{1}{2}(\xi - \eta)$$

$$q_\xi = \frac{1}{2}\sqrt{\frac{\xi+\eta}{\xi}}, \qquad q_\eta = \frac{1}{2}\sqrt{\frac{\xi+\eta}{\eta}}, \qquad q_\varphi = \sqrt{\xi\eta}$$

$$d\tau = \frac{1}{4}(\xi + \eta)\,d\xi\,d\eta\,d\varphi$$

$$\nabla^2 = \frac{4}{\xi+\eta}\frac{\partial}{\partial\xi}\left(\xi\frac{\partial}{\partial\xi}\right) + \frac{4}{\xi+\eta}\frac{\partial}{\partial\eta}\left(\eta\frac{\partial}{\partial\eta}\right) + \frac{1}{\xi\eta}\frac{\partial^2}{\partial\varphi^2}$$

共焦点楕円座標（長球体）

$$x = a\sqrt{\xi^2-1}\sqrt{1-\eta^2}\cos\varphi$$
$$y = a\sqrt{\xi^2-1}\sqrt{1-\eta^2}\sin\varphi$$
$$z = a\xi\eta$$

点 $(0, 0, -a)$ と $(0, 0, a)$ からの距離 r_A と r_B を使えば, ξ と η は次式に書ける.

$$\xi = \frac{r_A + r_B}{2a}, \qquad \eta = \frac{r_A - r_B}{2a}$$

$$q_\xi = a\sqrt{\frac{\xi^2-\eta^2}{\xi^2-1}}, \qquad q_\eta = a\sqrt{\frac{\xi^2-\eta^2}{1-\eta^2}}, \qquad q_\varphi = a\sqrt{(\xi^2-1)(1-\eta^2)}$$

$$d\tau = a^3(\xi^2-\eta^2)\,d\xi\,d\eta\,d\varphi$$

$$\nabla^2 = \frac{1}{a^2(\xi^2-\eta^2)}\left[\frac{\partial}{\partial\xi}\left\{(\xi^2-1)\frac{\partial}{\partial\xi}\right\} + \frac{\partial}{\partial\eta}\left\{(1-\eta^2)\frac{\partial}{\partial\eta}\right\} + \frac{\xi^2-\eta^2}{(\xi^2-1)(1-\eta^2)}\frac{\partial^2}{\partial\varphi^2}\right]$$

回転楕円体座標（偏平球体）

$$x = a\xi\eta\cos\varphi, \qquad y = a\xi\eta\sin\varphi, \qquad z = a\sqrt{(\xi^2-1)(1-\eta^2)}$$

$$q_\xi = a\sqrt{\frac{\xi^2-\eta^2}{\xi^2-1}}, \qquad q_\eta = a\sqrt{\frac{\xi^2-\eta^2}{1-\eta^2}}, \qquad q_\varphi = a\xi\eta$$

$$x = \frac{1}{2}(u-v), \qquad y = \sqrt{uv}, \qquad z = z$$

$$q_u = \frac{1}{2}\sqrt{\frac{u+v}{u}}, \qquad q_v = \frac{1}{2}\sqrt{\frac{u+v}{v}}, \qquad q_z = 1$$

放物円筒座標

$$x = \frac{1}{2}(u-v), \qquad y = \sqrt{uv}, \qquad z = z$$

$$q_u = \frac{1}{2}\sqrt{\frac{u+v}{u}}, \qquad q_v = \frac{1}{2}\sqrt{\frac{u+v}{v}}, \qquad q_z = 1$$

楕円円筒座標

$$x = a\sqrt{(u^2-1)(1-v^2)}, \qquad y = auv, \qquad z = z$$

$$q_u = a\sqrt{\frac{u^2-v^2}{u^2-1}}, \qquad q_v = a\sqrt{\frac{u^2-v^2}{1-v^2}}, \qquad q_z = 1$$

楕円体座標

$$x^2 = \frac{(a^2+u)(a^2+v)(a^2+w)}{(a^2-b^2)(a^2-c^2)}, \qquad y^2 = \frac{(b^2+u)(b^2+v)(b^2+w)}{(b^2-c^2)(b^2-a^2)}$$

$$z^2 = \frac{(c^2+u)(c^2+v)(c^2+w)}{(c^2-a^2)(c^2-b^2)}$$

$$q_u^2 = \frac{(u-v)(u-w)}{4(a^2+u)(b^2+u)(c^2+u)}, \qquad q_v^2 = \frac{(v-w)(v-u)}{4(a^2+v)(b^2+v)(c^2+v)}$$

$$q_w^2 = \frac{(w-u)(w-v)}{4(a^2+w)(b^2+w)(c^2+w)}$$

共焦点放物線座標

$$x = \frac{1}{2}(u+v+w-a-b), \qquad y^2 = \frac{(a-u)(a-v)(a-w)}{b-a}$$

$$z^2 = \frac{(b-u)(b-v)(b-w)}{a-b}, \qquad u > b > v > a > w$$

$$q_u^2 = \frac{(u-v)(u-w)}{4(a-u)(b-u)}, \qquad q_v^2 = \frac{(v-u)(v-w)}{4(a-v)(b-v)}$$

$$q_w^2 = \frac{(w-u)(w-v)}{4(a-w)(b-w)}$$

楕円関数を含む座標系

$$x = u \operatorname{dn}(v,k) \operatorname{sn}(w,k'), \qquad y = u \operatorname{sn}(v,k) \operatorname{dn}(w,k')$$

$$z = u \operatorname{cn}(v,k) \operatorname{cn}(w,k'), \qquad k^2 + k'^2 = 1$$

$$q_u^2 = 1, \qquad q_v^2 = q_w^2 = u^2 \{k^2 \operatorname{cn}^2(v,k) + k'^2 \operatorname{cn}^2(w,k')\}$$

楕円関数 dn, sn, cn の考察は W. F. Osgood, "Advanced Calculus," Chap. 9 や E. P. Adams, "Smithsonian Methematical Formulae," p. 245 参照.

付録 V
球対称に分布する電荷の相互作用エネルギー

6章・23b項では次の積分に出合った.

$$I = \frac{Ze^2}{32\pi^2 a_0} \iint \frac{e^{-\rho_1} e^{-\rho_2}}{\rho_{12}} d\tau_1 d\tau_2$$

$\rho_1 = \dfrac{2Zr_1}{a_0}$, $d\tau_1 = \rho_1^2 d\rho_1 \sin\theta_1 d\theta_1 d\varphi_1$ で, ρ_2 と $d\tau_2$ も同形に書け, $(r_1, \theta_1, \varphi_1)$ と $(r_2, \theta_2, \varphi_2)$ は同じ座標軸についての極座標を表す. ρ_{12} は $\dfrac{2Zr_{12}}{a_0}$ に等しく, r_{12} は点 $(r_1, \theta_1, \varphi_1)$ から $(r_2, \theta_2, \varphi_2)$ までの距離を意味する.

上の積分は, 因子 $\dfrac{Ze^2}{32\pi^2 a_0}$ を除き, 密度関数 $e^{-\rho_1}$ と $e^{-\rho_2}$ をもつ球対称分布電荷どうしの相互作用エネルギーを表す. 値を求めるには, 前者の生むポテンシャルを $d\tau_1$ で積分したあと, 前者がつくる場で後者の電荷分布がもつエネルギーを計算する.

半径 ρ_1 で全電荷 $4\pi\rho_1^2 e^{-\rho_1} d\rho_1$ の球殻が点 r に生むポテンシャルはこう書ける[1].

$$4\pi\rho_1^2 e^{-\rho_1} d\rho_1 \frac{1}{\rho_1} \quad (r<\rho_1 \text{ の領域})$$

$$4\pi\rho_1^2 e^{-\rho_1} d\rho_1 \frac{1}{r} \quad (r>\rho_1 \text{ の領域})$$

つまりポテンシャルは, 殻内では一定値をもち, 殻外では「原点に全電荷があるとき」と同じ値になる.

すると全電荷がつくるポテンシャルは次式に書ける.

---

[1] Jeans, "Electricity and Magnetism," Cambridge University Press, Cambridge, 1925, 74節参照.

付録V　球対称に分布する電荷の相互作用エネルギー　331

$$\Phi(r) = \frac{4\pi}{r}\int_0^r e^{-\rho_1}\rho_1^2 d\rho_1 + 4\pi\int_r^\infty e^{-\rho_1}\rho_1 d\rho_1$$

計算の結果はこうなる．

$$\Phi(r) = \frac{4\pi}{r}\{2 - e^{-r}(r+2)\}$$

つまり冒頭の積分 I は次のように表され，実行して最終式を得る．

$$I = \frac{Ze^2}{32\pi^2 a_0}\int \Phi(\rho_2) e^{-\rho_2} d\tau_2$$

$$= \frac{Ze^2}{2a_0}\int_0^\infty \{2 - e^{-\rho_2}(\rho_2+2)\} e^{-\rho_2}\rho_2 d\rho_2$$

$$I = \frac{Ze^2}{2a_0}\frac{5}{4} = \frac{5}{4}ZW_\mathrm{H}$$

付録 VI
ルジャンドル陪関数の規格化

関数 $P_{l'}^{|m|}(z)$ と $P_l^{|m|}(z)$ の直交性は，次のように確かめられる．$P_l^{|m|}(z)$ が満たす微分方程式 (19-9)(5章) に $P_{l'}^{|m|}(z)$ をかけたものから，$P_{l'}^{|m|}(z)$ が満たす微分方程式に $P_l^{|m|}(z)$ をかけたものを引き，次の結果を得る．

$$P_{l'}^{|m|}\frac{\mathrm{d}}{\mathrm{d}z}\left\{(1-z^2)\frac{\mathrm{d}P_l^{|m|}}{\mathrm{d}z}\right\} - P_l^{|m|}\frac{\mathrm{d}}{\mathrm{d}z}\left\{(1-z^2)\frac{\mathrm{d}P_{l'}^{|m|}}{\mathrm{d}z}\right\}$$

$$= \frac{\mathrm{d}}{\mathrm{d}z}\left[(1-z^2)\left\{P_{l'}^{|m|}\frac{\mathrm{d}P_l^{|m|}}{\mathrm{d}z} - P_l^{|m|}\frac{\mathrm{d}P_{l'}^{|m|}}{\mathrm{d}z}\right\}\right]$$

$$= \{l'(l'+1) - l(l+1)\}P_{l'}^{|m|}P_l^{|m|}$$

上式を $-1 \leq z \leq 1$ で積分すれば，次式の結果になる．

$$\{l'(l'+1) - l(l+1)\}\int_{-1}^{+1} P_{l'}^{|m|}(z) P_l^{|m|}(z)\,\mathrm{d}z$$

$$= \left[(1-z^2)\left\{P_{l'}^{|m|}\frac{\mathrm{d}P_l^{|m|}}{\mathrm{d}z} - P_l^{|m|}\frac{\mathrm{d}P_{l'}^{|m|}}{\mathrm{d}z}\right\}\right]_{-1}^{+1} = 0$$

すると，$l' \neq l$ なら次式が成り立つ．

$$\int_{-1}^{+1} P_{l'}^{|m|}(z) P_l^{|m|}(z)\,\mathrm{d}z = 0 \tag{1}$$

上の結果は m の値によらず，$P_l(z) = P_l^0(z)$ だからルジャンドル関数 $P_l(z)$ でも正しい．

上記を使うと，ルジャンドル多項式の規格化積分が得られる．式 (19-2) の l を $l-1$ に変え，次式にする．

$$P_l(z) = \frac{1}{l}\{(2l-1)zP_{l-1}(z) - (l-1)P_{l-2}(z)\}$$

先ほどの直交性を使って次式に変える．

$$\int_{-1}^{+1}\{P_l(z)\}^2\mathrm{d}z = \frac{2l-1}{l}\int_{-1}^{+1} P_{l-1}(z)zP_l(z)\,\mathrm{d}z$$

付録VI　ルジャンドル陪関数の規格化　　333

式(19-2)はこう書ける.

$$zP_l(z) = \frac{1}{2l+1}\{(l+1)P_{l+1}(z) + lP_{l-1}(z)\}$$

直交性をまた使い,次式にしよう.

$$\int_{-1}^{+1}\{P_l(z)\}^2 dz = \frac{2l-1}{2l+1}\int_{-1}^{+1}\{P_{l-1}(z)\}^2 dz$$

以上をくり返し,次の最終結果を得る.

$$\int_{-1}^{+1}\{P_l(z)\}^2 dz = \frac{(2l-1)(2l-3)(2l-5)\cdots 3\cdot 1}{(2l+1)(2l-1)(2l-3)\cdots 5\cdot 3}\int_{-1}^{+1}\{P_0(z)\}^2 dz$$

$$= \frac{1}{2l+1}\int_{-1}^{+1}\{P_0(z)\}^2 dz$$

定義式(19-1)より $P_0(z)$ は,$(1-2tz+t^2)^{-1/2}$ を t の巾(べき)に展開したときの t^0 の係数だから,1に等しい.つまりこうなる.

$$\int_{-1}^{+1}\{P_l(z)\}^2 dz = \frac{1}{2l+1}\int_{-1}^{+1}dz = \frac{2}{2l+1} \tag{2}$$

ルジャンドル陪関数の規格化積分は次のように得る[1].式(19-7)を微分し,$(1-z^2)^{1/2}$ をかけよう.

$$(1-z^2)^{1/2}\frac{dP_l^{|m|}(z)}{dz}$$

$$= (1-z^2)^{\frac{|m|+1}{2}}\frac{d^{|m|+1}}{dz^{|m|+1}}P_l(z) - |m|z(1-z^2)^{\frac{|m|-1}{2}}\frac{d^{|m|}}{dz^{|m|}}P_l(z)$$

$$= P_l^{|m|+1}(z) - |m|z(1-z^2)^{-1/2}P_l^{|m|}(z)$$

移項・2乗・積分で次式にする(最終行の冒頭2項には部分積分[2]を使った).

$$\int_{-1}^{+1}\{P_l^{|m|+1}(z)\}^2 dz$$

$$= \int_{-1}^{+1}\left[(1-z^2)\left\{\frac{dP_l^{|m|}(z)}{dz}\right\}^2 + 2|m|zP_l^{|m|}\frac{dP_l^{|m|}(z)}{dz} + \frac{m^2z^2}{1-z^2}\{P_l^{|m|}(z)\}^2\right]dz$$

$$= -\int_{-1}^{+1}P_l^{|m|}(z)\frac{d}{dz}\left\{(1-z^2)\frac{dP_l^{|m|}(z)}{dz}\right\}dz - |m|\int_{-1}^{+1}\{P_l^{|m|}(z)\}^2 dz$$

$$+ \int_{-1}^{+1}\frac{m^2z^2}{1-z^2}\{P_l^{|m|}(z)\}^2 dz$$

$P_l^{|m|}(z)$ の微分方程式(19-9)を使って最終行の第1項を変形し,項を整理すると次のようになる.

---

1) Whittaker and Watson, "Modern Analysis," Sec. 15-51.

付録 VI ルジャンドル陪関数の規格化

$$\int_{-1}^{+1}\{P_l^{|m|+1}(z)\}^2 \mathrm{d}z = (l-|m|)(l+|m|+1)\int_{-1}^{+1}\{P_l^{|m|}(z)\}^2 \mathrm{d}z$$

変形をくり返し,次の関係が成り立つとわかる.

$$\int_{-1}^{+1}\{P_l^{|m|}(z)\}^2 \mathrm{d}z = (l-|m|+1)(l-|m|+2)\cdots l$$
$$(l+|m|)(l+|m|-1)\cdots(l+1)\int_{-1}^{+1}\{P_l(z)\}^2 \mathrm{d}z$$

以上の結果と式(2)を使い,最終的に次式を得る.

$$\int_{-1}^{+1}\{P_l^{|m|}(z)\}^2 \mathrm{d}z = \frac{2}{2l+1}\frac{(l+|m|)!}{(l-|m|)!}$$

(前頁) 2) 部分積分の公式 $\int u\mathrm{d}v = uv - \int v\mathrm{d}u$ で第1項を変形するため,$u=(1-z^2)\frac{\mathrm{d}P_l^{|m|}}{\mathrm{d}z}$,$\mathrm{d}v = \frac{\mathrm{d}P_l^{|m|}}{\mathrm{d}z}$ とし,第2項を変形するために $u=z$,$\mathrm{d}v = 2P_l^{|m|}\frac{\mathrm{d}P_l^{|m|}}{\mathrm{d}z}\mathrm{d}z = \mathrm{d}\{P_l^{|m|}\}^2$ とする.前者では $(1-z^2)$ が積分域の両端で0になり,後者では $m\neq 0$ のとき $P_l^{|m|}(z)$ が積分域の両端で0になるため,uv 項は0になる.

付録 VII

ラゲール陪関数の規格化

式(20-10)(5章)を得るには，式(20-8)に書いた次の母関数を使う．

$$U_s(\rho, u) \equiv \sum_{r=s}^{\infty} \frac{L_r^s(\rho)}{r!} u^r \equiv (-1)^s \frac{\mathrm{e}^{-\frac{\rho u}{1-u}}}{(1-u)^{s+1}} u^s$$

同様に V_s をこう定義しよう．

$$V_s(\rho, v) \equiv \sum_{t=s}^{\infty} \frac{L_t^s(\rho)}{t!} v^t \equiv (-1)^s \frac{\mathrm{e}^{-\frac{\rho v}{1-v}}}{(1-v)^{s+1}} v^s$$

二つをかけ合わせ，$\mathrm{e}^{-\rho}\rho^{s+1}$ もかけて積分する．二項定理で $(1-uv)^{-s-2}$ を展開するとこうなる[1])．

$$\int_0^{\infty} \mathrm{e}^{-\rho}\rho^{s+1} U_s(\rho, u) V_s(\rho, v) \mathrm{d}\rho = \sum_{r,t=s}^{\infty} \frac{u^r v^t}{r! t!} \int_0^{\infty} \mathrm{e}^{-\rho}\rho^{s+1} L_r^s(\rho) L_t^s(\rho) \mathrm{d}\rho$$

$$= \frac{(uv)^s}{(1-u)^{s+1}(1-v)^{s+1}} \int_0^{\infty} \rho^{s+1} \mathrm{e}^{-\rho\left(1+\frac{u}{1-u}+\frac{v}{1-v}\right)} \mathrm{d}\rho$$

$$= \frac{(s+1)!(uv)^s(1-u)(1-v)}{(1-uv)^{s+2}} = (s+1)!(1-u-v+uv) \sum_{k=0}^{\infty} \frac{(s+k+1)!}{k!(s+1)!} (uv)^{s+k}$$

知りたい積分は，展開式に現れる $(uv)^r$ の係数の $(r!)^2$ 倍だからこうなる．

$$(r!)^2(s+1)! \left\{ \frac{(r+1)!}{(r-s)!(s+1)!} + \frac{r!}{(r-s-1)!(s+1)!} \right\} = \frac{(r!)^3(2r-s+1)}{(r-s)!}$$

積分(20-10)は $r=n+l$, $s=2l+1$ として計算し，結果は次式になる．

$$\int_0^{\infty} \mathrm{e}^{-\rho}\rho^{2l+2}\{L_{n+l}^{2l+1}(\rho)\}^2 \mathrm{d}\rho = \frac{2n[(n+l)!]^3}{(n-l-1)!}$$

---

1) 定積分 $\int_0^{\infty} \rho^{s+1}\mathrm{e}^{-a\rho}\mathrm{d}\rho$ の値はパース著 "Table of Integrals" 参照．

付録 VIII
ギリシャ文字

A, α	アルファ		N, ν	ニュー
B, β	ベータ		Ξ, ξ	クサイ, グザイ
Γ, γ	ガンマ		O, o	オミクロン
Δ, δ	デルタ		Π, π	パイ
E, ε	イプシロン		P, ρ	ロー
Z, ζ	ゼータ		Σ, σ	シグマ
H, η	エータ, イータ		T, τ	タウ
Θ, ϑ, θ	シータ		Y, υ	ウプシロン
I, ι	イオタ		Φ, φ, ϕ	ファイ
K, κ	カッパ		X, χ	カイ
Λ, λ	ラムダ		Ψ, ψ	プサイ
M, μ	ミュー		Ω, ω	オメガ

索　引

あ

アイリング, H.　275, 305, 306
アインシュタイン, A.　19, 221
アインシュタインの遷移確率　220
アタナソフ, J. V.　166
アプリオリ確率　296
アルカリ金属　151

イオン化エネルギー　31, 120, 162, 259
イオン構造　266
位　相　210
位置エネルギー　2
一次摂動エネルギー　116, 123
一次摂動論　114
一重項状態　156, 160
一電子結合　242, 265
一酸化炭素分子　191
一般化運動量　11
一般化座標　4
一般化摂動法　138
一般化速度　5
一般化力　5
因数分解　127, 143, 173, 271

ヴァンヴレック, J. H.　188
ウィーランド, G. W.　281
ウィルソン, A. H.　214
ウィルソン, W.　21
ウィルソン・ゾンマーフェルトの量子化則　21

ヴェンツェル・クラマース・ブリユアン法　144
ウーレンベック, G. E.　151
ウンゼルト, A.　108, 162
ウンゼルトの定理　108
運動エネルギー　2
運動の定数　9, 311
運動方程式
　ニュートンの——　1
　ハミルトン形式の——　12
　ラグランジュの——　6, 27

永久双極子　283, 301
永年摂動　124
永年方程式　124, 136, 143, 154, 172, 207, 234, 240, 250, 271, 274, 278
　対角型の——　124
SCF　185
エタン分子　205
エッカルト, C.　36, 132, 307
エネルギー　12
エネルギー準位　29, 89
エプシュタイン, P. S.　138
エムデ, F.　96
LS結合　174
エルゴード仮説　293
エルミート多項式　53, 90, 117, 198
エルミート(直交)関数　56, 234
演算子　47
円筒極座標　75
エントロピー　299

338　索　引

オイケン, A.　20
オイラーの定数　251
オッペンハイマー, J. R.　191
重み因子　139, 142
オルト水素　261, 301
音　叉　231

か

回　折　25
回　転　191, 261
　メチル基の――　213
回転エネルギー　199, 299
回転関数　261
回転楕円体　245
回転波動方程式　202
回転微細構造　207
回転量子数　23
解離エネルギー　246, 258
ガウス誤差曲線　316
化学反応　304
可　換　308
カークウッド, J. G.　138, 166, 285
角運動量　9, 313
　――の保存　8
核スピン　290
角速度　5
核対称性　289
核波動関数　193, 212
核波動方程式　193
確率振幅関数　38, 318
確率分布　102, 220
確率分布関数　38, 45, 144
活性化エネルギー　304
換算質量　14, 27, 82
慣性主軸　202
慣性モーメント　23, 128, 202, 207
完全直交系　115
完全な組　113
完全な群　90

完全な部分群　90

規格化　45, 95, 115
規格化条件　139
基準座標　208, 211
基準振動　211
基底状態　31, 99
軌　道　96
軌道角運動量　174
軌道縮退　269
基本振動数　213
逆演算　170
球形コマ分子　205
吸収係数　221
級数展開　200, 247
球対称ポテンシャル場　9
球面極座標　313
球面調和関数　90, 225, 313
球面調和振動子　225
ギユマン, V.　243
共焦点楕円座標　244
共　鳴　277, 279
共鳴エネルギー　235, 243, 278
共鳴現象　155, 231
共鳴積分　154, 241
共鳴分母　223
共　役　11
行　列　307
行列式　123, 136
行列代数　307
行列力学　307
極座標　6, 74, 313
曲線座標　74
極大測定　311
近似法　111

空間的な縮退　170
空間量子化　34
クーリッジ, A. S.　184, 256, 267, 275, 306

索 引

クーロン積分　154, 241, 273, 274, 280
群　170
　　完全な——　90

系の表現　312
ケクレ構造　278
結晶格子　25
結晶内の分子回転　213
ケプラーの第二法則　28
ケルナー，G. W.　162
原子価　279
原子価結合法　254, 275

交換可能　308
交換規則　310
交換縮退　169
交換積分　154, 241, 273, 274, 280
項記号　160, 175, 230, 288
光子　19
合成ベクトル　271
剛体回転子　23, 199, 213
　　平面内の——　199
項値　20
光電効果　19
恒等置換　170, 175
光量子　19
固体の熱容量　19
古典力学　1
固有関数　41
固有値　42
コンプトン，A. H.　25
コンプトン効果　317

さ

座標変換　244
差分法　146
作用積分　21
作用量　19

三次元調和振動子　72
三重項状態　156, 160
三電子イオン　182
三電子結合　264, 265

ジェームズ，H. M.　184, 244, 256, 275, 306
ジェンティーレ，G.　265
時間を含む摂動　217
時間を含む波動関数　39
磁気モーメント　106, 152
磁気量子数　29, 84
ジクロロエチレン　303
試行関数　132
自己無撞着場の方法　184
シス形　303
自然放出　220
自然放出係数　221, 225
指標方程式　78, 85
しみ出し　52
四面体構造　277
遮蔽　162
遮蔽定数法　188
自由粒子　64
縮重　23
縮退　23, 51, 71, 89, 121, 299
　　空間的な——　170
縮退度　72, 79, 205
シュタルク効果　21, 128, 138, 141, 165
シュテルン，T. E.　214
シュレーディンガー，E.　36, 37, 307
シュレーディンガー方程式　37, 318
循環座標　287
ジョルダン，P.　36, 307
振動　191, 207, 261
振動エネルギー　299
振動スペクトル　213
振動波動方程式　202
振動量子数　23, 198

振幅　210
振幅方程式　41

水素陰イオン　164
水素型原子　119
水素型波動関数　95, 133, 153, 243
水素原子　27, 81, 125, 138, 141, 149, 151, 229, 283, 312
水素三原子系　270
水素分子　249, 258, 259
水素分子イオン　239, 258
数値積分法　145
杉浦義勝　251, 305
スピン　151, 261
　電子の――　252
スピン角運動量　152, 174
スピン関数　170, 253, 260, 263, 276
スピン―軌道相互作用　160
スピン座標　153
スピン縮退　269
スピン多重度　288
スピン量子数　152
スペクトル線　291
スレーター, J. C.　138, 166, 169, 181, 187, 265, 269, 285

正準形式　12
正準セット　275
正則点　78, 88, 204
精密度合い　316
積分対数　251
摂動エネルギー　154
摂動論　111, 140, 172
ゼーマン効果　21, 35, 152, 161, 226
零次近似関数　133
零次波動関数(正しい)　122
零点エネルギー　51
遷移　21
遷移確率　220, 222, 227, 288
遷移強度　224, 229

全角運動量　30
漸化式　50, 56, 85, 91, 93, 204, 226, 248
漸近解　49, 77
線形結合　121, 127, 135, 156, 235, 240, 270
線形代数　123, 309
線形変分関数　135
選択則　21, 224, 227, 230, 288
全量子数　30, 89

双極子―双極子相互作用　284
双極子放射　17
双極子放出　17
双極子モーメント　128, 224, 302
双極子―四極子相互作用　284
双曲面体　245
相対論的効果　151
相の無秩序性　293
ゾンマーフェルト, A.　21, 27, 151

た

対応原理　21
対角型の永年方程式　124
対角行列　310
対　称　156, 241, 261
対称関数　158
対称コマ　202
対称コマ分子　202, 206
帯磁率　303
ダーウィン, C. G.　153
楕円軌道　29
互いに直交　46
多原子分子の回転　202
多項式の方法　48, 204
多重交換積分　273
多重度　161
正しい零次波動関数　122
多電子原子　169

索引

WKB法　144
単位行列　309
単一交換積分　273
炭化水素分子　213
単純な分子　239

力の定数　3, 197
置換演算子　276
置換操作　170, 272
超越関数　251
超幾何関数　205
超幾何方程式　204
調和振動子　3, 22, 48, 117, 198, 213, 224
直交化　95
直交関数系　218
直交規格化　142, 152, 319
直交規格化関数　111, 124, 131
直交条件　139

ツェナー, C.　243

ディキンソン, B. N.　243
定常状態　20, 46, 218, 316
定数行列　310
定数変化の理論　217
定数変化法　293
テイラー級数　208
ディラック, P. A. M.　36, 152, 188, 217, 220
テイラー展開　197, 284
デニソン, D. M.　262
デバイ, P.　20, 301
デバイ単位　303
デュアン, W.　25
テラー, E.　249
デルタ関数　314
電気陰性度　267
電気双極子モーメント　222
電気能率　17

電気モーメント　17
電子エネルギー関数　196
電子間相互作用　171
電子(の)スピン　151, 252
電子—スピン相互作用　162
電子対結合　265
電子配置　155, 171
電子波動関数　289
電子波動方程式　193
電磁放射　16
電子ボルト　31

等核二原子分子　288
動径分布関数　101
動径方程式　197
動径量子数　89
等軸調和関数　90
等方調和振動子　3
特異点　78, 85, 204
特性エネルギー　42
特性値　86
特性値方程式　42
ド・ブロイ, L.　36
ド・ブロイの式　66
ド・ブロイ波長　26
トーマス, L. H.　189
トーマス・フェルミ統計法　189
トランス形　303

な

ナブラ　62
二原子双極子気体　301
二原子分子　23, 194, 213, 227
二次摂動　284
二次摂動法　148, 285
二次摂動論　128
ニーセン, K. F.　239
ニュートン, I.　27
ニュートンの運動方程式　1

ニールセン, H. H.　*205*
熱容量　*214, 299*
熱力学第三法則　*214*
熱力学第二法則　*38*
ネルンスト, W.　*20*

は

ハイゼンベルク, W.　*36, 38, 307, 315*
排他律　→　パウリの排他律をみよ
ハイトラー, W.　*249, 265, 305*
ハウトスミット, S.　*151*
パウリ, W.　*153, 160, 229, 239*
パウリの排他律(禁制原理)　*153, 159, 170, 185, 252, 260, 269*
箱の中の粒子　*24, 67*
バージ, R. T.　*31, 245*
波　数　*31*
発光スペクトル　*151*
パッシェン系列　*31*
ハッセ, H. R.　*166, 285*
波動関数　*38, 41, 62, 131, 308*
　　——の角度分布　*106*
　　——の対称性　*287*
波動方程式　*37, 61, 81, 118, 169, 191*
波動力学　*66*
ハートリー, D. R.　*146, 184, 187*
ハミルトニアン　*12, 39, 131, 217, 270*
ハミルトン関数　*12, 39*
ハミルトン(形式の運動)方程式　*12, 310*
バヤリー, W. E.　*96*
パラ水素　*261, 301*
バルマー系列　*31, 81, 229*
ハロゲン化水素　*227*
反対称　*156, 241, 261*
反対称関数　*158*

非可換　*308*
光化学当量則　*19*
微細構造　*152, 191*
非縮退　*51, 71*
非対称コマ分子　*202, 206*
ビーチ, Y.　*285*
ヒドリド　*164*
微分演算子　*62*
ヒュッケル, E.　*280*
ビリアル定理　*105*
ヒルラース, E. A.　*162, 164, 245, 249*

ファンデルワールス状態方程式　*265*
ファンデルワールス力　*283*
フィンケルシュタイン, B. N.　*243*
フェルミ, E.　*189*
フェルミ・ディラック統計　*160, 296*
フェルミ・ディラック分布則　*297*
フェルミ・ディラック量子統計　*189*
フォック, V.　*187*
フォトン　*19*
不確定性原理　*38, 315*
複雑な分子　*269*
複素共役波動関数　*44, 63*
節　*44*
フック型のポテンシャル関数　*196*
物理量の平均値　*46*
ブラウ, Ø.　*244*
ブラケット系列　*31*
ブラス状態　*289*
ブラック, M. M.　*187*
ブラッグの式　*25*
プランク, M.　*19*
フランク・コンドンの原理　*227*
プランク定数　*19*
フーリエ解析　*17*
フーリエ展開　*112*
分　極　*283*
分極率　*129, 143, 149, 165, 286*

索　引　343

分子軌道法　254, 280
フント, F.　280
フントの規則　181

平衡慣性モーメント　197
平衡距離　196, 245
平衡状態　221
閉殻　171
平面回転子　128
平面内の剛体回転体　199
平面偏光　16
巾級数　48, 78
巾級数展開　111
ベクトル模型　174
ヘリウム原子　118, 133, 153, 161, 286
ヘリウム分子イオン　263, 270
ベリリウム　184
変換関数　318
変換式　4
変換論　318
偏光　226
変数分離　62, 64, 72, 75, 83, 194, 244
ベンゼン分子　277
偏微分方程式　39
変分関数　131
変分法　131, 161, 182, 185, 243, 253, 284

ボーア, N.　20
ボーア軌道　99
ボーア磁子　35
ボーアの仮説　20
ボーアの振動数条件　221
ボーアの対応原理　21
ボーア半径　31, 101
ボイトラー, H.　258
方位量子数　30, 87
ボウエン, I. S.　151

芳香族炭化水素　267
放射　217
　　——の放出と吸収　16, 220
母関数　54
ボース・アインシュタイン統計　160, 296
ボース・アインシュタイン分布則　298
保存系　2, 12, 63
ポテンシャルエネルギー　2
ポテンシャル関数　68, 191
　　フック型の——　196
ポラニー, M.　275, 305
ポーリング, L.　188, 285
ボルツマン因子　296, 299
ボルツマン定数　221, 296
ボルツマン統計　296
ボルツマン分布　294
ホルムアルデヒド　207
ボルン, M.　36, 191, 307
ボルン・オッペンハイマー近似　191
ホロヴィッツ, G. E.　243

ま

マイナス状態　289
マクスウェルの速度分布則　296
マージナウ, H.　285
マトリックス　307
マリケン, R. S.　96, 280
水　207
ミリカン, R. A.　151
無限級数　111
無摂動波動関数　115
メチル基の回転　213
モース, P. M.　184, 199
モース関数　193, 199
モース曲線　277
モル屈折　165

や

ヤッフェ, G.　245, 249
ヤング, L. A.　184
ヤーンケ, E.　96
誘起双極子　129, 301
有効核電荷　243, 253, 264
有効ハミルトニアン　186
誘電率　301
誘導放出　220
誘導放出係数　221, 224
陽電子　152
四極子　283
四極子モーメント　17
四極子—四極子相互作用　284

ら

ライマン系列　31, 229
ラウエ, M. T. F.　26
ラグランジュ関数, ラグランジアン　2
ラグランジュ形式　1, 209
ラグランジュの運動方程式　6, 27
ラゲール多項式　93
ラゲール陪関数　93, 142
ラコステ, I. J.　205
ラザフォード, E.　20
ラッセル・ソーンダーズ結合　174
ラプラシアン, ラプラス演算子　61, 74, 83, 142, 191, 240, 244
ランジュバン, P.　303
ランデ, A.　151
ランデの g 因子　152

離散エネルギー　41
離心率　28
リチウム(原子)　171, 182

リチャードソン, O. W.　245
リッツの結合則　20
硫化水素　207
粒子系　61
リュードベリ定数　30
量子　19
量子化　22, 145
量子化則　37
量子重率　72, 296
量子数　44, 89, 113, 170
量子統計力学　292
量子力学的共鳴　231

ルイス, G.　249
ルジャンドル関数　90
ルジャンドル多項式　90
ルジャンドル陪関数　90, 142, 177, 195, 247
ルビジウムイオン　188
ルメル, G.　275

励起状態　31, 249, 259
励起ヘリウム原子　164
レナード=ジョーンズ, J. E.　138, 149
連成調和振動子　233, 293
連成振り子　231
連続エネルギー　41, 66

ローゼン, N.　256
ロンドン, F.　249, 265, 283, 296, 304

わ

ワインバウム, S.　253, 256, 264
ワサスチェルナ, J. A.　189
ワン, S. C.　207, 253

原著者紹介

ライナス・ポーリング（Linus Carl Pauling）

1901～1994．米国オレゴン州生まれ．1922年オレゴン農業大学（現州立大学）卒業，1925年カリフォルニア工科大学（カルテク）大学院修了．グッゲンハイム奨学金で渡欧し，ゾンマーフェルト（ドイツ），ボーア（デンマーク），シュレーディンガー（スイス）に師事．1927年に帰国後はカルテクに勤務し，sp^3・sp^2混成軌道の提唱など化学結合の本性と分子構造に迫る研究を展開．1932年に電気陰性度を発表．1930年代の後半から生体分子にも関心を寄せ，DNAの二重らせん構造決定でワトソンとクリック（1953年の *Nature* 論文）に先を越された逸話が名高い．化学の教科書としては本書のほか，*The Nature of the Chemical Bond*（Cornell University Press, 初版 1939；小泉正夫訳，『化学結合論』共立出版，初版 1942）*General Chemistry*（Dover, 初版 1947；関 集三ほか訳『一般化学（上・下）』岩波書店，初版 1951-52））がいまなお版を重ねる．ラングミュア賞（米国化学会，1931），デーヴィー・メダル（英国王立協会，1947）など各国学術界からの受賞多数．1954年ノーベル化学賞，1962年ノーベル平和賞（核兵器廃絶活動）．

E・ブライト・ウィルソン（Edgar Bright Wilson, Jr.）

1908～1992．米国テネシー州生まれ．カルテクのポーリング研究室に所属した縁で本書の共著者となる．ハーバード大学に移ったあと群論を使う分子分光スペクトルの解析と化学教育に従事．著書に *An Introduction to Scientific Research*（Dover, 初版1952），*Molecular Vibrations: The Theory of Infrared and Raman Vibrational Spectra*（Dover, 初版1955）など．息子ケネス・G・ウィルソン（1936～2013）が1982年にノーベル物理学賞を受賞．教え子のダドリー・ハーシュバック（1932～）が1986年にノーベル化学賞を受賞．

訳者紹介

渡辺　正（わたなべ・ただし）

1948年鳥取県生まれ．1976年東京大学大学院工学系研究科修了，工博．同大学助手，助教授，教授を経て2012年に定年退職（名誉教授）．同年より東京理科大学理数教育研究センター教授．専攻は電気化学，光化学，環境科学，化学教育．著訳書に『物理化学』（共著），『有機化学』（共著），『レア——希少金属の知っておきたい16話』（以上化学同人，2016），『アトキンス 一般化学（上・下）』（東京化学同人，2014，2015），『「地球温暖化」神話』（丸善出版，2012）など約180点．

量子力学入門：化学の土台

平成28年10月20日　発行

訳　者　渡　辺　　　正

発行者　池　田　和　博

発行所　丸善出版株式会社
〒101-0051　東京都千代田区神田神保町二丁目17番
編集・電話(03)3512-3261／FAX(03)3512-3272
営業・電話(03)3512-3256／FAX(03)3512-3270
http://pub.maruzen.co.jp/

Ⓒ Tadashi Watanabe, 2016

組版印刷・中央印刷株式会社／製本・株式会社 松岳社

ISBN 978-4-621-30080-0 C 3043　　　　Printed in Japan

本書の無断複写は著作権法上での例外を除き禁じられています．